U0156863

Wild By Nature

North American

nimals Co

天生
狂野

[英] 安德里亚·L. 斯莫利 著　　　姜昊骞 译

 四川人民出版社

尔文

趣物博思　科学智识

献给父亲，因为是他带我打猎

献给母亲，因为是她劝父亲打猎时带上我

献给吉姆，因为一切

To Dad, for taking me hunting
To Mom, for convincing him to do so
And to Jim, for everything

致　谢

　　我在经历了一个漫长而迂回的过程后才写完这本书，一路上获得了许多人的帮助。可以说，这条路的起点是我本科就读的密歇根理工大学林学院。我在那里学到了许多关于野外生物和环境科学的知识，也发现自己是一位平庸的林业工作者。改行学历史后，我在研究生阶段有幸进入威斯康星大学麦迪逊分校，导师是保罗·博耶（Paul Boyer）、威廉·克罗农（William Cronon）和珍妮·博伊兹顿（Jeanne Boydston）。他们对我的影响，至今依然塑造着我的历史观与写作观。保罗·博耶在辞世前不久，曾慷慨地审读了本书的研究计划并给予了极其宝贵的支持。我在北伊利诺伊大学读博期间，先后接受艾伦·库里科夫（Allan Kulikoff）和阿隆·福格尔曼（Aaron Fogleman）的指导，两位导师都为我的早期研究提供了具有批判性的帮助。尽管《天生狂野》（*Wild by Nature*）与艾伦指导的博士论文相差颇大，但本书的结构正是源于他提出的一个思路。与北伊利诺伊大学的其他众多读书会一样，阿隆·福格尔曼的"大西洋世界读书会"（Atlantic World reading group）为研究生和教师提供了一个展示初步成果的讨论平台。回到北伊利诺伊大学担任助理教授之后，我有幸请多位同事对本书初稿的各个部分进行了审阅与评论。我要特别感谢希恩·法雷尔（Sean Farrell）、比阿特丽斯·霍夫曼（Beatrix Hoffman）和特露德·雅各布森（Trude Jacobsen），是他们帮助我在繁重的行政工作中腾出时间进行研究与写作。此外，校方先后为我提供了博士奖学金和新入职教师扶持基金，这对我完成研究起到了重要作用。

在威斯康星大学麦迪逊分校和北伊利诺伊大学以外，我应当感谢的人还有许多：威斯康星州历史协会、北卡罗来纳州档案馆、弗吉尼亚图书馆、俄克拉何马历史协会、多尔夫·布里斯科美国史研究中心的各位同人为我提供了难以估量的协助。我还必须感谢负责日益发展的数字化项目的其他工作人员，正是他们让这种综合研究成为可能。在麦克尼尔早期美国史研究中心、纽伯里图书馆、美利坚早期共和史研究者协会资助的会议上，史学界同人的探讨为我提供了有益的建议。《肯塔基历史学会会刊》（the Kentucky Historical Society）的匿名审读老师也曾对本书第五章的一个早期版本给予了富有洞见的批评。我还要感谢

《肯塔基历史学会会刊》及其主编戴维·特皮（David Turpie）允许我翻印其于2016年夏秋季号刊发的文章。约翰·霍普金斯大学出版社的伊丽莎白·舍伯恩·德默斯（Elizabeth Sherburn Demers）一直慷慨支持本书，该社的匿名审读老师提出的建议也大大增强了本书的聚焦度，提升了最终成果的品质。伊丽莎白·德默斯和梅根·塞凯伊（Meagan Szekely）在本书的制作过程中始终给予我指导和帮助，在此向她们表示应有的谢意。我还要感谢本书的文字编辑朱莉娅·史密斯（Julia Smith）的工作，她敏锐地捕捉到了我的错误和不当之处。若尚存谬失，责任都在本人。

最后，我还要感谢我的家人。我的两个儿子——迈克和德鲁·班哈特（Mike and Drew Banghart）——都步入了学术道路，因此他们可以理解我对本书的执着。我们在历史、教学和写作方面有过许多探讨，让我受益良多。如果没有吉姆·施密特（Jim Schmidt）的帮助，本书不可能写成——即便这样说也显得太轻描淡写了。他与我讨论过论点和架构，读过多版初稿，剖析过一些繁难的句子，还修改过标点错误……他参与了本书的每一个环节并提出了建议，最重要的是，他让我相信自己能够完成本书并在这个过程中包容着我。现在，我们大概终于可以去钓鱼了。

致谢

目录

天生狂野：北美动物抵抗殖民化

前　言

乔治·坎贝尔（George Campbell）被指控犯下"恶意枪击"的罪行，尽管审理此案的是佐治亚州高等法院，但坎贝尔的罪名并非基于佐治亚州的法律。1808 年，提起诉讼的检察官指控坎贝尔违反了所谓的《布莱克法案》（the Black Act）——这是 18 世纪初英国通过的一项臭名昭著的法令。针对当时英国广泛存在的于私人鹿苑和王室林地内的偷猎现象，国会于 1723 年通过了这部严苛的法律，规定违法杀害或残害动物者可判处死刑。[1] 不过，佐治亚州高等法院驳回了对坎贝尔的起诉，裁定《布莱克法案》不适用于美国国情。检察官主张该法是引入英属美洲殖民地的英国法律框架的一部分，而审判长托马斯·U.P.查尔顿（Thomas U. P. Charlton）否定了这一主张，以此反对检方的核心论点。相反，查尔顿赞同辩方主张，即该法"本就无效"，因为它显然"根基不稳，目的是维护英格兰贵族的享乐权与财产权"。这条法令"不仅是封建苛法"，更会"催生暴政"。

《布莱克法案》是一部旨在"保护王室园林和贵族私苑免遭人民侵犯或者说亵渎"的法律，怎么能够"适用于一个森林连成一片的国家"呢？查尔顿在结语中说，此等法律在美国环境下明显是错位的；在美国，"杀死鹿的自由……与鹿漫游的自然权利同样是无限制的"[2]。

通过佐治亚州诉坎贝尔案（State v. Campbell）的判决意见，动物界（faunal environment）成为塑造美国法律格局的一个积极因素。在查尔顿笔下，野外生物以法律主体的面貌出现。按照佐治亚州这位法官的思路，美国革命并没有推翻《布莱克法案》，因为其"本就无效"；是美国的环境与丰富的野外生物让这项英国法律不具备可操作性。鹿在野外"漫游的自然权利"为人民赋予了"无限制"的自由，任何成文法都不能废除这种自由——更别提那部法律还是为一个土地、禽兽多为垦熟有主、蓄养受管之物的岛屿国家所制定。相比之下，美国的动物不能被归为绝对的财产，因为它们在法律上属于"野生的"（ferae naturae），即"天生野长"。它们自由自在的状态表明，其漫游的土地"没有边界"，最重要的是，也没有主人——这就是查尔顿法官所说的"森林连成一片"之意。只要动物还是"天生野长"，美国人就有权在任何地方追逐和杀死它们。

查尔顿法官在19世纪描绘的图景，正是我们早已熟悉的北美殖民地形象。新世界是一片没有边界标识的空旷荒原，上面生活着种类繁多的野外生物，这是自美国革命时期便流传开来的形象，上起 18 世纪末的乡土作家 J. 赫克托·圣约翰·德·克雷夫科尔（J. Hector St. John de Crèvecoeur）与 19 世纪初的政治理论家亚历克西·德·托克维尔（Alexis de Tocqueville），下至进步主义时期边疆史研究者弗雷德里克·杰克逊·特纳（Frederick Jackson Turner），这些学者都认为，自然环境孕育了独特的美国社会——一个由自由保有地产者组成的平等、独立的社会。[3] 猎兽、打鱼、捕鸟的自由反映了这个新国家的平等本性，而对人利用动物界进行限制的法律则是"催生暴政"的旧世界残余。英国在北美洲殖民所留下的遗产之一，便是自由猎取野外生物资源的承诺，这也是对移民占领土地的一种激励。

数个世纪以来，从欧洲人最初"发现"新世界到边疆的闭合为止，丰富的野外生物带来的收益始终是殖民话语中一个经久不衰的主题。探险家、旅行者、测绘员、博物学家和其他传播者都经常宣扬美洲动物界的丰富多样，畅想了种种方式让动物服务于殖民计划。鱼和动物毛皮将成为新生殖民地的收入来源，移民可以自由地在林中捕猎、在水里打鱼并以此维持生计。所有人都可以无限享有在英国被视为贵族专属的

前言

特权，即猎兽、打鱼和捕鸟。动物产品贸易将构成对美洲原住民经济外交关系的基础。一部分野外生物甚至可以被驯化为家畜，其余动物则变成药物、香水或其他有用之物。美洲动物可以提供关于土地情况是否适合英国牲畜的线索。总而言之，野外生物的丰富多样是美洲自然环境优越、方便殖民开拓的明证。[4]

但日常实践证明，美洲动物对殖民者计划的配合度要低得多，更常出现的情况是野外生物在妨碍英属美洲人支配和占有土地的意图，它们的行为制约了英国殖民者理性再造美洲景观的愿景。英属美洲当局不懈努力，试图将本土野外生物转化为殖民地家畜，此举屡屡造成令人不安的混乱局面，进而威胁着殖民者对土地与人民的控制。野外生物不仅是被商品化、被捕猎、被消灭的对象，也是殖民历程的积极参与者，并以意料不到的方式改变了殖民的结果。

动物之所以曾经是殖民的障碍，是因为它们的野性不符合英属美洲当局对法定占有权的主张。野外生物迁移不居，有"漫游的自然权利"，这些都打乱了立法者屡次试图将人民与场所限定在殖民地范围内的尝试。官员为殖民者划定了主权领属边界，动物及其追捕者则会越过这些边界线。野外生物对抗着英国殖民者的理性秩序，而在一些情况下，人也获得了与野外生物一样的行动自由。于是，野外生物很快成为法律主体——成文法的对象、诉讼的争议点、条约的相关方——因为它们的野生属性对早期英国移民社会有极大的价值,当局则努力要控制并维护这一属性。[5] 英属美洲殖民者剥削、强占、规制、购取野外生物与原住民的领地,从而剥夺了原住民的相关权利。只有在野外生物成为法定国有资源且受法律管控之后,人才能合理化管理并彻底占有土地。[6]

本书将美洲动物的殖民化视为交织于英国殖民北美洲大背景下的一条独立线索来研究。因此,本书追溯的时间线不同于其他殖民史研究,其跨度要更长远——始于17世纪的切萨皮克湾,经过18世纪的南方腹地和19世纪初的阿巴拉契亚山脉以西,终于南北战争结束后几十年的南方平原——追踪了各类野外生物的生存边疆。本研究沿着南线进行,其间跨越了多处美洲野外生物边疆,并与人兽互动过程中极具启发性的关键节点相交,比如放养畜牧业的兴起、东南部鹿皮贸易的扩大、南方平原野牛捕猎活动的衰落。如果沿着北线进行的话,或许会有别样的情节与角色,也会有其他相似之处。[7]

本书勾勒出一道"论证弧",讲述了野外生物殖民化的三种表现。英国人殖民的初级阶段以剥削和灭绝为主,特点是殖民者努力驯服动物界并将印第安人生产的动物制品导入新的经济轨道;动物殖民化的第二种表现则出现了美国特色，目的是直接利用本土生物，将其视为自然资源池以扶持独立有产者并供养发展中的市场化社会；19世纪末，出现了动物殖民化的第三种形式，其重点是建立野生环境的有界区域，以便在区域内保护美国的动物遗产。野兽成为国有资产，法律对人接触和利用野兽的行为进行了规范，这使得野兽在法律框架下获得了保护。于是，在这个被通称为"保护运动"的美国政府殖民阶段，野兽转化为"野外生物"。

英国人殖民、美国人殖民、美国政府殖民并非完全独立、彼此分离的三个法律发展阶段，每种殖民的要素都能在不同的时间和地点被找到。但是，19世纪末各个方面的总体趋势是政府所有和政府控制。因此，这部关于美洲动物与殖民的故事延伸了现代环保运动的历史，其原点并非进步主义时代对自然资源消亡的忧虑。[8] 相反，进步主义时代的保护运动——包括相应的游戏规则，还有国家公园、森林保护区、野生动物保护区——代表着殖民的顶峰。这是一个争议性过程的终结，该过程旨在用理性的方式调整环境、清空土地并将土地转换为有边界和特定用途的片区，从而达到从原住民手中合法占有土地的目的。而野外生物则对这个过程增加了挑战。如此讲来，英国人殖民北美洲发生在一个有生命力的环境中，而非只是在静态的景观中。

长久以来，美国殖民史研究都是在静态背景下开展的，主要着眼于讲述人类为塑造殖民过程所付出的努力。这并不是说历史学家完全无视自然界。事实上，几乎任何关于早期美洲的著作都会一笔带过地提及欧洲人在"新世界"发现了一个陌生却资源丰富的自然环境。[9] 学界早已认识到，近岸渔业与毛皮贸易是殖民地发展中关键的经济推动力。[10] 50 年前或更早的殖民史学家认为，野外环境是"美国例外论"的一个源泉——至少也是一个隐喻，并对此多有阐发。这些 20 世纪早期到中期的著作企图解释英国殖民美洲活动的特殊性，其中一大主题就是殖民者努力在空旷的异域"定居"并将其"驯服"。[11] 之后一代学者少了些自吹自擂的口气，将欧洲人在美洲的"探索"和"定居"重新解读为征服与入侵。这些史学家承认——即使只是间接承认——殖民者对自然资源的获取与掌控，是剥夺和消灭原住民及其文化的重要一环。[12]

近年来，历史编纂又发生了转向，学界将注意力投向作为早期美洲史主题之一的文化互动与调适。但在这里，自然界往往还是以配角的身份登场。研究者揭示了欧洲裔美洲人与印第安人努力适应共存而非消灭彼此的种种手段，以维持美洲环境资源下的跨文化贸易。[13] 总体而言，早期美洲史研究者已经使土地和土地上的动物在学术文献中占据了一席之地。但是，这些研究中的环境大体上是被动的状态，其仅仅作为自然资源库，等待着人类将其开发并转化为殖民者与被殖民者的工具和武器。

到了 20 世纪 70 年代，环境史学家尚未想到自然界会在美洲殖民史中扮演更积极的角色，尽管最早的美国环境史著作对其讨论的年代要晚得多——当然这里也有一些显著的例外。然而，当时已经有开创性的研究提出了这样一种概念，认为殖民是一个涉及"土地变迁"的环境过程，它有意或无意地促进了欧洲人对新世界的支配。[14] 后来有不少专著，其中一些是动物史分支领域的先行者，它们赋予了动物积极的角色，表明引进的家畜——比如乳牛、猪、绵羊——如何充当了帝国的代理人并推动了殖民者的事业。[15]

近年来，本土动物史研究变得更常见了，过去 20 年间出现了针对狼、鱼、野牛和其他早期北美洲动物的专题研究。这些著作考察了人类与特定野生物种的交往过程以及对其的态度，其中主要关注欧洲殖民和早期国家工业化对野生动物造成的深远破坏性影响。[16] 因此，尽管环境史学家已经将动物带到前台，甚至允许欧洲家畜在北美洲殖民化过程中扮演积极的角色，但研究者仍然主要将北美本土动物视为殖民叙事展开中的客体，而非独立主体。

本书的"动物转向"将野外生物视为英属北美殖民进程的参与者。[17]作为英裔美国人占有合法性的挑战者，本土动物给殖民带来了各种障碍。殖民当局必须先应对各种野外生物的特定行为，然后才能切实支配北美洲。英国殖民化需要再造地貌：要迁移原住民，以便创造出空旷的荒野；要将外来人口迁移进来；还要将土地转化为有边界和具体用途的区块。[18]这个再造过程的每一部分都因野外生物而变得复杂了起来。本土动物为美洲原住民提供了抵抗迁移的武器，本土动物的存在也为印第安人的领土主张提供了合法依据。[19]英国人引入家畜在土地上放牧，而野兽消灭了家畜。殖民者为了分隔开用途不同、产权人不同的土地，于是设立了物理和法律边界，而野外生物跨越了这些边界。为了回应这些挑战，英属美洲当局被迫调整策略，根据每种新的野外生物边疆来重新界定法定所有权。如何既不让承诺中的美洲野外生物优势落空，又能将美洲动物殖民化，这是困扰了立法者几个世纪的难题。由此，野外生物要为塑造英属北美殖民化进程的特殊性负责。[20]

接下来，本书的每一章都会探讨野生物种阻碍殖民者重塑北美地貌计划的具体实例。河狸、狼、鱼、鹿和野牛的特定行为习惯为殖民者带来了不同的障碍，也为被殖民者提供了抵抗的工具。本书每一章都聚焦于一种特定的占有表现：定居和殖民边界、开垦土地、私有财产和公共权利的概念、非法侵入、印第安人的所有权与占用。然而，这里考察的各种动物和历史冲突不仅仅是提供一系列有启发性的案例研究。这几种野外生物——河狸、狼、鱼、鹿、野牛是在早期美国受到法律规制最多的动物。除了少数例外情况，它们都是当局和移民共同的关注点。它们的故事可以绘制于一条从东向西的线上，总体遵循动物殖民化三种表现的时间发展顺序——17世纪，英国人殖民的特点是猎取河狸皮和灭狼；美国建国时期，其殖民的表现是围绕洄游的鱼和迁徙的鹿展开的冲突；到19世纪下半叶，美国政府殖民时期表现为对南方平原野牛的处置。总体来讲，这些动物的历史勾勒出一种错综复杂的关系，一方面是野生动物的行为，一方面是殖民者占有和支配美洲环境的观念变迁所受到的种种限制。[21]

在讲述这些动物的一个个故事之前，我先要概述几个世纪中欧洲探险家、传教士、旅行者、博物学家等人与美洲动物的初次相遇和相继留下的记述。英国殖民话语反复宣称，美洲有丰富的动物可以用来为移民社会服务。[22] 随着殖民进程向内陆推进，接连跨过野外生物边疆，各路鼓吹殖民的英国人都在宣扬本土动物的潜力与好处。[23] 当殖民者逐渐熟悉了环境，他们便通过科学观察、日常实践和法律手段将野外生物圈定起来，试图将对生物资源的愿景化为现实。这些观察者不再仅仅将本土动物视作商品，因为他们设想到了多种利用动物为殖民事业服务的方式。[24]

当然，在英国殖民者与美洲动物最初的一些接触中，他们尤为感兴趣的是那些能够直接从环境中获取并转化为可售卖货品的动物。河狸皮是17世纪初切萨皮克湾毛皮贸易的关键商品，我们会在第二章中重点讲述这部分内容。如该章所示，相互竞争的欧洲列强对地域广大、界定不明的美洲地域提出了大范围的领土主张，而河狸则揭示了这些主张的局限性。河狸的习性和分布将殖民者的注意力引向外界，从拥聚在海岸的移民社会转向偏远未知的美洲内陆。弗吉尼亚和马里兰的殖民官员与投资者较晚参与河狸贸易，当时河狸贸易所在地域正在脱离他们的控制，于是他们也卷入了与其他殖民地争夺这种宝贵动物性商品的冲突中。为了实现河狸的经济收益，当局一方面拓展殖民地，一方面虚化属地主张，同时鼓励印第安猎人和商人穿越漏洞越来越大的殖民地边界。这些动向引发了边疆移民的反叛，让马里兰和弗吉尼亚等陷入了大面积的冲突，包括17世纪的所谓"河狸战争"。切萨皮克湾河狸贸易尽管持续时间短，却造就了一个竞争性个人主义妨碍制度发展、变动不居的联合关系占据上风的边境地带——它模糊地分隔了两种社会，一种是印第安人为主体的内陆拓殖榨取区域，一种是殖民扩张中的东部移民社会。[25]

狼挡在了扩张的路上。第三章讲述了从 17 世纪末到 18 世纪初，狼如何妨碍了英国式的个人占有主张，这种主张的基础是圈围和开垦土地，移民通过放牧和种粮的手段来主张自己的法律占有权。捕食性动物和害虫改变了习性，开始攻击外来物种，从而直接妨碍了这一驯养培育过程。从切萨皮克来到肯塔基的边疆，移民将野外生物的破坏与个人事业以及整体殖民事业的失败直接联系了起来。起初，当局自信有能力通过根除狼和其他害兽来改造地貌，于是制定法律鼓励消灭捕食性动物。但事实证明，这是一项艰难的任务。殖民者仅仅开垦自己的土地并在四周围上栅栏是远远不够的，因为狼和其他捕食性动物不会尊重英国的所有权标识物。狼占据的野外，也必须被纳入殖民地秩序。到了 18 与 19 世纪之交，狼的行为已经根本性地改变了英国人的殖民活动，边疆移民的关注点不再是圈地和开垦，而是转向自由放牧和打猎，由此产生了美式殖民的一大特征。

第四章考察了美国建国初期弗吉尼亚与北卡罗来纳山麓鱼类的争端，进一步展现了向美国人殖民的转变过程。洄游鱼类有作为生活物资与有利可图的商品的双重价值，它们的流动性似乎违背了私人产权，从而围绕占有权的法律界定产生了争议。鲱鱼等野生鱼类无法与其所处的河溪分离，于是模糊了开放获取资源、公共权利、公有产权、私人财产之间的界线。[26] 随着18与19世纪之交的资本主义发展，河流经历了工业化，磨坊水坝业主、汽船公司、商业捕鱼从业者、河边居民和当地居民几者之间出现了争夺水资源的情况。每个群体都提出了对鱼类及其所居河流的法律权利，这些权利不仅彼此有竞争关系，有时更是针锋相对。鱼类的行为表明，英裔美国人那种产权固定且可分割的理性使用土地的观念，难以与流动不定的野外生物相调和。

白尾鹿也存在流动性的问题。第五章将跟随这些行踪不定的动物和猎鹿人，越过阿巴拉契亚山脉两侧的西部地区，从18世纪末进入印第安人迁移时代。这一章将展示，鹿的习性何以会鼓励商业鹿皮猎人无视美国殖民者树立的固定占有边界。[27] 当欧洲裔美国猎人非法侵入私人领地，进入印第安人所主张的猎场时，立法者企图遏制纠纷，起初的方法是阻碍美国猎人流动，后来则是为美洲原住民指定了一部分猎场并立法予以保护。英属美洲当局无视肖尼族对肯塔基猎场的主张，采取了无限制公共猎场的立场，支持边疆定居点和成长中的南方鹿皮贸易。相比之下，切罗基族、克里族、契卡索族等印第安人更好地为南北卡罗来纳州、田纳西州东部、佐治亚州的猎场争取到了法律保护。独立战争后，美国政府判定这些区域不可侵犯，这一点在 19 世纪 30 年代成为印第安人迁移的一个理由。立法者将美洲原住民的猎场权与鹿而非土地绑定在一起，从而确保自己发明的"印第安人权利"仅仅赋予其暂时的土地占用权——等到没有鹿的时候，这项权利就可以废除了。

在南方平原，美国殖民者逐渐将"占有"理解为一个占用问题，包括动物占用和人类占用。第六章讲述了美洲野牛，即美洲最后一个数量多且体型大的本土物种是如何挡住殖民传播者的路——有时就是字面意义的挡路——从而妨碍英裔美国人掌控平原。野牛的行为塑造了南方平原印第安人的文化与经济形态，也促进了科曼奇族和基奥瓦族等部落的活跃。[28] 尽管早就有美国观察者预测野牛即将灭绝，但事实证明，这种动物具有超出预期的韧性。即便野牛数量在 19 世纪呈下降趋势，但这些野兽还是为美洲原住民提供了一种维护其对西部草原宣称主权的手段——尽管这种手段愈发象征化。南北战争结束后，于旨在建立边疆秩序的条约中，野牛也是缔约方。即便野牛数量少了，但它们的存在也铸造了一把通往原住民占有权与印第安人主权合法化的钥匙。于是，野牛不仅参与经济，也成为政治的参与者。1874 年至 1875 年，得克萨斯州潘汉德尔爆发了印第安人起义（史称"红河战争"），这是19世纪晚期美国平原发生的众多冲突之一。此事件表明了野牛、原住民占用、政治势力与法律占有权之间相互交织关联。

后来有人将这起事件称为"野牛战争"。归根结底，作为关系方的平原野牛揭露了一种矛盾，一边是殖民者对大量无主野外生物抱有的希望，一边是英裔美国人以合理有序环境为基础的占有主张。到了19世纪末，许多欧洲裔美国人都承认野牛的命运与美洲原住民的命运紧密相连。尽管他们会慨叹，想象中的独特美国身份认同的一个关键要素消失了，但大多数人都认为，野牛和"印第安野人"的灭绝是殖民自然进程的一部分。然而，鲜有人承认野外生物在拉长殖民进程中扮演的角色。

美国人与本土动物打了几个世纪的交道，其间对"野外"赋予了丰富的文化价值。尽管野外生物给殖民者造成了重重障碍，但就丰富无主的野外生物的宣传承诺，一直贯穿于漫长的殖民发展过程。"野外"既是移民的推动力，也是移民的障碍物。到了19世纪晚期，人已经占有了土地，野牛濒临灭绝，活动家和立法者遂设法维持和保护残留的美国野生环境遗产。他们征用土地、迁移原住民、重塑地貌，以便适应新的用途。他们建立了另一套法律制度，用来管理第一批国家森林、国家公园和野生动物保护区包含的土地和动物。[29]法律部门划立了一块块荒野，动物可以在里面过"野生生活"，前提是它们不越过法律规定的土地边界。这便是殖民的胜利，野兽以国有财产的身份成为野外生物。[30]接下来的故事，就是从动物角度讲述了。[31]

天生狂野：北美动物抵抗殖民化

【注释】

1 Thompson, *Whigs and Hunters*, 21-22.

2 State v. *Campbell*, 166-168.

3 Crèvecoeur, *Letters from an American Farmer*, 58-60, 66-70; Tocqueville, *Democracy in America*（《论美国的民主》）, 322-325; Fredrick Jackson Turner, The Frontier in American History, 1-38.

4 关于英帝国对野外生物的运用，参见 Ritvo, *Animal Estate*, 205-288.

5 哈丽雅特·里特沃（Harriet Ritvo）认为，对动物态度的一个根本性转变限定了动物在维多利亚时代英国法律中的角色。她写道："19 世纪英国法律仅仅将动物视为人类所有者的财产。"我主张自 17 世纪以来，野外生物在美国语境下的法律功能已经有所拓展。参见 Ritvo, *Animal Estate*, 2-3。

6 Tomlins, "Many Legalities of Colonization," 9-10. 关于法律对环境产生的影响，参见 Nagle, *Law's Environment*, 5。

7 针对美国殖民地时代南方环境史的专著包括：Silver, *A New Face on the Countryside*; Cowdrey, *This Land, This South*, 第 1-3 章; Stewart, "What Nature Suffers to Groe"; Sutter and Manganiello, *Environmental History and the American South*; Davis, *Where There Are Mountains*, 第 1-5 章; Rice, *Nature and History*. Silver, "Learning to Live with Nature", 539-552 这是一份美国南方环境史研究文献综述。

8 塞缪尔·海斯（Samuel Hays）在他的巨著中提出，环境保护"是一场科学运动，它的历史地位来自科学技术在现代社会中的意义"。Hays, *Conservation and the Gospel of Efficiency*, 2. 关于环境保护的现代性渊源，另见 Shabecoff, A Fierce Green Fire, 27, 54-58, 69. Grove 在 *Green Imperialism* 提出了一则重要修正。

9 Theodore Steinberg, *Down to Earth*, ix-x.

10 关于北美远洋渔业与毛皮贸易的早期研究包括：McFarlane, *A History of New England Fisheries*; Innis, *Fur Trade in Canada*; Innis, *Cod Fisheries*; Pearson, "Fish and Fisheries of Colonial Virginia"; George T. Hunt, *Wars of the Iroquois*; Trelease, "Iroquois and the Western Fur

Trade", 32—51。

11　弗雷德里克·杰克逊·特纳（Fredrick Jackson Turner）的 *The Frontier in American History*（《美国历史前沿》）至今依然是这一研究脉络的巨著。之后有作者反驳特纳的边疆论，但依然假定奇特而混乱的荒野是殖民者经历的一部分。例见 Perry Miller, *Errand into the Wilderness* 和 Boorstin, *The Americans*。关于荒野在美国思想中的影响，参见 Roderick Nash, *Wilderness and the American Mind*（《荒野与美国思想》）。

12　直接提出这一主张的历史学家包括 Calvin Martin（Keepers of the Game, 18—19, 154—155）和 Richard White（Roots of Dependency, xv）。

13　这一领域的关键著作是 Richard White, *Middle Ground*, xxv—xxvi（《中间地带：大湖区的印第安人、帝国和共和国：1650—1815 年》）。

14　相关主要研究包括 Cronon, *Changes in the Land*（《土地的变迁》）和 Crosby, *Columbian Exchange*（《哥伦布大交换：1492 年以后的生物影响和文化冲击》）。关于欧洲人在非洲和亚洲的殖民活动，参见 MacKenzie, *Empire of Nature*。

15　关于家畜的研究，例见 Virginia DeJohn Anderson, *Creatures of Empire*; Melville, *A Plague of Sheep*; 以及 Crosby, *Ecological Imperialism*（《生态帝国主义》），第 8 章。

16　例见 Isenberg, *Destruction of the Bison*; Harris, *Fish, Law, and Colonialism*; Coleman, Vicious; 以及 Vickers, "Those Dammed Shad"; 685—712。

17　关于动物转向，参见 Armstrong and Simmons, "Bestiary", 1—3 以及 Ritvo, "On the Animal Turn", 118—122。关于动物在历史中扮演的主动角色，参见 Jennifer Adams Martin, "When Sharks (Don't) Attack", 451—455; Fudge, "A Left-handed Blow", 3—18; Ritvo, "Animal Planet", 204—206; 以及 Dorothee Brantz 为 *Beastly Natures* 写的序言, 1—6。

18　Tomlins, *Freedom Bound*, 133—134.

19　关于原住民的法律主张，参见 Belmessous, *Native Claims* 收录的文章。

20　关于动物史对史学研究重点转向的推动作用，参见 Fudge, "Milking Other Men's Beasts", 13—15, 27—28。

21 关于近年来动物与帝国主义研究成果概览，参见 Skabelund，"Animals and Imperialism"，801–807。此类研究的关注点通常是动物作为被支配的殖民对象的一面，或者殖民者将动物用作帝国的工具或象征。而我则强调动物参与了殖民的法律进程。

22 关于殖民地动物的丰富程度，参见 Nicholls, *Paradise Found*，3–5，111。

23 我说的"野外生物边疆"指的是：英裔美国殖民者遇到规模较大的野外生物种群，企图将法律秩序引入原有动物界的地点。

24 关于动物的商品化，参见 Richards, *World Hunt* 以及 Cronon，*Changes in the Land*，82–107（《土地的变迁》）。

25 关于欧洲裔移民社会的边界与边疆，参见 Russell 为 *Colonial Frontiers* 写的序言，1–3，11–13。关于移民社会环境史比较研究，参见 Griffiths, *Ecology and Empire* 中收录的文章。

26 Cole，"New Forms of Private Property"，226–227.

27 关于边界的重要性以及将边界施加于自然界的困难，参见 Theodore Steinberg，"God's Terminus"，65–68，88–90。

28 Hämäläinen, *Comanche Empire*，1–12.

29 Tober, *Who Owns the Wildlife*?，xvi–xviii; Dunlap, *Saving America's Wildlife*，5–8.

30 关于现代"野兽"变为"野外生物"的过程，参见 Etienne Benson，"From Wild Lives"，418–422。

31 关于动物的主体性与能动性，参见 Despret，"From Secret Agents to Interagency"，29–44。汤姆林斯（Tomlins）在最近的一篇论文中提出，研究涉及动物的法律案件或许"最终会帮助我们找到通往动物，而不仅仅是通往法律的道路"。参见 Tomlins，"Animals Accurs'd"，52。

CHAPTER 1

天生狂野

→ ─── 第一章 ─── ←

供人享用的生灵

Creatures Serving for the Use of Man

从任何客观角度讲，这都是一次失败。汉弗莱·吉尔伯特爵士（Sir Humphrey Gilbert）在英属北美殖民地的第二次殖民尝试，几乎立即失败了，尽管这位由牛津教育出来的领航员做了精心规划。1583年夏季，他率领一支由五艘船组成的船队，刚从普利茅斯（Plymouth）起航两天，船队中最大的一艘巴克帆船就因为暴发疫病而折返，这艘船的船长是吉尔伯特同母异父的弟弟沃尔特·雷利爵士（Sir Walter Raleigh）。后来，在恶劣海况与海雾的影响下，"松鼠号"（Squirrel）和"燕子号"（Swallow）脱离了总指挥和船队余部。吉尔伯特在纽芬兰海岸与走散的船只会合时，发现手下的一些桀骜船员已经变成海盗了。他们推翻了"燕子号"的船长，沿途打劫了两艘法国渔船。更多心怀怨恨的船员放弃了纽芬兰开拓行动，动手劫掠近岸渔场里定期往来的各路船只。尽管他的行动遭遇了哗变、抵制、恶劣天气和疫病，吉尔伯特还是坚持了下来，宣称圣约翰港为英国领土。他"按照英国习俗"获得了"木条（一小根榛子树枝）和属于同一片地域的土块"，便宣称英国国王有权管辖整片土地。[1]此举引起了聚集于此的法国、西班牙、葡萄牙和巴斯克渔民的一些不满。

吉尔伯特沿着北美洲海岸向南航行，霉运接踵而至。他手里剩下的最大船只"欢愉号"（Delight）于塞布尔岛（Sable Island）搁浅，在礁石海岸上粉身碎骨。船上将近80人淹死在了冰冷的海水里，少数幸存者在一艘敞篷的小船里熬过了六天六夜，其间"全靠自己的尿液生存"。经过这次"惨痛沉重的事件"，大部分行动物资都损失掉了，于是在各位忠诚的船长劝说下，总指挥（吉尔伯特）同意返回英国。但是，汉弗莱·吉尔伯特爵士再也没能回到家园。他的座舰"松鼠号"在亚速尔群岛（Azores）外遭遇猛烈风暴沉船，全员无一生还。当这艘护卫舰在波涛中沉入海底时，似乎有人听见吉尔伯特大喊："海洋和陆地距离天堂一样近。"这位探险家随后消失于黑暗中，他的船"被大海吞噬毁灭"[2]。

1583年9月底，行动仅存的"金鹿号"（Golden Hind）在韦茅斯（Weymouth）靠岸，船长爱德华·海斯（Edward Haies）立即着手挽回总指挥的名声——至少要挽救他的这次行动。海斯的报告重申，尽管航程多灾多难，但吉尔伯特的殖民方案归根结底是合理的。这位冒险家先论证了英国对佛罗里达以北"那些丰饶宜人的土地"的合法占有，接着像商人一样列举了纽芬兰的天然货品，声称那里的资源在数量和质量上都不亚于欧洲。殖民者在纽芬兰能得到"玫瑰、沥青、焦油、草木灰、松木板、桅杆、兽皮、毛皮、亚麻、大麻、谷物、索具、麻布、金属及许多其他物资"。杉树、雪松、松树可以产出树胶和松脂。土壤尽管不算深厚，却生长着各种"适合喂养牛"和绵羊的草料。有证据表明山里出产铜、铁和铅，至于金、银、珍珠之类更贵重的物品，海斯没有确证，他只是客观地叙述了亲眼见到的资源。据他预测，仅此就足以为英国殖民者带来不菲的回报。[3]

但是，当海斯在描述这片"新发现的土地"上的野外生物时，实事求是的语调中透露出一丝惊叹：新世界的生物远远超过了欧洲发现的生物。他在报告中说，土地上生活着各种令人惊诧的动物，包括：

> 数量与种类繁多的水禽和陆禽……山鹑极多，远胜于我们这里。……各种野兽，红色的鹿，还有水牛，也可能是一种从脚印和足迹来看不亚于公牛的野兽。大小不一的熊、雪豹或者猎豹、狼、狐狸，往北走一点儿能看见黑色的狐狸，还有獭、狸及貂，它们的毛皮在一些欧洲国家价格极高。

珍奇异兽，陆行水游。吉尔伯特船队离开北美海岸时，后面跟着"长牙""目光如炬""身形似狮"的怪"鱼"，而这只是那个神奇动物世界里的独特物种之一。平常保守的海斯向读者们保证，肯定还有更多奇异动物，因为探险队的逗留时间太短，"来不及观察这些无主之地上百分之一的生物"[4]。

对海斯来说，美洲的动物不仅仅是有利可图的货品。他遇到了许多不同的野外生物，这正是将来的殖民者会得到神助的征兆。他写道，"伟大的上帝"已经"为大地提供了绰绰有余的供人享用的生灵"。但是，人类尚未充分利用这些礼物。这样的疏忽显示了英国人的"错谬痴懒"，他们生活在一个"人满为患的王国"，过着"虚伪和极其糟糕"的日子。探险家呼吁，英国人应该"像真正的男人一样去冒险"，获取"远方的居所"。这样做的人会发现，"大自然使努力的人有大福报"[5]。金银——如果有的话——会让冒险家致富，但动物资源能让移民立业。

与海斯一样，其他欧洲探险家也发现北美洲的动物不同凡响。西班牙、法国、瑞典与荷兰的观察者都认同英国人的看法，即丰富多样的美洲动物是新世界有别于旧世界的关键标识。欧洲探险家认为，野外生物繁多是北美自然与人文环境的重要指标。动物提供了气候和土壤肥沃度等情况的线索，动物性产品——

毛皮、兽皮、兽肉、鸟羽——提供了关于美洲社会与经济的证据。各种各样的论者——包括探险家、投资人、传教士、政治家、自然学家、旅行家和移民——从自身观察、对当地的了解和先入之见出发，设想本土动物可能会对殖民计划有何助益或妨碍。他们的计划各有不同，怀着由不同文化、法律和环境背景所塑造的殖民愿景，各个宗主国都为各自殖民活动中遇到的野外生物安排了不同的角色。[6]

英国的殖民宣讲者一贯将本土生物描述成"供人享用的生灵"，程度比欧洲其他国家更甚。[7]他们预言，美洲动物终将帮助殖民者建立英国式占有权的文化和法律标识物，也就是定居点、有边界的田产、经过开垦的农庄。[8]殖民者的文字反映了这种信念，在将近三个世纪的时间里，关于野外生物的英语文本保持了若干稳定的、反复出现的特征。当观察者在北美洲东海岸——后来是北美内陆——初次与新环境相遇时，他们首先会设想出各种野外生物帮助移民安居的方式：食物、贸易、药物和娱乐。随着英裔美国人的计划在 17 世纪有了起色，英国人的想象变成了更加赤裸裸的宣传。动物居于一种殖民愿景的中央，为英属北美大陆提供了面向大众的原始自然资源，由此鼓励欧洲人移居美洲安家。[9]然而，开发动物资源需要一种特定的环境秩序，这种秩序要符合英国人的财产观念。

天生狂野：北美动物抵抗殖民化

随着时间推移，作者们形成了一种坚定不移的信念，相信殖民者有能力施加一种理性化的秩序，无须驯服野外生物，同时又能将它们限定在合适的地域。每当英裔美洲殖民者在新边疆面对本土动物时，这套"潜力、宣传、秩序"的模板就会再次出现在英语文本中。在英国人的想象里，动物形态下的美洲荒野最终将为秩序井然的移民社会服务。

初遇新世界动物，寻找开发潜力

比爱德华·海斯的报告早接近一个世纪的时候，克里斯托弗·哥伦布（Christopher Columbus）笔下新世界的各种财富还要更加丰饶。在讲述 1492 年的第一次航行时，这位探险家感叹自己的能力不足以描绘如此神奇的环境。哥伦布坚称，他的描绘不及"他所见的百分之一"，而且"纵有一千条舌头也不足以向国王和女王讲述他们在那里的所见，纵有一千只手也不足以描绘它们"。事实上，他在报告中宣称：

> 这些国家是如此广阔、如此美妙和富饶……没有人能够描绘，也没有人会相信对它们的描述，除非亲眼见证。

尽管如此，哥伦布还是"希望有其他明智可信之人见证"，他"确信他们的描述不会亚于他"。[10]

各路欧洲探险家回应了哥伦布的号召。在整个16世纪和17世纪，探险家们都在讲述初遇新世界中动物界的经历，有公文，有信件，有编年史，也有博物志。尽管他们的描述有许多共同特点，但也有明显的差别。来自西属、法属和英属美洲的早期报告反映了各自区域的地理特征，也反映了宗主国的政策差异。对本土动物的最早描述是宗主国文化与当地条件相互作用的产物。认真阅读这些内容就会发现，它们预示了欧洲各国在美洲殖民地的不同发展模式。[11]欧洲人对美洲野外生物第一印象的异同，反映了殖民者对新世界帝国的畅想。[12]

欧洲人对动物的描述有一个共同的线索——丰饶。探险家们报告称，整片大陆都生活着或熟悉或陌生的生物。1524年，乔瓦尼·达韦拉扎诺（Giovanni da Verrazano）在给法国国王的一封信中说，卡罗来纳所在地"盛产如野鹿、野兔和许多其他类似的动物，还有各种鸟类"[13]。1540年，陪同科罗纳多（Coronado）的军人写道，美国西南部迁徙的野牛"数目极多，谁也数不过来"。佩德罗·德卡斯塔涅达·德纳赫拉（Pedro de Castañeda de Nájera）回忆，当西班牙人接近庞大的兽群时，"根本看不到它们另一头的地面"[14]。1626

年，葡萄牙传教士阿隆索·德贝纳维德斯（Alonso de Benavides）号称新墨西哥也有"无穷无尽"的"丰富猎物"。[15] 就连北美气候最恶劣的区域，也是野兽繁多。18世纪初，加布里埃尔·马雷神父（Father Gabriel Marest）报告称，加拿大哈德逊湾（Hudson Bay）地区生活着无数的飞禽、游鱼、走兽，为数上百的驯鹿群全年皆可捕猎。[16] 欧洲探险家几乎不管去到哪里，都能发现数目多到令人惊讶的野外生物。[17]

欧洲人的"初遇记事"还利用了美洲动物的奇特性，比如负鼠、飞鱼、海狮、飞鼠，以它们为例说明美洲有种类多样到惊人的动物等待探索。[18] 具有科学思维的新式欧洲博物学家无法将这个陌生的动物界妥帖地纳入古典著作与《圣经》的范式，于是开始强调实证和直接观察是描述美洲自然界的权威依据。[19] 例如，雅各·卡蒂埃（Jacques Cartier）原本对1535年和1536年在圣劳伦斯河（St. Lawrence River）听说的"野人"（wild men）等动物传说心存疑虑——据传有"许多长得像马一样的鱼"生活在陆上和水里，直到卡蒂埃亲眼看到海象，方才确认此事不虚。[20] 德索托（De Soto）的手下在前往佛罗里达的路上发现了"和人的大腿一样粗，或者还要粗"的怪蛇。[21] 在美洲西南部，西班牙作者笔下的野牛相貌是如此怪异，以至于士兵见了会大笑、马见了会脱缰。[22] 再向北走，法国耶稣会士报告说见到了"怪物"，比如说有"许多森林野牛"，它们"像马一样大"。[23] 保罗·勒热纳神父（Father Paul Le Jeune）迷上了豪猪，非要用手去抓豪猪的尾巴。他后来生动、详细地讲述了自己接触钢针一样的棘刺的"一手"经验。[24] 对勒热纳和其他有科学思想的欧洲观察者来说，豪猪这样不寻常的野外生物是美洲生物独特性的活生生的实践证明。[25]

珍禽异兽在许多欧洲人的初遇记事中都很常见，而在来自伊比利亚半岛人的笔下则尤其突出。西班牙作者的文字里特别强调美洲动物的奇异性，其中许多人都是科学博物志的先驱者。贡萨洛·费尔南德斯·奥维多（Gonzalo Fernández Oviedo）的权威著作《西印度博物志》（*Natural History of the West Indies*）初版发行于 1526 年，书中对西班牙新领土上的奇特生物留下了一些最早期的描述，包括海牛、狮子和"极为奇特"的犰狳——这种生物"与西班牙或其他任何地方的任何动物都大不相同"[26]。尽管方外异兽珍奇有趣，但对执着于获取金银的西班牙殖民者来说意义不大。西班牙殖民者热衷于降服土著人，而不看重占据土地。在这个版本的殖民里，野外生物不会扮演重要的角色。西班牙国王对广袤美洲领土的权威合法性来自征服，而非移民。[27] 在西班牙人的想象里，除非美洲动物也能成为殖民地主人的奴隶，否则它们就没有用处。17

世纪初，阿隆索·德贝纳维德斯提出，新西班牙的庞大野牛群"足以造就强主，前提是能制定……一套将它们迁往别处的方案"[28]，野生状态下的野牛没有价值。西班牙人曾为捕获、驯化野牛和其他野兽做出了一定的努力，但他们的尝试通常是失败的。[29]最终，尽管美洲动物繁多、奇特，但依然处于野生状态，所以在西班牙殖民中无关宏旨。[30]

而新法兰西的叙事主旨就是野外生物。在那里，以鱼类和毛皮为形式的北美洲动物资源迅速取代了金银梦想在殖民计划中的位置。于是，法国人的初遇记事反映了本土动物与原住民在塑造未来的新世界之商贸帝国中所扮演的核心角色。法国人对美洲动物界的描绘通常强调美洲原住民与野外生物的互动，探险家和传教士则关注动物习性与土著社会习俗的相互作用。他们在报告中大段且详细地记述了印第安人的捕猎方法，阐述了关于当地环境的知识。[31]加布里埃尔·马雷神父对哈德逊湾部落的刻画是典型的法国式殖民文本。18世纪初，他向上级汇报称：

> 看啊，上帝是多么照顾这些野蛮人啊！因为他们的土地贫瘠，主就给他们送来了如此之多的猎物，还给予他们特殊的捕猎技巧。[32]

法国殖民计划依赖印第安人产出的毛皮与合作性贸易往来，而不依赖征服或者移民，因此印第安人的特殊捕猎技巧对法国人至关重要。美洲原住民愿意分享自己的动物知识和财富，这被法国殖民者解读为是他们认可法国政治管辖的证据。[33] 在法国人的殖民设想中，最重要的不是新世界动物的野生属性，而是它们的美洲属性。新法兰西的早期叙事将本土动物设想为法国施加影响的渠道，顺着这个渠道，法国终将占有美洲的土地与人民。

英国人的初遇记事与同时代欧洲人对新世界动物的记述之间有许多共同主题，但英国作者讲述的却是另一种殖民故事，预示着北美洲的"各种野兽"将会扮演更加多样的角色。在英国人的殖民想象中，野生动物是移民的潜在助力。这种观念有两个来源，一个是有利的动物界，另一个是英国人将合法占有等同于生产利用的殖民思路。[34] 论者坚称，美洲动物可以轻易地被用于服务占据土地的移民。在英国人的殖民考量中，荒野是一种优势。它表示土地和土地上的资源是无主的，愿意开发利用的殖民者可以自由获取。在以农垦定居为核心的殖民观中，野外生物资源不仅代表着发财之路，也是挣得家业的途径。[35]

与法国和西班牙的同行一样，英国观察者对北美洲丰富的野外生物感到极为惊奇。在最早期的探险活动中，英国探险家详细列举了自己遇到的动物，包括"狸、獭、狐、兔……厚毛野牛、麝鼠等"，野鸽"在冬天数不胜数"，成群结队，"密不透光"。[36] 内陆水域也有"大量鱼类"，种类繁多。纽芬兰海岸鱼群极盛，可以用笤帚扫上船，用网捞也很容易，就像用铁锹铲麦粒一样。安东尼·帕克赫斯特（Anthonie Parkhurst）声称，只要打三四个小时的鱼，就足以供应"全城"[37]。按照亚瑟·巴洛船长（Capt. Arthur Barlowe）的说法，1584 年的罗阿诺克岛（Roanoke Island）上"有丰富的野鹿、野兔和各种野兽，还有世界上品质最好、最美味的鱼，颇为丰饶"[38]。约翰·霍金斯（John Hawkins）在 1565 年二探佛罗里达海岸期间，发现了"数量惊人"的鹿，还有"其他各种可供人利用的鸟兽"。约翰·斯帕克（John Sparke）在他写的"霍金斯航海记"中宣称，"这片土地的物产比任何人知道的都要多"[39]。对英国人来说，北美看似无穷无尽的野外生物丰饶度特别值得注意，因为这与开垦程度较高的英国本土形成了鲜明对比，英国的环境正愈发人造化且受制于人。[40] 殖民作者经常做这种比较。亚瑟·巴洛根据他在罗阿诺克见到的情形，得出结论：

> 全世界都找不到这样的丰饶之地：我见过欧洲最丰饶的地方，个中差别，无以言喻。

美洲森林中繁多的野外生物证明，那片土地"不像波希米亚（Bohemia）、莫斯科（Moscovia）或者海西尼亚（Hercynia）那样贫瘠不毛"[41]。英国冒险家将笔下繁盛的新世界动物置于耗竭的旧世界地貌背景之下，希望借此突出北美洲环境数不胜数的潜能。

在初遇北美时，英国探险家会寻找异兽的证据——欧洲民俗神话中的野兽——用来凸显美洲大地的神奇。约翰·斯帕克声称在佛罗里达发现了独角兽，或者在新英格兰有"美人鱼"紧紧抓住英国人的独木舟，这些奇异生物都是众多作者编纂的早期美洲动物志的组成部分。[42]英国海员乔布·霍托普（Job Hortop）在西印度群岛发现了一种"怪蜥"——头"似猪"、身"似蛇"、长指甲"似龙"。霍托普一行人布下带钩的诱饵，又派一只狗尾随，最终捕杀了其中一只"怪蜥"，也就是短吻鳄。[43]根据威廉·伍德（William Wood）的说法，迷失在新英格兰荒林里的英国人听到了"可怕的吼声"，那动静只能是出自"魔鬼或者狮子"。[44]森林里还发现了不可思议的"树鹿"，博物学家约翰·乔斯林（John Josselyn）声称，这种"可爱的罕见生物"像是一只长着"胶质角"的鹿，而且"只能辨认出（它的）嘴巴和眼睛"。驼鹿同样令乔斯林吃了一惊，据他估计，这是一种"多到过分的怪物"[45]。总的来说，这些神奇的动物形态强化了新世界与旧世界天差地别的观念。

在英语文本中，野外生物也被用来区分新旧世界的人文环境。对英国人来说，印第安人利用野外生物的方式表明他们的社会奇特而原始。1612年，约翰·史密斯（John Smith）记录了弗吉尼亚的状况：印第安人的服装由"熊皮和狼皮"粗制而成；一些人打耳孔，中间穿过一条"约半码（约合45厘米）长的黄绿色小蛇"，这些用作装饰的爬虫绕在佩戴者的脖子上，"常常亲昵地亲吻"他们的嘴唇；另一些人耳朵上戴着"用尾巴系起来的死老鼠"；还有一个人佩戴"挂在链子上的狼头当作首饰"；还有人头戴"鹰或者其他怪鸟的皮"或者是响尾蛇的尾巴做成的帽子。[46] 在早期探险家看来，以"兽皮"为衣的印第安人"运用"——或者说，在欧洲人眼中是"误用"——野兽的方式证明，美洲人"既无艺术，又无科学"，因此他们会"拥抱"英国殖民者带给他们的"更优越的条件"。[47]

当然，英国探险家要寻找的不只是异域风情和不同寻常，他们还追求利润。难怪英国人最初的报告——自然是写给资助北美探险活动的投资人和商业资本家的——记录了他们发现的可供开发的资源和可供售卖的货品。[48] 然而，这些最早的美洲环境资源目录往往忽略了本土动物，或者说在潜在贸易货品名单中赋予本土动物的意义很小。在托马斯·哈里奥特（Thomas

Harriot）提供的 1590 年弗吉尼亚可售货品名录中，鹿皮和毛皮排在丝绸、亚麻、大麻、白矾、雪松、沥青、焦油、树脂、檫木、油和酒之后。哈里奥特猜测，獭貂皮或许会"带来丰厚利润"，但英国人尚未在弗吉尼亚看到大量獭貂。通过"人情关系"和在旅途中闻到的气味，他确定该地可能有"麝猫"——它们的"结石"可以用来生产麝香，但北美臭鼬从来不是香水和空气清新剂的优质原料。[49] 起初，约翰·史密斯还忽视了陆生动物的商业价值。他原本要找的是价值更高的鲸鱼、金和铜，失败后才转向鱼和毛皮，以此为 1614 年的新英格兰之行提供资金。[50]

虽然陆生动物起初看上去不是可靠的利润来源，但鱼就是另一回事了。早在 16 世纪后期，北大西洋的商业性捕鱼就成为稳定的财源，许多欧洲作者都聚焦于这一产业，认为它是新世界殖民的一大动机。乔治·佩卡姆（George Peckham）在汇报汉弗莱·吉尔伯特的探险行动时主张，远洋渔业的价值已经"广为人知"[51]。事实上，帕克赫斯特在 1578 年就注意到，前些年北美洲沿岸渔船激增，来自欧洲各国的船只纷纷争夺海洋资源。帕克赫斯特呼吁英国殖民纽芬兰，他确信此举能让同胞们在"短时间内成为整个渔业的霸主"[52]。约翰·布里尔顿（John Brereton）坚称，新英格兰的渔业前景更好，比纽芬兰更方便英国人开展商业性捕鱼。[53]

从史密斯到威廉·伍德，17世纪的观察者都提倡开发这一"主要产业"，相信鳕鱼和其他鱼类不仅能"供养种植园"，还有"国际贸易"价值。[54] 普利茅斯公司的赞助人也在推动殖民者到新英格兰定居，"主要是希望该地能通过捕鱼立即获得利润"[55]。

不同于欧洲人主导的远洋渔业，潜在的动物毛皮业从一开始就需要美洲人参与。英国殖民者意识到，在欧洲市场上交易价值最明显的商品是动物皮毛，而美洲原住民已经将它转化为交换货品了。英国人用不着将野生动物想象成货品，而只需要去发现几乎取之不竭的鹿皮与河狸皮，印第安人手里就有这些东西，有时还会拿出来交易。[56] 不过，英国殖民者还是坚持认为——正如海斯在1602年所说的——只有当"有技能且勤劳的我国国民扎根此地"之后，他们才能够开发"从海洋和陆地获取的商品"的潜在商业价值。[57]1609年，弗吉尼亚殖民者预计，他们的定居点最终会产出"大量兽皮和丰富的毛皮"，还有"充足的鲟鱼"以及其他未知的货品。[58] 一年后，弗吉尼亚总督理事会再次宣扬詹姆斯敦（Jamestown）的前景，写道：

> 河中遍布鲟鱼……林中生活着大量河狸、狐狸和松鼠，水域滋养着大群水獭，每一只都披着珍贵的毛皮。[59]

然而，这些野外生物资源的价值尚未实现。对英国殖民者来说，移民是跨大西洋野外生物贸易发展的必要前提。

本土动物的用途远远不止贸易获利。当然，英国评论者会用商品的语言来描述自己在新世界见到的许多事物，但大部分人都会认真区分这两种资源：一是贸易资源，二是用于维持人类生计、促进移民事业的资源。大部分读者都能理解这个区分，因为英国作者往往是在实用意义上使用"货品"（commodity）一词，指的是有益便利的物品，而不仅仅是可以卖的东西。哈里奥特在 1588 年的《弗吉尼亚真相简报》（*Briefe and True Report…of Virginia*）中用"货品"一词来指代所有自然产物，而且专门将"可售货品"分为一类，区别于"所有当地已知自然生长的食物与生计来源"。哈里奥特的报告是典型的英式说明文，不只是单纯描述，还会包含对美洲动物资源各种用途的展望。[60]

野外生物可以为英国探险家的行动提供给养。例如，1567 年，水手乔布·霍托普在一艘目的地是西印度群岛的船上，他很喜欢沿途采集近岸岛屿上的"鲜食"，也就是鸟肉和鸟蛋。[61]海斯提议吉尔伯特的 1583 年之行应"将航线设定为"前往纽芬兰的产鱼海岸，在那里"我们应该能获得大量必需品"。[62]哈里奥特在《弗吉尼亚真相简报》里列举了鸟、兽、鱼类，并

天生狂野：北美动物抵抗殖民化

强调了 1585 年 "在弗吉尼亚期间吃过的各种食物" [63]。此类记述确认了一种看法，即新世界是一个活跃着各类野外生物的富饶之境，任何人都可以非常轻松地靠土地生活。

有一批作者迈出了下一步，设想本土动物如何能够支撑稚嫩的新世界定居点——英国人占有的初始前哨基地。早期的描述明显将丰富的动物、富饶的环境与成功的殖民地联系了起来。一份 1609 年的宣传册直接指出了这一点，认定弗吉尼亚的土地——

> 天生养人，有丰富的鱼贝，有无穷无尽的水陆鸟禽，有各种鹿和各种兔，还有众多可以食用的水果和根茎类植物。[64]

繁多且壮实的动物表明，美洲环境包含 "林林总总……一切人类生活所需之物"。对英国殖民评论者来说，这一点很关键。面对野生动物繁多的土地，殖民者选择不去强调动物带来的非凡财富，而是强调 "好家业" 的希望。[65]

首先也是最重要的，美洲野外生物是好吃的。鹿之类的动物本来就贴近英国人的饮食习惯，无须殖民作者推荐，他们一般会按照口味好坏来排列每种动物，可食用动物志里也包含陌生的物种。有一份英国宣传册说，浣熊的"肉质和羔羊一样好"[66]。哈里奥特在《弗吉尼亚真相简报》中写道："Saquenúckot 和 Maquówoc"是"两种小型野兽，比兔子大，肉质甚佳"。事实上，他列举的每一种弗吉尼亚野外生物都会注明是否"肉质甚佳"。他在鸟类列表末尾写上了"鹦鹉、隼和海雕"，哈里奥特用遗憾的语气承认它们"不适合食用，但出于其他原因，我认为还是应该提及"。[67]

此外，英语文本还提出了其他美洲动物的利用前景。有人认为，丰富的野外生物证明家畜可以被成功纳入新世界。也有作者提议驯化本土生物，而非引入欧洲家畜。据伍德所说，早期新英格兰殖民者"有过收留驯养（驯鹿）并使其习惯套轭的想法，那会是极大的便利"。他提到这些动物产肉、产奶、有体力，而且"冬天不用喂饲料就能活"[68]。乔斯林讲解道："野外生物也能转化为药品。"他在 1674 年撰写了《两次新英格兰之旅》（*Two Voyages to New-England*），书中记载了多种动物入药的民间偏方，小到腹绞痛、大到骨折都能治。乔斯林说以熊入药的疗效特别强，并表示有一个人"把熊油持续抹在大腿根部，治好了坐骨神经痛"。他又说，熊的阴茎有助于排出肾结石。[69]移民需要的药品、资源或酬金，野外生物都能提供。

过去几个世纪里，随着英国殖民者横跨美洲大陆并向西探索，他们不断想象自己初次遇到的熟悉或不熟悉的野外生物带来的各种可能性。17 世纪和 18 世纪的英裔美国人探险记，重现了 16 世纪殖民记里先期上演的主题。约翰·勒德雷尔（John Lederer）于 1688 年从德国移居弗吉尼亚，他报道了自己 1672 年在阿巴拉契亚山区南部的探索活动，并在文中向那些有意追随他的西行路线的人保证：关于给养，"你可以放心地托付给你的枪，森林里到处都是黇鹿，草原上有红鹿，此外还有许多种如野火鸡、野鸽、野山鹑、野鸡等极好的鸟"。他还建议"向邻近印第安人建立收买鹿皮、河狸皮、獭皮、野猫皮、狐皮、浣熊皮等物的本土贸易"[70]。1709 年，博物学家约翰·劳森（John Lawson）倡议进一步探索南北卡罗来纳的西部，预言"这片土地的内部"肯定有（适宜的）土壤、空气、气候、植物，"还会有多种我们目前完全不了解的动物"。据他估计，卡罗来纳"便于贸易，不亚于美洲的任何种植园"，蕴含包括鹿皮和毛皮在内的各种自然资源。[71]当托马斯·沃克（Thomas Walker）在 1749 年勘察肯塔基时，其勘察团杀死了"13 头野牛、8 头麋鹿、53 头熊、20 头鹿、4 只野鹅、约 150 只火鸡，小型猎物另算"。事实上，沃克声称："要是我们愿意的话，本来可以猎得三倍多的肉。"1751 年，克里斯托弗·吉斯特（Christopher Gist）用类似的语言描绘俄亥俄，说那里盛产"火鸡、鹿、麋鹿和极多种类的猎物，尤其是野牛"。他预言，此地"万物俱备，只欠开垦，如此便能成为最宜人的乐土"[72]。18世纪末，威廉·巴特拉姆（William Bartram）发现佛罗里达东部和西部遍布"生养各种动物所需的大量资源"。基于这样的动物界，他宣称：

> 地球上没有任何地方有如此丰富的适合人类食用的野生猎物或者生物。[73]

之后，历代探险家、军人、商人和旅者将美洲殖民活动拓展到了密西西比河以西，于是动物丰饶的旧故事重现在了新场景。[74]当19世纪的作者们讲述在大平原、落基山脉、太平洋沿岸初遇野外生物的经历时，他们依然不忘设想动物资源可能为移民带来怎样的好处。梅里韦瑟·刘易斯（Meriwether Lewis）和威廉·克拉克（William Clark）受托马斯·杰斐逊总统（President Thomas Jefferson）委派探查"国内动物概况，尤其是美国境内的未知生物"，提供了关于西部动物界的早期实际证据。[75]他们发现了包括叉角羚、灰熊、灰松鼠、大平原狼等新奇物种，还将大量动物标本送回了美国东部。[76]探险家的日志里能听出一种熟悉的论调，他们对遇到的量大且多样的动物进行了评论。[77]1811年，亨利·布拉肯里奇（Henry Brackenridge）比较了美国东

天生狂野：北美动物抵抗殖民化

22

卡罗来纳野兽图

约翰·劳森《卡罗来纳新探》（*A New Voyage to Carolina*, London, 1709）一书中有当地特色动物的插图，包括野牛、熊、浣熊、负鼠和鹿。

图片来源：北卡罗来纳大学教堂山分校威尔逊特藏图书馆北卡罗来纳藏品库。

部和西部的环境，表示密苏里河谷中"存在着数目多到不可思议的野外生物"，于是那里成为"猎人的天堂，就像当初的俄亥俄那样"。[78] 史蒂夫·H. 朗（Stephen H. Long）推测，基于"当地数量惊人、条件极好的草食动物"，南方平原对移民具有"发展畜牧业"的潜在价值。[79] 每当殖民者向西展望，便能看到更多的野外生物，这预示着移民定居的美好前景。

英国殖民者从一开始就指出，野外生物的多样性正是美洲富饶、适宜殖民的证明。美洲的富饶景象与英国的环境形成了鲜明对比。在英国，动物大多被驯养、消灭或者成为人的所有物，鲜有真正可用的野外生物。而英属北美有着丰富且尚未开发的动物资源，与动物稀少的英伦三岛对比鲜明。于是，从 16 世纪到 19 世纪的英裔美国作者们都认为，美洲本土动物在英国殖民历程中扮演着多重角色：为移民提供生活所需，为探险行动提供给养，是利润的源泉，是蓄养的家畜。而除此之外，本土动物还表明美洲是一个适合英国人殖民的繁茂环境。尽管殖民探险家起初执迷于利润和贸易，但在他们的高价值商品清单上，动物并非总是排名靠前。英国作者主要将野外生物设想为将来殖民者的资源，这些殖民者将跨过大西洋，占据美洲土地，成为这片以丰饶闻名的大陆之主。[80]

面向英国殖民者的动物宣传

1616 年，约翰·史密斯所著的《新英格兰状况》
（*A Description of New England*）初版前言中，有多篇
向这位船长的发现致敬的诗歌，其中有一篇出自诗人
和讽刺作家乔治·威瑟（George Wither）之手。威瑟
对史密斯的探险活动表示了祝贺，预言由英国人占有
的美洲"花园"可以轻易产出难以估量的自然财富：

> 与其节俭度日、自降身价，不如花费一点时间
> 去那尚未开垦的花园，去感受新英格兰的风貌，
> 富裕丰饶在等着我们
> 去整理自然的硕果；
> 今天的美好预示着来日的希望，
> 去那富饶的王国，修复时间和傲慢
> 带来的衰朽吧。广阔的西部犹胜
> 英格兰血脉已经占有的土地。[81]

史密斯笔下新英格兰的自然资源为威瑟的观点提
供了支持。史密斯主张，新英格兰的环境"财货丰足"，
不需要迁居移民付出多少力气。他写道：

> 这是一处逍遥的天然宝地，能让我们过上在英

国要么过不上、要么耗费巨资才能过上的自由生活。

新英格兰的森林里能抓到狸、獭、貂之属，还有黑狐，它们的毛皮有利可图，尤其是"如果能排除法国人参与贸易的话"。新英格兰的水域产鱼，足够每一个"男人、女人和孩童"一天杀死上百条鳕鱼，经过加工晾晒，一百条能卖 10—20 先令。史密斯问道："这个收益难道不能让仆人、主人和商人满意吗？"[82]

尽管这位船长承认，只有赚钱的希望才能促使英国人放弃熟悉的环境、前往未知的领域，但他并没有只讲有利可图的美洲动物。在史密斯的想象中，可随意取用的丰富美洲生物会吸引潜在的殖民者定居新英格兰。"有胆有识，身体健康"的探险家能够为两三百人供给"应有尽有的优良谷物、鱼类和兽肉，同时又能让劳作成为乐事"。水下、空中、地上有无数种动物，可以供移民享用。最重要的是，这种"不可思议的丰饶"每年都会增长，并且"无人开发"。按照史密斯的看法，不管是作为给养、生计还是消遣对象，新英格兰的丰富动物资源都为英国殖民者提供了一种截然不同的生活，他们有希望得到远胜于国内的物质条件。[83]

史密斯盛赞新英格兰的动物宝库及其能够为移民带来的好处，这体现了英国殖民文本的第二个显著特征。评论者迅速从讲述初遇经历转向殖民宣传，这是一种特殊的英语文体，目的是吸引投资人，尤其是移民参加美洲殖民项目。[84] 动物丰饶的传说变成了广告，殖民宣传家们鼓励人们移居到一系列陌生的环境中——从大西洋海岸一直到太平洋海岸。随着时间推移，人们对美洲环境经历得多了——观察者与写作者也多了——本土动物为移民服务的展望也更加宏大了。最显著的是，殖民宣传家们开始将两件事联系起来：一件是无主、待开发的野外生物，一件是每个新边疆都会有的自由观念，这种观念有救平阶级的作用。殖民者相信，大众皆可利用美洲自然资源的诱惑会推动英裔美洲移民的发展，从而将英属美洲的领地向西拓展。由此，"野外生物"为移民定居提供了保障。

与最早期强调潜力的记述不同，17 世纪的作者对北美环境的描绘不吝辞藻，盛赞包括野外生物在内的自然资源，其目的明确，就是为了吸引移民和投资人。英国殖民宣传家以丰富的野外生物为据，证明当地生态环境富足，适合移居。但他们也指出，面对新环境的殖民者需要从整体上反思自己与动物的关系。这是一个没有家畜的世界，鹿群可以理解为与牛群类似。这些作者提出，美洲原住民占有和穿戴鹿皮，而英国人定居点周围也有鹿群，这些都证明殖民者可以利用这些资源保障家业、组建家庭、塑造地方经济，条件远远好过他们在资源枯竭的欧洲所希望达到的程度。

随着 17 世纪的殖民者与美洲生态系统之间发生交互作用并开始消耗野外生物资源，评论者拓展了先前的预测，坚称本土动物还能以更多的方式为移民提供支持。殖民宣传家们从先前的记述中取出一页，然后列出长长的表格，罗列了美洲的生物及其用途。野兽可以为定居和探险提供物资，能产生新的家畜品种、猎物、药物和可售卖的商品，这些都有助于将土地推介给未来的移民。[85]

殖民宣传家们展现了美洲的自然财富是如何远胜于英格兰的。[86]1602 年，约翰·布里尔顿记述了楠塔基特岛（Nantucket Island）生活着"许多鹿和其他野兽，从足迹便可看出"，全岛遍布"大量野鸟"——证明相比于美洲自然环境的富饶，"全英格兰最肥沃的土地（本身）也显得贫瘠"。1609 年，亨利·斯佩尔曼（Henry Spelman）撰写了《弗吉尼亚记》（"Relation of Virginia"）一文，宣称这片土地有大量"鹿、羊、熊、狼、狐、麝猫、野兔、飞鼠"和其他哺乳动物，还有"大量鸟类"和"丰富鱼类"。弗吉尼亚理事会成员宣称：当地哺乳动物、鱼类和鸟类"丰富繁多，举世无双"[87]。

英国作者还说明了个别物种优于欧洲同类。有一位评论者写道：新英格兰的野火鸡"比英国的火鸡大得多，也更加甘肥鲜嫩"；新英格兰的森林里有"好几种鹿，有的一次能生三四胎，这在英格兰可不常见……还有一种大型野兽，名叫麋鹿（Molke），体型不亚于公牛"。宣传家感叹道：如此富饶的土地"完全无人占用，而英国有那样多的诚实男子和他们的家人，地狭人稠，生活艰难"，实为"一大憾事"。还有谁更适合"利用这片富饶的土地呢"[88]？

在试图推销一个陌生的、基本不为人知的环境时，殖民宣传家急于向潜在的移民保证，他们无须害怕数量庞大的野兽。甚至在 16 世纪对新英格兰和弗吉尼亚的描述中，作者们就倾向于否定当地动物是危险的，以免打击殖民者的积极性。尽管帕克赫斯特承认大西洋沿岸北部的熊生性凶猛，却坚持说它们"绝对不会主动伤人，除非受到攻击"[89]。哈里奥特也这样认为，他写到弗吉尼亚的熊通常"一看见人"[90]就跑。也有观察家持批评态度，给连篇累牍吹捧北美环境降了降温，以只言片语告诫人们注意不那么美好的野外生物。1630 年，伍德在一份宣传文章的前部分列出了新英格兰的各种货品，后面就罗列了各种毒物，包括蚊子和"颜色诡异，体型巨大的蛇和蟒"。按照伍德的看法，蛇、蛙、飞虫和狼是"当地最恶劣的东西"[91]。

英语文本极力夸赞美洲地貌，却对林居野兽带给殖民者的危险轻描淡写，将动物描绘成善意的存在。伍德坚称，狼是"当地最大的不便因素，包括对个人的伤害，也包括对当地整体的危害"，尽管没有狼曾"袭击过一个男人或女人"。马和奶牛都是安全的，只有山羊、猪和牛犊会被狼侵害。[92] 史密斯承认，尽管新英格兰乍看上去是"一个先让人害怕、后让人喜爱的国度"，但这些看似"荒芜的岛屿"依然有着丰富的"水果、鱼类和鸟类"。在史密斯看来，大量有用或无用的野外生物表明美洲"内陆很可能……十分肥沃"，因此非常适合人类居住。[93] 宣传家向读者保证，总体上讲，当地的"不利因素"充其量只是小麻烦而已。[94]

17 世纪和 18 世纪的英国殖民者依然对动物性商品有着浓厚兴趣，但他们的预设是要与美洲原住民合作贸易。在殖民者心目中，17 世纪发展起来的跨大西洋毛皮贸易不过是印第安人原有经济往来关系的一个变体，因为本土居民之间本就有毛皮交易。一份 1602 年的弗吉尼亚北部探索记讲述了英国探险家与美洲原住民的早期贸易交往。据布里尔顿回忆，印第安人献出了"狸、獭、貂、獾和野猫的皮……大张鹿皮、海豹皮和其他我们不了解的兽皮"。伍德提到了英国殖民给新英格兰本土经济带来的变化，美洲原住民过去一直在猎杀"狼、野猫、浣熊、河狸、水獭、麝猫"，但殖民者到来后，印第安人将"它们的皮和肉都卖给了英国人"。[95]

在 17 世纪，殖民宣传家开始描绘美洲食物丰富的形象，以此吸引国内食不果腹的下层阶级。到了自然丰饶的世界，阶层差异即便不会失去意义，至少不会对人们的日常生活发挥决定性的作用。史密斯坚称，不管一个人的地位如何——不论是"仆人，主人（还是）商人"——他每周只需劳作三天，就能在新英格兰捕到"吃都吃不完"的丰富鱼类。通过这种"美妙的娱乐活动"，"木匠、石匠、园丁、裁缝、铁匠、水手、锻工等"都能获取生计所需的一切食物。之后，殖民者还可以将吃不完的鱼卖掉，或者与"渔民、商人"交换"任何他们想要的东西"。[96]

殖民者主张：辛勤耕作，再加上"当地丰富的鱼鸟瓜果"，能够为移民提供充足的物资。事实上，约翰·哈蒙德（John Hammond）写道：切萨皮克显然"不可能缺食物"，"因为河流与树林足以供养"。鹿肉在英国受到追捧，因此其在北美南部各殖民地的广告中占据突出位置。在作者笔下的家庭中，鹿肉和面包一样是餐桌上的主食，从而显示美洲平民能够享受到本土士绅的待遇。1666年，罗伯特·霍恩（Robert Horne）宣称，卡罗来纳的鹿和野火鸡甚至比英国品种"口味更好"。野外生物保障了民众有获取生活必需品和珍馐美食的渠道，因此殖民地的社会分层程度会低于英格兰，就连最穷的人都能过上舒适的生活。[97]

宣传家还提出，由于美洲动物繁多，殖民者可以享受过去专属于上层阶级的其他特权。人人都可以钓鱼、打猎取乐——这与英格兰形成了鲜明对照，那里的娱乐性狩猎基本局限于有产者和有社会地位的人士。按照史密斯的看法，新英格兰的捕鱼活动为所有人提供了"雅乐"和生计以及贸易，前往新殖民地的先生们还可以享受捕鸟的快乐。在史密斯描绘的画卷中，"森林河湖"为"所有喜欢打猎的人提供了充足的猎物，还有野兽可供狩猎"。森林里的野外生物奉上"身体作为可口的食物"，而且它们的兽皮"如此昂贵，以至于劳作一天的报酬抵得上船长的工资"。[98]

史密斯的预言在宾夕法尼亚应验了。17世纪末，加布里埃尔·托马斯（Gabriel Thomas）注意到，移民们"以狩猎、捕鱼和打鸟为娱乐休闲，尤其是在有名的大河——萨斯奎汉纳河（River Suskahanah）两岸"。他声称当地有多种现成的"利润丰厚、肉质鲜美的"野兽，其中就包括鹿，鹿肉"在大多数和善求新的人看来，美味至极，远胜欧洲"。[99]

18世纪，宣扬英裔美洲人西进殖民的作者们有两个世纪积累的殖民文本可供参考——这些文字已经将繁多的野外生物转化成了一种殖民宣传的比喻。到了这个时候，宣传文稿中早已大肆宣扬过野外生物对殖民者的益处，在早期英裔美洲定居点中也得到了相应的实践。18世纪的作者们在评述新区域和新边疆时可以更加自信地断言，野外生物能维持殖民者西进占地的生活。在这百年间，殖民者一直在设想各种本土动物的用处——生计、商贸、娱乐——但总是将本土动物理解为一种殖民方案的重要组成部分，这种方案注重通过移民机制来实现占有。

18世纪初，博物学家约翰·劳森和约翰·布里克尔（John Brickell）将鱼、野鸟和鹿肉算作北卡罗来纳种植园主的重大优势。事实上，由于人们只需要"一般勤奋"就能获取"所有必要生活物资"，这意味着"不会有四处游荡的乞丐盗匪"，而在英格兰，这些人则随处可见。种植园主将大量鹿皮出口到英格兰和其他地方，于是鹿皮成了"北卡罗来纳提供的优良货品之一"。劳森声称，就连"出身低微"的移民都会迅速致富。[100] 罗伯特·贝弗利（Robert Beverley）表示，在弗吉尼亚边界，狩猎"熊、豹、野猫、麋鹿（和）野牛"都"为猎人提供了利益和娱乐"。[101] 1770年，乔治·米里根-约翰斯顿（George Milligen-Johnston）复述了贝弗利观察到的现象，写道：南卡罗来纳的野鸟、兔子、浣熊、负鼠和鹿为当地种植园主提供了"健康的锻炼和极有趣的消遣"。约翰·菲尔森（John Filson）预计，在阿巴拉契亚山脉对面的更西边，野牛会为肯塔基人提供牛肉和制革用的牛皮。[102]

独立战争后，美国评论员发布了科学陈述与夸大宣传成分不相上下的广告，吸引移民去新获得的西部土地，还有持扩张主义的政客们希望获得的土地。吉尔伯特·伊姆利（Gilbert Imlay）的《北美西部地理志》（*Topographical Description of the Western Territory of North America*）首次出版于1792年，书中有对阿巴拉契亚山外风物的现实记述，也有称颂肯塔基自然环境富饶的赞歌。在这片西部边疆——伊姆利在此地做了多笔土地交易，希望借此牟利，其中有一些交易见不得人——富有冒险精神的殖民者能够享受狩猎野外生物的快乐：

> 它们无忧无虑地漫游，俨然是这里的主人。
>
> 天啊！多么自由，多么迷人啊。[103]

5年前，牧师、议员、土地投机商梅纳西·卡特勒（Menasseh Cutler）发现西北领地的动物界，举世无双。大地上到处游荡着无数动物，胜过"美洲旧殖民地的任何区域"[104]。另一位18世纪末的作者宣称，密西西比河以西的土地"甚至比传奇还要传奇"，这里是一片"受自然垂爱……最是逍遥"的土地，俨然"完美的天堂"。[105]

19世纪，探险家与旅行家的记述，再加上投机者撰写的越来越多的宣传文稿，共同详细讲述了无数野外生物能为美国西进殖民提供的种种支持。1806年至1807年，泽布伦·派克（Zebulon Pike）对美国西

天生狂野：北美动物抵抗殖民化

34

南部开展考察，考察队发现了大群野牛、麋鹿和羚羊，以至于队里的记录者写道："一个猎人无疑就能养活200人。"[106]1816年，亨利·科尔（Henry Ker）写道，美国西南地区的"丰美水草供养着成群的鹿和牛"，尽管"它们依然野性难驯"。科尔则抱怨道：这片"优良土地"居住着印第安人，西班牙人宣称它属于自己，其根本"没有勤劳之人培育"。科尔对两者都持批判态度，他写道：

> 一群无理之徒占有了本能为文明民族带来巨大价值的土地，实在遗憾。[107]

其他作者阐述了西部平原上的野牛何以是"对旅者最重要的草原动物"，同时美国商人也很看重这种大型动物，因为用它能做出雪橇缰绳、肉、脂肪、火药筒、帽子和长筒袜。[108]19世纪的指南书向移民保证，尽管西部荒原野兽盛行，但没什么好怕的。一篇文章宣称"就连最胆小的人也无须拖延"，因为熊、狼之类的野外生物怕人，绝对不主动伤人。[109]

但在殖民者的想象中，本土动物并不仅仅代表物产财富。作者们将边疆的特质赋予了本土动物，在其无主的经济意义上，以及身体不受束缚的层面上，野外生物都是自由的。独立战争前的英国宣传家强调前一个方面，提出免费获取的动物资源预示着美洲的社会结构会更加平等，任何"出身低微""一般勤奋"的人都能致富。[110] 独立战争后，动物的身体自由与殖民文本中的一个主题产生了更强烈的共鸣。1826 年，蒂莫西·弗林特牧师（Rev. Timothy Flint）就指出了这一点。他写道："很少有人殖民仅仅是为了寻找更优良、更廉价的土地。"实际上，他们是为了——

> 新土地上更美丽的森林与河流、更温和的气候和鹿鱼鸟兽，以及种种赏心悦目的形象带来的观念，它契合着新土地上无拘无束的野性生活。

弗林特推测，这种"想象力的影响"，再加上"无穷无尽的广告"对"移民产生了不可小觑的推动作用"。[111] 这正是宣传家希望传递的信息。殖民者对野兽的印象是由"野性"和"自由"这两个概念建构起来的，进而又将这些观念化为边疆移民的希望。如此一来，野外生物标定了英属美洲边疆作为自由之地的属性。[112]

规范野兽与野人

然而，自由的希望可能会落空。弗林特牧师告诫移民，不要"躁动不安地希望在新的土地上寻找……求而不得之物"。弗林特继续指出：移民会发现，老一套的现实同样支配着他们在新居所的生活，而且"尽管猎物有很多，但打猎"是"一种产出微薄的辛苦活儿"。[113] 对于似乎由野性左右的英属美洲边疆，还有评论者给出了更加严厉的评判。J. 赫克托·圣约翰·克雷夫科尔（J. Hector St. John de Crèvecoeur）在《一个美国农民的来信》（*Letters from an American Farmer*，1782）中表明了环境与边疆社会的关系。克雷夫科尔写道：生活在偏远地区的人，其行为"受制于周围的荒野"。森林和林中野兽将移民变成了猎人，他们弃农从猎，堕落到了木讷、放荡、无法无天的状态，"是半个文明人、半个野蛮人"[114]。按照刘易斯·布兰茨（Lewis Brantz）的看法，肯塔基的偏远荒野吸引着"热爱自由，或者说，至少热爱不受法律严格管制的生活的美国人"[115]。对许多人来说，丰富的野生动物以及由其激发的"无限许可"并不能保障体面生活、良治社会，甚至不能保证英裔美国人占有权主张的定居点。[116]

但对其他观察者来说，与之相反的趋势才更令人困扰：本土动物迅速消失，表明荒野正在丧失。动物繁多的胜景依然出现在宣传文案和游记中，但殖民评论家早在 17 世纪晚期就已经开始承认，人类活动对野

第一章 供人享用的生灵

外生物的分布和数量造成了负面影响。尽管许多人将这些变化解释为移民的必然结果，但人们在 18 世纪开始日益忧虑：久受赞誉的美洲环境、独一无二的丰富动物资源——这份财富曾为推动殖民事业起到了不小的作用——或许并非取之不竭。英属美洲当局依然相信，只要不滥捕滥杀，也不让野兽赶走移民，那么本土动物可以服务于殖民目的。于是当局设法规范动物界，他们制造出了一套科学和法律话语体系，表达了对理性引导人类与动物交往关系的信心。英国殖民体系的最后一个普遍因素逐渐出现，那就是努力推行一种能够调和野性与掌控新环境的秩序。[117]

根据自身与环境打交道的经历、科学的博物知识和法律文化，英国殖民者从一开始就认为，人为干涉和改变生态关系能够形成可预测的结果。旧世界的环境经过了世世代代的改造、驯化和规范，英格兰尤其如此。驯化动植物的漫长历史，特定野生物种的引进和消灭，调整对其他物种的法律定义，这些都有力地证明人可以随意操纵自然界的生灵。

早在 16 世纪初，狼就在英国绝迹了，欧亚河狸（*Castor fiber*）也灭绝了，棕熊、野猪、猞猁消失得更早。都铎时代颁布的《害兽法案》（Vermin Acts）推出了有奖励的大规模屠兽计划，主要目的是保护农业，结果却是大幅减少了"有害"物种的种群数量。[118] 等到英国探险家遇到新世界时，英格兰动物界早已基本家畜化，发生了不可逆转的改变。

英国当局甚至更进一步，将引进的黇鹿和加拿大鹅等特定物种指定为"猎物"，赋予其介于野生和驯养之间独特的文化和法律地位，从而重新界定了"野生"概念本身。按照英国法律，鹿和兔子不再是野外生物，而是先后成了王室财产和鹿苑兔场业主的私产。在这些干预生态环境的尝试中，英国人还加入了新式的科学博物学，热衷于实证描述和环境分类的方法。[119]总的来说，英国历史表明，人类行为的合法性愈发以科学知识为支持，其本身也受到越来越多的法律规范，可以为了实现特定目标而实质性重塑动物界。更重要的是，他们在岛屿环境中的生活经验表明，这种"去野化"举措的影响是可以预测和管理的。这些预设让宣传家、博物学家和立法者认为，他们可以将类似的秩序施加于美洲环境。

即便在构想"秩序"时，殖民者也意识到在美洲环境下，"荒野"对他们的事业有着特殊的重要意义。殖民作家们长年宣扬丰富且自由的本土动物，目的是推动移民事业，将英属美洲的领地范围向内陆延伸。于是，当局构建的新生态秩序必须在定居环境中为野外环境留出一定的空间，这是需要运用想象力的严肃工作。美洲动物需要被编目，其数量、特征和潜在用途也应被记录在册。野外生物必须被限定在特定位置——一些地方要减少，另一些地方要增多。最重要的是，人类与动物的关系必须受到规范，提倡秩序，反对无序。英国殖民者一开始就坚信，自身有能力为动物界赋予理性秩序。18世纪，这种秩序化进程轰轰烈烈地展开了。

18世纪为动物界建立秩序的工作，很大程度上依赖于大西洋两岸博物学的发展。当然，实证记录自始至终是欧洲人关于新世界动物文本的一大门类，而随着博物志日益流行并发展为一种跨大西洋现象，越来越多的作者以新潮的科学权威来支持自己对非人类领域的描述。[120] 早期的记述以罗列陌生生物为主，后来的研究则试图根据科学分类法将美洲动物整理到某种理性秩序中。18世纪初，劳森感叹缺少资料，难以用这种方式给北美洲的动物分门别类。他抱怨道：

> 尽管"当地具有值得细致观察的大量珍奇异兽"，但大多数英裔美国旅行家都是"只受过很少教育的粗人"，"无法合情合理地记述"自然界，实为"大不幸之事"。[121]

彼得·卡尔姆（Peter Kalm）是一位林奈（Linnaeus）思想的积极传播者，他批评美洲殖民者对动植物缺乏好奇心，并认为法国人是优秀的博物学家。这位瑞典博物学者坚称，大多数英裔美国人"普遍看不上"科学，觉得这种学问是"傻瓜的消遣"。[122]

卡尔姆等人的批评在日益壮大的殖民地博物学家群体中引发了不满[123]，就连卡尔姆著作的英文版译者约翰·莱因霍尔德·福斯特（John Reinhold Forster）都反对他贬低英属美洲科学知识文献的做法。1770年，福斯特写下了一大段表示异议的脚注，他主张美洲的英国人"为促进博物学发展做出了重大贡献，超越了世界上任何一国，自然也超越了法国"[124]。

威廉·巴特拉姆、本杰明·富兰克林（Benjamin Franklin）、卡德瓦拉德·科尔登（Cadwallader Colden）和托马斯·杰斐逊身处的环境为博物学实践提供了理想的实验室，他们是18世纪美国"伟大的自然科普家与研究者"中的佼佼者。[125]业余博物学家——包括一批女性学者——收集、整理和交换了关于鹿、负鼠、河狸及其他美洲本土动物的信息，他们有一个跨越大西洋的科学通信网络。[126]

在这个过程中，18世纪末和19世纪初的博物学家们致力于将地方性的动物知识转化为一套由科学理论支撑的概念化秩序。例如，历史学家杰里米·贝尔纳普（Jeremy Belknap）倡议反对使用野外生物的"印第安俗名"。他认为，美洲俗名很糟糕，不能提供关于动物关键属性的确切信息。与其他 18 世纪的业余博物学家一样，贝尔纳普建立了一套自己的"按照林奈法排列"的目录，其中包含了他对"若干动物的特征，以及使其服从人类目的，或者保护自己免受部分动物侵害之法"的个人观察。[127] 本杰明·史密斯·巴顿（Benjamin Smith Barton）批评说，就连最优秀的欧洲博物学家对美洲动物的描述分类也不尽如人意。对于美洲特有的负鼠，巴顿着手"定了一个更确切的新名字……'Woapink'"，不同于林奈在《自然体系》（*Systema Naturae*）中给出的名字。[128] 殖民地博物学家开始借助包括亲身观察和经验在内的新环境资料，以更强的权威性谈论美洲动物，对界定它们在自然界中的位置也有了更清晰的视野。

他们观察后发现，殖民活动已经改变了动物界，而且并不总是改善。对博物学家来说，英国殖民的最显著影响就是定居点内部和周边的野外生物明显越来越少。1774 年，迈克尔·柯林森（Michael Collinson）给科尔登写了一封信，表示也许"再过几个世纪"，黑熊就会灭绝，"尽管北美辽阔深远"。他预言，同样的命运也会降临到"可怜的河狸"[129] 身上。就连漫不经心的观察者都注意到了这些变化。乔治·米里根–约翰斯顿说：

南卡罗来纳有"大量野火鸡……鹅、鸭、小鸽、大鸽、山鹑、大兔、小兔、浣熊、负鼠……和鹿"，但他也注意到野牛"不像几年前那么多了"。[130]

老移民告诉卡尔姆，可食用的禽鹿在过去更常见，"现在明显少了"。按照卡尔姆的看法，原因"不难找到"：林地毁坏、狩猎压力、人口渐增、开垦土地都消灭或者驱离了这些动物。[131]

在很多情况下，殖民者乐于接受上述环境变化，认为那证明他们有能力重塑动物版图，有利于移民定居，也为占有提供了合法依据。博物学家马克·凯茨比（Mark Catesby）解释道：

> 在南北卡罗来纳，"随着移民定居的推进，熊等动物退到了更深的树林里"，从而减轻了野兽对家畜的威胁。[132]

贝尔纳普观察发现，尽管新罕布什尔海滨城镇往年有熊出没，但到了18世纪末已经"极其罕见"[133]。1793年，哈里·图尔明（Harry Toulmin）报告称——

> 野兽"在老定居点变少了"，甚至在西部边疆也是如此，肯塔基州莱克星顿（Lexington）周

边的绵羊由此可以"安心牧养"。[134]

巴顿写道：人类完全有能力用家畜取代野生捕猎动物，甚至可以彻底消灭一个物种。通过细心观察，他总结道：

> 人可以确定哪些动物是我们的朋友，哪些是敌手；哪些值得珍惜和保留，哪些要驱杀才符合我们的利益。[135]

在英裔美国人的说法中，以家畜取代毒虫害兽使环境变得更好了。对殖民者来说，这种科学理性指导下的生态改造是一种产生可预测变化的手段，还能合法化他们对美洲土地的占有。

巴顿等人希望珍惜和保留的"动物朋友"都是什么呢？宣传家早就向移民承诺，在这片自然资源丰富的土地上，他们可以自由获取高价值的野外生物。随着一波波移民潮的到来，动物数量越来越少，于是有观察者开始反思，他们的努力到底算不算是纯粹的土地"改良"？

在17世纪晚期弗吉尼亚、康涅狄格和马萨诸塞的殖民地议会上，有人已开始表达对大量鹿在不当时节遭到"猎杀"的担忧，这些动物当时"状况很糟，肚子里怀着崽，肉和皮都没有多少价值"。[136] 18 世纪，弗吉尼亚当局担心"整个种群可能在殖民地境内有人居住的区域灭绝"，于是警告居民不要滥捕，否则"不仅会失去可口有益的食物"，还会失去"鹿皮生意"。[137] 甚至独立战争前，在西部边界的早期勘查活动中，托马斯·沃克就发现肯塔基部分动物界已经退化。有一块高出地面的"舔盐地"，本来是"当地最好的猎场之一，要不是猎人杀野牛消遣、杀鹿取皮的话，对那里的居民会有大得多的好处"[138]。英国殖民者并不认为本土动物消失是移民的必然后果，反而设想在适当的调控下，野外生物能为殖民事业带来"大得多的好处"，前提是动物没有在移民到场前就被无度或者肆意糟蹋。[139]

评论者发现的乱象有其环境和社会维度的原因。糟蹋本土动物是更普遍的困境表现之一，这种表现困扰着野外生物边疆。克雷夫科尔将之归因为深林猎人"好斗"和"阴郁"的孤僻性格。[140] 其他人没有这么诗意，批判"这些懒散、无常性、四处游荡的恶棍"，猎人自己不好好种地，"反而在农庄周围晃悠"。[141] 安立甘宗游方教士查尔斯·伍德梅森（Charles Woodmason）痛斥卡罗来纳边疆的"偷马贼、偷牛贼、偷猪贼——打烙印者，作记号者"，还有众多"像印第安人一样赤身裸体的猎人"都"对社会没有半点儿用处"。[142]

边疆的自由与本土动物的野性有着深厚的纠缠，太容易陷入一种无法无天、威胁英属美洲人土地占有和定居的状态了。18世纪60年代，南卡罗来纳的匡世军（Regulators）谴责当地的"无序现状"，指控大量"无视法律，无所事事之辈"四处游荡，让他们的内地产业变得不安全。他们的檄文宣称"我们应该赶走他们，就像赶走野兽猎物一样"，只有当这片土地"清除了此等害虫"，殖民事业才能稳步推进。[143]

然而，为了对抗这种无序，英属美洲当局必须面对一种根深蒂固的观念，那就是野外生物可以被随意利用。事实上，许多早期的殖民地宪章都满足了宣传文稿中许下的承诺，保障殖民者有打猎、捕鱼、捉鸟的自由——独立战争后，一些州的宪法还重申了这些权利。在阶级特权和身份约束的英国传统下，大众皆可获取野外生物则是美国例外论的一个显著特征。殖民宣传家对这个差别大书特书，尤其是在18世纪英格兰捕猎法规收紧的情况下。加布里埃尔·托马斯报告称，美洲的大量野外生物"是所有人都可以自由猎取的公有物，不会受到任何妨碍、阻滞或者反对"[144]。苏格兰移民亚历山大·汤姆逊（Alexander Thomson）也向老家的亲戚吹嘘，称1773年的美洲殖民地"没有禁枪或者禁猎法"，所有人都"有随意射杀任何猎物的完全自由"。[145]限制这种自由就是背弃对殖民的承诺，还可能会阻止移民前来占据和拥有土地。[146]

相比于殖民宣传家，英属美洲当局没有那么迷恋美洲环境"完全自由"的愿景。尽管宣传家还在用美洲的天然动物资源吸引移民，但这种有关美洲环境权利和特权的话语受到了另一种话语的抵制，即出现在法令、请愿书和公文中的日益发展的法律话语。在这种话语下，当局要借助殖民地和州政府通过的法律来规范人类与动物的交往。尽管狩猎、捕鱼、诱捕都有助于鼓励移民、开发牧场、刺激经济发展，以确保英裔美国人占有大陆，但开发英属北美的动物资源蕴含着自我毁灭的种子。随着欧洲人入侵北美洲，一个现象变得越来越明显，即追逐本土动物且鼓励人员流动和无视私人产权。野外生物促进了一种动态关系的形成，这种关系会威胁到当局建立的社会与生态关系的稳定。法律似乎为殖民者提供了一种规范"荒野"、确保动物服务于殖民雄心的途径。凭借法律话语，英属美洲当局相信自己能够殖民野外生物。而我们将会看到，美洲本土动物和猎杀动物的人类会成为这项大计的阻碍。[147]

1717年，罗伯特·蒙哥马利爵士（Sir Robert Montgomery）构思了一个"卡罗来纳以南的新殖民地"的计划，那里是"世界上最宜人的地方"。他的方案里有一幅"阿齐利亚侯爵领"（Margravate of Azilia）

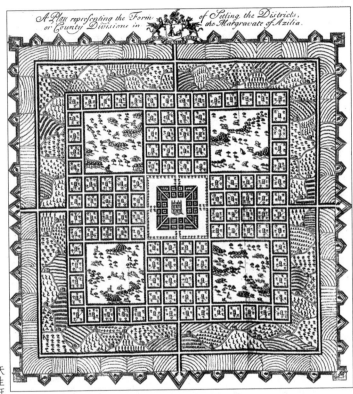

"阿齐利亚侯爵领"地图

　　这是罗伯特·蒙哥马利为佐治亚的一块新殖民地设计的理性计划，鹿群（左下角）在"四大园林"之一里（Robert Montgomery, "A discourse concerning…establishment of a new colony to the South of Carolina", London, 1717）。

　　照片来源：美国国会图书馆。

的地图，采用了启蒙思想提倡的理性设计思路。殖民地面积为400平方英里（约合1036平方千米），遵循精确的几何方式划分。"总督官"位于中央的城市，周围是士绅的庄园。殖民地外侧分布着农庄，由英格兰迁来的平民和契约奴隶耕种。方案里还有"四大园林"，均为4英里（约合6.4千米）见方。围场里蓄养着包括鹿在内的"各色兽群"，供殖民者生活娱乐。事实上，蒙哥马利声称，"沿着这些森林已经有成群"的"鹿和其他猎物"在此生养了。他认为，野外生物会和英国家畜一样被轻易圈养。[148]

尽管蒙哥马利的计划失败了，但它在很多方面代表着一次将英国社会秩序移植到美洲的尝试。他的侯爵领里有封建等级、贵族庄园和围起来的鹿苑，这让人回想起旧世界的社会模式，而不会想到新世界的创新。但他的愿景也揭示了英国殖民者对于塑造环境，并使其屈服于自身意志的预设。蒙哥马利殖民地计划位于富饶非凡的佐治亚，在那里无须努力就能享受丰裕，英国人只需要将那里进行合理的规划就好。在英国人的殖民设想中，本土动物是殖民计划的重要组成部分，是美洲自然资源的生动体现，它们将成为"供人享用的生灵"。不过，蒙哥马利和其他英国殖民者大大低估了美洲动物的野性，以及这种野性将在美洲人的想象中产生的力量。

【注释】

1　在此处以及全书，我都会保留直接引语内的所有拼写和标点原文，但为清晰起见，也会对拼写做少许改动，同时不会专门提醒。Haies, "Report," 12:330–337; Quinn, *Explorers and Colonies*, 214–219. 关于对英国取"土块和树枝"习俗的文化意义的探讨，参见 Seed, *Ceremonies of Possession*，1–2，4。

2　Haies, "Report," 12:330–350; Quinn, *Explorers and Colonies*, 222; Fitzmaurice, *Humanism and America*, 43. 与其他同时代的英国殖民者一样，海斯声称根据 1497 年"（约翰与塞巴斯蒂安·卡波特）首次发现的特权，英国拥有对佛罗里达海角以北的美洲土地的权利"，参见 Haies, "Report," 12:323–324; MacMillian, *Sovereignty and Possession in the English New World*，63–64，66，76–78。

3　Haies, "Report," 12:322–324, 341–343. 尽管海斯对动物的描述总体是实事求是的，但这与他对其他美洲自然资源的描述明显不同。关于海斯热衷于可见现象、排斥异想天开的文风，参见 Sell, *Rhetoric and Wonder*，84–85，114。

4　Haies, "Report," 12:342, 351–352; McManis, *European Impressions of the New England Coast*, 49–51.

5　Haies, "Report," 12:343.

6　Virginia DeJohn Anderson, *Creatures of Empire*, 62; Seed, *Ceremonies of Possession*, 3–7; Elliott, *Empires of the Atlantic World*, xiii–xiv, xvi–xvii.

7　Haies, "Report," 12:343. 关于英国人将野外生物视为"神赐给所有人类的礼物"的观念，参见 Keith Thomas, *Man and the Natural World*, 49（《人类与自然世界》）。

8　Seed, *Ceremonies of Possession*, 18, 37–39; Tomlins, *Freedom Bound*, 133–134.

9　19 世纪的非洲也存在类似的关系，但北美洲呈现出了不同的环境与历史情境。麦肯齐认为："非洲……是在非洲动物的背上被征服的。"参见 MacKenzie, "A Meditation on Environmental History," 2。

10　Columbus and Las Casas, *Personal Narrative*, 101–102, 107–108, 140.

11 Elliott, *Empires of the Atlantic World*, xiii–xiv, xvi–xvii.

12 关于将美洲自然界视为"占有的工具"的看法，参见 Bleichmar, "Painting as Exploration," 65。

13 Verrazano, "To His Most Serene Majesty," Sailors' Narratives, 7.

14 Castañeda de Nájera, "Narrative," 383–384.

15 Benavides, *Memorial on New Mexico*, 54.

16 Marest, "Letter to Father de Lamberville," 66:115.

17 关于验证早期动物繁盛之说的难度，参见 Whitney, *From Coastal Wilderness to Fruited Plain*, 299–301。

18 例见 Hennepin, *New Discovery of a Vast Country*, 1: 160; Le Page du Pratz, *History of Louisiana*, 14。

19 Ogilvie, *The Science of Describing*, 5–7, 209–210（《描述的科学：欧洲文艺复兴时期的自然志》; Parrish, *American Curiosity*, 25–27, 34–35; Parrish, "The Female Opossum," 513.

20 Cartier, "Shorte and Briefe Narration," 43.

21 Gentlemen of Elvas, "Virginia Richly Valued," 13:552.

22 Castañeda de Nájera, "Narrative," 382–383.

23 Van der Donck, *Description of New Netherland*, 169.

24 Le Jeune, "Relation," 6:296–297,307.

25 Parrish, *American Curiosity*, 15–16, 26–27, 118–119, 237–238; Barrera–Osorio, *Experiencing Nature*, 1–2, 11–14.

26 Oviedo, *Natural History*, 49, 53, 111–114; Myers, *Fernandez de Oviedo's Chronicle of America*, 1–2, 124–125.

27 关于西班牙殖民的特点，参见 Elliott, *Empires of the Atlantic World*, 37–38; Seed, *Ceremonies of Possession*, 70; 关于西班牙人对奇异动物的兴趣，参见 Asúa and French, *New World of Animals*, 1–24。

28 Benavides, *Memorial on New Mexico*, 54.

29 例见 Montoya, *New Mexico in* 1602, 55; Benavides, *Memorial on New Mexico*, 14。

30 美洲动物一直是伊比利亚博物学家感兴趣的重要题材，参见 Asúa and French, *New World of Animals*, 231–235。

31 例见 Le Jeune, "Relation," 6：211, 295–313; Denys, *Description and Natural History*, 426–434; Bacqueville de la Potherie, "Letters," 261–268; Le Clercq, *New Relation of Gaspesia*, 120–122。

32 Marest, "Letter to Father de Lamberville," 66:115.

33 关于法国殖民的模式，参见 Seed, *Ceremonies of Possession*, 62; Sokolow, Great Encounter, 141; Dolin, Fur, *Fortune, and Empire*, 108（《毛皮、财富和帝国》。

34 关于英国殖民的模式，尤其是定居和"扎根"，参见 Elliott, *Empires of the Atlantic World*, 9, 42–43; Tomlins, *Freedom Bound*, 133–134; Seed, *Ceremonies of Possession*, 18–19。

35 Elliott, *Empires of the Atlantic World*, 37. 我在此处对多位学者的解读有异议，他们认为英国殖民者到来时怀着对美洲荒野与野性的负面看法。例见 Roderick Nash, *Wilderness and the American Mind*, 23–43（《荒野与美国思想》）; Marx, *The Machine in the Garden*, 41–42（《花园里的机器：美国的技术与田园理想》; Michael Williams, *Americans and Their Forests*, 10–12; Silver, *New Face on the Countryside*, 189–193。关于一种纠正的观点，参见 Jacobson, *Place and Belonging in America*, 47–54。

36 Clarke, *True and Faithful Account*, 12–13。另见 Haies, "Report," 12：205; Lane, "Account," 13：303; Harriot, *Briefe and True Report*, 19–21, 31。

37 Parkhurst, "A letter to M. Richard Hakluyt," 12:302.

38 Barlowe, "The first voyage made to the coasts of America," 13:284.

39 Sparke, "The Voyage made by M. John Hawkins Esquire," 126.

40 到了 16 世纪，开荒活动已经将英格兰的森林覆盖率降低到了 8% 左右。参见 Williamson, *Environmental History of Wildlife in England*, 20; *Lovegrove, Silent Fields*, 3–4, 20–25。

41 Barlowe, "The first voyage made to the coasts of America," 13:284.

42 Sparke, "The Voyage made by M. John Hawkins Esquire," 127; Josselyn, *Account of Two Voyages to New-England*, 23.

43 Hortop, "The travailes of Job Hortop," 14:230.

44 Wood, *New-England's Prospect*, 21. 关于新英格兰的狮子，另见

Higginson, *New Englands Plantation*, 8。

45 Josselyn, *Account of Two Voyages to New-England*, 50−51, 70.

46 Smith, *Generall Historie*, 1:50−51。另见 Clarke, *True and Faithful Account*, 7。

47 Robert Johnson, *Nova Britannia*, 11.

48 Elliott, *Empires of the Atlantic World*, 26−27. 关于殖民地文本中的货品用语，参见 Cronon, *Changes in the Land*, 20−22, 161−168（《土地的变迁》）; Beinart and Coates, *Environment and History*, 20−21（《环境与历史：美国和南非驯化自然的比较》; Merchant, *Ecological Revolutions*, 29, 48, 52, 259−260; Sweet, "Economy, Ecology, and Utopia," 404−407。

49 Harriot, *Briefe and True Report*, 7−10. 麝猫原产于亚洲和非洲热带地区。非洲麝猫（*Civettictis civetta*）是历史上麝香的主要来源，麝香取自其肛门处的香腺，用于制作香水。哈里奥特以为的麝猫，其实是臭鼬。Dugan, *Ephemeral History of Perfume*, 84.

50 Smith, *Generall Historie*, 1:60−61, 2:3.

51 Peckham, *True Report*, 2:466.

52 Parkhurst, "A Letter to M. Richard Hakluyt," 12:300, 304.

53 Brereton, *Briefe and True Relation*, 331−332.

54 Smith, *Description of New England*, 28−29; Wood, *New-England's Prospect*, 35−40.

55 Bradford, *Of Plymouth Plantation*, 39.

56 Barlowe, "The first voyage made to the coasts of America," 13:232; Brereton, *A Briefe and True Relation*, 9; Harriot, *Briefe and True Report*, 6−10.

57 Haies, "Treatise," 17.

58 Robert Johnson, *Nova Britannia*, 12.

59 A True Declaration (1610), 22. 另见 Robert Johnson, *The New Life of Virginia*, 9; C［astell］, *Petition of W.C.*, 6。

60 Harriot, *Briefe and True Report*, 7−12.

61 Hortop, "The traviles of Job Hortop," 14:229.

62 Haies, "A Report of the Voyage," 187.

63 Harriot, *Briefe and True Report*, 21.

64 Robert Johnson, *Nova Britannia*, 11.

65 C〔astell〕, *Petition of W.C.*, 6. 关于英格兰现代早期和美国殖民地时期经济文化中的"家业"理想，参见 Vickers, "Competency and Competition," 3–4, 12–18。

66 Virginia DeJohn Anderson, *Creatures of Empire*, 65; Clarke, *True and Faithful Account*, 12.

67 Harriot, *Briefe and True Report*, 19–21。"Saquenúckot & Maquówoc" 很可能指的是浣熊、臭鼬或者麝鼠。参见 Finegan, "English in North America," 384。

68 Wood, *New-England's Prospect*, 23.

69 Josselyn, *Account of Two Voyages to New-England*, 71, 73–74.

70 Lederer, "Discoveries of John Lederer," *First Explorations*, 168–169.

71 Lawson, *New Voyage to Carolina*, 134–135, 164.

72 J. Stoddard Johnson, *First Explorations of Kentucky*, 75, 133.

73 Bartram, *Travels*, 182.

74 Nobles, *American Frontiers*, 14–15.

75 Thwaites, *Original Journals of the Lewis and Clark Expedition*, 7:249.

76 Cutright, *Lewis and Clark*, 424–447.

77 探险笔记中对动物繁多的记载实在太多，不免挂一漏万。例见威廉·克拉克日志，1806 年 8 月 29 日；梅里韦瑟·刘易斯日志，1806 年 8 月 3 日；约瑟夫·怀特豪斯日志，1805 年 6 月 26 日；其分别收录于 *Original Journals of the Lewis and Clark Expedition*，5：264，233，7：108。

78 Brackenridge, "Journal Up the Missouri, 1811," *Early Western Travels*, 6:63.

79 James, James' Account of S. H. Long's Expedition, 16:140. 另见 Ross, *Adventures of the First Settlers*, 7：22。

80 关于英国殖民者仅仅从个别可售卖货品角度来看待美洲环境的狭隘倾向，参见 Cronon, *Changes in the Land*, 20–22（《土地的变迁》）。我不同意这种看法，而是主张英国评论者对野外生物的看法要宽广得多，并非只从商品维度盯着动物。

81 Wither, "To His Friend, Captain John Smith," *Description of New England*. 关于英国人心目中的"花园"，参见 Seed, *Ceremonies of*

Possession，25-27。

82 Smith, *Description of New England*, 55-56.

83 同上，48-49，57-58。

84 Conforti, *Imagining New England*, 14-15; Elliott, *Empires of the Atlantic World*, 34-35, 53-54.

85 例如，16世纪托马斯·哈里奥特的名单原封不动地出现在17世纪的宣传文稿中，威廉·伍德（William Wood）的《新英格兰展望》（*New-England's Prospect*）也出现在其他殖民文本中。Horning, "The Power of Image," 385; Beinart and Coates, *Environment and History*, 22(《环境与历史》)。

86 Wear, "The Prospective Colonist," 22.

87 Brereton, *Briefe and True Relation*, 332, 335; Spelman, "Relation of Virginia," *Travels and Works*, 1:cvi; *A True Declaration*, 13.

88 Wood, *New-England's Prospect*, 23; Higginson, *New-Englands Plantation*, 11-12.

89 Parkhurst, "A Letter to M. Richard Hakluyt," 12:304.

90 Harriot, *Briefe and True Report*, 19-21.

91 Higginson, *New-Englands Plantation*, 12; Wood, *New-England's Prospect*, 49-52.

92 Wood, *New-England's Prospect*, 26-27.

93 Smith, *Description of New England*, 43.

94 Higginson, *New-Englands Plantation*, 11; Wood, *New-England's Prospect*, 52. 弗吉尼亚公司确实禁止发表关于该殖民地的负面言论，参见 Wear, "The Prospective Colonist," 26-27。

95 Robert Johnson, *Nova Britannia*, 9; Brereton, *Briefe and True Relation*, 337; Wood, *New-England's Prospect*, 99.

96 Smith, *Description of New England*, 56-57.

97 Robert Johnson, *The New Life of Virginia*, 14; John Hammond, "Leah and Rachel," *Narratives of Early Maryland*, 10:291-292; Horne, "Brief Description of the Province of Carolina," *Narratives of Early Carolina*, 12:68.

98 Smith, *Description of New England*, 57-58.

99　Gabriel Thomas, *Historical and Geographical Account*, 13:321−322.

100　Lawson, *New Voyage to Carolina*, 80,86; Brickell, *Natural History of North-Carolina*, 30−31, 110; Horning, "The Power of Image," 399. 布里克尔在1737年的记述有大量内容抄袭自劳森1707年的著作，参见Percy G. Adams，"John Lawson's Alter-Ego," 313−326。

101　Beverley, *History and Present State of Virginia*, 123.

102　Milligen-Johnston, *Short Description of the Province of South-Carolina*, 2:482; Filson, *Discovery*, 21. 另见 Toulmin，*Western Country in 1793*，70。

103　Imlay, *Topographical Description*, 51; Verhoven, *Gilbert Imlay*, 93−122.

104　Cutler, *Exploration of the Map*, 16.

105　Descalves〔pseud.〕, *Travels to the Westward*, 8−9.

106　Hart and Hulbert, *Southwestern Journals of Zebulon Pike*, 109, 137.

107　Ker, *Travels through the Western Interior*, 84−85, 112−113.

108　Gregg, *Gregg's Commerce of the Prairies*, 20:262; Schoolcraft, *Narrative Journal of Travels*, 280.

109　Henry, *Northern Wisconsin*, 174.

110　Lawson, *New Voyage to Carolina*, 80, 86.

111　Flint, *Recollections of the Last Ten Years*, 241−242.

112　Beinart and Coates, *Environment and History*, 23−24（《环境与历史》）。

113　Flint, *Recollections of the Last Ten Years*, 241−242.

114　Crèvecoeur, *Letters from an American Farmer*, 66−67.

115　Lewis Brantz, "Memoranda of a Journey," 3:342.

116　关于环境与身份认同的联系，参见Parrish, *American Curiosity*, 20−21。

117　关于作为帝国开拓事业的空间理性化，参见Benton, *Search for Sovereignty*, 1。

118　LaFreniere, *Decline of Nature*, 174−175; Williamson, *Environmental History of Wildlife in England*, 8−14; Lovegrove, Silent Fields, 26−29.

119　Manning, *Hunters and Poachers*, 194, 234; Munsche, *Gentlemen and Poachers*, 5. 关于欧洲的打狼行动，参见 Coleman, Vicious, 8。关于英格

兰博物学，参见 Parrish, "Women's Nature," 198, 224, n. 2; Chaplin, "Mark Catesby, A Skeptical Newtonian in America," 34-35; Brigham, "Mark Catesby and the Patronage of Natural History," 122-129。

120 Dunlap, *Nature and the English Diaspora*, 27-31, 35-40; Parrish, *American Curiosity*, 10.

121 L:awson, *New Voyage to Carolina*, iii.

122 Adolph Benson, *Peter Kalm's Travels*, 1:308-309, 375-376; Dunlap, *Nature and the English Diaspora*, 27-31, 35-40; Parrish, *American Curiosity*, 10.

123 Parrish, *American Curiosity*, 105-108, 128-135.

124 约翰·莱因霍尔德·福斯特认为，法国人的科研"常常得到了伟大君主的慷慨资助"，而英国人开展研究不是为了"金钱"，只是为了"研究带给理性存在的愉悦"。John Reinhold Forster in Adolph Benson, *Peter Kalm's Travels*, 1:376 n1.

125 Michael Collinson to Cadwallader Colden, March 10, 1774; Peter Collinson to Cadwallader Colden, March 30, 1745, in Colden, *Letters and Papers*, 7:218, 7:112.

126 Parrish, "The Female Opossum," 475-514. 关于殖民地女性的博物学贡献，参见 Parrish, "Women's Nature," 195-245; Parrish, *American Curiosity*, 174-214; Bonta, *Women in the Field*, 1-8。

127 Belknap, History of New Hampshire, 3:146.

128 Barton, *Barton's Fragments*, v; Parrish, *American Curiosity*, 134.

129 Collinson to Colden, March 10, 1774, Colden, *Letters and Papers*, 7:218.

130 Milligen-Johnston, *Short Description of the Province of South Carolina*, 2:482.

131 Benson, *Peter Kalm's Travels*, 1:153, 311.

132 Catesby, *Natural History of Carolina*, 2:xxv.

133 Belknap, *History of New Hampshire*, 3:150-151.

134 Toulmin, *Western Country in* 1793, 74.

135 Barton, *Barton's Fragments*, 24.

136 Bartlett, *Records of the Colony of Rhode Island*, 1:85; Hening, *Statutes*

at Large of Virginia, 3:462−464; Trumbull and Hoadly, *Public Records of the Colony of Connecticut*, 4:248, 5:524; Massachusetts Bay (Colony), *Acts and Resolves*, 1:152−153, 355.

137　Hening, *Statutes at Large of Virginia*, 8:591−593; McIlwaine and Kennedy, *Journals*, 3:23, 85, 184, 200.

138　J. Stoddard Johnston, *First Explorations of Kentucky*, 37.

139　相比之下，托马斯·邓洛普（Thomas Dunlap）主张：殖民者不太关心动物种群的毁灭，因为"移民最多将野外生物视为一种转瞬即逝的资源"。他举出的证据是动物保护监管薄弱的现象，参见 Dunlap，*Nature and the English Diaspora*，50−51。

140　Crèvecoeur, *Letters from an American Farmer*, 67.

141　"The Remonstrance, 1767," in Hooker, *Carolina Backcountry*, 228; Nuttall, *Journal of Travels*, 13:58−59。另见 Faux，*Faux's Memorable Days*, pt. 1, 11:203−204。

142　Hooker, *Carolina Backcountry*, 121.

143　"The Remonstrance, 1767," in Hooker, *Carolina Backcountry*, 228−229.

144　Gabriel Thomas, *Historical and Geographical Account*, 13:321−322.

145　Thomson, "Letter from America［1773］," 118−119.

146　Beinart and Coates, Environment and History, 27.

17　Tomlins, "Many Legalities of Colonization," 4; Beinart and Coates, *Environment and History*, 23−24.

148　Robert Montgomery, *Discourse*, 11; Oatis, *Colonial Complex*, 288.

CHAPTER 2

天生狂野

--> 第二章 <--

子弹打不穿河狸

No Bullets Would Pierce Beaver Skins

纳撒尼尔·培根（Nathaniel Bacon）是东安格利亚（East Anglia）的世家子弟，因丑事遭到流放，从而登陆弗吉尼亚。1674 年，他在抵达后不到六个月就被任命为弗吉尼亚理事会成员，威廉·贝克莱总督（Gov. William Berkeley）是他妻子的亲戚，给他发了一张印第安贸易执照。培根很快获得了两片大种植园：一处名叫"科勒斯奈克"（Curles Neck），位于詹姆斯敦上游约 40 英里（约合 64 千米）处；另一处在前者更上游的地方，位于詹姆斯瀑布群（Falls of the James）附近。

仅仅过了两年，培根看似美妙的殖民地生活便横生变故。1676 年初，萨斯奎哈纳克部落（Susquehannock）及其盟友在内陆发起了一波劫掠，培根"深爱"的仆人和监工被印第安人杀害。培根发誓要血债血偿，于是纠集了一支由边疆农民组成的非法民兵队对抗弗吉尼亚瀑布线一带的原住民，对萨斯奎哈纳克、楠蒂科克（Nanticoke，又称"Doeg"，即多伊格）、奥坎尼奇（Occaneechi）、帕门基（Pamunkey）和当地其他部落发动了一场无差别的灭绝战争。[1]

贝克莱总督斥责了培根，但他整顿叛军的企图失败了。1676年夏天，培根率军对抗詹姆斯敦殖民地当局，据时人记载，也确实"曾包围攻打总督和议会"。培根当时要求殖民地政府采取强硬手段保护殖民者的边疆种植园。[2]市民院被迫同意培根一伙的最后通牒，议员在其胁迫下通过了多条法令，第一条就是召集部队"攻打印第安蛮人"，并任命培根为这支部队的将军和司令。[3]不过，培根刚刚出发作战，贝克莱就再次把他打成叛徒。作为回应，培根发布了一篇声讨贝克莱的宣言，文中指控总督"辜负陛下的权柄与利益，垄断河狸贸易"[4]。在这份1676年7月的宣言中，培根宣称对河狸贸易的垄断是降临在弗吉尼亚殖民者身上的"所有灾祸的根源"[5]。

按照叛军的说法，这不仅仅是敛财问题，切萨皮克河狸贸易的运转已经事关边疆移民的生死。培根及其追随者批判贝克莱纵容非法贸易，允许英国人用枪支弹药向印第安人换取毛皮。偏远种植园饱受印第安人劫掠屠戮之苦，贝克莱却拿着"不义之财"，"将国王陛下的领土和忠实臣民出卖给了野蛮的异教徒"。叛军宣称，弗吉尼亚总督"庇护有恃无恐的印第安人去伤害国王陛下最忠诚的臣民"，只为追求一己私利。[6]东部精英与"无法无天的野蛮人"沆瀣一气，只为了从动物毛皮中赚取利润，边疆的可怜移民怎么是他们的对手呢？[7]正如一首民歌里所言，显然"子弹打不穿河狸皮"[8]（That no Bullets would pierce Beaver Skins）。

培根军这首歌谣里的"子弹"（bullets）和"河狸"（beavers）押头韵，用以嘲讽殖民当局，他们看似背弃了英国殖民者的核心信条：定居将占有合法化。培根这样的种植园主自认为是殖民实干家，他们占据土地，改良土地，投入生产。他们将英国占有土地的边界向西扩展，深入聚集在大西洋沿岸的早期定居点以外的弗吉尼亚内陆。印第安人的侵扰则威胁了这项事业，殖民地政府的措施似乎不仅没有维护殖民者的占地边界，反而更像是为了确保利润丰厚的毛皮能从内陆顺畅地流向詹姆斯敦。对内地种植园主来说，贝克莱的政策看上去就像是在承诺保护美洲原住民。印第安人卖给东部精英的毛皮成了他们的挡箭牌，使之可以免遭殖民者的报复。河狸是威力比枪还要大的武器。

培根叛乱的叙事一般不会从动物的角度来讲述，但在跨大西洋毛皮贸易不断发展这个大背景——培根及其追随者显然就是这样看问题的——之下，这件事也容易成为一桩动物公案。这场短暂的内乱是17世纪英国殖民进程中，美洲动物地位长远变化过程里的一段戏剧性插曲。近百年间，一直有人宣传丰富的美洲动物对英国人移居占地的种种好处，现在殖民者则必须判断到底如何利用动物才会最有利于自身发展。1676年的弗吉尼亚起义，以及先前的一连串导火索事件暴露了英国未来扩张路线与动物在这个过程中应扮演何种角色之间的严重分歧。培根叛乱的核心是帝国扩张的路线之争，表明榨取性殖民与弗吉尼亚移民定居社会在根本上不相容。[9] 换言之，17世纪切萨皮克毛皮贸易及其引发的冲突表明，"一狸不事二主（殖民者）"。

在17世纪的北美，由于殖民计划之间的竞争、国家敌我关系的变化、领土主张的纠纷，毛皮贸易不是单一的，而是多元的，其发展状况各有不同，参与者、空间结构和规则也都不一样，尽管最终都要受到掌控着河狸生死的相同生态环境要求的约束。各殖民地的河狸贸易还有一个共同的功能，那就是作为推动欧洲人支配北美土地、资源和人民的一种机制。[10] 然而，随着时间和空间的变化，不同的河狸贸易达成殖民者目标的程度有着巨大差异。[11]

在17世纪的切萨皮克，英国殖民者发现自己雄心勃勃的计划常常会受到河狸贸易的妨碍，这种贸易削弱了殖民者的占地边界。殖民地当局努力将来自印第安人的商品化毛皮引离相互竞争的殖民地，顺势导入自己手中，于是勉强同意基本独立的商队自己制定规则、与盟友和对手交涉并实行自治。在这个过程中，英国人与印第安人、田产与荒野之间的界线出现了漏洞。要想从出产河狸的偏远地区榨取动物资源，英国人就不能与原住民隔绝，而必须与其交往合作。与此同时，正如培根叛军指控的那样，河狸贸易中的合作也让强大的武器落入了印第安人手里，他们可以用这些武器打破势力平衡、拓展势力范围、抵抗英国人的侵犯。毛皮市场让各个英属殖民地之间、各个英裔殖民者之间陷入一场短视、狂热、激烈的竞争当中，目的是争取印第安贸易伙伴和利润。

　　尽管冒险者和商人眼中的河狸仍然是一种抽象事物，即其接触以毛皮死物而非活体形式为主，但这种动物还是在英国殖民进程中扮演了关键角色。切萨皮克殖民者一而再、再而三地意识到，除非直接接触并控制野外生物本身，否则毛皮贸易在破坏英国人占有土地、损害有序定居方面的作用就会大于支持殖民地。

河狸地带

　　早在英国人到来之前，河狸本身已经占据了广大的领地。欧洲人首次登场时，北美河狸（*Castor canadensis*）数量约为 6000 万至 4 亿只，它们所生活的庞大地域叫作"河狸地带"（*country of Castorie*），其北至加拿大北部和阿拉斯加的亚寒带地区，其南抵墨西哥北部。

这种北美洲体型最大的啮齿类动物适应力极强，能够"殖民"几乎所有水生环境。尽管它们偏爱的栖息地是湖泊、池塘与流速慢的溪流，但也能为了自身需要而改造不太友好的环境，比如酸沼、盆地和草沼。河狸会通过造坝来营造居所，从而显著改变周遭环境。它们还会修建运河和名为"滑道"的岸边小路，方便其从陆地向水中运送建筑材料和食物。尽管河狸游泳、潜水时强健敏捷，但在岸上却行动缓慢。因此，为了减轻被捕食的危险，河狸会尽可能减少在陆上行走。河狸群落是由一对配偶、一岁到两岁的幼崽和两到四只一岁以下的幼崽组成的大家庭，它们会利用天然或修建的水域环境抵御狼、郊狼和其他捕食动物。由于河狸能够出于自卫、生产和繁殖目的而改造环境，所以生物学家给它们贴上了"生态工程师"的标签。这或许是这种动物最广为人知、也最独特的特征。[12]

早期殖民地评论家认为，河狸这种不寻常的建造天性值得注意。河狸是修建堤坝和复杂多层住宅的妙手工匠，这种能力似乎属于高级动物。作者强调了河狸的"智慧与理解力"，因此河狸"近乎是理性动物"。[13]威廉·伯德（William Byrd）将河狸自我保护的习性与

The Cataract of NIAGARA here made ... this Water-Fall to be half a League broad ... others reck'en it no more than a hundred Fathom.

A View of ye Industry of ye Beavers of Canada in making Dams to stop ye Course of a Rivulet, in order to form a great Lake, about which they build their Habitations. To Effect this; they fell large Trees with their Teeth, in such a manner as to make them cross ye Crest of ye River. & to lay ye foundation of ye Dam; they make Mortar, work up, and finish ye whole with great order and wonderfull Dexterity. The Beavers have two Doors to their Lodges, one to ye water and the other to the Land side. According to ye French Account.

加拿大河狸勤业图

这幅插图描绘了几乎与人类一样的河狸社会，是赫尔曼·莫尔（Herman Moll）绘制的 18 世纪初英属北美地图中的一幅（Herman Moll, Thomas Bowles, and John Bowles, *A new and exact map of the dominions of the King of Great Britain on ye continent of North America, containing Newfoundland, New Scotland, New England, New York, New Jersey, Pensilvania, Maryland, Virginia and Carolina*, London, 1715—1732）.

照片来源：美国国会图书馆地理与地图部。

天生狂野：北美动物抵抗殖民化

才能归因于高度的"本能，那是理性同父异母的兄弟"[14]。还有人在拟人的道路上走得更远，提出河狸"建立了类似于君主制的规范治理形式"[15]。美洲原住民提供信息称，河狸"建立了一个独立的国家"[16]。英国博物学家约翰·布里克尔解释，河狸群落实行等级制度，每一个个体都知道"自己的职责与地位"。河狸"监工"负责教训怠工者。布里克尔写道：

> 河狸在工作时有一种内部的术语……我们可以想象它们在交谈，或者在展开一场关于工程的大辩论。[17]

法国驻加拿大王室专员克劳德-夏尔·勒罗伊·巴克维尔·德拉波特里（Claude-Charles Le Roy Bacqueville de La Potherie）总结了河狸与人类似的特性，称它拥有——

> 独裁君主的权威、一家之主的真正品格、聪颖建筑师的天分。[18]

尽管欧洲人非常尊重河狸勤奋守序的天性，但仰慕之情并没有阻止他们将河狸的身体派上实际用场。北美的法国天主教徒喜欢河狸肉，尤其是它们宽大扁

平的尾巴，他们出于方便把它归为鱼类，"与鲭鱼同
类"[19]。这样一来，他们在斋日就可以吃河狸肉了。河
狸的内脏、骨头和血液都被认为有多种药用功能，河
狸香的价值尤其高。它是一种来自尿液的芳香分泌物，
河狸用它来建立分隔群落的"气味栅栏"，还有使毛
皮具有防水的作用。医师认为河狸香能治疗从头疼、
癫痫到耳聋、癔病的各种病症。[20]伯德解释道：这种
黄褐色的油状物质来自"肛门内侧的一对腺体"，闻
起来"甘如麝香"。[21]因此，香水师也想要得到河狸。
还有人坚称河狸香的浓烈气味能够激发人的性欲。一
份17世纪的文本建议任何想要"挑逗女性"的男子"往
龟头上喷洒大量精油，可以是麝香、麝猫香、河狸香
或者山苍子油"。[22]分装成精油、药物或肉品的河狸
保持着其独特的、近乎神奇的特质。

在众多河狸产品中，欧洲人最渴求的是它的皮。
河狸皮华贵、防水，绒毛较柔且厚实，非常适合欧洲
帽匠的制毡工艺。[23]在为上流精英制作时髦河狸帽的店
里，北美河狸皮很快取代了近乎灭绝的欧亚河狸（*Castor
fiber*）皮。[24]为了满足欧洲人对北美河狸日益增长的需
求，殖民地商人在17世纪到18世纪获取了数量越来
越多的河狸皮。出口法国的加拿大毛皮数总重从17世
纪40年代的约3万磅（约合13.6吨）增长到了17世纪70
年代末的超过10万磅（约合45.4吨）。[25]

1657 年，毛皮贸易点贝弗韦克（Beverwijck，字面意思是"河狸区"）向新阿姆斯特丹（New Amsterdam）供应了近 3.8 万磅毛皮（约合 17.2 吨）。[26] 对早期英国殖民地来说，毛皮贸易也是一项有利可图的生意。根据威廉·布拉德福德总督（Gov. William Bradford）的记录，普利茅斯于 1633 年和 1634 年运走了超过 3000 磅河狸皮，数量之大足以造成伦敦市价的暂时下跌。[27]1652 年至 1657 年，威廉·平琼（William Pynchon）之子约翰从马萨诸塞运出了近 9000 张毛皮，价值超过 5500 英镑。尽管弗吉尼亚在河狸贸易中起步较晚，但年出口量依然在 17 世纪末达到了约 2000 张。除了河狸皮，殖民者还发现各种野外生物——浣熊、獭、貂、麝鼠、狐狸等的毛皮同样是利润极高的商品。[28] 对以商业逐利为主的欧洲殖民者来说，开发高价值动物资源成为一大要务。

探险家与原住民进行贸易时，最常见到的河狸形态是剥下来的皮，而不是野外活物。这种初见经历让殖民者形成了一种先入为主的观念，即主要从商品角度来看待河狸。1602 年，约翰·布里尔顿与巴托洛米·戈斯诺尔德（Bartholomew Gosnold）探险队一起抵达科德角（Cape Cod），当时他收到了印第安人赠送的"一大张河狸皮"。随之，他投身于包括"皮很大很厚的狸、獭、貂、野猫皮，还有黑狐皮和兔皮"[29]的皮毛贸易。1610

年，亨利·哈德孙（Henry Hudson）企图与缅因沿岸"土民"达成一笔交易。土民"带来了很多河狸皮和其他优质毛皮"，但这位航海家却无法提供法国人惯常卖给印第安人的"红袍、刀、斧、铜材、壶、架子、珠子或其他小玩意儿"。[30] 威廉·卡斯特尔（William Castell）表示，弗吉尼亚南部是一个有"各种财货"的宝库，包括"丰富的毛皮与河狸"这些"可售货品"。[31] 马可·勒斯卡伯（Marc Lescarbot）写道，新法兰西的美洲原住民会将"若干捆河狸皮和其他毛皮"甩在来宾脚下，以示欢迎。[32] 显然，欧洲人不需要"心智炼金术"就能将河狸设想为商品，他们只需要低头看一看摆在脚下的河狸皮。

欧洲人只需要将野生毛皮从美洲原住民经济体系导向跨大西洋贸易网络，便能将印第安人生产的皮货转化为商品。因此，结交印第安猎人和商人成为头等要务。1602年，戈斯诺尔德手下的队员刚从沿海印第安人手中"获取了大量檫木、雪松、毛皮、兽皮和其他货品"，就决定结束探险回英格兰赚钱，而没有留下来建立长期据点。[33] 到了17世纪中叶，许多人认为印第安河狸贸易是新尼德兰吸引移民的主要因素，也是新英格兰人"最好的生计"[34]。1681年，卡罗来纳的地主们指示勘测员尽快"与印第安人开展河狸贸易"，并"用尽一切办法"让该殖民地的地主独占这门生意。[35]

殖民者引诱原住民贸易伙伴，企图扭转美洲本土环境与经济关系的方向，以便为殖民者的榨取野心服务。[36]

殖民者不熟悉河狸的习性和居所，以为印第安人会继续从事将生物转化为毛皮商品的工作。幸运的是，美洲原住民似乎特别擅长这项任务。威廉·伍德认为，河狸太狡猾、太聪明了，英国猎人根本抓不着它们。他于1634年写道：

> 英国人手里的所有河狸一开始都来自印第安人，印第安人的时间和经验适合这项工作。[37]

将近100年后的博物学家·凯茨比持有同样的看法，他说很少有动物是"白人抓到的"。捕捉河狸——

> 一般是印第安人的活儿，他们的视觉和听觉更敏锐，而且天性更接近野兽，所以更擅长绕开这种警觉动物的花招。[38]

尽管河狸的狡猾常常"骗到猎人"，但印第安人开发出了实用的追踪术和巧妙的陷阱，足以挫败河狸的手段。[39]于是，欧洲观察者承认，捕猎专长为原住民赋予了支配捕狸区域与区域内动物的势力——只要殖民者还想靠这种产毛皮的野外生物赚钱，他们就必须认可印第安人的势力。

印第安人还负责生产欧洲商人偏爱的皮草（castor gras）。印第安人的冬衣由河狸皮缝制而成，毛面朝里，因此制毡前必须去掉的外层粗硬针毛会被磨掉。他们贴身穿了几个月之后，冬衣里面厚实绒毛表面的角蛋白也会被磨损，于是相比于没有穿过的干燥河狸皮（即"干皮"，castor sec），这种浸汗缠结的河狸毛皮密度更大，也更容易制毡。这种皮草能做出质量更好、也更耐用的毡，因此卖给欧洲帽匠的价格也更高。[40]1640 年，阿德里安·范德东克（Adriaen van der Donck）讲解了这个过程，他说只有当印第安人的带毛河狸皮破旧到"看似无用"的程度时，毛皮的价值才会变得特别高——

因为除非河狸皮已经被磨得又油又脏，否则就做不出好毡。[41]

据说，穿了 15—18 个月的皮草品质最佳，印第安人也很快发现欧洲人喜欢这样的东西。皮埃尔·弗朗索瓦·格扎维埃·德沙勒鲁瓦神父（Father Pierre François Xavier de Charlevoix）为早期法国商人的鲁莽感到困惑，那些人竟然"让印第安人知道了他们的旧衣服是值钱货"[42]。

美洲原住民有毛皮，欧洲人要毛皮。这个公式看上去够简单了，但从河狸地带获取毛皮是一项繁杂的工作。欧洲人之间的竞争和贸易品改变了美洲原住民经济的物质基础，为一些原住民族群带来了新式武器，改变了部落间的力量平衡，新出现的跨大西洋贸易由此产生了剧变。[43]1633 年，蒙塔格奈族（Montagnais）猎人告诉勒热纳神父，对印第安人来说，河狸"万事可为"——

> 它能做壶、做斧子、做剑、做小刀、做珠子，简单说吧，什么都是用它做的。

勒热纳解释道：这句评论的本意是谴责欧洲商人"钟爱这种动物的毛皮"，以至于愿意"比着看谁给这些野蛮人的东西最多，好以此得到毛皮"[44]。

纳拉甘西特人（Narragansetts）生活在马萨诸塞湾，他们用英国人的制成品去交换更偏远部落的毛皮，从而最大限度地利用了自身在贸易中的有利地位。据伍德说，他们抬价卖货，"赚了两份钱"，"靠邻居的无知自肥"。[45]充当河狸贸易中间商的还有其他部落，他们将毛皮从内陆运到殖民据点，从中掌控了与欧洲殖民者联络、交易的关键渠道。

印第安猎人原本只在周边河、湖、溪流里捕捉河狸，现在河狸皮要按照欧洲商品的价值尺度来衡量了，于是传统限制就被抛弃了。随着捕狸活动持续向内陆推进，就连欧洲观察者都能明显察觉到生态产生变化了。据沙勒鲁瓦神父回忆：在法国商人进入加拿大之前，印第安人没有对河狸造成"大灾难"，他们的"捕猎活动有固定的季节和仪式"；[46]但到了17世纪上半叶，河狸就在五大湖东部的大部分地区绝迹了；在18世纪中叶，五大湖西部地区也有了明显的过度捕猎迹象。[47]河狸繁殖速度慢，再加上印第安人捕猎数量增多，两者共同造成了其种群局部迅速萎缩。为了寻找尚未开发的新河狸领地，美洲原住民猎人和商人常常会与内地部落爆发激烈的冲突，目的就是获取日益减少的动物资源。[48]当殖民者试图维护脆弱的毛皮贸易网络时，他们就卷入了自身影响力或掌控力都有限的印第安人内部冲突。[49]

此外，处于敌对关系的各个大国、各个殖民地的地主、各个股份公司都在努力将更多的印第安产毛皮导向自己的事业，而这些事业又是彼此竞争的关系。于是，局势变得更加复杂。法国殖民者很早就掌握了大部分价值不菲的北方毛皮贸易，迟来者在整个17世纪都只能蚕食扩张中的法国毛皮帝国的边缘地带。约翰·史密斯发现，早在他于1614年抵达美洲之前，法国人就已经将影响力拓展到了新英格兰。尽管他希望靠毛皮发财，但只有少数印第安人愿意跟他做生意，以换取他手中低劣的英国货，各个部落"与出价更高的法国人走得很近"[50]。到了17世纪中叶，英国殖民者的竞争者中又多了荷兰和瑞典公司，后者为了抢购毛皮发起了价格战，还大量出售枪支弹药——英国人谴责这种做法"违背了所有基督徒的海商法与海事法"[51]。然而，诉诸基督徒的"法律"不会让欧洲人放慢争相从美洲环境中最大限度榨取动物资源的脚步。

在这场竞赛中，法国的竞争力远超对手。他们较早进入河狸数量多、毛皮也更厚的北方内陆湖区，从而具备了先发优势。1608年，尚普兰（Champlain）建立魁北克作为毛皮贸易中心，由此将16世纪时有限的海岸毛皮贸易发展成了一项更专业的资源榨取生意。法国的影响力从魁北克向外拓展，其扩张方式不是通过一波定居点，而是通过一个由传教站和毛皮贸易据点组成的网络，据点之间通过广阔的水路通向其长期据点魁北克。尽管偏远地区的法国传教士、商人和官员经常不得不采取独立于魁北克和蒙特利尔当局的自主行动，但他们的殖民计划属于君主中央集权掌控下的庞大北美商业帝国。法国殖民注重贸易和与原住民的交往，而非征服或强制迁移。耶稣会士和法国商人肩负着基督教化和商业化的双重使命并深入河狸地带腹心，这至少在一定程度上符合当地原住民的利益。

作为殖民工具的天主教步履蹒跚，毛皮贸易则占据上风。[52]根据勒内－罗贝尔·卡瓦利耶庄园主（René-Robert Cavelier, Sieur de La Salle）的说法，耶稣会士"用铁换来的河狸多，被神父变成基督徒的印第安人少"。到了17世纪末，法国人显然已经真正掌握了"河狸地带的钥匙"[53]。

英国殖民者，尤其是在最北边定居的英国人承认，他们在河狸贸易中的主要对手就是法国人。他们闷闷不乐地看着法国人的影响力顺着毛皮贸易网络传播，法国人的贸易活动也渗透进了英国定居点的边界内。17世纪60年代，英国人接管了哈德逊湾沿岸的新尼德兰据点，即将离职的总督彼得·施托伊弗桑特（Gov. Peter Stuyvesant）就警告他们注意新法兰西的威胁。他预测，失去了"印第安人非常尊重"的荷兰优质制成品的稳定流入，殖民地的河狸皮（"欧洲人最渴求的货物"）贸易将会完全转移到加拿大。[54]

17世纪70年代，法国人的枪支和毛皮贸易扰乱了新英格兰边境，阿本拿基族印第安人（Abenaki Indians）从法国人那里获得了对抗英国人进犯的武器。一位英国情报员在1670年表示，阿本拿基族"更放肆，因为他们（有）枪"。他们的枪来自"为了河狸，连自己的眼睛都愿意卖"的法国人。[55]到了17世纪80年代，纽约殖民官员企图在特拉华河与萨斯奎汉纳河畔修建堡垒，在安大略湖旁再修一座堡垒，目的是"保护河狸与毛皮贸易"，并在"领土宣称范围远达墨西哥湾"的法国人面前维护"本国在当地的权益"。纽约总督托马斯·唐根（Gov. Thomas Dongan）宣称，法国人之所以能够提出这些领土主张，都是因为他们在河狸贸易中占据优势，而且"赶在我们前面努力探索土地"[56]。与英国地图上画的所有边界线相比，从河狸地带将毛皮送去殖民地中心——法国传教士、商人与货品沿着相反方向前往河狸地带——的道路，更能坐实法国殖民者的领地主张。

尽管唐根等英国官员试图至少恢复一部分河狸贸易，但就这个目的而言，17世纪英国殖民的效果不如法国的效果好。英属北美的种植园是一个个团结的孤岛式殖民地，采用分权结构，反映了将占有等同于定居、而不是等同于贸易的英国法律文化。虽然英国人与欧洲各国的对手一样渴望毛皮贸易带来的收益，但殖民地河狸贸易的多元发展格局威胁到了英国殖民计划的稳定根基。英国商人在与同胞争夺河狸贸易时会毫不犹豫地下血本，包括向美洲原住民出售酒、枪和弹药。马萨诸塞殖民当局于1676年发布警告称，这种非法贸易会招来印第安人对殖民定居点的侵犯，而且会"证明对公共利益造成危险后果"[57]。然而，失去印第安人贸易伙伴对移民的害处同样大。唐根总督对宾夕法尼亚 1681 年的宪章提出了质疑，该宪章将五族同盟的大片领地和"当地的全部河狸与毛皮贸易"都划给了相邻殖民地。唐根预言，这次划分将会导致"本府治下人口减少，因为人必然会跟着贸易走"[58]。在他看来，河狸贸易法律边界的迁移将毁掉纽约定居点。

河狸贸易代表的不仅仅是经济利益。毛皮交易为殖民者提供了一种将手伸进广袤内陆、与原住民建立外交同盟、妨碍对手开疆野心的手段。相互竞争的欧洲列强对广大领地的主张是薄弱的，其中偏远地区与涉及大西洋沿岸的早期殖民据点之间，往往只有河狸贸易这张动脉网相连。随着欧洲人努力开拓不断变化的河狸地带中的资源，毛皮贸易网也将他们的影响力传播到了未知的领域，尽管这种传播并不彻底。简言之，河狸是北美边缘地带与殖民核心地带之间的关键政治纽带。[59]

然而，17 世纪弗吉尼亚殖民者必须权衡利弊，一边是针对河狸的榨取性殖民主义的潜在收益，一边是英国移民付出的成本。由于弗吉尼亚殖民者在河狸贸易中起步较晚，而且这种贸易从政治和地理上都正远离他们，于是他们不得不与更多的对手竞争，才能从新法兰西、新尼德兰、新瑞典和其他英属殖民地的竞争者手中分得一杯羹。他们必须发展美洲原住民伙伴、寻找印第安中间人，以便将切萨皮克种植园和西面、北面的偏远猎狸区域打通。在这个过程中，英裔弗吉尼亚人不得不放宽支配和隔离政策，以与原住民展开交往联络，他们必须向毛皮和带来毛皮的商人开放边界。切萨皮克殖民者意识到，为了让河狸有利可图，他们必须借力于原住民中间人，让触手突破孤岛式英国定居点的边界局限，深入河狸地带。[60]

河狸大生意

印第安贸易最终害死了亨利·斯佩尔曼，但不是马上。1609年，14岁的他刚来到弗吉尼亚时就卷入了一场殖民地纷争。经历了詹姆斯敦的"饥荒年代"以及移民与弗吉尼亚沿岸平原波瓦坦族（Powhatan）印第安人的血腥冲突，少年斯佩尔曼活了下来。他曾眼睁睁地看着印第安妇女将约翰·拉特克利夫（John Ratcliff）放到木杆上剥皮焚烧。他也目睹了1609年的第一次"盎格鲁–波瓦坦战争"（the First Anglo-Powhatan War），塞缪尔·阿盖尔（Samuel Argall）通过绑架宝嘉康蒂（Pocahontas）强行结束了战事。

在这段时间里，斯佩尔曼与波瓦坦族和波塔瓦马克族（Patawomek）印第安人共同生活过，学会了当地的阿尔冈昆（Algonquin）语并以译员身份为殖民地服务。与印第安人相处四年后，斯佩尔曼回归詹姆斯敦，利用年少时的奇遇成为一名优秀的谷物、鹿皮和毛皮商人，经历与其他被印第安人收养的译员相似，比如罗伯特·普尔（Robert Poole）和托马斯·萨维奇（Thomas Savage）。[61]

斯佩尔曼的"文化中介"角色，最终导致了他与了殖民当局之间的麻烦。1619年，大约就在萨维奇开始与东岸阿可麦克族（Accomac）和阿可汉诺克族（Accohannock）印第安人做河狸皮与麝鼠皮买卖的同时，斯佩尔曼被弗吉尼亚议会传唤，让他为自身的不当行为做解释。理事会指控这位商人在波瓦坦族头领奥普查纳坎奴（Opechancanough）面前对时任总督塞缪尔·阿盖尔"语出不敬，恶言相向"。他矢口否认普尔（现在是他的商业对手）对他的叛国指控，只承认曾"告诉奥普查纳坎奴一年内会来一位比现任职权更大的总督"。议会以斯佩尔曼"离间奥普查纳坎奴与现任总督"，令"整个殖民地遭受（印第安人）图谋不轨之险境"为由，威胁要处死他。最后，官方只是谴责了24岁的斯佩尔曼，剥夺了他的上校军衔，责令他为总督提供七年的翻译服务。不过，斯佩尔曼并没有对理事会的"宽大"表示感谢。得知判决后，他只是"自己嘟囔了几个字……并无悔改之意"。在弗吉尼亚当局看来，这是这位商人跨越了文化界限的明证。经过与印第安人的长久来往，斯佩尔曼"身上的野蛮人成分已经超过了基督徒成分"[62]。

斯佩尔曼、萨维奇、普尔属于切萨皮克最早的英国毛皮商。通过与印第安人长时间共处，他们会结识当地人、说当地语言、了解当地状况，从而具备了开发新贸易关系的特殊才能，而不仅仅是从事殖民地头十年里有限的地方性谷物、鱼类和小规模毛皮交易。[63]即便是这样有限的经济往来，也让英国种植园遭到了波瓦坦族印第安人的激烈反抗——以至于阿盖尔总督于 1618 年将与"背信弃义的野人"的贸易一概打成非法。但仅仅过了几年，由于担忧法国人与荷兰人毛皮贸易业务的扩张，弗吉尼亚公司管理人员只得悄悄改弦易辙，鼓励积极开发河狸贸易。[64]尽管总督禁止与印第安人贸易，但该公司依然于 1620 年开始宣传扩大毛皮业务，高价收购只能从原住民手中获取的毛皮。如此一来，他们就为斯佩尔曼等熟悉美洲原住民的人扰乱社会、潜藏密谋的行为打开了大门。[65]尽管殖民当局对斯佩尔曼、普尔和萨维奇这样的跨文化人士心存疑虑，但为了从延伸到英国定居点边界外的印第安贸易中获取利润，当局也不得不承认这些独立行商的越界行为以及他们常常不合规范的活动。[66]

斯佩尔曼为总督效力的时间不长。1623 年，他恢复了上校军衔，还从英格兰拉到了私人投资，准备到波托马克河（Potomac River）上游拓展贸易。印第安人，可能是波塔瓦马克族或者纳可查坦科族（Nacotchtank，又称 Anacostank），袭击了这支 26 人的英国探险队。据约翰·史密斯事后推测，原因或许是斯佩尔曼"高估了自己跟他们的交情，或者他们想要报复不久前英国人造成的杀戮，或者是他想要背叛他们，或者他们想要背叛他"。

不论原因是什么，印第安人杀死了包括斯佩尔曼在内的 19 人。斯佩尔曼的头被割下来，从岸上扔进河里，就漂在撤退的幸存者身后。[67] 这桩暴行震惊了弗朗西斯·怀亚特总督（Gov. Francis Wyatt），于是他要求殖民者与印第安人完全隔离。他坚持要求"必须断绝与印第安人的一切贸易，无疑必须清理他们，否则他们就会把我们赶走"[68]。与可怜的斯佩尔曼一样，弗吉尼亚的移民社会无法与印第安贸易共存。

英属弗吉尼亚在建立后的几十年里反复与印第安人发生血腥冲突，这让殖民者相信，与美洲的邻居们交往常常会有损移民定居。虽然与美洲原住民的经济往来是好的，甚至是必要的，但贸易也削弱了殖民地边界。依赖本地贸易让殖民者容易受到印第安人的敌对伤害，为了对抗这种无序状态，弗吉尼亚官员采取了与沿岸阿尔冈昆人隔离、与远方部落交往的双面政策。在斯佩尔曼从英格兰来到美洲的同一年，弗吉尼亚公司指示托马斯·盖茨总督（Gov. Thomas Gates）

只与"离你最远的"部落"保持贸易与友谊","而要与当地部落为敌"。公司官员指示称,在切萨皮克湾海头处的印第安人城镇卡塔尼翁(Cataaneon)附近可以建立一处"贸易探索"据点,当地发现了大量"铜矿与毛皮"。[69] 简言之,殖民地当局想要印第安贸易与定居点保持安全距离。尽管官方政策在17世纪上半叶左右摇摆不定,但在每次暴力袭击后,殖民者都会回归这样一种信念,即必须建立严格的边界以保护英国人占有的土地免受原住民威胁。

河狸贸易似乎是弗吉尼亚对印第安人实行双面交往政策的理想载体,河狸的天性为印第安贸易拉开了距离。切萨皮克地区形成了庞大的商品毛皮业,它榨取的动物资源属地越来越偏远,而且有瀑布线以外的印第安人广泛参与。理论上讲,在个别据点开展规范的毛皮交易限制了印第安人与移民的接触,但"殖民河狸"的事业不像看上去那么简单。英属弗吉尼亚当局没有界定榨取动物资源的内陆殖民活动与东部移民社会之间的交界面,17世纪中期毛皮贸易的地域变迁产生了一个纠纷地带,这里成为切萨皮克的毛皮贸易边界。在这道边界上,英国殖民法律体系受到了质疑。英国土地所有权的关键机制——占地、整地、定居——在新环境中失去了控制力。为了靠毛皮兽赚取利润,英国殖民者只得自愿放弃有序支配的愿景,换取对边疆土地及其人民利好的条件，即便这无法影响河狸本身。切萨皮克河狸贸易的特殊演化史及其引发的冲突将会带来长久和显著的影响，不仅会影响英国人在弗吉尼亚内陆的殖民进程，也会影响英裔美国人对边疆的认知。[70]

尽管切萨皮克远离盛产河狸的北方河湖造就的"河狸地带"，但在 1610 年，弗吉尼亚理事会报告称，弗吉尼亚沿海低地（Virginia Tidewater）拥有"数量极多"的河狸、狐狸、松鼠和水獭。这些"珍贵毛皮"的价值，唯有那些了解"基督教世界每年在这些货品上花费数十万镑"的商人才能算得出来。[71] 尽管有人大力推销，但英属弗吉尼亚人并未急于开展动物毛皮商贸业。一部分原因是探险家在寻找价值更高的货物，比如金银。[72] 切萨皮克地区引种烟草较早，这也让人们没有去关注毛皮贸易的潜力。[73] 波瓦坦族印第安人也是一大阻碍，他们很快对英国人的意图产生了怀疑，殖民者的行径也激怒了他们。殖民者向原住民强征玉米，在波瓦坦城镇附近修建堡垒，劫掠印第安村庄，还与其敌对部落结盟。波瓦坦酋长提出了抗议，他在 1609 年告诉史密斯：

> 你们来这里不是为了贸易，而是为了侵略我的人民，占有我的土地。[74]

1609 年，这种敌意引爆了大规模暴力行动，起点是第一次"盎格鲁-波瓦坦"战争，其以 1614 年宝嘉康蒂与约翰·罗尔夫（John Ralf）成婚作结的军事僵局告终，但冲突并未彻底结束。[75]

殖民者与印第安邻居的停战状态持续了不到 10 年。1622 年 3 月 22 日，宝嘉康蒂的弟弟和继承者奥普查纳坎奴重燃战火，发起了一连串有组织的清晨袭击。印第安人对分布于詹姆斯河沿线 140 英里（约合 225 千米）范围内的住宅和田地发起进攻，打了弗吉尼亚种植园主一个措手不及。弗吉尼亚公司秘书爱德华·沃特豪斯（Edward Waterhouse）写道：

这是"土著异教徒对英国人展开的一次野蛮屠杀与背叛"，300 多名英国殖民者"倒在了血泊中，死于背信弃义、毫无人性的野蛮人之手，违背了上帝与凡人、自然与列国的一切律法"。

沃特豪斯在报告中还写道：

奥普查纳坎奴的手下"不满足于仅仅夺走生命"，还将尸体肢解，"尽其所能再把人杀死一次，损毁面容，拖拽尸体，将死尸分成许多块，一边嘲笑，一边把一部分尸体拿走，他们的胜利卑劣而野蛮"。[76]

对沃特豪斯来说，引发第二次"盎格鲁-波瓦坦"战争的袭击更应受到遣责，因为袭击发生时正处于"谐和安定"期。在殖民者看来，第一次"盎格鲁-波瓦坦"战争后建立的友谊是如此牢固，以至于"很少或没有人佩剑，拿枪的更少，除非是去打鹿或者打鸟"。事实上，按照沃特豪斯的说法，印第安人"在英国人的餐桌旁一贯受到友善招待"，"经常借宿在英国人家里"。在袭击当日，英国种植园里还出现了手无寸铁的印第安人，他们带着给养和包括毛皮在内的贸易品，准备卖了"换玻璃、珠子和其他小玩意儿"。在一些地方，印第安人用"自己的工具和武器"杀死毫无防备的种植园主之前，还与他们同桌吃早饭。对英国移民来说，此等背叛反映了印第安人"违背天道的野蛮"[77]。沃特豪斯得出结论：殖民者现在可以百无禁忌。英国人可以"用强攻、用奇袭、用断粮"发起报复，用征服手段占据他们的土地与土产。[78]

前两次"盎格鲁—波瓦坦"战争的暴烈凸显了英国在切萨皮克地区边界线的弱势，也推动殖民地官员在移民与美洲原住民之间树立起不容侵犯的明晰边界。在 1622 年起义的三年前，富有先见之明的弗吉尼亚议会警告殖民者，不要同意印第安人进入自家种植园"猎

天生狂野：北美动物抵抗殖民化

鹿、捕鱼、打谷等诸事"[79]。对波瓦坦族印第安人供应食货的依赖让殖民者处于弱势地位，奥普查纳坎奴起义证明了这一点。[80] 袭击过后，官员希望将殖民者与原住民之间隔开一定的距离，于是提议"降服印第安人"。当局与沃特豪斯一样，建议驱赶当地印第安人、摧毁他们的城镇、没收他们的庄稼地。也有人建议，修建要塞城镇和一道 6 英里约合 9.66 千米长、有人驻守的厚墙，以便将英国人的种植园和牲畜与原住民领地隔开。[81] 在无法越过的屏障后面，殖民者可以掌控种粮、捕鱼以及与东部沿海印第安人做"毛皮和俘虏"生意。[82] 由于殖民者计划"夺取森林"，所以他们与沿海阿尔冈昆部族合作的空间就很小了。[83]

殖民地官员对不受管制的英印经济往来的最坏担忧，都在 17 世纪上半叶的波瓦坦族起义中得到了证实。尽管与印第安人的贸易，包括毛皮交易对殖民者的生存至关重要，但贸易必须严密管控并与英国种植园保持一定距离。1622 年的大屠杀之后，总督理事会对印第安贸易采取主动出击的方针，指示威廉·伊登（William Eden）探察波瓦坦族村庄以外的各处港口与河流，以便与"原住民开展贸易"，获取急需物资。不过，这不是一次具有外交性质的贸易使命。公司官员授权伊登在条件允许的情况下，通过"强力或暴力"手段夺取"谷物、毛皮或任何其他物资"。[84] 但事实

第二章 子弹打不穿河狸

87

证明，对饱经磨难的弗吉尼亚公司来说，中央集权式的经济控制是难以实现的。毛皮贸易反映了殖民地的虚弱治理。到了 17 世纪 20 年代初，总督理事会成员成为切萨皮克毛皮市场的主宰并从中牟取私利。[85] 普尔和萨维奇这样的译员兼商人开始为股份公司分部买卖毛皮，同时从阔绰的理事会成员那里赚取私人佣金。[86] 尽管有禁令和规章，但混乱无序的沿海低地印第安毛皮市场还是成型了，开始为一些人产出利润。

弗吉尼亚殖民者正要寻找一种不限于沿海地区的毛皮贸易时，两位来自肯特（Kent）的绅士于 1621 年登场了，他们分别是威廉·克莱本（William Claiborne）与亨利·弗利特（Henry Fleet）。切萨皮克湾有大河相通，西可深入荒野，北上则为湖区，为业务开展提供了理想的位置，只要能拿到订单、找到合适的印第安合作伙伴即可。克莱本与弗利特认识殖民地当局里的大人物，其中就包括首任弗吉尼亚总督弗朗西斯·怀亚特。克莱本被任命为勘察总监，不久又出任理事，当时相当于殖民地的国务卿。他在职期间参与合著了《关于夺取森林的提案》（"A Proposition Concerning the Winning of the Forest"）。这份 1626 年的提案主张修建一道边墙，保护英国种植园免受"野人"侵扰。[87]1623 年，弗利特受命陪同爱闯祸的斯佩尔曼踏上了波托马克河的亡命贸易之旅。

弗利特在印第安人的袭击中幸存，但被纳可查坦科族关押了将近五年。[88] 最终，他在弗吉尼亚政府里的朋友把他赎了回来，弗利特也暂时返回伦敦向愿意出资支持贸易开拓活动的投资人兜售他对美洲地理人文的一手知识。[89]

弗利特发现，伦敦涌现出一批新的跨大西洋股份公司，填补了1624年弗吉尼亚公司垮台后留下的空白。坐商在迫切寻找独立从业、富有冒险精神、愿意设法将西边和北边的河狸贸易引到南边切萨皮克地区的英国行商。这些投资人不太关心推动移民事业，而是看重榨取利润——法国人已经在北方建立起一个这样的商业帝国了。想在新世界发财的英国人开始只看重毛皮，将毛皮视为印第安贸易的关键。时至17世纪20年代末，约有百名商人逡巡于沿海低地海岸，争相获取印第安人产出的河狸皮。相比于许多迎难而上的人，弗利特和克莱本享有更优越的条件。[90]

17世纪30年代，切萨皮克的主要经济作物烟草价格下跌，伦敦商人对河狸贸易的热情愈发高涨。因此，他在1631年轻松地找到投资人支持其开展了一场上溯波托马克河的新行动，只为寻找远方的印第安供货方。回到切萨皮克湾后，这位志向远大的商人就到当年俘虏他的纳可查坦科族的邻居和敌人中间寻找合作伙伴了。在这个过程中，他小心翼翼地避免与詹姆斯敦殖民地政府发生瓜葛。弗利特在日志中解释道，他"不打算冒险把自己的钱交给总督支配"。在逆流而上的旅途中，他在每个村庄都向印第安人承诺要做一笔大生意，如果他们把河狸皮留到明年春天，而不是按照习俗烧掉的话，届时他就会带着英国货物前来。第二年，弗利特与克莱本接连回访了各处村庄。弗利特灰心地发现，趁他不在的时候，另一位兼职商人查尔斯·哈曼（Charles Harman）让印第安人相信弗利特已经死了，从而收走了波托马克河上下游两岸村庄里的所有毛皮。鉴于波托马克河畔"非河狸"地区的印第安人留着收来的毛皮也没用，更"没有费力用河狸皮做衣服穿的习惯"，于是哈曼把价格压了下来。失望的弗利特决定放弃从波托马克河印第安人手中寻找剩余的毛皮。[91]

　　弗利特继续向波托马克河大瀑布前进，再次进入纳可查坦科族的领地。他发现那里的印第安人很警惕，这伙英国人到来前的一些警告引起了他们的怀疑。尽管探险家们听说马萨瓦马克族（Massawomeck）和前方其他部族那里的印第安大城里有"无穷的河狸"，但弗利特对这些大话心存疑虑。几天后，这些英国人遇上了一群易洛魁人（Iroquois），他们介绍了自己在北方的土地，还说他们开放贸易，但易洛魁人傲慢地贬低弗利特运来的英国货品质低劣，他们感兴趣的是"实用物资，而不是玩具"。这些受到挫败的英国商人解释道，易洛魁人"在加拿大做买卖"，距离大约 15 日路程，他们在那里交易"自产河狸以及从附近收来的河狸"。

最终，在很远的地方，即河流上游，弗利特发现了一些印第安人的房屋，每间都存着一些河狸皮。经过协商，他得到了 4000 磅重的毛皮。在返回切萨皮克湾的途中，这位冒险家成功说服当时已经为了利用发展中的切萨皮克商贸业而南迁的马萨瓦马克族、皮斯卡特维族（Piscataway）乃至波托马克河下游的所有印第安人村庄，让他们留着河狸皮等他回来取。弗利特向投资人保证，此举能收获 6000—7000 磅重的毛皮。然而，詹姆斯敦殖民地当局对弗利特的行动热情不高，并在他 1632 年秋季返回后指控他违反了贸易条例。[92]

在弗利特开拓毛皮贸易时，威廉·克莱本去萨斯奎汉纳河寻求更大的利润了。克莱本认定，切萨皮克湾北端的一座岛屿是绝佳的种植园和贸易据点选址，最后可能成为庞大毛皮贸易帝国的中枢。1627 年，他受乔治·亚德利总督（Gov. George Yeardley）委托专心开发河狸贸易，金主就是资助弗利特去波托马克河探险的同一批投资人。这项任务将贸易和移民联系了起来。克莱本受命探索"弗吉尼亚王国各个地点与部分"，以便"大大扩张种植园的范围与界限"。在殖民地政府颁发的执照下，克莱本被赋予了"完全的权力与权限"，可以越过任何流入切萨皮克湾的河流，并"与印第安人贸易交换毛皮、兽皮、谷物或其他货品"。[93]

在众多河流中，最有前景的似乎是伟岸的萨斯奎汉纳河。沿着河往北会进入纽约西部的湖泊，还有可通行独木舟的溪流和小路可以去伊利湖与俄亥俄河，这意味着萨斯奎汉纳河可以成为一条从切萨皮克湾直通河狸地带中心的宽阔大道。[94]

萨斯奎哈诺克人横跨这条大道，在东起切萨皮克湾和特拉华湾、西至俄亥俄河谷与五大湖的广袤区域内打猎贸易。他们在西部的休伦（Huronia）地区有联络人，也方便经萨斯奎汉纳河进入从纽约通往卡罗来纳的贸易干线，这条路线就在英国人定居区域外围不远处。萨斯奎哈诺克族印第安人有良好的政治组织和强大的军力，对萨斯奎汉纳河及相邻区域具有可观的掌控力。[95]英国观察者一开始遇见萨斯奎哈诺克人就发现他们实力雄厚。英国方面最早的叙述出自约翰·史密斯，他说自己在1608年遇到的萨斯奎哈诺克人是"体态匀称的高个子"，"形如巨人"；他们的声音低沉如雷鸣，说易洛魁语，不同于讲阿尔冈昆语的邻居；他们的服装也是独树一帜。按照史密斯的说法，萨斯奎哈诺克人擅长打猎，身披整张"熊皮或狼皮"，脖子上挂着串起来的兽头作为装饰，就像佩戴宝石一样。他们携带长达"四分之三码长"（约合70厘米）的烟斗，"足能把一个人的脑浆打出来"，还有弓箭棍棒和其他"适应其身形与体态"的武器。[96] 盛气凌人的萨斯奎哈诺克人掌控着广大的领域，由此成为西部猎狸场与大西洋沿岸之间的关键纽带。

17 世纪 20 年代后期，在克莱本勘测地形时，依然有大量证据表明萨斯奎哈诺克人的霸权地位。他知道，要想建立可持续的切萨皮克河狸贸易，那就一定会涉及萨斯奎汉纳河流域的居民。于是，克莱本于 1629 年成为继史密斯之后第一位与这个强大政权建立贸易关系的英国人。克莱本走了一步妙棋：法国与荷兰的商人之前都在与萨斯奎哈诺克人的敌对部落交往，基本忽视了这个分布广泛、文化上属于易洛魁族系的群体，于是萨斯奎哈诺克人承诺会联络休伦族和易洛魁联盟。萨斯奎哈诺克族印第安人是登峰造极的越界者，为了打猎和贸易可以穿过变动的政治边界线。[97] 克莱本迅速行动起来，他利用萨斯魁哈诺克人的地位，同时根据多份报道记载与该部落建立了卓有成效的贸易关系。据一位克莱本的支持者回忆，17 世纪 30 年代没有其他英国商人——

所行之顺利，所得河狸之多，所费车马物资之少，如克莱本者。[98]

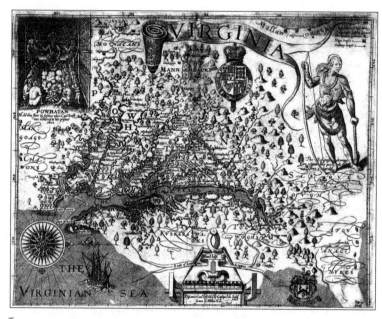

弗吉尼亚地图

约翰·史密斯绘制于 1624 年，图中有萨斯奎哈诺克人的早期图像（右上角），史密斯用"形如巨人"来形容他们（London，1924）。

照片来源：美国国会图书馆地理与地图部。

克莱本于 1631 年建立了肯特岛（Kent Island）种植园和贸易站（托马斯·萨维奇担任要塞的印第安译员），1637 年在上游约 2 英里（约合 3.2 千米）处的帕尔默岛（Palmer Island）建立了第二处据点，这位雄心勃勃的英国人随即具备了垄断切萨皮克河狸贸易的条件。[99]

一开始，克莱本看似前途光明，但随着 1632 年英属马里兰省成立，由萨斯奎哈纳克人主导的毛皮贸易帝国几乎马上就遭受了威胁。这一专有殖民地是从弗吉尼亚和北纬 40 度线之间这片界定不明的地域里面划出来的，目的是阻碍荷兰人在特拉华河谷的扩张。国王把将近三分之二的切萨皮克湾都赏给了省主，即第二代巴尔的摩勋爵塞西尔·卡尔弗特（Cecil Calvert），此举侵犯了弗吉尼亚的边界并且涵盖了克莱本的肯特岛种植园。除了为英格兰天主教徒提供一处庇护所外，卡尔弗特家族也急于从领地中收取利润，于是他们盯上了新兴的切萨皮克河狸贸易，将其视为一项唾手可得的收入来源。安德鲁·怀特神父（Father Andrew White）在 1633 年的宣传册《马里兰记》（Relation of Maryland）中强调了这门生意的潜力，尤其是还结合了天主教传教事业。这位耶稣会教士写道，"众多优良的河流"穿过这个省的腹地，"与印第安人贸易获益颇丰，有一位商人去年运出了价值 4 万枚金币的河狸皮"。据他表示，这门生意的回报率可达"三十倍"[100]。毛皮生产和交易网络是现成的，马里兰的新主人只需要把收益装进自己的腰包即可。

马里兰省首任总督莱纳德·卡尔弗特（Leonard Calvert）附和了怀特在 1634 年探索该地区时关于河狸贸易的看法，怀特的活动得到了坚忍不拔的亨利·弗利特的支持。尽管探险活动没能达成获取毛皮的目标，因为大部分毛皮已经预先"被弗吉尼亚人订走了"，但卡尔弗特确信这门生意很快就会"被证明大有益于"马里兰。利用弗利特过去与马萨瓦马克族的关系，新任总督主张，只要马里兰人能给印第安人送去充足的货品，河狸皮就会源源不断而来。尽管弗吉尼亚人当年从切萨皮克出口了大约 3000 张河狸皮，但只要马里兰站稳了脚跟，弗吉尼亚便无法再完全掌控毛皮贸易。卡尔弗特信誓旦旦地说："他们以后再也不会来了。"[101]

毫无意外，克莱本抵制了马里兰对肯特岛和河狸贸易的索取。弗吉尼亚政府搬出克莱本的委任书和马里兰的宪章——宪章里只授予巴尔的摩勋爵先前无人定居的土地，弗吉尼亚政府以此支持商人对岛上据点的权利，从而支持克莱本掌控切萨皮克湾毛皮贸易。弗吉尼亚方面指出，克莱本在岛上占有的不仅仅是贸易站，更是一个发展中的定居点。1634 年，肯特岛上的围墙种植园里除了克莱本的贸易站外，还有一座公用磨坊和法院。到了1638年，岛上约有120名移民——有种烟草的，有养猪的，还有修船造桶的。[102] 肯特岛已被主张、被种植、被定居，其属于克莱本和弗吉尼亚所有。

然而，这些论证在省主大人面前没有分量。在已经将身家投入新殖民地的弗利特挑唆下，马里兰对海湾北端主张管辖权，还试图破坏克莱本与印第安合作伙伴及伦敦投资人的关系。弗利特散播谣言，企图动摇美洲原住民对克莱本及其肯特岛一派的信心。马里兰方面派出托马斯·康华利团长（Capt. Thomas Cornwallis）及其副官卡思伯特·芬威克（Cuthbert Fenwick）等人侵入河流，与肯特岛派来阻拦的船只展开游击战。在整个1634年和1635年，英国商人互相没收竞争者的毛皮，指责对方是窃匪、水贼和杀人犯。即使海湾战事周而复始，英国运来的货品也不充足，但克莱本依然趁着1635年底的一段休战期，向英国本土的合作伙伴送出了价值4000镑的毛皮。[103]

尽管一开始强夺肯特岛的企图被挫败，但马里兰并不准备放弃。卡尔弗特家族一面向海外种植园事务委员会施压，要求他们否决弗吉尼亚对海湾头部的主张，一面与日益不满的克莱本投资人威廉·克洛伯里（William Cloberry）勾结，准备没收这位毛皮商的财产。1636年，支持马里兰的克洛伯里代理人乔治·伊

第二章　子弹打不穿河狸

夫林（George Evelyn）来到克莱本的贸易站，秘密地调查了现场。他假装辱骂马里兰总督，公然说莱纳德·卡尔弗特"是个愚蠢的人，还被退过学"，由此取得了商贩和居民们的好感。[104] 但 1638 年克莱本赴英出庭维护自己的财产权期间，伊夫林与马里兰方面密谋打败了帕尔默和肯特岛守军。马里兰当局指控几名克莱本的同伙犯有叛国罪和海盗罪，随后判处其绞刑。同时局势急转直下，海外种植园委员会裁定支持卡尔弗特，支持天主教殖民地对切萨皮克湾上部的主张，进而重新划定弗吉尼亚边界，驳回了克莱本以定居为由的所有权。随着马里兰控制了弗吉尼亚与萨斯奎哈纳河之间的毛皮通道，克莱本的"大生意"告吹了。[105]

　　然而，当局的法律裁定并不能支配切萨皮克毛皮贸易的面貌和命运，不管做出裁定的地点是远在英国的城市，还是更近一些的殖民地首府，其他参与方对殖民者能否获取美洲动物有着更直接的影响力和掌控力。萨斯奎哈诺克人盘踞在切萨皮克河狸贸易的轴线上，他们对克莱本事业覆灭的回应不是把毛皮送给马里兰，而是转向其在新瑞典殖民地的竞争对手。[106]

　　与此同时，由于巴尔的摩勋爵企图一手掌控切萨皮克河狸贸易，支持马里兰的商人们在 17 世纪 30 年代末逃离了这块殖民地。弗利特逃离卡尔弗特掌控的方法是前往弗吉尼亚的北颈（Northern Neck）边境，他在那里可以或多或少地独立从业。[107] 就连省内官员都开始质疑省主的自私政策。1638 年，卡尔弗特总督的合作伙伴康华利给巴尔的摩勋爵写了一封信，并在信中抱怨道，他要是"跟弗吉尼亚往来运货收河狸，不在圣玛丽岛停船"的话，他会过得更好。[108] 杰尔姆·哈维（Jerome Hawley）与康华利一样是马里兰理事会成员，他私下里和萨斯奎哈诺克人做买卖，他觉得这样做"若靠山是弗吉尼亚，而不是马里兰，希望会比较大"[109]。英国毛皮商人习惯了在与印第安人交易过程中享有相当程度的自由，从毛皮中赚取可观的利润，因而对马里兰政府强加的行为约束感到恼火。怀特神父主张，毛皮贸易要靠这些甘冒风险、独来独往、掌握印第安语言与文化及沟通技巧的冒险家将野生货物带给英国坐商，过度管制会打击他们的积极性，而把生意让给"邻近地区"的竞争者，或者阻止"冒险家开展贸易"。[110]

怀特对巴尔的摩勋爵毛皮贸易政策的温和批评暗含了一个关键点：榨取行业与市场竞争阻碍了切萨皮克殖民者对远方河狸，以及将河狸皮带给欧洲商人的那些人的掌控力。印第安人可以自由地与多个殖民地的买家讨价还价，从而迫使殖民地商人打价格战，以疯狂地努力在现有毛皮资源中占据更大的份额。由于河狸数量减少，优良猎场越来越偏远，结果就是"河狸开价每天都在涨……毁掉了行业和从业者"[111]。克莱本被逐出肯特岛是因为利润减少，而利润减少是"马里兰手段"的直接结果，自从1633年马里兰登场以来，印第安人就能够把河狸卖得"越来越贵"。[112]

来自其他欧洲国家的竞争也有类似的影响。"横插进来的赠地"成为新瑞典和新尼德兰，它们妨碍了英属弗吉尼亚接触内地，"河狸大生意"就来自那里的"印第安山民"。[113]弗吉尼亚殖民者占据了多条通往当时最佳印第安猎场的大河的入海口——这看似是风水宝地，却发现自己要与荷兰人、瑞典人和英国对手竞争。人人都想开发的河狸地带正在变动、收缩，而竞争者恰恰堵在了河狸地带与弗吉尼亚之间。

作为回应，切萨皮克殖民当局没有强化对其主张领土的管辖权，反而弱化了对定居点外围的管控。弗利特和克莱本一类的商人可以与各自的盟友自由谈判，自行建立伙伴关系，主要追求自身和投资人的利益，而且往往以损害殖民地凝聚力为代价。1631年，弗利特拒不允许弗吉尼亚总督干涉他的波托马克河贸易计划，这只是一个例子。当局还放松了武器管制，撤销了"盎格鲁-波瓦坦"战争时代不允许向印第安人出售枪支弹药的禁令。一份1659年的弗吉尼亚法令公然宣称：来自"附近英国与外国种植园"的竞争者向美洲原住民出售欧洲武器，由此让弗吉尼亚蒙受了"毛皮贸易与利润的重大损失"。立法者总结道，因此，允许以枪支自由换取毛皮"不会损害我们的安全，而是大大增加了我们的优势"[114]。1663年，威廉·贝克莱总督抱怨道，荷兰人在弗吉尼亚境内"与印第安人开展河狸贸易"，为敌对部落提供了"比我们手里还多的枪支弹药"。[115] 到了17世纪中叶，情况已经明朗，如果英属弗吉尼亚想要参与毛皮贸易的话，那就不能指望给它定规矩。当局必须用控制力换取对远方的影响力——用定居移民换贸易——以便殖民河狸地带。

竞争激烈的切萨皮克河狸贸易中形成了一道极具英属美洲特色的边疆。由于毛皮贸易的客观状况，英属殖民地定居点前沿地带被迫产生了一个扩张外向型的内陆交往地带。在这片边疆，英国治理规则让位于分散的权威、薄弱的规范体制、独立行动、个人竞争和流变的盟友关系。[116] 新法兰西的河狸贸易网络是在集中治理的体系下，由散布各处的传教和贸易据点向外扩散展开的。切萨皮克毛皮贸易边疆则不同，其是在17世纪中期无序发展起来的，形成了一条大致呈直线的南北向走廊，走廊连接着两种不同的殖民方式：一种是瀑布线以下，大西洋沿岸的东部英国定居式移民；一种是广袤西部内陆地区的榨取性殖民，由原住民主导。

为了从占据遥远内陆的河狸中获利，17世纪中叶切萨皮克的英国殖民者不得不接受筛子似的边界和越界行为，程度或许比其他任何地方都重。殖民地当局允许甚至鼓励斯佩尔曼、弗利特这样的商人跨越文化鸿沟，订立自己的规矩。为了参与遥远的皮毛贸易，殖民者不得不满足美洲原住民猎人和商人的经济与政治诉求，正是这些人将毛皮从内陆运进了英国人定居点的后门。英属弗吉尼亚被迫承认，有时甚至还要挑拨欧洲各国以掌控远方河狸地带为目标的争雄之心，而这种竞争又寄托在包括易洛魁五族同盟、休伦族、萨斯奎哈纳克族在内的一些印第安政权上。于是，尽管切萨皮克的坐商、行商和立法者很少看见活的河狸，但河狸本身已成为一股能动的力量，维持着英国定居点边缘缺乏管制、各方竞逐的边疆。[117]

河狸战争与河狸帝国

1646 年，弗吉尼亚当局结束了与波瓦坦联盟短暂的第三次也是最后一次战争，于是再次采取措施强化对沿海平原的管辖权，巩固沿海低地移民社会的边界。英属弗吉尼亚通过惨痛经验学到了一点，那就是当地原住民拒绝服从英国人的所有权定义，越界往往会导致与他们的激烈对抗。因此，在第三次"盎格鲁-波瓦坦"战争结束后的条约谈判期间，弗吉尼亚立法部门命令战败的波瓦坦族人向英国割让约克河与詹姆斯河之间的土地。除了穿着作为官方标识的特殊条纹外衣的信使，印第安人不得进入英国人的土地，"违者处死"。即便是信使，也只能进入规定地点，即阿波马托克斯河（Appomattox River）畔的亨利堡（Fort Henry），或帕芒基河（Pamunkey）畔的皇家堡（Fort Royal）。留宿印第安人的殖民者将被判处死刑，所有印第安商人的活动范围仅限内陆瀑布线（移民与原住民的分界线）附近的两处规定地点：一处是亨利堡，司令是边疆皮毛商兼探险家亚伯拉罕·伍德"将军"（"General" Abraham Wood）；另一处是约翰·弗勒德上校（Capt. John Flood）的住宅，他也是一位毛皮商人兼印第安语译员，家就在亨利堡东边不远处。[118]最后一项表示降服的做法是，殖民地当局命令新任波瓦坦酋长奈克托万斯（Necotowance）在"每年大雁飞走时交出20张河狸皮"进贡给"王室政府"。[119]于是，移民者关闭了定居点的边界，并以强征河狸的方式为确立标志。[120]

在毛皮贸易边界上，印第安人与英国人的关系遵行另外一种政策。那里的殖民者追求互通有无，而非经济隔离。当然，弗吉尼亚公司从一开始就提议采取该方针。西边的皮德蒙特山（Piedmont Mountain）和蓝岭（Blue Ridge）有说苏族语的莫纳肯人（Monocan）

和马纳霍克人（Manahoac）人，北边是与易洛魁人有关联的马萨瓦马克人和萨斯奎哈诺克人，他们与英国人的定居区域距离都很远，足以"避免一切侵犯"。公司官员早在 1609 年就预言，如果能在切萨皮克湾北端的偏远地带设立一处贸易站，便可限制印第安人与殖民者及其产业的接触。[121] 站在 17 世纪 40 年代回头看，弗吉尼亚公司似乎有先见之明。克莱本的肯特岛产业，他与马萨瓦马克人，尤其是与萨斯奎哈诺克人的经济合作关系为英国商人和投资人带来了利润。至于竞争者会来到马里兰，打乱他们的毛皮贸易边疆，那是 1609 年的弗吉尼亚领导者不可能预见到的。

从萨斯奎哈诺克人的视角看，切萨皮克毛皮贸易边疆不是英国人定居区域的西侧前沿，而是一个印第安经济帝国的东方边陲。萨斯奎哈诺克人运用自己建立的榨取性殖民形象，致力于向西边的部落施加影响。在 17 世纪中叶，那些部落的河狸猎场一直延伸到俄亥俄河谷和五大湖。休伦联盟与易洛魁联盟同样在扩张争霸，目的是掌控同一片盛产河狸的地域。[122] 西方争霸战将与休伦族结盟的萨斯奎哈诺克人和易洛魁人卷入了大范围的暴力冲突，冲突断断续续地持续到 17 世纪末。西部冲突在东边引起的回响改变了美洲原住民部落之间的关系，最终导致萨斯奎哈诺克部落灭亡，族人并入五族同盟。但在一段时间内，萨斯奎哈诺克人在切萨皮克毛皮贸易中的支配地位塑造了弗吉尼亚英国人与印第安人的边界状况。

所谓的"河狸战争"的普遍性与无序性让切萨皮克移民明白，印第安河狸贸易对英国移民式殖民起到的是妨碍而非促进作用。英国人支配美洲土地与动物的主张与原住民"霸权"背道而驰，势力较大的印第安部落从西边纳贡部落榨取动物资源的效率要高得多。英国殖民者向印第安商人求取毛皮，便削弱了自身的占有主张。英国人与印第安人的坚实界线在边疆瓦解了，因为英属弗吉尼亚承认了原住民对美洲毛皮兽的控制权。实际上，殖民河狸的是萨斯奎哈诺克人，而非英国人。17世纪中叶的毛皮贸易边界，切萨皮克瀑布线上发生的事件揭示了这一事实。

克莱本被逐出了肯特岛的据点，但萨斯奎哈诺克人并没有因此亲近马里兰。萨斯奎哈诺克人与其他沿海欧洲经济伙伴也有联系，他们从来都不是只跟英国人做生意。他们先将毛皮带去了新尼德兰，1638年之后又几乎只在新瑞典境内的特拉华河畔商栈贸易。为了回应萨斯奎哈诺克人对圣玛丽市（St. Mary's City）的袭击，马里兰于1642年对该部落宣战。之后的10年间，萨斯哈诺克人在新瑞典的支持下对抗马里兰殖民者及其皮斯卡特维族盟友。与此同时，萨斯奎哈诺克人试图使他们的印第安人对手和印第安人盟友实现和解，目的是强化美洲原住民对野生毛皮市场的掌控力。萨斯奎哈诺克人提议"长久和平，以免妨碍各国贸易往来"，计划缓和休伦人与易洛魁同盟之间的关系，结束对内陆河狸猎场的恶性竞争。尽管由于萨斯奎哈诺克人的侵略和易洛魁人的疑虑，印第安人建立毛皮业协作卡特尔的愿景最终破灭，但此事可以表明美洲原住民（而非欧洲）"霸权"对西部河狸地带资源的掌控力达到了何种程度。[123]

原住民"霸权政治"控制的不仅有切萨皮克河狸贸易，还有更广泛的北美洲毛皮贸易。17 世纪 40 年代，休伦族在抵制了易洛魁人将其纳入同盟的压力后，遭到五族攻打。易洛魁战士装备着荷兰人提供的枪支，摧毁休伦族村落，抓俘虏以弥补疫病和战争造成的人口损失。从那以后，易洛魁人继续向西，攻打五大湖周围与法国结盟的阿尔冈昆各部，17 世纪 50 年代击败伊利同盟（Erie Confederacy）和中立各部（Neutrals），17 世纪 70 年代和 80 年代兵锋远及俄亥俄河谷与伊利诺伊族的地盘。[124] 拉洪坦男爵路易 – 阿尔芒·德洛姆·阿尔斯（Louis-Armand de Lom d'Arce, baron de Lahontan）回忆 17 世纪 80 年代伊利诺伊族（Illinois）、迈阿密族（Miami）、梅斯克瓦基族（Meswakie）印第安人与东方侵略者的众多纠葛时写道，他"可以讲出易洛魁人"对五大湖地区西部"猎场的 20 次致命入

天生狂野：北美动物抵抗殖民化

侵"，"他们割开了我们的许多朋友和盟友的喉咙"。这位法国军人总结道，当地部落肯定"很有理由害怕自己的敌人"[125]。易洛魁人的扩张战争让休伦族和阿尔冈昆族的注意力从贸易转向了生存自卫，由此打断了河狸皮向欧洲殖民地中心的输出。[126]

尽管这些冲突被后世作者称作"河狸战争"，但晚近学者对战争意图提出了质疑，强调了易洛魁兴兵的其他原因：疫病、人口减少、抓战俘、保卫领土。确实，易洛魁族、休伦族、佩顿族（Petun）、法属大湖区的阿尔冈昆族、萨斯奎哈诺克族之间的对抗是由经济、文化和政治等多种不同因素所推动，而不仅仅是因狂热搜寻河狸皮以满足新形成的欧洲奇技淫巧的毁灭性嗜好。[127] 河狸在这些冲突中的角色也是多维度的。美洲原住民之所以想要获取并掌控河狸与河狸地带，不仅是为了经济利益，也是为了服务于文化和政治利益。易洛魁人用河狸皮买来枪，从而在抓俘虏和征服中占据了上风。而许诺提供河狸皮让殖民者成为其军事盟友，愿意帮助他们保护部落领土和猎场，对抗外来的欧洲人和原住民。河狸是外交谈判的信物，也是被征服部落上交的贡品。在这个意义上，河狸确实"万事可为"，正如蒙塔格奈族几十年前对法国传教士所说的那样。[128] 对美洲原住民来说，这种动物不仅是一种简单的货品，也是 17 世纪中期易洛魁族扩张所代表的诸多暴力活动中的一个因素。[129]

　　17世纪40年代，萨斯奎哈诺克人的北方邻居易洛魁五族忙于征服大湖区，于是他们得以在自己的地盘里相对自由地活动。但到了17世纪50年代，易洛魁人击败休伦同盟后南下扩张。1651年至1652年，莫霍克族（Mohawk）的进攻对萨斯奎哈诺克人造成了震动，促使该部反思对马里兰的敌对态度。在克莱本的援助下——他当时作为国会任命的专员重返切萨皮克，任务是撤换马里兰和弗吉尼亚的保王党领导层，代之以清教徒政权——萨斯奎哈诺克族于1652年与马里兰实现了恰逢其时但摇摆不定的休战。[130] 由此产生的"和平亲善条款"规定，萨斯奎哈诺克族应割让从帕塔克森特河（Patuxent River）和查普唐克河（Choptank River）至马里兰之间本就统治松散的土地，且所有印第安人进入英国人定居范围之前都必须出示规定的信物，从而进一步巩固了殖民地边界。[131] 在大约同一时间，马里兰立法机关放松了对印第安贸易的限制，允许"本省所有居民"享有"河狸或其他货品的……贸易自由"。[132] 尽管易洛魁战争范围在扩大，但萨斯奎哈诺克人依然从西面和北面带回河狸皮用于贸易。1655年，荷兰人的征服活动切断了萨斯奎哈诺克人与先前新瑞典贸易伙伴之间的联系。于是，位于河狸地带与弗吉尼亚之间的马里兰占据了有利地位，

天生狂野：北美动物抵抗殖民化

能够在切萨皮克毛皮贸易中争取更大的份额。[133]

　　17世纪60年代初，马里兰官员担忧易洛魁五族势力的急速扩张，于是企图加强与萨斯奎哈诺克族的纽带。按照官员的看法，该部落提供了"屏障与安全"，能够保护马里兰省边界免遭侵扰。1661年，马里兰与萨斯奎哈诺克人签订条约，承诺共同对抗塞尼卡族（Seneca）。1663年，马里兰政府派出50名英国士兵，前往位于马里兰北部边境的萨斯奎哈诺克族堡垒，负责操作城中的瑞典火炮。[134]殖民地当局指示英军指挥官"秘密催促（萨斯奎哈诺克族）"奋力对塞尼卡族作战。[135]蔓延的战火破坏了塞尼卡族与新尼德兰的毛皮贸易，令当地官员抱怨暴力活动让印第安人无法在冬季"像往常一样打猎"，导致"贸易几乎停摆"。[136]

　　对于马里兰拉拢萨斯奎哈诺克族的努力，英属弗吉尼亚人并不比荷兰人更乐见其事。因为对立殖民地与萨斯奎哈诺克族拉近了关系，所以弗吉尼亚商人发现自己在部落里的有利地位下降了。立法机关试图通过明确划定河狸贸易界线的方式来反制。一份1662年的法律——

　　　　禁止所有马里兰人……马里兰以北的英国人和印第安人，与该地以南的所有英国人或印第安人贩运货品、金钱交易、物物交换或做生意。

弗吉尼亚人主张此举有据可依，因为马里兰"已经对我们做了（同样的事）"[137]。贝克莱总督抱怨道，设立马里兰和其他"公国"起到的作用不过是"肢解殖民地"。这些"横插进来的赠地"让荷兰人得以在弗吉尼亚境内"与印第安人开展河狸贸易"，其"每年数额达 20 万张"。荷兰人的枪支弹药畅通无阻地跨过弗吉尼亚边境，被卖到美洲原住民手里，而殖民地法律则无力管制。[138]

1664 年，英国夺取新尼德兰时，双方关系也并未好转。据罗伯特·贝弗利回忆，纽约商人煽动原住民贸易伙伴"仇恨"弗吉尼亚人，于是印第安人再也不带毛皮来弗吉尼亚了。他坚持认为，17 世纪六七十年代来到弗吉尼亚边境的印第安人只是为了"抢劫和杀害人民"。"数量可观"的萨斯奎哈诺克族和其他北方印第安人来到弗吉尼亚诸河流的源头，留下了跨过弗吉尼亚毛皮贸易边界的"清晰道路"。官员告诫称，这些行动会带来"危险后果"，因为会"侵犯英国人"，还会带走"相邻的纳贡印第安人的全部生意"。当局介入谈判，企图重新在河狸贸易中获得一定的份额，但他们"将贸易局限于特定市场"，并且会执行殖民地议会制定的"特定规则"，"从未受过任何管制"的印第安人反对弗吉尼亚的方案。[139]

对萨斯奎哈诺克族来说，尽管获得了新盟友马里兰的支持，但17世纪60年代依然是一段得失相当的岁月。1663年，塞尼卡族对易洛魁萨斯奎哈诺克族发起了更猛烈的进攻，促使马里兰对易洛魁五族宣战。1664年之后，纽约的英国商人大肆向塞尼卡族战士供应武器。与此同时，传染病席卷了萨斯奎哈诺克村庄。1667年，法国与易洛魁签订条约，西部战事暂时平息，于是奥内达族（Oneida）和奥农达加族（Onondaga）腾出手来加入了塞尼卡族对萨斯奎哈诺克族的战斗。尽管萨斯奎哈诺克人依然有能力对易洛魁战士发起攻势，但他们发现自己愈发成为"霸权大国"之间的鱼肉，他们的打猎和贸易路线随着易洛魁战争的蔓延和英国人定居范围的扩大而变得支离破碎。[140]他们还发现，马里兰人不是其坚定的盟友。17世纪六七十年代，易洛魁族在切萨皮克的势力愈发显著，马里兰领导人对此产生了警觉，遂重新考虑是否支持衰落中的萨斯奎哈诺克族。1674年与塞内卡族协商休战似乎是更稳妥的做法。次年冬天，易洛魁族战士攻取萨斯奎哈诺克人的要塞，城内居民离散。卡尔弗特总督也许对背弃马里兰的昔日盟友有些许负罪感（又或许是垂涎萨斯奎哈诺克族的土地），他允许受到巨大压力的萨斯奎哈诺克余部在1675年进入殖民地境内避难。萨斯奎哈诺克族由此放弃独立地位，沦为附庸，再也不是易洛魁族扩张的阻碍了。[141]

第二章　子弹打不穿河狸

总督的方案没有让任何人满意。"经过一些乏味的争论后"，萨斯奎哈诺克族才勉强同意移居波托马克河源头处的皮斯卡特维溪。皮斯卡特维族和其他"友善的印第安人"不喜欢过去的敌人住在附近，马里兰大议会同样不欢迎。议员们认为此举将"对全省造成危险后果"。议会预计，萨斯奎哈诺克族会"腐蚀我方印第安人"，最后所有人都会攻打殖民地。事实上，有很多人在想，这场与塞内卡族的"表面战争"会不会只是巧妙的诡计，是塞内卡族与萨斯奎哈诺克族串通起来"探听本省虚实"。如果战争是真的，那么庇护易洛魁同盟的敌人只会"激怒塞内卡族"，鼓励他们将怒火转向马里兰人。议会主张，更好的做法是"与（塞内卡族）印第安人议和"，而不是庇护与他们为敌的萨斯奎哈诺克族。马里兰和弗吉尼亚边疆的英国移民同样对迁地感到不安。萨斯奎哈诺克族印第安人开始更频繁地现身英国种植园，随意穿越殖民地边界。总督刚刚提议接纳该部，"萨斯奎哈诺克族印第安人"及其同伙的"诸多残杀暴行"的报告就出现了。在瀑布线边疆，殖民者企图建立一道严格的界线，使英国定居点与界线外的多方军事对抗隔离开来，"友善"与"敌对"的印第安人的区分随之瓦解。[142]

自从 1675 年至 1677 年马里兰和弗吉尼亚对萨斯奎哈诺克人发动战争开始，该部落显然就成了切萨皮克殖民者的一个负担。据目击者称，有一次，印第安人袭击了住在弗吉尼亚波托马克河畔的英国牧人，双方的"残杀暴行"由此浮出水面。过路人发现牧人"倒在门槛上，门外有一个印第安人，两人的脑袋、胳膊和其他部位都被砍了，好像是印第安战斧造成的"。牧人临死前指认袭击者是多伊格族印第安人。一支民兵匆忙组织起来，将多伊格人赶进马里兰，杀了10个多伊格人。另一支民兵本来要找的是同一批作案者，结果却错误地围住了一间萨斯奎哈诺克族印第安人居住的屋子，这些人"刚刚被赶出老家"。英国人听见枪声就朝屋内开火，杀了14个人以后，队长才大喊"老天啊，别开枪了，这是我们的朋友，萨斯奎哈诺克人"[143]。

这起致命事件使两个殖民地都产生了组建民兵、彻底终结边境劫掠的呼声。1675年9月，马里兰和弗吉尼亚组成1000人的联军，围攻萨斯奎哈诺克族的避难所，波托马克河畔的皮斯卡特维堡。印第安人头领出城询问英国人为何"汹汹而来"，马上被指挥官杀害。经过6周战斗，幸存的萨斯奎哈诺克人设法逃出英国人的重围，"离开马里兰"，南逃弗吉尼亚，闯入约克河、拉帕汉诺克河（Rappahannock River）和詹姆斯河源头处的种植园。在詹姆斯河畔瀑布线上的纳撒尼尔·培根庄园，他们袭杀了两名培根的手下，由此给了躁动不安的种植园主口实，让他们对印第安人发动无差别的灭族战争，并最终向殖民地政府举起反旗。[144]

贝克莱总督采取防卫计划，包括禁止印第安贸易，撤销全部贸易执照，并在各条河流源头处建立具有战略意义的"堡垒或防御工事"，企图以此平息边境暴力。[145] 他明白，对印第安人全面出击会让殖民地凋敝，遂希望通过这些做法遏制冲突扩散。贝克莱面前有同时代新英格兰的"菲利普王战争"为前车之鉴，那件事清楚地表明了弗吉尼亚可能会发生什么。他在 1676 年 4 月预言，假如新英格兰的印第安战争迁延日久，那里的殖民者就会成为"美洲所有英国种植园里最贫困悲惨的人"。北方殖民地已经"损失了全部河狸贸易和半数渔业，而且没有可以运往巴巴多斯（Barbadoes）的货物"。萨斯奎哈诺克族的进攻正将切萨皮克殖民地引上同样的方向。总督写道：自从弗吉尼亚与马里兰联手以来，"那个野蛮的民族"已经在拉帕汉诺克河边杀害了近 40 名男人、女人和儿童。贝克莱报告称，一批民兵首领或者已死，或者"偏远不可救急"，保卫殖民地只能仰仗"培根上校"和寥寥数人。[146] 实施更严格的边疆管制、限制毛皮商人的行动独立性是贝克莱防暴战略的关键要素。

然而，纳撒尼尔·培根及其追随者看不起总督的计划，说它们比靡费无用还糟糕。一份怀特岛县（Isle of Wight County）的陈情书里说：

几位大人物在森林深处的堡垒仅仅是我们对付印第安人的方便借口。[147]

移民抗议道，几座堡垒挡不住美洲原住民的越界流动。如果英国人知道"不止一条进林猎鹿的路"，那么印第安人就能找到"不止一千条出林杀人的路"，而且不会有"靠近堡垒的危险"。从边疆的视角出发，殖民地政府对"背信弃义的印第安人"犯下的"频繁、可怕、野蛮的谋杀"做出的回应太软弱了。培根声称：尽管有贸易禁令，但贝克莱的几个"腐败宠儿"依然在"违背法律"，向美洲原住民"供应枪支弹药"。那些无法无天的印第安商人在买卖"宝贵同胞的鲜血"。培根公然指控"威廉爵士""图谋不轨"，"庇护了既是国王与国家的敌人，也是窃贼和强盗的印第安人"。愤怒的种植园主主张，总督的行径显然证明殖民地当局不愿放弃从西部河狸地带榨取来的个人私利，且以此换取英国人的生命和英国人占有的土地。贝克莱"垄断河狸贸易，与移民对立"，在这种条件下，边疆移民的子弹比不过跨境售卖河狸的印第安人的经济势力。[148]

在总督拒绝任命培根为民兵司令后，培根自己动手了。他带着一队边疆志愿军南下追击逃窜的萨斯奎哈诺克人。培根一行在丹河（Dan River）和罗阿纳克河（Roanoke River）交汇处追上了敌人，奥坎尼奇族居住的岛上村庄就在附近。奥坎尼奇族当年从萨斯奎哈诺克族那里获得过枪支，起初他们同意庇护逃难者。[149] 但当客人转向侵略时，奥坎尼奇人就帮助英军俘获了萨斯奎哈诺克人，"其中一些遭到酷刑折磨，逃跑时被杀，尸体上被烙印，等等"[150]。培根对奥坎尼奇族相助的"报答"是纵兵劫掠印第安人的堡垒，烧死了"大量男女妇孺"，"惨叫声"在一整天的屠杀中都能听见。[151] 按照培根同胞的说法，他们的进攻"让印第安各族……自相残杀"，有望"彻底消灭"弗吉尼亚的美洲原住民。[152]

贝克莱总督及其支持者对培根的看法，大不相同。一位贝克莱的盟友表示，培根——

> 在他出发前试尽了所有办法要将相邻的友善印第安人赶走，而总督向来明智地努力保全他们，因为他们是捕狼不可或缺的"猎犬"。[153]

对殖民地政府来说，奥坎尼奇族"钟爱英国人"。他们绝不应该遭受培根的无端袭击，那只不过是一项"大计划……目的是夺取大量河狸"，河狸就在岛上的堡垒里面。[154] 事实上，1677 年负责调查叛乱的王室专员得出的结论是，在培根宣战之前，除了"私人争吵寻衅"之外，"少有或者没有英国人曾被印第安人伤害"[155]。贝克莱无法让培根俯首投降，又担忧骚乱会在支持他的殖民者中间引发大范围暴动，于是宣布这位擅自行动的"将军"为反叛者，并要求他回城向理事会解释自己的行为。[156]培根及其党羽没有被吓住，继续要求"坚持对印第安人作战"，以此彻底解决殖民地的乱局。[157]

这起叛乱后面的故事就是老生常谈了：培根被选为市民院议员，发表宣言谴责贝克莱对人民犯下的罪行，培根一党在1676年秋季焚烧詹姆斯敦，不久培根死于"流血或恶疾，或者两者兼有"，叛乱猝然结束。[158]自从叛乱结束后，史学家们对这起人民起义给出了多种不同的解读，或视之为美国独立战争的先声，或为边疆贫民与沿海低地社会精英之间阶级矛盾的体现，或为无产者强夺美洲原住民土地的手段，或为殖民地从佣仆制向奴隶制转变过程的一部分，或为培根与贝克莱私人冲突的外延。[159]但大多数史学家都会认同罗伯特·贝弗利在1705年的断言："无法想象"叛乱的起因是"区区两三名商人"为了追求垄断河狸贸易。相反，贝弗利将这场"内乱"归咎于烟草价格下降、税收不公、英国国会的贸易管制、新设的专有殖民地和印第安人边衅。[160]他们认为，河狸本身并不会引发叛乱。

然而，河狸也不应该如此轻易脱罪。河狸出现在抗议和陈情书中的频率表明，大量殖民者——而不仅仅是"区区两三名商人"——将印第安人主导的资源榨取"帝国"视为英国移民式殖民主义的阻碍。当然，培根有个人理由对总督管控边疆毛皮贸易的举措感到不满，因为培根和其他人的贸易执照一起被贝克莱撤销了。这位叛军首领在述说"弗吉尼亚诸弊"时承认，他之所以将种植园设在切萨皮克的毛皮贸易边疆，是因为他当初对与印第安人交往的"贸易所得"感兴趣。尽管如此，培根坚称他已经认识到印第安贸易对殖民地的"致命后果"。培根写道，河狸皮让印第安人拥有了"消灭我们的工具"，并使持证商人获得了总督的庇护。[161]

其他人得出了类似结论。1677 年初，怀特岛居民抱怨道，贝克莱建立边堡是"为了个别人私用，根本不是为了公益"[162]。"大人物地盘"上的工事是合法认证的印第安贸易中心，让贝克莱的下属毛皮商人亚伯拉罕·伍德之流建立垄断。这些商人界定印第安人敌友的标准是对方与市场的关系，而非对方与移民的关系。伍德少将先前已经遭到"多次重大举报"，培根则指控他包庇、维护敌人。[163]令人生疑的是，伍德在春季冲突期间"闭门称病"，拒绝参与边疆的印第安战争。[164]证据似乎全都指向培根一党的结论：贝克莱——

私下授权他的一些朋友（与印第安人）交易，那些人为印第安人提供了火药弹丸等物，于是印第安人的装备比国王陛下的臣民还要优良。[165]

河狸皮是印第安人的通行证，殖民地当局允许他们侵犯英国边界。

1677年，随着培根叛乱和萨斯奎哈诺克战争双双步入尾声，弗吉尼亚的英国居民再次发声，表示担心河狸皮贸易威胁殖民地稳定。下诺福克县（Lower Norfolk County）居民要求当局禁止"向印第安人出售任何作战物资"。然而，殖民地官员的回应是重申了不限制河狸皮贸易的重要意义。他们坚持认为，"如果任由马里兰及其一党享有特权，而弗吉尼亚不享有"，那么其他人就会"全占河狸贸易"，弗吉尼亚将"失去这项收益"。[166]类似表述强化了一种观念，即切萨皮克精英依然赞成"用国王陛下的子民换取皮毛的旧习"，而移民只想让美洲成为"一片扩大国王陛下的疆土与威严的大陆"。[167]只要印第安人控制着河狸地带，只要殖民者渴求河狸皮，那么移民社会就是脆弱的，英国领地也会受到妨碍。

烟草之乡，而非毛皮之地

1677 年，既遭受英国和印第安敌人的侵扰，又被疫病削弱的萨斯奎哈诺克人向易洛魁人投降。萨斯奎哈诺克人被并入塞内卡部和奥农达加部，从此不再是切萨皮克的一方经济和政治势力。当年晚些时候，巴尔的摩勋爵的政府向塞内卡部、奥农达加部、卡尤加部（Cayuga）、莫霍克部求和，条件是包括被接纳的萨斯奎哈诺克人在内的四部成员承诺不得伤害马里兰和弗吉尼亚殖民者。参加同盟的易洛魁各部同意签约，不予追究过往的伤害，许诺双方日后出现纠纷将协商解决，而不会直接诉诸战争。易洛魁使节向殖民地官员献上了加工好的驼鹿皮、水獭皮与河狸皮，以为信物。[168]

在 1677 年，威廉·克莱本最后一次为失去肯特岛一事寻求补偿。他以"陛下父祖的可怜老仆"身份向国王陈情，请求归还财产。这位前印第安商人指控巴尔的摩勋爵"假称岛上无人耕作"，并通过"敌对武装手段"将克莱本逐出他的合法所有土地，才获得了肯特岛的特许状。克莱本在切萨皮克的"探索活动以及对印第安人的作战"，让英国殖民者获益于"河狸与毛皮大生意"。为了这项功绩，他请求查理二世补偿原本属于他，后被马里兰夺走的"价值 1 万英镑的物资、牲畜、仆役及多处种植园"[169]。克莱本的申请被驳回后不久，他于弗吉尼亚的种植园中去世。[170]

　　尽管克莱本曾在叛乱期间忠诚地支持贝克莱政府，并希望借此说服国王归还他在肯特岛和帕尔默岛的权力，但他并无计划大举重启河狸贸易。他的萨斯奎哈诺克族贸易伙伴已经战败离散。易洛魁人消灭了东面的敌人，可以腾出手继续去西边五大湖周围的河狸地带打仗了。如今，毛皮出自遥远且不稳定的猎场，主要输出给纽约、南北卡罗来纳和新法兰西这几处相互竞争的渠道。到了17世纪末，切萨皮克河狸价格"低得可怜"，弗吉尼亚境内附庸部落上交的河狸贡品数量减少到了每年不到50磅。1701年，易洛魁"河狸战争"结束时，南方印第安贸易的性质和地域已经不同于北方的河狸地带，而转向弗吉尼亚西部和南北卡罗来纳的鹿皮商。马里兰议会在17世纪末宣称，本省如今产业"以烟草而非毛皮为主"，这表明切萨皮克河狸贸易已经式微。[171]

　　在切萨皮克河狸贸易延续期间，榨取式殖民暴露出其局限性。为了靠这种遥远分散的野外生物资源赚取利润，殖民者不得不允许和鼓励美洲原住民流动。河狸迫使殖民者在部落之间的政治军事斗争中站队。殖民地当局劝诱印第安人建立"霸权"，并在这个过程中削弱了自身定居点的边界。切萨皮克河狸贸易造就了一个竞争激烈的跨文化边疆，英国和印第安商人在其中具有或多或少的行动自由。毛皮贸易边疆的状况阻碍了巩固殖民地的拓展，以及英国移民社会在瀑布线外的扩张。作为萨斯奎哈诺克战争大背景下在南方的横生枝节，培根叛乱揭示了瀑布线的重要分界意义，一边是沿海平原的英国定居式殖民，一边是河流上游及山区以印第安人为主的榨取式殖民。[172]

经历了 17 世纪的纷乱，切萨皮克殖民者意识到，占有土地需要更强有力地控制原住民和本土动物，动物界必须被纳入殖民秩序。尽管英国殖民者通常仅仅将河狸视为一种被赋予了商品价值的死物毛皮，但他们也逐渐明白，自身许多事业的成败都涉及这种啮齿类动物。为了充分利用这种野外生物，英国当局发现需要做的不仅仅是将它的毛皮变成商品，更需要的是殖民河狸与河狸地带。

【注释】

1 Rice, *Tales from a Revolution*, 32-35, 39-41; Cave, *Lethal Encounters*, 149-155; *Webb*, 1676, 27-30, 36, 38-30; Beverley, *History and Present State of Virginia*, 70-72; M［athew］, "The Beginning, Progress, and Conclusion of Bacon's Rebellion," 19-20.

2 "By the King. Proclamation For the Suppressing a Rebellion," 12:130.

3 Hening, *Statutes at Large of Virginia*, 2:341.

4 Bacon, "Declaration," August 3, 1676.

5 Bacon, "Manifesto," September ［15?］, 1676; Rice, *Tales from a Revolution*, 78-79.

6 Bacon, "Declaration," August 3, 1676.

7 Bacon, "Manifesto," September ［15?］, 1676.

8 M［athew］, "The Beginning, Progress, and Conclusion of Bacon's Rebellion," 20.

9 关于定居式殖民与榨取式殖民，参见 Wolfe, "Settler Colonialism," 387-388; Sluyter, *Colonialism and Landscape*, 213。

10 关于广大帝国疆域的碎片式政治控制，参见 Benton, *Search for Sovereignty*, 2-4。

11 Jennings, *Ambiguous Empire*, 61; Beinart and Hughes, *Environment and Empire*, 2.

12 Baker and Hill, "Beaver (Castor canadensis)," 288, 291-297; Naiman, Johnson, and Kelly, "Alteration of North American Streams by Beaver," 753; McClintic et al., "Movement Characteristics of American Beavers," 1260-1262.

13 Clarke, *True and Faithful Account*, 34; Wood, *New-England's Prospect*, 28.

14 Byrd and Ruffin, *Westover Manuscripts*, 83.

15 Beverley, *History and Present State of Virginia*, 256-257.

16 Le Clercq, *New Relations of Gaspesia*, 276-277. 关于法国人如何利用印第安河狸的描述，参见 Sayre, Les Sauvages Américains, 226-228。

17 Brickell, *Natural History of North-Carolina*, 122.

18 Bacqueville de la Potherie, "Letters," 234.

19　Charlevoix, *Journal of Voyage*, 1:142.

20　Baker and Hill, "Beaver (*Castor canadensis*)," 292; Barrough, Method of Physick, 64; Willis, *London Practice of Physick*, 241; Tournefort, *Materia Medica*, 142; Hooper, *New Medical Dictionary*, 177.

21　Byrd and Ruffin, *Westover Manuscripts*, 83.

22　Wecker and Read, *Eighteen Books of the Secrets of Art & Nature*, 102; Pybus, "History of Aroma Chemistry and Perfume," 15.

23　Carlos and Lewis, *Commerce by a Frozen Sea*, 17−19.

24　16世纪，不列颠岛大部分地区的欧亚河狸已被猎捕至灭绝。17世纪，高效钢制捕兽夹和精度更高的枪支出现后，欧洲大陆上的欧亚河狸数量也降低到了濒危的程度。Horace Tassie Martin, *Castorologia*, 28−29; Batbold et al., *Castor fiber*.

25　Dechêne, *Habitants and Merchants*, 73.

26　Jacobs, *Colony of New Netherland*, 111; Venema, *Beverwijck*, 12.

27　Bradford, *History of Plymouth Plantation*, 2:172−173, 190.

28　Davies, *North Atlantic World*, 170; Bailyn, *New England Merchants*, 53−54; Richards, World Hunt, 9.

29　Brereton, *Briefe and True Relation*, 336−337.

30　Juet, "Third Voyage of Master Henry Hudson," 60.

31　C［astell］, *Petition of W. C.*, 6.

32　Lescarbot, *Nova Francia*, 245.

33　Brereton, *Briefe and True Relation*, 339−340.

34　Van der Donck, *Description of New Netherland*, 221; Plantagenet, *Description of the Province of New Albion*, 4.

35　"Instructions to Andrew Percivall and Maurice Mathews from the Proprietors of Carolina."

36　Calvin Martin, *Keepers of the Game*, 64−65.

37　Wood, *New-England's Prospect*, 29.

38　Catesby, *Natural History of Carolina*, 2:xxx.

39　Lahontan, *New Voyages*, 2:481−485; Lescarbot, *Nova Francia*, 253−254.

40　Carlos and Lewis, *Commerce by a Frozen Sea*, 20−21.

41 Van der Donck, *Description of New Netherland*, 222.

42 Charlevoix, *Journal of Voyage*, 1:145.

43 Richter, *Facing East from Indian Country*, 51–53.

44 Le Juene, "Relation," 6:296–298.

45 Wood, *New-England's Prospect*, 69–70.

46 Charlevoix, *Journal of Voyage*, 1:152.

47 Calvin Martin, *Keepers of the Game*, 61–65; Delge, *Bitter Feast*, 129–130.

48 Richard White, *Middle Ground*, 1–2, 23–25.（《中间地带》）

49 关于新英格兰沿海地区河狸数量的减少，参见 Bernardos et al.,
"Wildlife Dynamics," 151–153。

50 Smith, Description of New England, 20.

51 Plantagenet, *Description of New Albion*, 9–10.

52 Innis, *Fur Trade in Canada*, 9–13; Richard White, *Middle Ground*, 25–
33; Beinart and Hughes, *Environment and Empire*, 46–47; Podruchny, *Making
the Voyageur World*, 21–22; Sayre, *Les Sauvages Américains*, 7–8; Sokolow,
Great Encounter, 141–142; Pritchard, *In Search of Empire*, 78–80, 151.

53 LaSalle, "Account of Hennepin's Exploration," 365.

54 Stuyvesant, "Proposals," 3:164.

55 Clarke, *True and Faithful Account*, 43.

56 Dongan, "Report," 1:99–100.

57 Shurtleff, *Records of Massachusetts Bay*, 1:179, 196, 208.

58 Dongan, "Report," 1:98.

59 Richards, *Unending Frontier*, 464.

60 Sayre, *Les Sauvages Américains*, 7–8; Sokolow, *Great Encounter*, 141–
142; Craven, "Indian Policy," 73–78.

61 Spelman, *Relation of Virginia*, 1:ci–cv, cxv–cxvii; Kupperman, *Indians
and English*, 77, 115, 204–211; Kupperman, *Jamestown Project*, 235–267.

62 "Proceedings of the Virginia Assembly, 1619," 274–275.

63 Hale, *Pelts and Palisades*, 115; Kupperman, *Indians and English*, 204–
211; Kupperman, *Jamestown Project*, 235–267.

64 "The Randolph Manuscript," 405.

65　A. J. Morrison, "Virginia Indian Trade," 220–222.

66　Kupperman, *Indians and English*, 210–211.

67　Fausz, "Present at the 'Creation,'" 9–10; Smith, *Generall Historie*, 1:313–314. 学者认为两个部落都与斯佩尔曼之死相关。

68　Francis Wyatt, 引自 A. J. Morrison, "Virginia Indian Trade," 222。

69　Kingsbury, *Records of the Virginia Company*, 3:19–20.

70　Tomlins, Freedom Bound, 134; Oberg, Dominion and Civility, 2–7.

71　*A True Declaration* (1610), 22. 另见 Harriot, *Briefe and True Report*, 6–10; 以及 Smith, *Generall Historie*, 1:121。

72　除金银以外，殖民宣传家还关注各种皮毛以外的可售卖货品。例见 Harriot, Briefe and True Report, 7–10 列出的货品表；以及 "Instructions for such things as are to be sent from Virginia, [1610.]"。

73　Games, *Web of Empire*, 139–140.

74　Smith, *Travels and Works*, 2:451.

75　Fausz, "Abundance of Blood Shed on Both Sides," 46–50; Rountree, *Pocahontas' People*, 55–65; Fausz, "Merging and Emerging Worlds," 51.

76　Waterhouse, "Declaration," 3:551; Beverley, *History and Present State of Virginia*, 40.

77　Waterhouse, "Declaration," 3:550–551; Clarke, *True and Faithful Account*, 17.

78　Waterhouse, "Declaration," 3:557–558.

79　"Proceedings of the Virginia Assembly, 1619," 262, 264.

80　Waterhouse, "Declaration," 3:551, 557.

81　"A Proposition Concerning the Winning of the Forest."

82　John Martin, "Howe to Bringe the Indians into Subjection," 3:705.

83　"A Proposition Concerning the Winning of the Forest."

84　Governor of Virginia, "Commission to William Eden," 3:698.

85　Van Zandt, *Brothers Among Nations*, 126.

86　Hale, *Pelts and Palisades*, 117; Walsh, *Motives of Honor, Pleasure, and Profit*, 83.

87　Brenner, *Merchants and Revolution*, 120–121.

88 Fausz, "Present at the 'Creation,' " 9–10.

89 McCary, *Indians in Seventeenth-Century Virginia*, 74–75; A. J. Morrison, "Virginia Indian Trade," 222.

90 Van Zandt, *Brothers Among Nations*, 126; Fausz, "Merging and Emerging Worlds," 52–62; Hale, *Pelts and Palisades*, 65.

91 Fausz, "Merging and Emerging Worlds," 61; Fleet, "Brief Journal," 19–25.

92 Fleet, "Brief Journal," 25–35; Colpitts, *North America's Indian Trade*, 42–43; Pendergast, "Massawomeck," 14–17, 70–71; Maureen Myers, "From Refugees to Slave Traders," 86–89. 波托马克河畔的阿尔冈昆族印第安人将马萨瓦马克族定性为食人族。许多易洛魁族群也被敌对部落和英裔弗吉尼亚人认定为"吃人者"。

93 Fausz, "Merging and Emerging Worlds," 62; Hale, *Pelts and Palisades*, 120–123; Browne, *Archives of Maryland*, 5:150. 克莱本的贸易执照在 1628 年和 1631 年更新了。参见 Browne, *Archives of Maryland*, 5:159–162。

94 April Lee Hatfield, Atlantic Virginia, 15.

95 同上；Wallace, *Indians in Pennsylvania*, 12–13; Stephen Warren, *Worlds the Shawnees Made*, 136–139, 142.

96 Smith, *Travels and Works*, 1:53–54.

97 Hale, *Pelts and Palisades*, 119–120; Fausz, "Merging and Emerging Worlds," 59–60, 66.

98 "Claiborne's Petition," *Archives of Maryland*, 5:194.

99 Fausz, "Merging and Emerging Worlds," 59–63, 73. 萨斯奎哈诺克人将帕尔默岛赠予克莱本，以示对商人的支持。

100 Hale, *Pelts and Palisades*, 130; Andrew White, *Relation*, 6.

101 Leonard Calvert to Sir Richard Lechford, May 30, 1634, 引自 A. J. Morrison, "Virginia Indian Trade," 224.

102 Walsh, *Motives of Honor, Pleasure, and Profit*, 70, 76–83.

103 Hale, *Pelts and Palisades*, 129–133; Fausz, "Merging and Emerging Worlds," 71.

104 "Claiborne's Petition," *Archives of Maryland*, 5:215.

105 Fausz, "Merging and Emerging Worlds," 73; Hale, *Pelts and Palisades*, 132−134; "Claiborne's Petition," *Archives of Maryland*, 5:232.

106 Fausz, "Merging and Emerging Worlds," 76−77; Wallace, *Indians in Pennsylvania*, 13, 102.

107 Fausz, "Merging and Emerging Worlds," 74.

108 Cornwaleys to Lord Baltimore, April 16, 1638, Calvert Papers, 1:177; Rice, *Nature and History*, 101.

109 Calvert to Lord Baltimore, April 25, 1638, *Calvert Papers*, 1:188.

110 Andrew White to Lord Baltimore, February 20, 1638, *Calvert Papers*, 1:208−211.

111 Calvert to Lord Baltimore, April 25, 1638, *Calvert Papers*, 1:190.

112 Brugger, *Maryland*, 13−14; "Claiborne's Petition," *Archives of Maryland*, 5:205.

113 Berkeley, *Discourse*, 6; "Claiborne's Petition," *Archives of Maryland*, 5:232.

114 Hening, *Statues at Large of Virginia*, 1:525, 2:215. 枪支贸易禁令于 1633 年、1643 年、1658 年和 1665 年颁布。参见 Hening, *Statues at Large of Virginia*, 1:129, 256, 441, 2:215。其他殖民地也企图限制美洲原住民获得欧洲军火。例见 Shurtleff, *Records of Massachusetts Bay*, 2:16, 3:208。

115 Berkeley, *Discourse*, 6.

116 Hinderaker and Mancall, *At the Edge of Empire*, 4, 25−26.

117 Fausz, "Merging and Emerging Worlds," 49.

118 McCary, *Indians in Seventeenth-Century Virginia*, 75; April Lee Hatfield, *Atlantic Virginia*, 28.

119 Hening, *Statues at Large of Virginia*, 1:323−325; Gleach, *Powhatan's World and Colonial Virginia*, 173; Rountree, *Pocahontas' People*, 86−88.

120 Stephen R. Potter, "Early English Effects on Virginia Algonquian Exchange," 222.

121 Kingsbury, *Records of the Virginia Company*, 3:19−20.

122 关于休伦"贸易帝国",参见 George T. Hunt, Wars of the Iroquois, 53−65。

123 Oberg, *Dominion and Civility*, 152; Jennings, " 'Pennsylvania

天生狂野：北美动物抵抗殖民化

Indians' and the Iroquois," 76; Fausz, "Merging and Emerging Worlds," 76–77; Wallace, *Indians in Pennsylvania*, 13, 102; Ragueneau, "Relation of What Occurred···in the Years of 1647 and 1648," 33:129–133.

124 关于五大湖地区易洛魁族与阿尔冈昆族之间冲突的暴烈，参见 Richard White, *Middle Ground*, 1–15；Calloway, *One Vast Winter Count*, 225–226。

125 Lahontan, *New Voyages*, 2:485–486.

126 Richard White, *Middle Ground*, 23–25.

127 20 世纪 40 年代，史学界首先出现用"河狸战争"一词形容 17 世纪的易洛魁战争。后世研究对"河狸战争论"提出了质疑，认为这些冲突并没有单一的物质利益动机，不仅仅是为了开拓新的河狸猎场，从而获得欧洲贸易品。有历史学家论证，易洛魁人的行动是在回应法国人和其他印第安人的领土侵犯、本族人口减少，还有保护自身河狸供给的愿望。例见 Trigger, Children of Aataentsic, 2–619–626；以及 Trelease, "Iroquois and the Western Fur Trade," 32–51。布兰当（Brandão）在反驳"河狸战争论"时主张，"易洛魁人并不想控制毛皮贸易，而只想利用它"。布兰当批评之前的研究者假定易洛魁人有与欧洲人相同的经济动机。Brandão, Your Eyre Shall Burn No More, 5–6, 18, 120–123, 131. 我的异议是，"利用"毛皮贸易必然至少涉及对动物资源和交易条件的少量"控制"。对殖民者来说，与美洲原住民交易河狸皮同样服务于多种功能，而且正如培根叛乱的经过所示，并非所有殖民者都认为经济利益应当高于防卫或领土控制。

128 Le Jeune, "Relation," 6:150–151.

129 Richter, *Trade, Land, Power*, 78–81.

130 Jennings, *Ambiguous Empire*, 15–20; Jeffrey Glover, *Paper Sovereigns*, 182–183; Rice, *Nature and History*, 105; Fausz, "Merging and Emerging Worlds," 83–85.

131 Jeffrey Glover, Paper Sovereigns, 184–185; Browne, *Archives of Maryland*, 3:277–278.

132 Browne, *Archives of Maryland*, 1:307.

133 Eshleman, *Lancaster County Indians*, 45; Jennings, *Ambiguous Empire*, 122.

134　萨斯奎哈诺克族的萨斯奎哈诺克河畔设防城镇"一面有城下的河水为屏障，另一面有两层巨树庇护，侧面有两座欧式棱堡，甚至还有几门火炮"。凭借这样的城防，萨斯奎哈诺克人得以击退易洛魁人的攻打。Lalemant, "Relation of New France in the Years 1662–1663," 48:75–77.

135　Browne, *Archives of Maryland*, 1:407; Browne, *Archives of Maryland*, 3:417–418; Wallace, *Indians in Pennsylvania*, 103.

136　Beekman to Stuyvesant, February 20, 1662, 330–331.

137　McIlwaine and Kennedy, *Journals*, 2:15–16.

138　Berkeley, *Discourse*, 6.

139　McIlwaine and Kennedy, Journals, 2:15–16; Beverley, *History and Present State of Virginia*, 62–63.

140　Hazard, *Annals of Pennsylvania*, 54–62; Richter, *Facing East from Indian Country*, 87–88.

141　Browne, *Archives of Maryland*, 2:430; Rice, Nature and History, 146.

142　Browne, *Archives of Maryland*, 2:428–430, 462–463; Rice, *Nature and History*, 146.

143　M［athew］, "The Beginning, Process, and Conclusion of Bacon's Rebellion," 16–22; Rice, *Tales from a Revolution*, 6–10.

144　M［athew］, "The Beginning, Process, and Conclusion of Bacon's Rebellion," 16–22; Rice, *Tales from a Revolution*, 6–10.

145　Sherwood, "Virginia's Deploured Condition," 9:164–166; Rice, *Nature and History*, 149.

146　Berkeley, "Berkeley to Ludwell," April 1, 1676, 3.

147　"Causes of Discontent in Virginia (Continued)," 380.

148　［Cotton］, "History of Bacon's and Ingram's Rebellion, 1676," 51, 59; Berry and Moryson, "True Narrative of the Late Rebellion…1677," 109; Grantham, *Historical Account of Some Memorable Actions*, 13–14.

149　Demallie, "Tutelo and Neighboring Groups," 14:292.

150　Sherwood, "Virginia's Deploured Condition," 167.

151　Eggleston, "Bacon's Rebellion," 3; Sherwood, "Virginia's

Deploured Condition," 168.

152　Eggleston, "Bacon's Rebellion," 4.

153　"Ludwell to Williamson, 28 June 1676," 180.

154　Sherwood, "Virginia's Deploured Condition," 167−168.

155　Berry and Moryson, "True Narrative of the Late Rebellion⋯1677," 106.

156　Sherwood, "Virginia's Deploured Condition," 169−170.

157　"Causes of Discontent in Virginia, 1676 (Continued)," 388. 对于这种主张与印第安人作战不加限制的诉求，殖民地当局的定性是"野蛮主张"，会引发"连绵战火，进而不断摧残疆土"。Oberg, *Samuel Wiseman's Book of Record*, 250.

158　Burke, *History of Virginia*, 2:261−262. 关于叛乱前因后果的解读和再解读，新旧学人观点甚多，伯克只是其中之一。史学界影响较大的著作有 Wertenbaker, *Torchbearer of the Revolution*；Washburn, *Governor and the Rebel*; Morgan, *American Slavery, American Freedom*, 第11至14章；*Webb*, 1676；Rice, *Tales from a Revolution*。

159　Russo and Russo, *Planting an Empire*, 111−118; Wertenbaker, *Torchbearer of the Revolution*, 14, 34; Morgan, *American Slavery, American Freedom*, 269−270; Kulikoff, Agrarian Origins, 38, 205. 赖斯（Rice）别出心裁，将培根叛乱置于印第安人与殖民者冲突的大背景下，这种冲突直到17世纪末才解决。参见 Rice, "Bacon's Rebellion in Indian Country," 726−750。

160　Beverley, *History and Present State of Virginia*, 65−70.

161　Eggleston, "Bacon's Rebellion," 7−9.

162　"Causes of Discontent in Virginia, 1676 (Continued)," 388.

163　Bacon to Berkeley, May 25, 1676，Billings, *Sir William Berkeley*, 237.

164　Berkeley, "Berkeley to Ludwell," April 1, 1676, 3.

165　Berry and Moryson, "A True Narrative, 1677," 109.

166　"Causes of Discontent in Virginia, 1676," 170.

167　"Complaint from Heaven," *Archives of Maryland*, 5:134, 148.

168　Wallace, *Indians in Pennsylvania*, 13, 104; Browne, *Archives of Maryland*, 5:250, 260.

169　"Claiborne's Petition," *Archives of Maryland*, 5:157; Van Zandt, *Brothers Among Nations*, 187–188.

170　McCartney, *Virginia Immigrants and Adventurers*, 1607–1635, 206.

171　Van Zandt, *Brothers Among Nations*, 188; McIlwaine, *Legislative Journals*, 1:139; Jones, "Jones to Perry," January 1, 1692, CO 5/1306, no. 7; Browne, *Archives of Maryland*, 20:219–220.

172　Benton, *Search for Sovereignty*, 97–99.

天生狂野：北美动物抵抗殖民化

CHAPTER 3

天生狂野

-✦———— 第三章 ————✦-

吞兽

Devouring Anamulls

按照乔治·艾尔索普（George Alsop）本人的说法，他对切萨皮克的四年契约劳工生活唯有最宝贵的回忆。回到英国后，他向同胞们宣传那片土地是无与伦比的天堂。它在向移民们招手：

　　　　　来住下吧，过富足的生活。

从文风和内容来看，艾尔索普在 1666 年对马里兰的描绘与众多其他宣传文本类似，盛赞当地充足的自然资源。但艾尔索普承认，英国人去了美洲未必都会发财。他坦言，美洲绵羊不多，也不太受马里兰殖民者的欢迎，"因为它们常常会把狼招进种植园"，这是由于它们"肉质鲜美"且"性情温顺"。如果种植园主想养无自卫能力的动物，那么可以预计到的情形是——

　　　　　狼一整个白天待在树林里养胃口，晚上过来

吃羊，绝不会失手。

尽管狼与熊、豹一样，通常居住在"大陆最偏远的地方"，但殖民者的家畜会将猛兽从野外巢穴里引诱到英国人的种植园里。狼一旦来了，就会展开"堕落"的破坏，艾尔索普痛斥其毫无"英勇气概"。他认为：

> 它们最高的追求和最狡猾的手段也是下贱怯懦的，只是为了偷一头可怜的猪，或者杀死一只饿坏了又走丢的牛犊。

埃尔索普最后说，就得给狼上"枪口里喷出来的酱"，送其去"与它们的祖先长眠"。[1]

艾尔索普对狼的污名化并不罕见。英国殖民者将熊、乌鸦、野猫、狐狸、乌鸫、松鼠这一类生物定性为害兽恶禽，而狼正是其中最坏的一种。宣传文章里的美洲环境一片大好，唯一的小困扰就是威胁庄稼和家畜的个别有害物种。作者们承认，野生恶兽一贯困扰着移民，正如威廉·伯德在 1728 年勘定弗吉尼亚与北卡罗来纳边界线时观察到的那样。伯德发现，边疆殖民者挖的捕狼坑"又深又直，狼一旦进去就再也扑腾不出来了，就像男人结了婚就再也跳不出来一样"。有一位边疆农夫住在丹河旁，离印第安人很近，他觉

第三章 吞兽

135

得自己"完全免受危险"，不过伯德揶揄道：

> 他的家畜或许也是如此吧，如果熊、狼、豹像印第安人一样无害的话。[2]

狼威胁的不只是移民引进的家畜，它们的破坏直击英国殖民的法律根基。当狼袭击家猪、牛犊和绵羊时，同时也咬断了发展中的环境改良与个人占有观念的腿筋，而这正是英裔美洲人合法占据和占有土地的基础。[3]按照独特的英国殖民话语的设想，生产性活动——个体耕作——会从"无人定居"的美洲荒地中切出秩序井然的地块。这种愿景将英国人的地界与蛮荒无序的外界隔离开来，而家畜正是其中的关键要素，但殖民者的话语边界吓不住野生捕食动物。狼和其他被视为害兽恶禽的生物一样渗入定居点，破坏殖民者为了坐实英国所有权而树立的活体"改良措施"。这一过程中，捕食动物迫使殖民者直面自身观念的现实局限性。改良不可能是个体行为，也不是零敲碎打。与狼长达几个世纪的冲突教会了殖民者一点：要想在特定的英国人地界建立改良秩序，那么在周围的野外空间也必须建立秩序。[4]

殖民者若要控制狼和其他有害物种造成的破坏，不能只看私人产业，而必须考虑他们与本土生物共享

马里兰省风土（1666）

乔治·艾尔索普在切萨皮克地图中描绘了无序的野外世界，其中生活着熊、豹、狼，还有一头家猪。

图片来源：维基共享资源（Wikimedia Commons）。

的广大地域。改良在表面上是通过引入英国粮食作物和牲畜，并进行改造驯化来实现的，而野外生物的不断侵扰妨碍了这个过程。狼尤其是殖民者的一大心病，在接连推进的每个改良边疆领域中，殖民者都在努力设法清除这些奉行机会主义的捕食动物。因为狼的活动威胁到了私人产业，所以英属美洲当局被迫在建立新的殖民占有机制时关注狼的行为。

守土，便意味着驱狼。

无益于人的野兽

在欧洲人探索北美洲初期，狼是殖民文学里大体乐观的图景中徘徊的阴影，幽暗且带点凶险。大多数早期欧洲探险家把狼和其他捕食动物如毒蛇、烦人的昆虫一起归为美洲大陆的不便之处，而赞颂美洲天然宝藏的时候只会简短地提一下狼。埃尔南多·德索托（Hernando de Soto）在1539年探险记中的描述就是典型案例。作者在美洲动物名录中列出"佛罗里达有很多狮子和熊"，还有"狼、鹿、豺、猫和兔子"。雅各·卡蒂埃的语气同样简练，只说在1534年的纽芬兰之行中见过熊和狼。欧洲探险家不费笔墨去描绘狼也是情有可原，因为正如何塞·达科斯塔（José de

Acosta）在《西印度人文风土记》（*Natural and Moral History of the West Indies*）中所说，狼是"无益于人的野兽"[5]。一些作者提供了更多关于狼及其习性的信息，根据一篇英国宣传文章，弗吉尼亚的狼"体型类似野狗，骨架大、腰身瘦、胸腔深"，而且"头颈厚实，耳朵尖，嘴长，牙齿危险，长毛蓬乱，长着一条毛茸茸的大尾巴"[6]。狼偏爱的猎物是东部森林里的鹿和西部平原上的野牛[7]。另一些作者将狼比作土著人养的狗。詹姆斯·罗齐尔（James Rosier）在17世纪初讲解说，新英格兰的印第安人养"温顺听话的狗和狼"[8]。约翰·布里克尔写于18世纪的北卡罗来纳博物志中称狼是"树林里的狗"，还说"在基督徒到来之前，印第安人没有其他的犬类"[9]。

欧洲探险家、旅行家和博物学家普遍认为，北美洲的狼无论能否被驯服，对人类都不是特别危险[10]。殖民宣传家提出了一个让人安心的观点，说美洲狼似乎不如欧亚狼凶猛，也没有已知的袭人事件[11]。这些作者对其他美洲捕食动物的描述往往也是如出一辙。16世纪末，托马斯·哈里奥特坚称熊见人就跑，还会迅速爬上最近的树，"人可以轻易将其杀掉"[12]。过了将近一个世纪，托马斯·巴德（Thomas Budd）主张，尽管宾夕法尼亚和新泽西的森林最深处依然可以找到"凶兽"，但他旅行期间从未见过任何捕食动物，因为动物一般"害怕人类"。[13]伯德也持同样的说法,宣称狼"饿极也不会攻击人",而会"跑开,就像动物逃离比自己更凶猛的动物一样"。[14]

宣传家提出,捕食动物甚至可能对殖民者有一定价值。在汉弗莱·吉尔伯特"新发现的土地"(纽芬兰),爱德华·海斯看见了黑色的狼和狐狸,"它们的毛皮在一些欧洲国家价格极高"。[15]1603年,马丁·普林(Martin Pring)推测,新英格兰的熊、狼、狐和猞猁的"毛皮后来通过交换购得",或许"能给我们带来不小的收益"。[16]博物学家约翰·乔斯林给出的用途范围甚至还要更大,他说猞猁油和熊油是止痛圣药,原住民用黑狼皮治关节痛。乔斯林宣称,小孩戴狼牙项链便不会打架,狼粪混入少量白葡萄酒能有效治疗腹绞痛。[17]

英国人对狼的早期描述与其他欧洲人同样简练的描述相差不大,但随着殖民者开始在新世界建立定居点,狼便迅速从英属美洲殖民史的背后走上前台,成了最重要的动物反派。尽管殖民广告软弱无力地保证美洲环境通常是好的,狼只是其中的小麻烦,但通过与捕食动物打交道,移民认识到情况并非如此。艾尔索普来到切萨皮克仅仅四年后就得出结论:

> 若有盘踞着美洲狼的野外空间在侧,原本秩序井然,畜养牛、猪、绵羊的英国种植园就不可

能发达。

殖民者发起了一场灭绝战争，决意清除这些打乱了他们计划的捕食动物。几个世纪来，战事在各个不同的野外生物边疆打响。

英国人专门将吃牛的"凶狼"挑出来，说它是"对种植园主伤害最大"的野生害兽。[18]在17世纪到19世纪的殖民地文献中，有一个观点反复出现，那就是狼爱吃外来的牲畜。1634年，威廉·伍德将捕食动物定性为"当地最大的不利因素，包括对具体个人的伤害，也包括对地域整体的危害"。据伍德推测，"如果当地熊和狼的比例达到一比一，狼会被一扫而空"，那将是一件好事。[19]尽管18世纪的布里克尔说北卡罗来纳的狼是"容易畏惧的生物"，从来不攻击马驹牛犊，但他接下来解释道，这些"非常狡猾"的野兽主要捕食绵羊。只有在种植园主养的狗躲起来的暴风雨天气里，诡计多端的狼才会发动攻击，"来到种植园附近"，趁夜色杀死所有那些没有被好好关在棚子里的绵羊。[20]19世纪的西部旅行者注意到，阿巴拉契亚山脉和密西西比河以西的边疆总是有狼，并评论它们"面相野蛮，眼神凶狼"[21]。乔赛亚·格雷格（Josiah Gregg）说西部灰狼掌握着"统御草原动物的权杖"。按照格雷格的说法，墨西哥以北的狼明显不同于北美东部的狼，而是"凶性强得多"。那里的狼会杀死"大小马、骡和牛"，并"在野牛群中大肆杀戮"。[22] 随着狼的捕猎习性愈发显现，它们引来了殖民者在定居畜牧过程中的密切关注。

这种关注在部分程度上聚焦于狼的体态和行为，移民希望通过理解这种生物的习性，从而得出更有效的控制捕食动物的方法。英国作者对狼的生理构造和社会生态的看法，虚实参半。新英格兰的观察者注意到，狼在秋季和初春更常现身于英国种植园附近，季候与当地白尾鹿的迁徙相合。伍德观察到一个事实，即移民的红牛特别容易遭到狼的攻击，因为红牛与本土鹿长得更像。由于狼的偏好，红牛在新英格兰的价格低于黑牛。伍德还提出了一个更离谱的看法，他认为狼不会弯腰，也不会跳跃，因为狼"从头到尾都没有关节"[23]。与其他作者一样，他说狼会发出"凶险可怕的叫声"，"呼朋引伴——晚上是为了狩猎，白天是为了睡觉"，以此来解释狼是如何相互沟通的。[24] 布里克尔报告称，狼会在"傍晚和夜里（尤其是在冬季）成群结队"捕猎。猎物稀少时，狼就会进入沼泽，"以湿泥果腹"，碰见腐肉就立即吐出来。按照布里克尔的说法，猎人普遍认为，如果狼不会饿死，也不会"以某种未知的神秘方式自相残杀"的话，这种"繁殖能力极强"的野兽"就会成为美洲数量最多的动物"。[25]

天生狂野：北美动物抵抗殖民化

此类关于狼的故事不仅仅是对动物的猎奇传说，也为移民提供了知识，用来减少或遏止狼对家畜的捕猎活动。

殖民者对狼的生物学认识是现实证据、原住民知识和道听途说的混合体，英国殖民者在此基础上又加入了自己与旧世界中狼的漫长交往经历。从基因构成角度看，北美灰狼与徘徊在欧洲森林与民间故事中的欧亚狼是一样的。尽管英国大部分地区的狼从15世纪就灭绝了，但在17世纪末的苏格兰高地局部地区，狼依然顽强地生存着，在爱尔兰更是又存活了大约一百年之久。即便在西欧的其他地方存在长期、大规模的打狼行动，但18、19世纪依然生活着大量的狼。[26]英国殖民者在新环境中重新遇到了这些捕食动物，于是借助仇狼的民间传统和灭狼经验来明晰对美洲狼的应对措施。

殖民地观察者将北美洲的狼分成不同的物种和亚种，而现代学者会认为这些区域差异属于形态学范畴。尽管在分类学上没有完全的共识，但正如19世纪的乔赛亚·格雷格等人所说，许多生物学家坚持东西两亚种的分法：东部的森林狼（*Canis lupus lycaon*）体型较小，毛色较浅；密西西比河以西的平原狼（*Canis lupus nubilus*）体型较大，毛色较深。新近研究认为，应当将东部狼列为一个独立于北方森林狼亚种（*Canis lupus occidentalis*）的物种（即 *Canis lycaon*）。另一些人将"*Canis lupus*"进一步细分，除了东部和西部亚种，还包括北极、西北和墨西哥亚种。还有一些学者认为北美历史上的狼分为两个物种：分布广泛的灰狼（Canis lupus）和分布于东南部较小区域的红狼（Canis rufus）。[27] 分类如此混乱的部分原因是狼的"漫游癖"，科学家将这种特性称作"扩散"（dispersal），指动物个体为了求偶或者占领空地而进行的长距离移动。狼的迁移范围能达到数百英里，由此可以进行亚种间杂交，从而打破各个变体之间的遗传隔离。[28] 简言之，尽管北美狼种群中存在地理、形态、行为和遗传上的差异，但显著性状方面却是相似的。[29]

在这些相似点中，殖民者认为最值得一提的就是狼的社会组织形态。狼喜爱"成群结队"迁移，"在夜里成群"狩猎，发出"阴沉的号叫"，这让英国移民感到恐惧。现代生物学研究发现，狼群的规模变化很大，小规模狼群可以只有 2 只，大规模狼群可以达到 30只以上。狼狩猎时经常分成多个相互配合的小组，每组 2—7 只，以此高效率地消灭体型较大的猎物。狼群内部成员间的关系服从社会地位支配等级，其顶点是一对互为配偶的阿尔法狼，阿尔法雄狼是整个狼群的领袖，在交配、捕猎、迁移、防卫事务中发挥主导作用。较大的狼群可能会包括幼崽、离群狼，以及其他处于从属地位的成员，它们需要通过服从仪式向那对阿尔法狼表示臣服。狼的声音沟通方式包括哀鸣、低吼、吠叫和长嚎，尽管科学家尚不完全明确这些叫声的用意，但其嚎叫的频率在不同的日子和不同的季度存在差异，这意味着狼的叫声与其捕猎、迁移、生育活动有关。生物学家的看法与 17 世纪威廉·伍德的观察相合，他推测狼的长嚎可能是为召集狼群同伴、结束休息、开始捕猎；长嚎的另一个作用是建立和维持狼群之间的边界，将相互竞争的群体分隔开来。[30]

狼的另一个被大量记载的特征便是领地行为。每只狼的"家园"范围从 10 平方英里至 500 平方英里不等（约合 25 平方千米至 1300 平方千米），它们会在领地上四处巡视，通过发出声音和留下气味的方式强化所有权。阿尔法雄狼会抬起腿在树干、树枝或其他直立的"气味杆"上面撒尿，这一作用相当于立起警告陌生狼"禁止进入"的牌子。[31] 除了食物短缺或者"扩散"期间外，狼一般会避开边界走，因为狼群相遇可能会发生暴力冲突，甚至常常致命。[32] 狼的领地范围取决于猎物易得与否和狼群大小，排他性领地的面积和多样性足以满足狼群的生理需求，但其也足够偏远，可以避开人类或其他狼的侵扰。狼群中的幼崽长大后会离开出生的领地，加入其他狼群，或者开拓属于自己的领地。[33]

捕猎是狼群的工作。狼群的主要目标是大型有蹄类动物，比如鹿、麋鹿和驼鹿，不过其食物来源偏好也会随着区域、栖息地、猎物易得性和季节而变化。
狼是机会主义猎手，以夜间捕猎为主，通过气味或偶
遇来定位猎物。一旦确定位置，狼群就会跟踪、埋伏、
突袭和追逐猎物，试图发现其中最弱的个体。新近研
究表明，狼杀死的动物大多是受伤、体弱、年幼或者
大龄的个体。坚守或反抗的大型哺乳动物，如驼鹿或
麋鹿，有时能把狼逼退。如果目标动物逃窜，狼群就
会发起追击，努力靠近至能咬到猎物臀部、鼻子或者
身体侧面的程度，直到逃跑猎物因失血或休克而倒地。
但在狼与猎物遭遇的大部分情况下，猎物都会逃脱，
因此在一次成功的捕猎前必定会有多次失败的袭击。
于是，狼在生理上适应"要么吃撑，要么挨饿"的生
存状态。狼会迅速吞噬猎物，埋头钻进其体腔大快朵颐，
并先吃大块内脏。狼吃掉猎物身体部位的比例似乎主
要与猎物密度相关。猎物稀少时，狼吃掉的部位比例
会偏高，但在战果相对宽裕的时候，狼只会吃猎物身
上最可口的部位。狼可能会"捕猎过剩"——也就是说，
杀掉的猎物多而猎物尸体的利用率低，或者根本放着
不动——这种情况会发生在猎物数量非常多、易得且
特别脆弱的情况下。总体来说，狼的生理构造、智力、
社会行为、流动性和捕猎战术使其能够利用环境变化
的机会——比如英国殖民者及其家畜带来的机会。[34]

　　1669 年，约翰·勒德雷尔来到弗吉尼亚西部的荒

野，发现自己身处一个无人定居的危险世界。这位探险家披荆斩棘，在迈向远方阿巴拉契亚山脉的途中险些落入一大片流沙。他深入密不透光的丛林，耳闻"熊像野猪把橡子撞下来"，目睹下层灌木里的"小豹"。入夜后，勒德雷尔和印第安向导躺在火堆旁，近旁幽暗处，群狼环伺，发出饥饿的嚎叫。他写道：

> 这些地方的狼凶恶非常，我夜里时常担心坐骑被它们吞掉。[35]

勒德雷尔描绘的猛兽地带已经是 17 世纪殖民地文本中的常见意象，足以与传播更广的美洲环境丰饶宜人的图景相抗衡。10 多年前，爱德华·约翰逊（Edward Johnson）勾勒出一幅类似的景象，连篇痛陈欧洲人到来之前的新英格兰是"偏僻贫瘠、草石丛生的荒林"，是"狮、狼、熊、狐、浣熊、狸、獭等各种生物的乐园"。约翰逊在《奇迹天选之地》（*Wonder-Working Providence*）中写道，北美洲曾经是"世界上最凶恶、最无边无际、人们知晓最少的荒原之一"，"狼、熊哺育着幼崽"。

但过了一代人多一点的时间，英国种植园主就改良了"这片贫瘠得可怜的荒原"。花园、粮田，尤其是欣欣向荣的牛群、猪群和羊群，全都是美洲荒原已经变为"第二个英格兰"的明证。狼依旧在它们用气味和声音划定的蛮荒空间中繁衍生息，但殖民者确信，家畜会在有围栏、经过耕作的英国人地界上自由觅食，从而将这里变成一个"秩序井然的社会"[36]。

家畜家禽

尽管美洲有丰富的本土动物，但英国殖民者始终认为，引进的家畜是种植园的关键组成部分。正如 16 世纪末的托马斯·哈里奥特所说，野兽或许可以用来帮助殖民者撑过第一年，但长久生存只能依靠引进的"英国食粮"和"英国牲畜"。[37] 弗吉尼亚公司官员对此表示赞同。约翰·波利（John Pory）在 1619 年的一封信中主张，只需要三件东西就能"让本殖民地达到完善：英国耕地、英国果园和英国牲畜"[38]。弗吉尼亚总督弗朗西斯·怀亚特附和道，对"本殖民地庄园的健康繁荣"来说，最重要的莫过于"保有各种性情温顺的家畜家禽并使其大量增长"[39]。为此，公司管理层在 17 世纪初密切追踪被带到弗吉尼亚的动物，到岸要作登记，损失也要计数，运送牲畜的冒险家同样有赏。[40] 英国牛、猪、马、山羊和绵羊的引入是确保殖民者物质生活的关键，因此对殖民地当局来说，其

天生狂野：北美动物抵抗殖民化

重要性不亚于运输英国男人、女人和儿童。

与殖民者一同到来的"家畜"，不仅仅是食物和畜力来源，也承担了将蛮荒无序的美洲空间转化为井然有序的英国地界所需的一大部分工作量。[41] 家畜以殖民者的身份与人类主人协作，占据土地，投入生产。随着"英国牲畜"将树林踏为空地，将草甸啃食为牧场，将土地熟化为园地，家畜的活动为地貌带来了明显改观。[42] 更重要的是，家畜是实体所有权的主张标志，因为它们，荒野才变成了财产。英国牲畜协助英国殖民者，实施了所谓改良的"蓄意转化行为"[43]。

改良是驱动英裔美洲人殖民事业的引擎。它将 17 世纪夺取美洲原住民土地的行为合法化，替代了 16 世纪的探索与征服话语——按照这种话语，英国人是殖民游戏的迟来者，实力要弱于其他欧洲国家。在英国人看来，合法占有归根结底取决于生产开发，而非远方君主提出的广阔领土宣言，甚至只是有人居住也不行。[44]

1622 年，罗伯特·库什曼（Robert Cushman）提出了一个法律方面的问题："我在异教徒的国度生活时享有何种权利？"他解释道，印第安人的土地不同于英格兰，"广阔而空旷"，数量稀少的当地人"在草地上奔跑，就像狐狸和野兽一样"，他们的土地"有待施肥、聚合、整理等"。[45] 约翰·温斯罗普（John Winthrop）问道，"有一整片大陆丰饶便益于人"，正因为"缺乏改良"而荒废，英国人为什么还要在人满为患的本岛上挣扎呢？按照温斯罗普的说法，印第安人没有做任何体现其所有权的事情，因为他们"不圈地，不定居，也没有改良土地所需的温顺牲畜"[46]。如此一来，印第安人对殖民者垂涎的土地只有"自然权利"。在弗吉尼亚，威廉·斯特雷奇（William Strachey）赋予了印第安人较多的财产权，至少对采取英国人承认的利用方式的土地是这样。他写道，殖民者不会征用印第安人的"物资和劳力"，也不会"强占他们清理和施肥过的土地"。但斯特雷奇得出的结论是："无人定居的广阔荒地"，"一千英尺里没有一英尺被他们开发，他们也不知道如何开发获利"，那是"巨大且无益的浪费"，只需基督徒去运用自己的"节俭或劳作"。[47]在英语里，空闲荒地不一定无人居住，而是未经农耕和牲畜改良。

这种改良的意识形态，不仅仅是一种抽象的法律理由用于支持王室或公司集体对原住民的剥夺主张，而是必须要通过个体行为将地貌明显改造为英国人熟悉的形象，改良才算坐实：耕种的粮田、放牧的草场，还有围栏。切萨皮克殖民地当局试图主导这一转变过程，于是强调家畜的双重角色：既是施行改良的手段，又是英国人占有主张的证据。弗吉尼亚法律对殖民者的要求是，特许状获批的每50英亩荒地中必须有3英亩是"经过充分改良、清理和维护"的牧场，至少应有"3头家牛，或者6只绵羊或山羊"。立法者规定，3英亩牧场必须保持"良好清理与围合状态"达3年，方构成"充分定居与改良条件"，可作为个人财产权的依据。法律还要求土地上蓄养的家牛应作为遗产传给未成年继承人，因为牛"对这些孤儿改良土地大有裨益"[48]。法律上改良与蓄养牲畜的关联揭示了殖民者的设想：在定义了英式财产权的土地规整行为中，家畜必定要扮演关键的角色。

这种关联在英国的产生时间要早得多，即在圈地运动正式开启的15世纪。旷日持久、异步开展的圈地运动最终改造了英格兰的农业地貌，使其从开放农田和公共牧场变成完全私人产权的封闭农庄。随着运动在17、18世纪的加速推进，支持者提出以改良——也就是说，细心且有意识地投入资本和劳动力、应用现代农耕技术，从而提高土地产量——为辩护理由，证明将公地转化为私有农田和羊圈而为地主个人牟利的做法是合理的。[49]17世纪的农学家回应了包括因失去土地而越发叛逆的英国农民在内的批评者，以之驳斥"反对圈地的这一代怪人"。瓦尔特·布里斯（Walter Blith）在《英格兰改良家》（*The English Improver*，1649）和《英格兰改良家提升版》（*The English Improver Improved*，1652）中主张，在运用得当的情况下，改良原则会推动生产力和地租的提高——究其本质，就是经济如潮水，水涨船自高。因此，地主圈地"不会损害"平民。他坚称，圈地不会让贫民离开乡村，反而会鼓励耕作精细化，产出更多食物，"从绵羊、羊毛、牛中获得更大利润，谷物生产的利润更是会大得多"[50]。

现实却不像这样美好。17世纪的人口增长、农产品价格总体下跌，意味着相比于维持乡村人口，从田产中榨取更多收入才是富人关心的问题。[51] 在地主的利润最大化手段中，最广为人知也最臭名昭著的一种是将耕地转换为牧场，以便生产羊毛。[52] 事实上，绵羊成了圈地运动中的招牌动物。1516年，托马斯·莫尔（Thomas More）在《乌托邦》（*Utopia*）批判了绵羊和乡绅，认为是他们造成了英国乡村资本主义化的社会弊病。他写道：

> 你们的羊，一向是那么温顺、那么容易喂饱，据说现在却变得很贪婪、很凶蛮，甚至要吃人，并把你们的田地、家园和城市踩躏成废墟。贵族豪绅，以及天知道是什么圣人之流的一些主教……使所有的地耕种不成，把每寸土地都围起来做牧场，房屋和城镇被毁掉了，只留下教堂当作羊栏。[53]

尽管有人批判私有化、反对乡村地主，但到了17世纪，一种特殊的英式个体产权观念已经成为殖民者移植到北美的法律文化的一部分；这种观念的特征将经过改良的围合地块用于特定的农业用途，尤其是畜养牛羊。[54]

一方面，改良与圈地的双重意识形态似乎很适合美洲地貌，在殖民者看来，美洲就是一片无边无际的荒原，未经系统耕种，难以发挥全部生产力。然而，切萨皮克的社会与生物条件挫败了殖民者在美洲复制英国模式的初期努力。弗吉尼亚公司行事专横、偏重烟草种植、劳动力供给不足、原住民反抗、凶猛的疫病等共同限制了个体种植园主复刻英式围栏牧场与集约农庄的能力。不过，他们起初至少做了尝试。例如，弗吉尼亚当局于1639年对散养牲畜制定了规范，要求猪必须有人看管且夜里要关在圈里，但这种英国农业改良者的集约式畜牧业费时、费工、费料，超出了殖民者的承受能力。居民反对将自己有限的劳动力浪费在"薄地细耕"上，并于1648年向弗吉尼亚当局申请允许其迁至查尔斯河与拉帕汉诺克河以北，寻找新的"充足牧场"，以避免"猪牛的显著衰减"。移民被未开发的无主空间包围，对他们来说，清理土地、改造牧场、牧养畜群、修建牛猪羊圈的意义不大。[55]

随着客观条件促使殖民者采取更粗放的畜牧业模

式，切萨皮克殖民地当局要努力保护对殖民事业至关重要的家畜。而维持牲畜数量充足的早期尝试可谓多灾多难：牛在海上死去，牲畜在严冬被冻死，动物感染致死疾病和寄生虫。[56] 官员急于保护运来的牛、猪和其他动物，于是采取了旨在控制和扩大兽群的集体行动。弗吉尼亚公司指示托马斯·盖茨圈养公司的牛群，或者"让少数哨卫看管、照顾兽群"，以免牛群破坏农田。公司于 1621 年重申上述指令，建议总督及理事会"用木桩和坚固的栅栏围住适当比例的土地，用于畜养奶牛、家猪和禽类"，以便扩大和保持英国畜群。[57] 为了自身安全和控制牲畜，殖民者有义务修建围墙。

1615 年，拉尔夫·哈默（Ralph Hamor）描述了弗吉尼亚巧妙的围墙工程。栅栏围住的 12 英里土地用作猪圈，并在詹姆斯河与约克河之间竖起尖木桩，将"突出部变成了一座岛"[58]。1639 年，安德鲁·怀特神父向马里兰地主们提出了一个建议，即沿海岛屿对保护牲畜有事半功倍之效。他解释道，一座大岛上养猪、山羊和牛犊，由一人看管，"无须增费，数年便可蕃滋"[59]。羽翼未丰的殖民事业若要起步，在当地建立一批有自我繁育能力且方便使用的"英式牲畜"至关重要。[60]

资本和劳动力或许供应不足，但土地可是不缺。殖民者可以放养牛、猪和马，让它们自己到野外觅食，这样就能减少积蓄饲料、修建圈棚栅栏的工作量。因此，尽管殖民者初期试图圈地控制进口牲畜，但大多数切萨皮克种植园主后来都转向了自由放牧的便宜之策。[61]

1669年，纳撒尼尔·施里格利（Nathaniel Shrigley）注意到了这种做法，发现"种植园主不去喂猪、喂牛，而是等它们自己吃肥了从森林里出来就宰掉"[62]。自由放牧与烟草种植结合的模式，鼓励殖民者稀疏地散布乡间。约翰·克莱顿（John Clayton）于1688年写道，几千英亩的种植园司空见惯，因为——

> 农场主渴望尽可能多占土地，以确保有足够多的种植用地和牲畜牛群牧场。[63]

当然，一些动物比其他动物更适应放养。牛、猪、马等攻击性强的大型动物自己就能过得不错；其他动物则太过弱小怯懦，不照管就养不好，尤其是绵羊。因此，切萨皮克移民一开始很少从事英式集约畜牧业，比如养殖绵羊和奶牛，而愿意将主要精力投入在森林里养肉猪、肉牛。到了17世纪中叶，切萨皮克殖民者已经建立了一套美洲版本的英式改良活动。他们占有土地不需要驯化每一寸土地。相反，一座座英式秩序的孤岛就已合法化了殖民者对广大土地的所有权主张。

英国动物本身就是英式秩序的代表，它们让殖民者开拓了定居点以外的无序空间，但放养的牛、猪和马对主人的依赖并不那么强烈。一旦解除束缚，放养的动物往往就会野化，甚至完全甩脱家养的枷锁。走散的牲畜在林中繁殖，变得精瘦凶猛，聚集成庞大的"野兽群"[64]。表面上属于公司或王室的野猪和野牛形成了一个宝库，官员可以将这笔资源发放给殖民者。例如，弗吉尼亚公司于1621年允许古金斯先生（Mr. Gookins）"从林中获取100头猪"，条件是他要"喂养增殖，不可宰杀"。[65]到了17世纪中叶，脱逃动物的数量已经达到可观的程度，这促使弗吉尼亚当局在家养和"野养"牲畜之间做出法律上的区分。一份1642年的弗吉尼亚法律规定，杀死属于他人的家猪是重罪，但未经允许杀死野猪者只受训诫。[66]法律特别提到"家牛"和家猪，并将它们与似乎每年都会自行增多的野牛和野猪区别开来。[67]

　　讽刺的是，放养和野养牲畜数量日益增多的本意是改良殖民者的产业，结果却威胁到了殖民者的另一项主要改良活动——耕种。为了保护粮食不被殖民者放养的家畜糟蹋，切萨皮克立法部门开始出台"围栏法"，要求移民将农田而非动物围起来。如果种植园主没有"充分围合清理好的地面"，那么走散的"猪、山羊、牛等"造成的"侵犯或损害"都应"自行承担"。其他17世纪中期的法律规定了合法围栏的样式：

四英尺半高，密度要达到野兽牲畜无法钻入的程度；或在两英尺高的篱笆前挖三英尺宽的沟；或用两英尺半高的拦网。[68]

相比于圈养动物，为粮田、菜园、果园配备阻止动物侵犯的围栏对移民的负担更小，这是对英格兰耕作方法所做的另一种折中，以便尽可能利用当地的社会与环境背景。

尽管切萨皮克种植园主改变了英式牧养方法，但并未抛弃家养动物产权的根本观念。放养的英式牲畜虽未被驯养，但依然是有主之物。殖民者会不时到森林里抓自己的牛和猪回来宰杀，或者暂时养在家里哺育下崽。特殊的耳记和烙印可用于区分家畜和野兽，这种记号指明了放养于乡间的动物为私人所有。县法庭会登记代表所有权的牲畜记号，并负责审理涉及动物偷窃和越界的纠纷。[69]

与英格兰牲畜不同，引进北美的动物是一种特殊形式的私有财产，它们不像在英格兰农庄里那样待在一个地方接受圈养管理，殖民者在自家牲畜上打的耳记和其他记号起到了区别作用。尽管家畜在被放养的森林里可以自由奔跑，但它们与殖民者圈养起来的田地一样，享有不可侵犯的法律地位。殖民者在牛、马、猪的耳朵和身体侧面打上表示英式所有权的记号，这些漫游的牲畜便跨过了分隔英国熟地与野外空间的界线。如此一来，牲畜就为野生与驯养、野外与田产的话语划分带来了不稳定因素。

放养牲畜跨越的界线或许主要是想象的产物，但其漫游造成的冲突却不是，马里兰种植园主卡思伯特·芬威克案就是一例。1653年，罗伯特·布鲁克（Robert Brooke）指控邻居芬威克杀害了他的16头猪——这些猪惯常被安置在芬威克的土地上——而损失的牲畜里有一头是宝贵的"防止其他猪被狼侵害的大公猪"。布鲁克抱怨损失了大种猪对他和他的母猪造成的损失，他向马里兰省法院提交的诉状中宣称"因为需要种猪，四头母猪跑去了纽敦（Newtown）的约翰·梅德利家"。

布鲁克带来了证人，其中包括他的仆人安东尼·基钦（Anthony Kitchin），基钦指证芬威克的管家弗兰德希普·唐（Friendship Tongue）给他看了"不久前这位芬威克先生的仆人杀死的一部分猪的耳朵"。据基钦称，猪耳朵上有布鲁克的标记，即"两只耳朵都被剪过，右耳剪痕下方有一个洞，左耳剪痕有两条缝"[70]。芬威克否认指控，并带来了自己的证人亚瑟·怀特（Arthur Wright），证人坚称芬威克没有杀死布鲁克的猪，而只是指出帕塔克森特河上的"一条船里有一些被燎过的猪肉"，而芬威克打算"在当地建立种植园"。拉尔夫·黑兹尔顿（Ralph Hazleton）的说法有所不同，他说在勘查芬威克庄园边界期间，夜里有些猪"过来捣乱"。芬威克一伙"杀掉了五头母猪和阉猪，以及一头种猪"，并保留了代表动物主人的耳记。黑兹尔顿回忆说，当时芬威克发誓"如果有人索赔"，他就会赔偿。但一个月后，芬威克发现"有多人前来索赔"，于是得出结论即那些漫游的猪没有主人，因此是合宜的猎物。[71]

布鲁克和芬威克都是天主教专有殖民地中的富豪地主。1650 年，布鲁克以新建的查尔斯县长官身份抵达马里兰，省主还赠予他帕塔克森特河沿岸的 2000 英亩（约合 8 平方千米）土地。芬威克尽管出身英格兰北部贵族世家，但 1634 年来到马里兰时却是一名"赎回人"。1635 年马里兰与毛皮商人威廉·克莱本及其肯特岛上的"海盗"作战期间，芬威克是托马斯·康华利团长的亲信副官。后来，芬威克很快就获得自由身，最后更是成为马里兰大议会议员。他的芬威克庄园首次勘查于 1651 年，紧邻布鲁克府邸庄园，就像面颊贴着下巴那么近。于是，布鲁克放养猪案可能是近来围绕两人庄园选址的更大纠纷的一部分。这两座上千英亩的庄园都是巴尔的摩勋爵赠予的，他希望借此在美洲建立封建庄园与等级制度。作为各自庄园的主人，布鲁克和芬威克可能都对私人产权采取广义认识——当布鲁克将猪置在芬威克的土地上时，两人的权利就发生了冲突。[72]

　　此类围绕放养牲畜的冲突在17、18世纪司空见惯，当局试图调和两个方面：一方面是演进中的所有权和改良定义；另一方面是大众对美洲自然丰饶、取用无限制的观念。殖民者允许自己的家畜漫游，由此利用土生植物为饲料，但同时也让牲畜有失窃之虞。偷猎普遍存在，而且不仅限于社会边缘人群。在不同时间担任过弗吉尼亚殖民地总督的塞缪尔·阿盖尔和约翰·波茨博士（Dr. John Potts）都曾涉嫌偷牛，而波茨在1630年被定罪。[73] 在马里兰，总督指派巡林人管理没有标记的野牛和野马，有移民指控巡林人也在私占有主的放养牲畜。[74] 按照1661年弗吉尼亚官员的看法，偷猪是一种可恶的罪行，因为它"在本殖民地常犯，却很少或从未被发现或制裁"。官员下令，任何带没有耳朵的猪回家的人均"应被视为偷猪贼"[75]。1679年，殖民地加重了对"日日皆有且对居民造成重大伤害的"偷猪行为的惩处力度。再犯者均应"公开戴枷两小时，并将双耳钉在枷上"。惩处以窃贼耳朵被剪告终。第三次偷猪者将遭到重罪审判。[76]

　　美洲原住民偷窃牲畜的行为还要更棘手些。与殖民者不同，印第安人觉得他们在森林里猎捕的本土动物和殖民者放养的猪牛没有什么实际区别。1632年，第二次"盎格鲁－波瓦坦战争"结束时，弗吉尼亚公司官员采取强硬方式，命令长官遇到任何在英国种植园附近"徘徊"、可能"伤害或侵犯猪或其他任何物件"的印第安人，均应予以攻击。[77] 马里兰当局企图约束波托马克河以南的约科默克族（Yoacomoco）和马查阿提科族（Matchoatik）印第安人的行动，这些原住民"在圣玛丽县与查尔斯县放肆狩猎，不仅极大破坏了猎物"，而且"扰乱了猪牛"。[78] 弗吉尼亚种植园主也抱怨：

> 詹姆斯河南岸的印第安人每天都在偷东西，比如偷猪……窃取地里的烟草和谷物。

为了对抗"印第安人的不良举动"，立法部门于 1674 年要求切萨皮克境内的美洲原住民给自己养的猪做标记（并在县法院登记），以证明猪不是从殖民者那里偷来的。[79]

尤其让美洲原住民感到烦扰的是，尽管殖民者对自己的财产盯得很紧——不管牲畜漫游到了多远的地方都要设法寻回——但他们不太重视防止自己的动物侵犯原住民的土地。英国人的牲畜会侵入印第安人的田地，常常给农夫、渔夫和采集者造成麻烦。按照罗杰·威廉姆斯（Roger Williams）的说法，原住民痛恨外来动物，他们把英国猪叫作"肮脏的破坏狂"，并认为那是所有家畜中"最可恨"的一种，因为猪有破坏的习性。[80] 印第安人向殖民当局投诉牛、猪破坏粮田，威胁他们的生存。对于这些投诉，官员通常的回应是鼓励印第安人在自己的地界上装上栅栏，以图自卫。1663 年，一份呈交给马里兰省法院的请愿书声称"近期有属于爱德华·普雷斯科特先生（Mr. Edward Prescott）的一群公马和母马"逃散，"每天都对印第安人造成损害"。请愿人要求附近城镇居民"协助该印第安人获得充分的经济补偿，或者竖立封闭的栅栏"，这样可以赶入"全部猪、牛、马，以免破坏农田"[81]。弗吉尼亚原住民也对殖民者不受控制的牲畜提出了类似的抗议。1661 年，当地部门采取措施阻止摩尔·方特勒罗伊上校（Col. Moore Fauntleroy）——他曾向"拉帕汉诺克国王与要员"索取贡品，造成关系损害——放任自家的猪继续对印第安人造成伤害。方特勒罗伊被要求"聘用一名猪倌"，直到建成栅栏保护印第安人的庄稼为止。[82] 尽管殖民者偶尔会认可原住民的冤屈并做出补偿，但这并不能抚平印第安人的忧虑。放养牲畜现身于印第安人的村落，践踏粮田，铲平菜园，它们的行为相当于英国的第一波殖民行动，这些动物开拓者造成的破坏削弱了原住民对土地的主权和控制力。[83]

靠放养动物殖民，并非英国人的蓄意谋划。一旦打开围栏，牛、猪、马往往会自行其是，而非遵循英国人的计划。野化的牲畜难以被改良，相反，它们的行为有时会威胁殖民者企图完成的"野外作业"。"桀骜"的牲畜闯入围栏的田地，破坏庄稼，刮蹭果树。到了17世纪末，切萨皮克立法者开始制定法律，要求主人为越界牲畜对改良工程造成的破坏承担责任。[84] 当局还担忧放养动物滥交、杂交会造成英国牲畜的明显退化。弗吉尼亚立法"限制蓄养数量过多的公马和母马，而且为了维护种系"，马主应圈养肩高不满十三掌的种马，以免诞下体型不达标的马驹。这部1713年的法律禁止无自有土地，或租种土地不满50英亩（约合0.2平方千米）者拥有未绝育的公马或母马。小自耕农只能饲养一匹阉马，或切除卵巢的母马自用。[85]

更令英国当局困扰的是，美洲环境可能会削弱殖民者的改良意识。在许多观察者看来，17、18世纪的切萨皮克移民采用的畜牧方式欠缺英国殖民的关键要素。约翰·克莱顿于1688年报告称，尽管弗吉尼亚的丰富草场"或可大兴改良"，但种植园主却选择只耕种贫瘠的高地而"不动更肥沃的谷底"，并将其用来放养牲畜。[86] 罗伯特·贝弗利对移民的批判还要更严厉，即抱怨弗吉尼亚种植园主不去努力改良丰饶的自然环境。他在1705年的《弗吉尼亚的历史与现状》（*The History and Present State of Virginia*）一书结尾，提出了尖锐批评：

> 绵羊增势很好，羊毛品质也高；但它们一般只是拿荆棘和灌木蹭背，而没有人为之剪毛；要么它们会被连皮带肉丢在脏兮兮的屋子里……牛只要冬天稍加照料，就会长得非常好。那里有很好的草地，只要修好排水沟，就能成为不亚于世界上任何地方的优良牧场；但全境做过排水的沼泽连100英亩都没有。成群的猪就像地上的虫子一样……猪随处乱跑，自己在树林里觅食，丝毫没有主人照顾……当地有这些好处，还有一千种其他好处，而居民都没有利用……于是，他们完全仰赖自然的慷慨，不会努力通过技艺或勤奋改良天赋。他们空享天赐的温暖阳光和肥沃土壤……我为自己公开评论同胞的懒惰而感到羞耻，但我希望能将他们从懒惰中唤醒，激励他们充分运用自然赋予他们的所有美妙福祉。[87]

在移民的第一个世纪里，切萨皮克种植园主的农业模式似乎就是没有模式，至少不是英式改良那种掌控有序的圈地模式。英国牲畜的漫游对英国殖民的核心合法化意识形态提出了质疑，放养动物真的算得上是改良吗？

最起码，改良在美洲有着一种截然不同的形态。改良意识形态的基础，即野生与家养的明确概念区分似乎在切萨皮克瓦解了。概念的混乱有时会渗入殖民地法律话语本身，比如1702年马里兰的法律中提到"野生家牛及马匹"——换言之，牛马既可以是野生的，也可以是家养的。[88] 尽管殖民者将自己的家畜送进了森林与河滩，但依然保留着对它们的权利。[89] 于是，引进动物成为有主、有序、经过改良的殖民者地界与外部蛮荒空间之间的一道有漏洞的边界。它们的行动将英国人的占有主张和改良行动延伸到了野外，但这并不是单向的迁移，野外状态也会轻易深入英国地界——进入种植园、农庄和牲畜——产生摧毁家养纽带的威胁。狼和其他捕食动物让英裔美洲人认清了荒野，也迫使移民重新评估个体改良作为一种殖民技术的效力。随着殖民者西进至栖息着野兽的弗吉尼亚多山腹地，狼引发的关于改良的问题也变得愈加紧迫。

那些可恶的害虫

威斯特摩兰县（Westmoreland County）司法官意识到一个麻烦。1688年，北内克县（Northern Neck）"居民不断诉请"，要求"迅速采取手段"清除"那些可恶的害虫——不仅吃猪羊，也吃马牛的狼"。县官员承认"彻底根除的意图与困难"，但还是采取步骤试图"减少"捕食动物的数量。县政府会开征一笔费用，凡在县内杀一只狼者可以领取 300 磅烟草的重赏。[90]大约 10 年前，海湾对面的北安普敦县（Northampton County）居民也向立法部门提出了狼的问题，但他们的诉求很不相同。在一份 1677 年呈交给市民院的请愿书中，北安普敦居民要求撤销为筹措捕杀狼、熊、野猫、乌鸦的赏金而开征的税项。请愿者声称这些奖励措施并不奏效，"因为除非是为了自身利益与安全，没有人会竭尽全力"。奖赏杀死猛兽害禽对种植园主来说是一笔不必要的开支，因为消灭自家田产里的有害动物本来就符合种植园主的利益，而他们的努力也只会以足够保护自家财产为限。立法者不情愿地对北安普敦人的诉求做出让步，撤销了该县的赏金法，同时为环境立法的广泛社会效益做了辩护。弗吉尼亚殖民地官员回应道：

> 虽然杀狼法令撤销了，但我们认为该法本应延续，因为县内任何地方杀死了狼或野兽，都会减少野兽的整体数量。[91]

17 世纪后期，北安普敦县与威斯特摩兰县提出了相反诉求，而这只是围绕控制野生捕食动物与害兽展开的范围更大、时间更长的争论的一小部分。在这些动物中，狼在殖民地相关讨论中占据突出位置，因为狼捕食移民家畜的行为似乎最有戏剧性，对人的针对性也最强。尽管狼和牲畜有冲突，但两者也有一种奇特的协作关系，其共同削弱了从英国引进的改良意识形态。改良与占有的简单关系首先是在英国形成的，而狼迫使殖民者对其展开反思。殖民者在弗吉尼亚的经历——尤其是18世纪进入基本无法开垦的阿巴拉契亚山脉期间——表明，碎片式的个体开垦活动不足以保障殖民地的主张。[92]

　　放养的牲畜是动产，围住它们的只有想象的法律界限。它们跨入狼群的野外领地，殖民者带来的美味新食物让狼更加大胆，它们做出调整，化身为越界者，不仅杀死漫游的牲畜，还潜入农民的牧场，叼走毫无自卫能力的绵羊，以及牛犊、马驹和猪崽。殖民者意识到，为了对抗这些破坏活动，他们必须联合起来改良野外环境，而不是加以开垦或驯化，因为野外作为无主自然资源宝库依然具有价值。他们必须以新的方式对蛮荒空间进行规范，强化野外与家园之间日益模糊的界线。有可能破坏英属美洲法律拟制的财产与野外分界的本土动物，比如说狼，是不被容忍的。狼和牲畜的行为会拆散改良与圈地、占有性个人主义、私有产权之间的关联，于是殖民者就用法律区分了有主的英国地界与野外的美洲空间。

与英属北美的其他区域一样，切萨皮克当局很早就通过法律手段对狼加以遏制。一份 1632 年的弗吉尼亚法律赋予殖民者在公有林地与荒野狩猎的特权，以便消灭英国种植园周围的"狼与其他恶兽"。为鼓励猎狼，法律规定移民每杀死一只狼就可以获得一头野猪。[93] 后来的赏金法令几乎只针对狼，理由是"狼对本县多名居民的猪、牛造成了频繁且大量的伤害"[94]。这些法律隐晦地承认了狼的行为已对殖民者的牲畜选择造成影响，因为法令中显然没有提及绵羊。

1676 年，托马斯·格洛弗（Thomas Glover）明言了这层关联：弗吉尼亚居民少养绵羊，他们"为遍布全境、对牲畜造成大量伤害的狼而泄气"[95]。然而，一旦灭狼行动开启，弗吉尼亚人的畜牧习惯就慢慢改变了。1688 年，克莱顿注意到，弗吉尼亚的"大部分有产者"都开始养小牲口了。按照这位神职人员的看法，羊肉"比鹿肉、野雁肉、鸭肉、凫肉、麻鸭肉更美味"，当地绵羊的稀少更抬高了羊肉的价值。[96] 而在狼被消灭之前，绵羊都不会被用来作为遍及弗吉尼亚田地的改良手段。

尽管殖民者认同英国种植园周边的狼应该消灭，但在最佳实现手段方面就缺乏共识了。因此，恶兽控制类法规成为 17、18 世纪最常见的一类环境法规。当局制定、修订、撤销、恢复了众多鼓励消灭本土有害动物和捕食动物（尤其是狼）的法律，想方设法提供针对"可恶""扰民"的恶兽的有效法律救济。正如回应北安普敦县请愿的官员那样，殖民地官员怀疑地主个体无力且不应被要求独自处理这项任务。无序的野兽摧残了个体殖民者的产业，谁能负责将它们"从公有林地"里清除呢？

相比于定居点更密集的北方各殖民地，弗吉尼亚和马里兰早期的打狼法律普遍手法有限。新英格兰的殖民地领导者指定由受益最大的人承担打狼费用。马萨诸塞和罗德岛规定，每名农场主要依据其持有的牲畜数量支付打狼赏金。治安官会评估地主的财产，要求"每人根据其牲畜状况付钱"[97]。到了 17 世纪 40 年代，罗德岛和马萨诸塞将遏制野兽的部分责任移交给各镇，要求每个村子制造充足的捕狼夹。1646 年，罗德岛立法机关甚至禁止居民在两个规定月份去附近的树林里猎鹿，目的是更好地将狼引向带诱饵的陷阱。[98] 罗德岛裁判官还任命了有薪打狼人，马萨诸塞的镇行政委员则购置猎犬来猎狼。[99] 相比之下，弗吉尼亚和马里兰并未按照殖民者的牲畜数量多少来决定税额。当局也不会强制制造捕兽夹，尽管移民有时会用狼坑或者带诱饵的自动火枪击杀捕食动物。当局没有出资

第三章 吞兽

169

举办集体灭狼行动，而是为地广人稀的切萨皮克种植园居民提供个人奖励，奖金通过摊派征收，希望用金钱鼓励移民努力消灭猛兽。[100]

切萨皮克殖民者还企图将控制捕食动物的责任扩大到美洲原住民身上。1622 年，约翰·马丁就向弗吉尼亚公司官员提出了这种观点。马丁在关于"如何降服印第安人"的提案中提出，"消灭野人尚且"不符合殖民者利益的观点。过去是印第安人在"控制森林范围，杀狼、熊和其他野兽"，如果没有他们的努力，移民会"在短期内"受到捕食动物的"更大压力"。马丁的结论是，为种植园主及其牲畜的安全考量，最好允许友好的印第安人与英国人混居，至少直到野外生物危害得以遏制为止。[101]殖民地当局表示赞同，而且在整个 17 世纪尝试过各种策略，以便将印第安人的打猎习惯转化为消灭捕食动物的统一行动。为了从整体上改变印第安人与动物的关系，弗吉尼亚立法机关于 1656 年做出决议：印第安村庄每上交 8 个狼头就能领到 1 头奶牛。当局主张，使印第安人弃猎从牧是"推动印第安人文明化与基督教化的一个步骤"。在新条件下，杀狼将取代战争，为印第安男子提供"以身犯险以外的释放渠道"[102]。马里兰于 1674 年出台措施，允许殖民者雇佣印第安人杀狼，其无须预先取得官方许可。[103]美洲原住民向切萨皮克当局上交狼头可获得斗篷、布料、牲畜、烟草等各种奖励，

天生狂野：北美动物抵抗殖民化

170

目的是鼓励印第安人继续打狼。[104]

立法者发现必须提供大量打狼激励，因为原住民普遍觉得消灭一整个物种的想法十分怪异。在这之前，只有当某一只狼妨碍自己打猎时，印第安人才会杀狼。[105] 美洲原住民似乎并未积极投入殖民者所希望的大规模打狼行动，于是当局采取了力度更强的手段，用法律惩处替代经济奖励。弗吉尼亚立法者忧心于没有"找到消灭或减少"狼群数量的"适当手段或态度"，遂于1669年要求每年评定印第安人的贡品，一个部落每有5名弓手则应上交1个狼头。不遵守者予以警告，再犯者以藐视法律罪判处。在这套制度下，英国种植园周边部落每年要杀将近150头狼，不然就要承受无明文的法律惩处。对于打狼数目超出定额的印第安城镇，弗吉尼亚当局会奖励烟草。[106]

不管是通过奖励还是强制，鼓励印第安人杀捕食动物的结果往往被证明是弊大于利。1666年，弗吉尼亚议会表示，印第安人带到边县的狼头可能来自远离种植园的地方，那里的狼本来也不会威胁到英国人的牲畜。官员还怀疑，印第安人为了县库支付的奖赏，会定期上交在县境外杀死的狼。弗吉尼亚于1669年出台法律，要求纳贡的印第安人上交规定数目的狼头，结果该法律在第二年就因为没有达到预期效果而撤销了，有的县法院拒绝向美洲原住民猎人支付打狼法律规定的赏金。在整个 17 世纪，殖民地当局都在发赏金与强制印第安人打狼之间摇摆，遇到制度似乎容易被滥用的情况就废除赏金。对原住民猎人来说，从县法院领取打狼奖励变成了一个极其复杂的过程。猎人必须向治安官申请执照，而且若有欺诈嫌疑，则必须宣誓说明狼是在县境内杀的。由于流程烦琐，再加上县官员不愿意向印第安人支付奖励，原住民猎人打狼领赏的积极性无疑受到了打击。于是，鲜有美洲原住民认真投入殖民者的打狼计划。[107]

劝说殖民者消灭捕食动物的尝试则更为成功。切萨皮克地区有一批法律规定了各种狼头的赏格，奖励有现金、野猪等，其中最常见的是经济作物烟草，价值在 100 磅到 200 磅不等。最后，县专员获得了增加或设定奖赏标准的自由裁量权。[108]殖民者利用了激励手段，经常杀狼领赏。例如，17 世纪中期的马里兰查尔斯县法院档案记录了打狼赏金的支付情况，每年 10 笔到 27 笔不等。马里兰其他县支付的金额也相近，殖民者一般单次会领到 1 或 2 个狼头的奖励。按照法律规定，打狼赏金由狼被杀的所在县的居民承担。[109]

到了 17 世纪中期，县里收的打狼钱引来了许多切萨皮克移民的抱怨，他们认为殖民地政府为控制野兽向他们征收的税并不公平。镇和县金库因索赏而不堪重负，经常企图降低或者干脆取消赏格。有时，立法机关会尝试改用全民征税来筹措赏金。1662年，弗吉尼亚立法部门将"乡间贫民不得不承担的沉重必要税目"与"桀骜马匹经常造成的损失"联系起来，将打狼开支转移了马主。[110] 当局在三年后发现，这项法律对"杀狼最多、担责马匹最少"的边县造成了更沉重的负担，于是立即撤销该法。[111]1671年，马里兰法案规定将交纳给省主的一般罚款用于支付打狼赏金。[112] 上述及其他企图公平分摊打狼开支的做法，往往不能满足殖民者。

许多移民确信，打狼奖励制度太容易造假了。本质上，殖民地当局的奖励是将狼商品化了，其创造了一个狼头市场。许多人认为，赏金鼓励了殖民者和印第安人上交在远离英国种植园的地方杀死的狼。弗吉尼亚边疆移民自称税负"大大增加"，因为一些居民向印第安人收购狼头，然后上交并"换取法定奖励以牟利"。[113] 殖民地各镇发现，市场嗅觉敏锐的猎人很聪明，会把打到的狼送到奖金最高的辖区，耗干了这些市县的公帑。不仅如此，只要还有赏金，猎人就没有动力把狼根除。一些打狼人会放过产崽的母狼，以确保赏金可以源源不断。为了对抗这些不良做法，当局为打狼奖励法案添加了各种规定。赏金法开始要求猎人宣誓，上交领赏的狼不是在县外杀死的，也不是向印第安人买来的。县法官被要求焚烧上交的狼头，或者割掉狼的耳朵和舌头，以免重复上交。立法者为成年狼和母狼制定了更高的赏格，以抵消猎人放过产崽母狼的动机。[114] 到了 18 世纪，弗吉尼亚立法者要求来县求赏者发一段新的誓言：

> 我没有在知情或自愿的情况下，放过任何我有能力杀死的母狼。[115]

然而，这些措施并不能让移民相信打狼赏金的成本收益分配总是公平的。

殖民地当局通常是支持打狼奖励的。"反复经验"已经表明，撤销赏金法会打消"刺激许多人奋勇杀狼的动力"，而狼的"数量是会大大增加的"。[116] 狼变多在不小的程度上是英国人改良活动的结果。殖民者消灭了鹿和其他小型猎物，又引入了家畜，从而改变了狼的行为。捕食动物发现了新的食物来源，就是英国人的牛羊。农场主个体当然有动力去杀死捕食自己猪、牛、羊的狼，但要想鼓动"平民……仆役和奴隶费力、主动地杀狼"，那就需要更全面的措施了。[117]

17 世纪与 18 世纪之交，切萨皮克殖民地当局再次重视起控制捕食动物，并强调其公共利益层面的重要性。为了回应"狼群数量最多的边境各县的居民"对收税过重的怨言，弗吉尼亚副总督亚历山大·斯波茨伍德（Alexander Spotswood）于 1715 年降低了打狼奖励，但他主张"消灭这些可恶生物"的费用应当由"全民整体"分担。[118] 狼至少让殖民地领导层相信，若要将英式改良活动向荒野推进，则需要采取集体行动。

尽管殖民地的打狼计划进展程度不一，但沿海低地各县的英国种植园主已在 18 世纪上半叶令捕食动物的数量显著减少。一位游历弗吉尼亚的法国人注意到了环境变化，他写道，尽管"种植园主担忧的匪徒唯有狼而已"，但政府赏金已经让这种野兽变得"相当稀少"。[119] 东海岸最后一次有人拿狼领赏是在 1676 年。弗吉尼亚下半岛的狼在 1719 年已绝迹了，而中半岛和北内克地区的狼则绝迹于 1740 年。[120] 随着狼的消失，当地的绵羊日益常见。根据 18 世纪初的财产清单记载，弗吉尼亚东部有一批庄园羊群数目可观。[121] 尽管赏金法不算尽善尽美，但似乎明显起到了保护改良动物个体、确保殖民者占有权的作用。没有了狼，乡间畜牧业明显改良了。

因此，殖民地当局接下来决定用法律消灭其他危害家畜的野外生物也就不奇怪了。18 世纪，赏金法延伸到了松鼠、乌鸦、狐狸、乌鸫等有害物种上面。在东海岸和北内克各县，烟草种植早已让位于粮食作物经济，松鼠和乌鸦成了困扰农场主的主要兽禽。弗吉尼亚和马里兰在 18 世纪二三十年代出台的早期法律采取了主动出击的态势，要求每名应纳税居民每年上交 3 只到 6 只松鼠头或乌鸦头，未上交规定数目者将处以罚款。[122] 在乌鸦和松鼠造成破坏增多的年份，官员会批准为上交超出定额的人提供额外赏金。[123] 大部分殖民者都遵从了这些除兽法律的规定，弗吉尼亚在 1728 年至 1775 年间共有 778432 只松鼠和乌鸦的头被上交。[124] 然而，这些法律的有效期是有限的，通常为三年，这意味着繁殖力和移动性强的害兽会定期给农场主带来麻烦。到了 18 世纪末，当局依然会收到抱怨乌鸦"对印第安谷物造成重大破坏"的申诉，比如 1796 年弗吉尼亚詹姆斯市县（James City County）提交的申诉。根据县里居民的报告——

> 乌鸦数量可能会变得如此众多，以至于种植这种高价值谷物的农夫几乎连一半粮食都保不住。[125]

经过法律对动物界近两个世纪的调控，切萨皮克农场主向政府求助并无不合理之处。有害物种的行为迫使立法者在美洲语境下理解"改良"，并将其视为个人与集体的双重责任。正如托马斯·杰斐逊在《弗吉尼亚状况实录》（*Notes on the State of Virginia*，1785）中记载的，当局制定法律是"为了维护和改良马、牛、鹿等有益动物而颁布",也是"为了消灭狼、松鼠、乌鸦、乌鸫等有害兽禽"。[126] 但是,法律并不强制要求消灭一切地方的本土捕食动物和有害生物。有些生物甚至适应了有人定居的场所,继续存活下来;还有一些则遁入未开化的边缘地带、内陆树丛和高地森林,在那里继续瓦解改良与占有之间的纽带。当英国殖民者向西开拓,进入看似无序的荒野时,他们又再次遇到了狼。在弗吉尼亚多山内陆地区,英式改良找不到多少市场,狼引发了关于占有权的新的法律问题,殖民者直到19世纪还在受这些问题困扰。

这些问题在18世纪变得尤其重要,当时殖民者企图将英式秩序带到蓝岭和远方的山峦、谷地和高原。弗吉尼亚的西侧边疆幅员辽阔,自然环境与地貌多样。阿巴拉契亚有着岩石山岭、葱郁丘陵和陡峭溪流,与殖民者最初遇到的平缓海岸平原与山麓地带大异其趣。[127] 在17世纪,约翰·勒德雷尔将"山区"认定为一种特殊的地文景观区域,与他所说的"高地"或者说山麓明显区分。勒德雷尔写道:"阿巴拉坦(Apalataen)山区,印第安人称之为帕莫汀克(Paemotinck)",是"荒凉的石山,因此除了熊以外,万物不生"。蓝岭接近山顶的地方"太陡峭,太寒冷",大山那边又太远,于是勒德雷尔拒绝继续向前,"再往下也没有新发现的希望,得不到鼓舞"。直到18世纪,勒德雷尔之后依然少有英国探险家进山。按照威廉·伯德的说法，即使到了 18 世纪 20 年代，弗吉尼亚人对阿巴拉契亚山脉的了解也以"地形猜想"为主，山那边的情况就更是未知了。[128]

18 世纪 30 年代，美洲移民走到了比勒德雷尔更远的地方，他们从东侧和北侧推进到谢南多厄河谷（Shenandoah Valley），殖民了广阔的西部各县，而殖民地政府才刚刚开始勘测这里。1738 年，这片土地分为奥古斯塔县（Augusta County）和弗雷德里克县（Frederick County），管辖区域东起蓝岭山脉、西至没有明确定义的"弗吉尼亚西线"[129]。苏格兰－尔兰移民与来自宾夕法尼亚的德意志人只定居在边县东侧边缘的谢南多厄河一线，日后弗吉尼亚东部各县迁出的自耕农和投机商也加入了他们。[130] 随着移民在谢南多厄河谷与周围的丘陵建起农庄，这片土地在殖民者眼中就不那么贫瘠了。1760 年，安德鲁·伯纳比（Andrew Burnaby）将大谷（Great Valley）描绘成一处浪漫丘陵环绕的田园避风港。伯纳比宣称，当地居民"远离尘嚣"，享受着"我们能想象到的最宜人的气候，最肥沃的土壤"。公民周围是"秀林美景，崇山清溪，飞流瀑布，富饶的谷地，威严的森林"，他们"健康，知足，内心平和"。伯纳比指出，谷中的农夫靠种植谷物和蓄养牲畜为生，改良工程已经开启。[131]

殖民地官员鼓励改良，他们相信"本殖民地的力量、边境的稳固程度、国王陛下的免役税收入"都可能会随着英国移民的扩张而"大大扩增"。1738 年，弗吉尼亚立法机关允许新建的西部各县居民免税 10 年，以作激励。该法有一项条款规定，奥古斯塔县和弗雷德里克县居民杀死两县境内的狼不能领赏。[132] 不过，狼可不像殖民地当局那样愿意给边疆移民哪怕是片刻的休养机会。狼造成的破坏打击了养殖户的积极性，而且按照卫理公会主教托马斯·库克（Thomas Coke）的说法，当地直到 18 世纪依然有狼，令观者惊诧。他在沿着蓝岭东麓旅行期间发现，尽管当地人口比他预想中要多，但狼会"在夜里来到围栏边，发出骇人的嚎叫"，依然威胁着殖民者的离群绵羊。[133] 狼的出现再次证明，英国动物不能轻易殖民野外空间。

为了对抗狼造成的破坏，奥古斯塔和弗雷德里克两县的边疆农场主于 1744 年向弗吉尼亚议会提出申请，要求重征税款。每名应纳税人一年应缴纳 2 先令，用于"雇人打狼及其他公共活动"[134]。一年后，立法机关设立赏金，规定在弗雷德里克县境内，每杀一只老狼赏 6 先令、每杀一只幼狼赏 2 先令 6 便士，同时承诺下一年将老狼和幼狼的赏金分别提升到 10 先令和 5 先令。[135]1748 年，殖民地全境规定，杀一只狼赏烟草 100 磅。1764 年，立法机关再次讨论打狼赏金问题，其注意到西部各县给付的奖励事实上低于东部各县，这是因为西部居民可以用现金缴纳烟费。殖民地当局提高了边县给付的赏额，同时坚持认为，赏金差异对从事打狼活动的"个人不公"，也"于公无益"。[136]

独立战争时期，捕食动物控制立法少有变化。在移民努力改良弗吉尼亚西部边疆时，当局依然愿意动用公共资金支持打狼行动。1782 年，曾经的奥古斯塔县和弗雷德里克县已经分出了超过 12 个县，立法机关同意提高西部各县的打狼赏金。[137] 赏金的提升表示，当局承认人类居民在这个更加蛮荒的新环境中面临着这种动物带来的危险。在 17 世纪的大西洋沿岸平原，英国殖民者的打狼行动取得了成功，当局由此认为这些措施在西部山区同样会奏效。到了 18 世纪末，谢南多厄河谷的一些证据似乎支持了这一主张。一位旅行者于 1791 年报称，尽管周边乡野依然蛮荒，但河谷中有"许多牲畜繁盛的农场"，山坡上放养着"毛长体壮的绵羊，夏天无须怕狼"。事实上，作者指出：

> 通过与狼的斗争，即便在这片树林茂密的地方，狼也只构成很小的威胁，只有积雪深厚的时节除外。[138]

在这位走马观花的观察者看来，移民遏制捕食动

天生狂野：北美动物抵抗殖民化

狼与羊

这是托马斯·迪尔沃思（Thomas Dilworth）《新英语指南》（*A New Guide to the English Tongue*）中的插图，图中有多只恶狼在田里袭击没有自卫能力的绵羊。对应的警句是"不要与坏人做朋友"（Philadelphia，1770）。

照片来源：美国国会图书馆版画与照片部。

物的努力似乎已经改造了野外，农夫对动物的改良已经将畜牧秩序引入了这片土地。

弗吉尼亚阿勒格尼河（Allegheny）以西各县的居民并不这样认为。在耕地稀缺的山区和阿巴拉契亚高原，改良并非易事。罗克布里奇县（Rockbridge County）的居民认为，山区和草地种粮不算最好，却"特别适合养羊"[139]。尽管森林、农田、河滩可以养活绵羊、猪和牛，但这些空间更适合本土野外生物，尤其是狼。偏远的西北地区俄亥俄县（Ohio County）的农民认为，"本县各处"都是"多山贫瘠"，因此"生活着大量狼和其他捕食动物"。[140]驱赶捕食动物离开偏远的巢穴要花费额外的工夫。面对不适应传统英式改良的地形，许多殖民者开始鼓噪，要求采取更激进的打狼手段。

从 18 世纪 80 年代到 19 世纪 30 年代，蓝岭、阿巴拉契亚山区、阿巴拉契亚以西各县有十多个居民向弗吉尼亚立法机关请愿，要求提高打狼赏金。1785 年，当地赏金法到期后，汉普夏县（Hampshire County）居民称"很少有人受到激励，愿意投入必要的时间，不避繁难"，捕猎和消灭"这些如此可恶且有害的动物"。[141]1798 年，莫农盖利亚县（Monongalia County）也呈交了一份类似的请愿书，其指出如果提供的奖励更大的话，"用枪和陷阱捕猎的人就会将部分时间用于制服这些野狗"。如果不修订法律的话，该县居民就要"在非常不利的情势下劳作",自家猪、羊陷于"凶残恶兽"。[142]1803年,格林布赖尔县(Greenbrier County)的请愿者认为,"狼与其他恶兽"对家畜造成的伤害"非常惨痛"。请愿者相信,若能将杀死一只成年狼的赏金增加3美元,则可"鼓励人们奋勇杀狼"[143]。打狼赏金的支持者明白,尽管他们可以从野外开辟出一个个单独的地块进行改良,但农场最终能否成功建立,取决于他们是否有能力利用那些无法耕种、没有被围起来且已经被野生捕食动物占据的牧场。除非在州当局的支持下采取更广泛的集体行动,将这些恶兽逐出农场边线以外的崎岖野地,否则狼就会继续挑战、侵犯和吞食殖民者的财产。

然而,并非所有人都认为猎狼人需要额外的激励。在18世纪与19世纪之交,立法机关驳回了汉普夏县与俄亥俄县的提案,但支持莫农盖利亚县和格林布赖尔县的要求。更重要的是,19世纪初西部多个县要求打狼赏金立法的申请都被驳回了。有人认为,阿巴拉契亚各县地广人稀,额外赏金支出"负担极重"。弗吉尼亚州西南端的李县(Lee County)居民抱怨道:"本县每年要为杀狼支付大笔费用,却没有获得预期的收益,实为负担。"县民备忘录中强调:

没有人曾受奖金引诱以杀狼为业,或者投入

> 大量关注——超出农夫为了自身利益保护自家牲畜免遭狼袭的程度。[144]

隔壁的华盛顿县（Washington County）居民同样反对为一只死狼付 6 美元赏金，尤其是在县境内被杀的狼数目已经非常多的情况下。请愿者怀疑有不法猎人将狼从别处驱入本县——不仅从赏金较少的相邻各县，还有根本不发奖金的田纳西。[145] 立法机关认为这些论证是有说服力的，并承认他们的要求合理。

在 19 世纪头十年的大部分时间里，围绕打狼赏金的冲突一直在阿巴拉契亚山以西的哈里森县（Harrison County）酝酿。该县于 1804 年申请撤销 1802 年的赏金法，理由是开支"压迫和损害了"税负沉重的县民。[146] 同县另一批人紧随其后，提交了一份观点相反的请愿书，要求保留或者增加赏金，因为"全县都支持提价"[147]。一年后，又有一群居民再次要求废除赏金法。其得到的回应是两份怒气冲冲以示抗议的反诉书。反诉书声称，只有"克拉克斯堡（Clarksburg）和县中心的人"才想要废除赏金法。事实上，"直到我们的议员已经出发去里士满（Richmond）的时候，县里偏远地方都对请愿一无所知"。支持赏金的人相信州官员希望"公平对待县里的每一个区域"，于是他们要求在这件事上有发言权。县里其他地方反复要求取消打狼赏金，而那些"仅有的受过吞兽之苦的人"则无力对抗。[148] 然而，他们的诉求无人倾听。1806年，弗吉尼亚立法机关废除了哈里森县的赏金法。[149]

哈里森县的打狼赏金之争，显然涉及地界与空间。要求废赏的请愿书来自县治克拉克斯堡及其周边的居民——这处地界的人口相对较多，秩序较好。打狼赏金法的支持者是"县里偏远地方"的居民，他们住得离山比较近，蛮荒无序的空间里依然生活着恶兽。反诉者不指望克拉克斯堡市民能够同情他们的苦难；双方距离太遥远、环境差异太大了。他们是"仅有的受过吞兽之苦的人"，狼的领地与移民的野牧场重叠。19世纪初的哈里森县面积很大，这也妨碍了反诉者实现修法诉求的能力。他们在事后才发现遥远的克拉克斯堡正设法废除赏金，而他们也无法及时集合起来以赶在议员动身前往更遥远的州首府之前采取反制措施。由于距离太远会误事，所以包括多名打狼赏金反诉书署名者在内的内陆居民分别于1805年、1807年和1808年要求分割县。他们宣称，"东方兄弟的势力"让他们的利益不可能得到同等保护。[150]

等到弗吉尼亚人来到阿巴拉契亚山脉的时候，他们已经对美洲野外空间有所认识了。放养畜牧业依赖于这些无主且无圈地的地区。在农田开垦有限的崎岖环境中，放养牲畜所需的草料尤其珍贵。[151] 格雷森县

（Grayson County）的请愿者挑明了这一点，他们抗议北卡罗来纳州的人在格雷森县的田地上放养牲畜。该县居民"贫困"，他们的土地"总体贫瘠多山，生计在很大程度上要靠野外放牧来贴补薄田的产出"。[152] 南布兰奇庄园（South Branch Manor）的居民同样认为，他们需要森林里的"橡子之利"供放养的猪食用。[153] 散养家畜的开放野外空间已经变得几乎与划定移民地界同样重要，尤其是在阿巴拉契亚的山岭河谷中。

英国人在建立法律和实体的地界之后，下一步就是殖民，而动物空间——无论是家养还是野生，都不匹配这个过程。放养的猪、牛、羊并不比狼更尊重英裔美洲人所说的"财产"。因此，伴随着 18、19 世纪的打狼赏金之争，弗吉尼亚内陆地带还兴起了围绕放养牲畜的激烈争论。雪片般的请愿书指控牲畜主人对新生的弗吉尼亚西部城镇的街道、田地和园区造成了重大破坏。放养的猪在河边乱拱，弄得收费站脏兮兮的，不仅骚扰旅客，还把跳蚤传播的瘟疫带进城里。镇民呼吁立法机关制定法律禁止猪、羊、马及家禽乱跑，反诉书则主张——有时是在说假话——这种诉求的幕后主导是富有的地主和有势力的业主。那些大人物只在意垄断河滩、森林和水源地给他们自己的牲畜用。[154] 例如，按照一位自称贾尔斯县（Giles County）小农的人的说法，该县的佩里斯堡（Pearisburg）是一座"位于大山脚下，坐拥广阔优良牧场"的城镇。但是，佩里斯堡管理者制定的规则剥夺了居民的"本县和本州其他公民共同享有的权利与自由"。牲畜只是"偶尔"越界，而且除非一直把动物圈养起来，否则越界无法避免——从农夫的角度来看，这种期待显然是不合理的。[155]家畜增多对农村家庭和无地贫民的好处，远远超过了对少数城市房主的害处，房主只要竖起坚固的栅栏就能轻易保护房产。当有人提出这种论点时，立法者常常会表示赞同。[156]

当立法者废除或者拒绝出台限制家畜行动的法律时，他们便允许家畜建立自己的空间，并在一定程度上为动物赋予了土地权利。动物不遵守当局划定的、对英裔美洲殖民者至关重要的界线。改良越多，建立的县越多，勘测过的城镇越多，强加给土地的秩序越多，动物越界的机会也就越多。猪不会上街、绵羊和山羊会避开果园、狼不会跨越县界，这都是英裔美洲人的妄谈，现实情况当然大不相同。法律规定的有序地界，并不能使穿行的动物顺应他们定义的空间。[157]

回到哈里森县，居民并不打算把狼的问题放下。立法机关废除哈里森县打狼赏金后，居民呈交了一份新请愿书，要求为每个狼头支付4—5美元赏金。[158]立法机关拒绝后，他们于1809年再次做出尝试，措辞强硬地宣扬畜牧业和消灭捕食动物的社会意义。先前的

第三章 吞兽

187

赏金曾"促使猎人将（杀狼）视为一件值得注意的事项；通过这种方式，狼的数量每年都在减少"。然而，自从法律失效后，农场主的绵羊群遭到了狼的重创。请愿者写道：

> 一个值得注意的事实是，我们中有许多人穿的是自制衣物，其主要材料是亚麻和羊毛。

接下来，他们借用来自当时禁止进口和禁运法案的政治措辞写道：

> 如此一来，除了极少数物品以外，我们就能完全自立于外贸。

这种节俭精神理应得到"立法机关庇护"，他们有义务促进"绵羊的增长与改善"。哈里森县养殖户确信，"我国当年还是殖民地的时候，大不列颠采取了极其狭隘的政策"，并决心"破坏我国国民的推进文明发展或者国内进步的一切举措"，而弗吉尼亚立法机关给予他们的支持至少不会弱于当年的英国人。毛纺等国内制造业能够让美国人"无动于衷地看待欧洲战事"，保持处在"他们的影响范围之外"。[159] 简言之，打狼赏金符合国家利益。

李县居民在同年采取了类似的策略，他们主张是狼毁掉了羊群，"在这个外国似乎决心不顾国家交往中的一切正义或诚实的艰难时代"，羊群正是"他们最重要的依靠"。请愿者得出的结论是，在欧洲拿破仑战争与美英关系日趋紧张的"当下危机"背景下，在该县征税以供"奖赏消灭可恶的动物"是"有益之举"。[160]1808年，打狼赏金在汉普夏县也蒙上了同样的爱国光环。当地公民坚称，"当国家发展对鼓励国内制造业的需求十分强烈时"，"本县绝大部分人"都会同意支付打死一只狼发放15美元的赏金。此举带来的好处远远大于成本。事实上，根除"狼这种可恶的动物"会造福全州。[161]立法机关似乎被这些民族主义言论打动，认为它们全都是合理的。[162]

但是，狼不会轻易放弃自己的领地。尽管赏金提高了，猎人也不断用枪和陷阱打狼，但农场主在进入19世纪后依然持续对抗"那些可恨的恶兽"。1829年，奥古斯塔县与罗克布里奇县居民反映，他们仍然"深受狼的困扰"。蓝岭的山谷和山脊适合养羊，其"能放养千只以上（羊）的山丘超过一百座"。但是，除非发放更多的赏金，"消灭除尽这些搞破坏的动物"，否则环境就无法被改造。只有到了那时，改良土地的农场主"才能将羊毛加工发展到相当的规模，取得巨大的收益"[163]。19世纪20年代，蓝岭居民要求发放猎

第三章　吞兽

狐赏金，狐狸"有害于家禽、猪和羊羔"，以及"各种野生猎物"。1827 年，马里兰设立了针对远西部阿勒格尼县境内的豹、熊和狼的赏金，每上交一个狼头可领 15 美元。[164]20 年后，一份请愿书递到了弗吉尼亚立法机关，要求州里出钱补偿用马钱子碱杀死 20 多头狼的汉密尔顿·曼恩（Hamilton Mann）。曼恩坚持认为，让一个县支付他杀死的所有狼的赏金不公平，因为"众所周知，这些野兽在多个县活动"[165]。清除妨碍农业改良的野外生物是州的集体责任——而不是县或者地主个体的义务。

许多观察者已经明白，除非通过系统性的集体行动将捕食动物赶出它们的地盘，否则移民就不会有精心实施改良的动力，而英裔美国人占有权的标志正是改良。在狼"变得如此众多，对绵羊造成了如此大的破坏"的情况下，农场主畜养"这些有益的牲畜"是"无法盈利的"。[166]普雷斯顿县（Preston County）居民于 1839 年写道，"无法住人的多山"野外空间"种不了多少庄稼"，却是宝贵的牛羊夏季牧场，必须先清除那里的"众多狼群"，弗吉尼亚边疆才能够改良。[167]这种现实环境改变了英国人的改良观与占有观。捕食动物让移民的注意力外移，投向个人田产法律界限之外的无序野外空间。到了英裔美国殖民者跨过阿巴拉契亚山脉的时候，他们的改良观念已经大有变化：将土地转化为地产需要先改造更广阔的荒野，在占有土地之前，必须先消灭占据土地的狼。

拓殖新生荒原

独立战争后，首先于 1776 年建立肯塔基县（Kentucky County）的弗吉尼亚远西部边疆似乎已经具备殖民改良的成熟条件。1785 年，刘易斯·布兰茨的当地状况报告中描述了多种有利于移民农业开发的自然优势。肯塔基藤丛上放养的牛便于育肥，产奶醇厚，但布兰茨怀疑放养未必是长久之计。正确利用土地的方式是培植，而布兰茨坚持认为，只有当"居民真心喜欢体力劳动"时，培植才有可能开展。[168] 其他 18 世纪晚期的观察者也持同样看法。戴维·巴罗（David Barrow）是一位浸信会游方传教士，他认为大部分肯塔基移民"漫不经心"。尽管居民生活的空间似乎"专门为了最大限度的自立而设"，但他们根本没有改良自己的土地，而选择放养牲畜。放养牧场已经"荒芜到惊人的程度"，半野化的猪四处闲逛，毁掉了原本可以改造为"有利可图的牧场"的土地。[169] 巴罗和布兰茨等人批评道：由于放养人不上心，边疆良序农地的正常发展受到了阻碍。

19世纪初，外界对"深林文化"（backwoods culture）的低评价并未有显著改观。1819 年，英国植物学家托马斯·纳托尔（Thomas Nuttall）在前往阿肯色领地（Arkansas Territory）的途中写道：肯塔基居民在"有害健康的荒野中离群索居"，"不去照料农庄，反而放任自流"，甚至很少有人愿意去"给自己居住的土地确权"。牧人的庄稼地里杂草丛生，田里吃草的绵羊浑身"草刺"，羊毛都不值得剪了。[170] 自称"英国农夫"的威廉·福克斯（William Faux）去伊利诺伊（Illinois Country）的路上途经了大片区域，上面"没有好农庄，也没有好农夫，许多土地的所有人既不去占地，也不打算用任何方式对其加以改良"。他停在一处边疆农夫的住处时，发现这个人"从来不清理自己的土地，也不修围栏"，而是以打猎为生，比起干农活，他更喜欢"干这个"。福克斯用批评的语气写道：

可怜的懒农夫啊！他们用猪的方法种田。[171]

对一些人来说，英裔美国人殖民边疆的主流方式似乎不是改良，而是堕落。

然而，即使是对内地做派与心态批评最严厉的人也承认，狼和其他野生捕食动物在拖慢边疆英式改良进程中扮演的角色。福克斯写道，牧人在树林里放养

192

几百头猪，"直接违反了相应法律"，目的是让猪在野外迅速地自然繁殖，抵消每年由"狼、野猫和熊"造成的损失。福克斯的边疆知情人解释道，"附近的野兽太多"，几乎不可能"饲养猪、鸡、羊或者其他任何动物"。[172] 尽管农场主在肯塔基的开放牧地上能"轻松养活大量的猪、成群的牛、许多的马"，但他们花在打狼以保护放养牲畜上面的时间几乎与种粮一样多。[173] 狼的行为对移民的改良主张提出了挑战，从而起到了阻碍英裔美国人占有土地的效果。

经过与狼近两个世纪的对抗，移民对自然环境的期望已经变了。J. 赫克托·圣约翰·克雷夫科尔于1782年写到动物的敌意与野性让美国人的心态发生了演变。农民看着捕食动物闯入英国地界："狼杀死他们的羊，熊杀死他们的猪，狐狸抓走他们的鸡。"农民拿起枪保护自己的动物财产，对抗动物敌人，从而将自己变成了"职业猎人"。他们放弃了耕作，变得"无心于围栏"，而采取了一种"无视法律的奇特放浪心态"。克雷夫科尔认为，财产对边疆人来说已失去吸引力，"自有土地不再为他们带来喜悦与骄傲"[174]。

尽管克雷夫科尔将上述演变视为一种堕落，但也有人认可这种变化，认为它是对英式殖民的必要修正。1792年，肯塔基脱离弗吉尼亚，美国商人与土地投机商吉尔伯特·伊姆利对肯塔基放出豪言："欧洲人不够强韧，无法定居"在这个新成立的州内比较蛮荒的空间。这项苦工要"留给美国人去做，他们的习惯无疑最适合这种事业"。这些人逃避"文明"以换取在荒原打猎"放牛"的自由生活，他们的存在"有利于拓殖新生的荒原"。[175] 在一个捕食动物不承认英国殖民者用来宣示所有权的勘测边界和牲畜烙印的世界里，合法勘界、个体持有、经过改良的地块产业都是无用的抽象概念。用枪支和家畜武装起来的新式英裔美国殖民者侵入狼的空间，散养牲畜，从本土生物手中夺取荒野。这种殖民模式不同于以圈地改良意识形态为基础的英式殖民。在英裔美国殖民者建立起自身稳定、有序的地界之前，他们必须先将狼从地界的野外空间中清除。

【注释】

1 Baldwin, "George Alsop," 6; Alsop, *Character of the Province of Maryland*, 32−33, 37, 39.

2 Byrd and Ruffin, *Westover Manuscripts*, 28, 117.

3 "咬断腿筋"一词不是在描述狼的行为,而是一个贴切的形容。一种常见的误解是,狼会咬断逃跑猎物的后腿筋,使其失去行动能力;众多历史文献和过时的科学文献增强了这种误解。但是,野外生物学家认为,狼很少咬猎物的腿筋。参见 Mech, *The Wolf*, 204−205。

4 关于英式改良的渐进性与零散性,参见 Slack, *Invention of Improvement*, 1。

5 Gentleman of Elvas, "Narrative of the Expedition of Hernando DeSoto," 271−272; Cartier, "First Relation…1534," 14; Acosta, *Natural and Moral History*, 61.

6 Clarke, *True and Faithful Account*, 33−34.

7 同上, 33; Castañeda de Nájera, "Narrative," 363.

8 Rosier, "True Relation…1605," 377.

9 Brickell, *Natural History of North-Carolina*, 119. 尽管家犬可能源于灰狼(*Canis lupus*),但遗传学证据表明情况与布里克尔等欧洲作者的说法恰好相反,美洲原生犬来自旧世界谱系,而不是直接由新世界的狼独立驯化而成。参见 Leonard et al., "Ancient DNA Evidence," 1613−1616; 以及 Wayne, Leonard, and Vilà, "Genetic Analysis of Dog Domestication," 279, 285−287。

10 Fogleman, "American Attitudes Towards Wolves," 65−66; Brickell, *Natural History of North-Carolina*, 119.

11 Alsop, *Character of the Province of Maryland*, 37; Clarke, *True and Faithful Account*, 33.

12 Harriot, *Briefe and True Report*, 19.

13 Budd, *Good Order*, 73.

14 Byrd and Ruffin, *Westover Manuscripts*, 28.

15 Haies, "Report," 12:342.

16 Pring, "Voyage…1603," 350.

17 Josselyn, *New England's Rarities*, 49−52; Josselyn, *Account of Two Voyages to New-England*, 68.

18 Clarke, *True and Faithful Account*, 41.

19 Wood, *New-England's Prospect*, 22.

20 Brickell, *Natural History of North-Carolina*, 120.

21 Carver, *Travels*, 444.

22 Gregg, *Gregg's Commerce of the Prairies*, 20:271−272.

23 Wood, *New-England's Prospect*, 26−27; Carver, *Travels*, 444.

24 Wood, *New-England's Prospect*, 27.

25 Brickell, *Natural History of North-Carolina*, 119−120.

26 Sleeman, "Mammals and Mammalogy," 245; Fritts et al., "Wolves and Humans," 289−316.

27 Mech, *The Wolf*, 29−31; Nowak, "Taxonomy, Morphology, and Genetics of Wolves," 233−234; Chambers et al., "Account of the Taxonomy of North American Wolves," 1; Spotte, *Societies of Wolves and Free-Ranging Dogs*, 4−12; Beeland, *Secret World of Red Wolves*, 10. 狼也可以跨越物种和亚种界线，与关系最近的两种动物杂交，即郊狼（*Canis latrans*）和家犬（*Canis lupus familiaris*）。尽管红狼被认为于 1980 年在野外灭绝，但美国鱼类及野外生物管理局已经发起了一项圈养放归计划。红狼与郊狼有广泛杂交。参见 Beeland, *Secret World of Red Wolves*, 13−14；以及 Mech, *The Wolf*, 22−25。

28 Mech, "Age, Season, Distance, Direction, and Social Aspects of Wolf Dispersal," 69−71. 关于狼的"越界"，参见 Coleman, Vicious, 199。

29 Miklósi, *Dog Behavior*, 98−99。

30 Mech, *The Wolf*, 95−103; Harrington and Mech, "Wolf Vocalization," 109, 117−118, 130.

31 Peters and Mech, "Scent Marking in Wolves," 628; Paquet and Carbyn, "Gray Wolf," 496.

32 Mech, "Wolf−Pack Buffer Zones," 320−321.

33 Paquet and Carbyn, "Gray Wolf," 489.

34 Mech and Peterson, "Wolf−Prey Relationships," 137, 141; Peterson

and Ciucci, "The Wolf as a Carnivore," 107–123; Vucetich, Vucetich, and Peterson, "The Causes and Consequences of Partial Prey Consumption," 295–296, 300–301. 生物学家对狼群捕猎的"协作"程度看法不一。参见 MacCulty et al., "Nonlinear Effects of Group Size," 75–82; Mech, "Possible Use of Foresight, Understanding, and Planning by Wolves," 145–149。

35　Lederer, "Discoveries of John Lederer," First Explorations, 148.

36　Johnson, *Johnson's Wonder-Working Providence*, 71, 210, 248; Roderick Nash, *Wilderness and the American Mind*（《荒野与美国思想》）, 28–29.

37　Harriot, *A Briefe and True Report*, 31.

38　Pory, "Pory to the Right Honble and My Singular Good Lorde, 30 September 1619," 3:220.

39　Wyatt, "Proclamation," 4:283.

40　例见 Kingsbury, *Records of the Virginia Copany*, 1:599, 618, 2:32, 326.

41　Edward Johnson, *Johnson's Wonder-Working Providence*, 251.

42　关于家畜的殖民者角色，参见 Crosby, Ecological Imperialism, 172–194; Virginia DeJohn Anderson, *Creatures of Empire*, 9–11；以及 Cronon, *Changes in the Land*, 128–151（《土地的变迁》）。

43　Tomlins, *Freedom Bound*, 148.

44　Tomlins, *Freedom Bound*, 142–143; Edwards, "Between Plain Wilderness," 227.

45　Cushman, "Reasons and Considerations," 243.

46　Winthrop, "Reasons to be considered…" 421, 423; Oberg, *Dominion and Civility*, 85–86.

47　Strachey, *Historie of Travaile*, 19.

48　Hening, *Statutes at Large of Virginia*, 4:39, 81, 283.

49　Thrisk, *Rural Economy*, 65–68; Sharp, "Rural Discontents," 263–264; Warde, "The Idea of Improvement," 127–129; Kulikoff, *From British Peasants*, 17–24.

50　Blith, *The English Improver Improved*, 73–77.

51　Slack, *Invention of Improvement*, 60–61; Thrisk, *Rural Economy*, 183–185.

52 历史著作中对"圈地"的论述往往过分简单，说成是将大范围农田无情转化为绵羊牧场。关于这种概括的局限性，参见 Thrisk, Rural Economy, 65。关于资本化绵羊养殖即使面对羊毛价格下跌依然坚挺的状况，参见 John Martin, "Sheep and Enclosure," 39–54。

53 More, *Utopia*, 18.（《乌托邦》）

54 Kulikoff, *Agrarian Origins*, 65; Seed, *Ceremonies of Possession*, 20.

55 Edwards, "Between Plain Wilderness," 227, 230; Morgan, "The Labor Problem at Jamestown," 595–611; Earle, "Environment, Disease, and Mortality," 96–125; Virginia DeJohn Anderson, "Animals into the Wilderness," 383–384, 388–389; Hening, *Statutes at Large of Virginia*, 1:228, 353.

56 Virginia DeJohn Anderson, *Creatures of Empire*, 99–101.

57 Kingsbury, *Records of the Virginia Company*, 3:18, 221, 473.

58 Hamor, *True discourse of the present estate of Virginia*, 30–31.

59 Andrew White, "White to Lord Baltimore, 20 February 1638/9," 1:208; Virginia DeJohn Anderson, Creatures of Empire, 112–113.

60 例见 Strachey, For the Colony in Virginia, 14–15.

61 Virginia DeJohn Anderson, *Creatures of Empire*, 114.

62 Shrigley, *True Relation of Virginia and Mary-land*, 5.

63 Clayton, *Letter from Mr. John Clayton*, 21.

64 Browne, *Archives of Maryland*, 1:486.

65 Kingsbury, *Records of the Virginia Company*, 1:502.

66 Hening, *Statutes at Large of Virginia*, 1:245.

67 Virginia DeJohn Anderson, *Creatures of Empire*, 120–123. 关于"家牛"（neat cattle）一词的出处，参见 Kingsbury, *Records of the Virginia Company*, 4:522。

68 Hening, *Statutes at Large of Virginia*, 1:70–71, 100–101, 248, 458, 3:279–280.

69 Virginia DeJohn Anderson, *Creatures of Empire*, 42, 109, 126–127; Hening, *Statutes at Large of Virginia*, 1:129, 4:48; Browne, *Archives of Maryland*, 60:xlix–xlx. 关于登记牲畜标记的示例，参见 Browne, *Archives*

天生狂野：北美动物抵抗殖民化

of Maryland, 10:308, 243, 60:91, 142, 526。

70　Browne, *Archives of Maryland*, 10:243, 244.

71　同上，10:329-330。

72　Balch, *Brooke Family*, 13-15; Sioussat, *Old Manors in the Colony of Maryland*, 16, 19, 22-24, 35-37; Colonial Dames of America, *Ancestral Records and Portraits*, 2:541-542; O'Daniel, "Cuthbert Fenwick," 160-165; Kulikoff, *From British Peasants*, 111.

73　Virginia DeJohn Anderson, *Creatures of Empire*, 125-126; Hening, *Statutes at Large of Virginia*, 1:145.

74　Browne, *Archives of Maryland*, 24:280-281.

75　Hening, *Statutes at Large of Maryland*, 1:129.

76　同上，1:440-441。

77　Rice, "Second Anglo-Powhatan War"; Hening, *Statutes at Large of Virginia*, 1:176.

78　Browne, *Archives of Maryland*, 3:281.

79　Hening, *Statutes at Large of Virginia*, 1:202-203, 316-317.

80　Roger Williams, *Key into the Language*, 114-115.

81　Browne, *Archives of Maryland*, 2:196, 3:489, 49:139.

82　Hening, *Statutes at Large of Virginia*, 2:13-15.

83　同上，2:139-140。

84　同上，2:360-361，3:279-281。

85　同上，4:46-48，6:118-199.

86　Clayton, *Letter from Mr. John Clayton*, 20.

87　Beverley, *History and Present State of Virginia*, 81-83.

88　Browne, *Archives of Maryland*, 24:208.

89　就连野牛和野猪在名义上也属于殖民地当局，当局负责管理这些动物，禁止在未经官方授权或同意的情况下杀害野外生物。例见 Hening, *Statutes at Large of Virginia*, 1:199。关于野牛和野猪所有者的争论，尤其是在17世纪的马里兰，参见 Virginia DeJohn Anderson, *Creatures of Empire*, 132-139。

90　"Westmoreland County Records," 45.

91　"Grievances of the inhabitants…of Northampton County," 1, 3.

第
三
章

吞

兽

92　关于畜牧业与鼓励定居、圈地、私有产权之间的关系，参见 Silverman, "We Chuse to Be Bounded," 513。

93　Hening, *Statutes at Large of Virginia*, 1:199.

94　同上，1:328, 456, 2:87；Browne, *Archives of Maryland*, 1:346。马里兰第一次发布打狼赏金是在 1654 年。马萨诸塞湾殖民地于 1630 年首次通过打狼赏金法。参见 Noble, *Records of the Court of Assistants*, 2:8。

95　Thomas Glover, *Account of Virginia*, 19.

96　Clayton, *Letter from Mr. John Clayton*, 35.

97　Bartlett, *Records of the Colony of Rhode Island*, 1:125. 另见 Shurtleff, *Records of Massachusetts Bay*, 1:81, 3:319；Shurtleff and Pulsifer, *Records of the Colony of New Plymouth*, 1:31；Trumbull and Hoadly, *Public Records of the Colony of Connecticut*, 1:149, 377, 561。

98　Bartlett, *Records of the Colony of Rhode Island*, 1:84−85; Pulsifer, *New Plymouth*: Laws, 38, 214.

99　Bartlett, *Records of the Colony of Rhode Island*, 1:122−123; Shurtleff, *Records of Massachusetts Bay*, 2:252−253, 3:134; Shurtleff and Pulsifer, *Records of the Colony of New Plymouth*, 1:22−23.

100　Hening, *Statutes at Large of Virginia*, 2:87, 3:42. 其他殖民地也在 17 世纪通过了类似的赏金法，鼓励消灭包括狼、狐狸、野猫和熊在内的捕食动物。例见 George, McRead, and McCamant, *Laws of the Province of Pennsylvania*, 52, 72。

101　John Martin, "Howe to Bringe the Indians into Subjection," 3:704−706.

102　Hening, *Statutes at Large of Virginia*, 1:393−396.

103　Browne, *Archives of Maryland*, 2:349.

104　同上，1:520；Hening, *Statutes at Large of Virginia*, 1:395, 457；McIlwaine, *Legislative Journals*, 3:1532。其他殖民地也向消灭捕食动物的印第安人提供各种奖励，包括酒、谷物、现金、枪支、弹药和狩猎权。例见 Bartlett, Records of the Colony of Rhode Island, 1:124−125；Shurtleff, Records of Massachusetts Bay, 2:84, 103, 3:17, 42；Shurtleff and Pulsifer, Records of the Colony of New Plymouth, 1:58；George, McRead, and McCamant, Laws of the Province of Pennsylvania, 52, 134；Trumbull and Hoadly, Public Records of the Colony of Connecticut, 1:367。

天生狂野：北美动物抵抗殖民化

105 Coleman, *Vicious*, 60–61, 65.

106 Hening, *Statutes at Large of Virginia*, 1:274–275. 南卡罗来纳于 1695 年发布了一份类似的法律，命令"每一名有能力杀鹿的印第安男子"每年上交两张猫皮，或一张狼皮、虎皮、熊皮。法律还要求印第安首领对未达年度上交指标的弓手施以鞭刑。参见 Cooper, *Statutes at Large of South Carolina*, 2:108–109。

107 Hening, *Statutes at Large of Virginia*, 2:236, 282, 360, 3:283.

108 同上，1:328, 456, 2:87。

109 Browne, *Archives of Maryland*, 1:346, 7:520, 60:Preface 44, 60:348, 586, 202:53–55, 78–79, 69:250–251.

110 Hening, *Statutes at Large of Virginia*, 2:178.

111 同上，2:215。

112 Browne, *Archives of Maryland*, 2:322–323.

113 Hening, *Statutes at Large of Virginia*, 2:236.

114 同上，2:360, 396, 4:353–354; Browne, *Archives of Maryland*, 27:172, 34:414, 36:554, 75:373。

115 Hening, *Statutes at Large of Virginia*, 4:353–354.

116 同上，2:87, 3:42–43。

117 Browne, *Archives of Maryland*, 27:171.

118 Hening, *Statutes at Large of Virginia*, 3:282–283; Browne, *Archives of Maryland*, 27:96; Spotswood, "To Lords Commissioners of Trade…1714［1715］," 2:98.

119 ［Durand of Dauphiné］, *Frenchman in Virginia*, 114.

120 David S. Hardin, "Laws of Nature," 152.

121 Bruce, *Economic History of Virginia in the Seventeenth Century*, 1:481–482.

122 Browne, *Archives of Maryland*, 36:279, 46:317, 75:339, 568; Hening, *Statutes at Large of Virginia*, 4:446, 5:203–204, 8:389–390; David S. Hardin, "Laws of Nature," 147. 其他殖民地也能找到类似法律。例见 Saunders and Clark, Colonial and State Records of North Carolina, 23:500–501。

123 Browne, *Archives of Maryland*, 29:341, 46–306–307; Hening, *Statutes at Large of Virginia*, 5:200.

124　David S. Hardin, "Laws of Nature," 148–149.

125　Subscribers, Freeholders and Inhabitants: Petition, James City County, November 16, 1796, VLP.

126　Jefferson, *Notes*, 141.

127　Mullennex, "Topography"; Adkins, "Allegheny Plateau."

128　Lederer, "Discoveries of John Lederer," First Explorations, 141–142, 166; Byrd and Ruffin, *Westover Manuscripts*, 65.

129　Hammond, *History of Harrison County*, 157.

130　Waddell, *Annals of Augusta County*, 21, 26–27; Withers, *Chronicles of Border Warfare*, 55.

131　Burnaby, *Travels Through the Middle Settlements*, 73–74.

132　Hening, *Statutes at Large of Virginia*, 5:78–80.

133　Thomas Coke, "Missionary Journeys," 74.

134　Hening, *Statutes at Large of Virginia*, 5:188.

135　同上，5:265, 373–374。

136　同上，6:152–153, 8:48。

137　同上，10:65。

138　Bayard, "A Summer at Bath, 1791," 85.

139　Citizens, Petition, Rockbridge County, December 19, 1809, VLP.

140　Inhabitants, Petition, Ohio County, December 9, 1803, VLP.

141　Inhabitants, Petition, Hampshire County, November 5, 1789, VLP.

142　Inhabitants, Petition, Monongalia County, December 7, 1798, VLP.

143　Subscribers and Inhabitants, Petition, Greenbrier County, December 20, 1803, VLP.

144　Inhabitants, Petition, Lee County, December 13, 1804, VLP.

145　Citizens, Petition, Washington County, December 5, 1805, VLP.

146　Citizens, Petition, Harrison County, December 7, 1804, VLP.

147　Citizens, Counter–Petition, Harrison County, December 7, 1804, VLP.

148　Inhabitants, Counter–Petition, Harrison County, December 19, 1805; Inhabitants, Counter–Petition, Harrison County, December 11, 1805, VLP.

149　Shepherd, *Statutes at Large of Virginia…a Continuation of Hening*, 3:267.

150 David Armstrong, "Genealogical Correspondence"; Citizens, Petition, Harrison County, December 8, 1808, VLP.

151 关于 10 世纪初美国南方开放牧场的重要性，尤其是与重建时期南方牧场封闭的关系，参见 R. Ben Brown, "Free Men and Free Pigs," 117–118; Hahn, "Hunting, Fishing, and Foraging," 37–64; 以及 Kantor, Politics and Property Rights, 2。

152 Inhabitants: Petition, Grayson County, December 21, 1825, VLP.

153 Inhabitants of the South Branch Manor: Petition, December 7, 1797, VLP.

154 18 世纪末至 19 世纪初，有大量支持和反对放养牲畜的请愿书呈交立法机关。参见下列出自 VLP 的实例: Inhabitants of the South Branch Manor, Petition, Hampshire County, December 7, 1797; Inhabitants of the South Branch Manor, Petition〔Counter–petition〕, Hampshire County, December 7, 1797; Inhabitants of Franklin, Petition, Pendleton County, December 9, 1800; Inhabitants of Franklin, Counter–Petition, Pendleton County, December 2, 1800; Inhabitants of Moorefield, Petition, Hardy County, December 2, 1800; Inhabitants of Moorefield, Counter–Petition, Hardy County, December 2, 1800; Inhabitants of Charlestown, Petition, Brooke County, December 8, 1800; Inhabitants of Charlestown, Petition, Brooke County, December 16, 1801; Inhabitants of Charlestown, Petition, Brooke County, December 18, 1806; Inhabitants of Beverley, Petition, Randolph County, December 10, 1801; 以及 Inhabitants of Beverley, Petition, Randolph County, December 10, 1803。

155 VLP 中包括: Inhabitants of Pearisburg, Petition, Giles County, December 20, 1821; Citizens, Petition, Giles County, December 21, 1826; Citizens of the Vicinity of Pearisburg, Petition, Giles County, December 29, 1835; John McClaughtery, Affidavit, Giles County, November 1836; Andrew Johnson, Affidavit, Giles County, November 1836。

156 例见下列 VLP: Citizens of Moorefield, Petition, Hardy County, December 5, 1822; Trustees of Watson, Petition, Hampshire County, December 9, 1801。19 世纪初，纽约养猪人也运用了类似观点来论证，面对企图将放养入罪的企图，穷人有放养猪的权利。参见 Hartog, "Pigs and Positivism," 908–909。

157 Theodore Steinberg, *Slide Mountain*, 6–7, 17–19; Coleman, Vicious, 36.

158 Inhabitants, Petition, Harrison County, December 18, 1807, VLP.

159 Inhabitants, Petition, Harrison County, December 18, 1807, VLP; Inhabitants, Petition, Harrison County, December 13, 1809, CLP; Kathleen Burke, *Old World, New World*, 219–222.

160 Inhabitants, Petition, Lee County, December 11, 1809, VLP.

161 Inhabitants, Petition, Hampshire County, December 8, 1808, VLP.

162 1809 年，罗克布里奇县也顺利提高了打狼赏金，规定（上交）每只老狼发放 8 美元、每只幼狼发放 6 美元。参见 Citizens, Petition, Rockbridge County, December 19, 1809, VLP。

163 Residents and Citizens, Petition, Augusta County, December 18, 1829; Inhabitants, Petition, Rockbridge County, December 10, 1829, CLP; Citizens, Petition, Shenandoah and Frederick Counties, December 21, 1813, VLP.

164 Citizens, Petition, Rockingham County, December 8, 1820, VLP; Dorsey, General Public Statutory Law, 141:1330.

165 Citizens, Petition, Pocahontas County, February 14, 1848, VLP.

166 Citizens, Petition, Hampshire County, December 12, 1808, VLP; Citizens, Petition, Harrison County, December 13, 1809, VLP.

167 Citizens, Petition, Preston County, January 9, 1839, VLP.

168 Lewis Brantz, "Memoranda of a Journey," 3:344.

169 David Barrow, "Journal," 178.

170 Nuttall, *Journal of Travels*, 13:58–59.

171 Faux, *Faux's Memorable Day*, pt. 2, 142, 203–204.

172 Faux, *Faux's Memorable Day*, pt. 2, 204.

173 McQueen, "Interview with McQueen," 119; Black, "Interview with Major Black," 151–152.

174 Crèvecoeur, *Letters from an American Farmer*, 66–68.

175 Imlay, *Topographical Description*, 149.

CHAPTER 4

天生狂野

第四章

天法形成独立或个别的产权

Incapable of Separate or Individual Property

1777 年底，就在大陆会议通过《邦联条例》并将其送交各州批准的几天后，加罗林县公民请求弗吉尼亚众议院确认县民的环境权利。该县北侧界河拉帕汉诺克河拥有"天然丰富"的鱼类。"丰产的造物主"已经"规定（鱼类）生活在水中，又让水无法形成独立或个别的产权"。于是，河里的鱼不能被私人占有。然而，拉帕汉诺克河边的地主不久前对请愿者的捕鱼权提出了挑战，从而引发了围绕"私有土地与公地的恰当界限或边界"的棘手问题。独立战争之前，殖民地政府已经终止赠予河边的土地，河本身则成为王室财产，这在表面上是"为了维护所有社区成员对河流和其他公物的使用"。确实，请愿书上的近百名签字者坚持认为，新成立的州当局会继续保护居民的"公渔权"，不会允许"少数邻近地主侵占并将其他所有人排除在外"。通过将私有地产的范围限定在高水位线，并为公民划定通向水边的"私人通道"，便可确保河鱼"保持公有"。众议院没有被这些观点说服，驳回

天生狂野：北美动物抵抗殖民化

了请愿者的诉求。[1]

加罗林县简短的请愿书涉及了产权制度的完整系统。鱼是神赐予的无主且公开的物资，人人皆可自由获取，"所有因生活所迫或其他因素而求取者均可捕捞，无所分别"[2]。鱼生活的水系是公有财产，流水的合法所有者和掌握者是王室或州，目的是造福公众。河边有地主的个人私产，而四处遍布着模糊却强大的公权主张——公用、公渔、公地——确保社区在拉帕汉诺克河的自然动物资源中占有一席之地。总的来说，河流生态系统既是开放资源、公共财产，也是私有土地。

尽管这里设定的多种所有权体系似乎相互冲突，但请愿者对鱼的多重产权建构却并非因为他们不懂法律。起草请愿书的爱德蒙·彭德尔顿（Edmund Pendleton）是加罗林县本地的一名大律师，也是独立战争时期的重要政治家，他在1777年还是新设立的高等衡平法院首席法官。[3]这位温和的弗吉尼亚法学家之前已经与托马斯·杰斐逊讨论过土地保有权问题，两人进行了一系列激烈交锋。杰斐逊主张新国家应当实行独立且绝对的土地产权制度，彭德尔顿则表示反对，他认为这套制度必然会"让所有未占土地落入有产者之手，而排斥贫民"[4]。因此，彭德尔顿针对绝对私有产权与公共捕鱼权之争的雄论不仅仅表达了加罗林县渔民的挫败，更体现了当时围绕新共和国下产权性质的争议。鲈鱼、鲤鱼、鲱鱼、西鲱及其他低等鱼类竟能引起如此崇高的议题，这简直不可思议。

但是，鱼搅浑了法律界的占有权之水。鱼揭示了刻板的产权分类的漏洞，其程度或许比其他任何野外生物更甚。这些类别依赖于法律层面的信仰之跃，即相信自然界可以被分割成用途不同的部分，并受彼此独立又相互重叠的规则支配。洄游的鱼类跨越了殖民者强加给土地的整个产权制度——从开放资源到公有财产，再到私人所有。如此一来，上述概念就都变得混乱了。立法者企图用理性的方式将自然组织成离散的"物"，物可以被分别管理，具有排他性所有权，而这种企图中蕴含的虚构被鱼的游动揭露了出来。美国建国初期的捕鱼权之争属于持续的宏观变迁，也就是资本主义下的产权定义变化：从"蕴于物的有限且未必可售卖的权利"到"赋予物的几乎无限且可售卖的权利"。因为鱼不能与其生活的流水分离，所以这种定义的变动带来了特别的问题。殖民者的捕鱼自由被理解为美国人对野生鱼类的权利——这种权利与其他各种针对河流本身的权利主张相冲突。鱼扰乱了开放获取、公有权利和私有产权这套法律语言——也就是美国殖民的用语。[5]

像空气一样公有免费

一开始，鱼的占有权问题似乎不太可能对英国殖民者造成多大困扰。鱼实在太多了，其几乎遍布无穷无尽的大洋、海湾、湖泊与河流空间中，殖民者无须特别关注所有权主张。野生鱼是无主物（res nullius），属于典型的开放资源，与空气同属一类，任何人都可以不受限制地使用这些资源。[6] 当然，早期英国探险家根本想不到会有什么限制，鱼多到可以用笤帚扫、用网兜捞。[7]1602 年，参加巴托洛米·戈斯诺尔德探险队的约翰·布里尔顿在美洲海岸外不到 1 里格（约为 3.18 海里）的地方，发现一个"大海角"下面有大群鳕鱼。布里尔顿写道：过了五六个小时，"我们的船上全是鳕鱼，不得不又把一些扔下了船"。水里满是"鲭鱼、鲱鱼、鳕鱼和其他鱼"，数量"惊人"。这个后来被英国人改名为"科德角"（Cape Cod，字面意义是"鳕鱼角"）的地方，"更适合捕鱼，而且数量不亚于纽芬兰"[8]。能与纽芬兰做比较可是非同小可，纽芬兰的北大西洋沿岸渔场成为欧洲商业性捕捞重镇已达百年以上，量大利丰。如果纽芬兰南边的新英格兰海岸捕鱼条件更好，那么那里的海洋资源简直不可估量。

约翰·史密斯在《新英格兰状况》中对此也是大

书特书。1616 年，史密斯写道：忘掉西班牙人执迷的"金山银山"吧，鱼会让新世界的英国殖民者发财。新英格兰沿岸的海鱼看似是"一种微不足道的货品"，实则代表着尚未开发的海量财富。英国探险家会发现，大洋就是他们的矿山，鳕鱼、鲱鱼、鲻鱼、鲟鱼就是他们的白银。史密斯总结道，尚未探索的新英格兰海域将轻松"带来正当的回报"，因为那里不同于纽芬兰的大渔场，"它的宝箱尚未打开，它的原始资源也还没有被浪费、消耗或滥用"。不仅如此，新英格兰渔业不会被高度商业化的船队所限制。海边的"男人、女人和孩童"拿着"钩线"到家门外，一天就能逮几百条鳕鱼——足够吃了，还能顺便赚一笔外快。上帝和国王将这些资源财富慷慨地赠予每一位愿意前往新世界的英国殖民者。[9]

史密斯宣扬新世界的鱼对所有人免费开放，此说法呼应了一种法学思路，这种思路见于 17 世纪欧洲围绕海洋合法所有权展开的宏大争论。雨果·格劳秀斯（Hugo Grotius）在 1609 年出版的名作《海洋自由论》（*Mare Liberum*）中为这场论战设立了议题，他提出"海洋自由"是自然法与国际法的一条原理。格劳秀斯的目的是为荷兰人在东南亚的贸易活动辩护，反对葡萄牙人的主张。他宣称，广袤的海洋和取之不竭的海洋资源"不能占有，也不能圈围"，因此永远不会"成为任何人的所有物"，海洋在本质上便"适合为所有人使用"。[10] 反对格劳秀斯的人里有苏格兰人威廉·维尔伍德（William Welwod）与英格兰人约翰·塞尔顿（John Selden）。维尔伍德在《海洋法简明通论》（*An Abridgement of All Sea-Lawes*，1619）中特别注重保护捕鱼权，主张一国的领海实际上是可以占领和占有的，尽管他承认公海应当对所有人开放。[11] 塞尔顿在《闭海论》（*Mare Clausum*，约1618年）中提出了类似主张，认为长久以来的实践已经确立了英王对英格兰海域的统辖权，比如向外国人发放捕鱼执照。塞尔顿写道：按照英国惯例，就连捕获的河鱼也是财政署的财产。[12] 两位作者都对格劳秀斯的"海洋无限论"提出了质疑，并认为应将海洋的监护权交给国家，以免资源"枯竭浪费"。[13]

这些作者虽有分歧，但都对海洋的排他性占有主张肯定是有问题的持相同看法，部分原因是自然法确保了对海洋可再生资源的自由获取。人可以采取惯例或法律来规范对资源的使用，但在没有法规的地方，预设是任何人都可以随意捕获海鱼。[14] 这种法规在新世界尚未出现，塞尔顿在文中承认：

> 关于近年来植入美洲的英国殖民地在多大程度上占有了当地的海洋，我了解尚少。[15]

史密斯这样的英国殖民者可以不受任何法律约束，实现美洲鱼类开放获取的愿景，这种愿景是由自然或君主——有时两者兼备——自由赠予的，所有移民都可以无限使用并促进新世界殖民事业的成功。

在美洲内陆水域捕鱼同样不受约束。英国境内的捕鱼权是受限的，圈地时期尤甚，可以自由获取河鱼、湖鱼这一点对来自不列颠诸岛的殖民者特别有吸引力。英国最先私有化的是不可通行的水域和利润极高的鲑鱼捕捞业。渔业领域出现了各种法律定义，针对河鱼指定了多种不同的、可分离的权利。"共同捕鱼权"是一种非排他性权利，可以授予私有水域上的特定群体。拥有淡水水域两岸土地的地主具有"专有捕鱼权"，在地产相邻水域享有排他性的捕鱼权。"自由捕鱼权"指的是，捕鱼权被授予河滨地主以外的个人。有自由捕鱼权的人具有鱼本身的产权。但在普通法下，自由捕鱼权和专有捕鱼权的持有者无权"妨碍鱼的游动，因为所有河滨业主都有享用流水及其所有利益的相同权利"，包括"鱼的自然游动"。总体来说，不列颠诸岛上的捕鱼权受到一系列令人困惑、因地制宜的规则和特许权管理。[16]

尽管英国对捕鱼自由的限制越来越多，但下层阶级依然信奉一种流行的观念，认为自然法规定了野生鱼不是任何人的私产。18世纪英国法学家威廉·布莱克斯通（William Blackstone）在《英国法释义》（*Commentaries on the Laws of England*）中为这种观点提供了权威支持。布莱克斯通主张，在海洋、河流或池塘中自由游动的野生鱼"不存在绝对或限定的产权"，其所有权属于君主，君主持有是为了公共利益。任何妄称对野兽授予永久私有产权的法律都是"不合理"的，而且会"造成……对公有物的僭越"。[17] 尽管布莱克斯通的观点绝非毫无争议，却使一大批英国民众产生了共鸣。几个世代以来，英国平民一直抵制对渔猎的限制，并通过在私有林地与河流偷猎的方式藐视日益严峻的英国猎物法。[18]

美洲有富足的海岸、丰饶的海湾、广大的河流和稀少的殖民者，似乎是使自然法成为土地法的理想环境。美洲海岸和内陆盛产鱼类，于是许多人认为无须限制对鱼的利用。殖民者不是没有做过尝试，营利性的海洋渔业早就引发了英属殖民地之间的争端。一位观察者于1615年抱怨道，弗吉尼亚公司"妄称具有它与纽芬兰之间的缅因全境的绝对所有权"，弗吉尼亚官员试图阻止其他人在新英格兰沿岸捕鱼。[19] 5年后，弗吉尼亚公司亲自对"北方殖民地"的人提出抗议，认为后者将科德角渔业据为己有。马萨诸塞州探险家费迪南多·戈杰斯爵士（Sir Ferdinando Gorges）等人"完全不许南方（殖民地的）人在未经其允许或批准的情况下到沿岸捕鱼"。对弗吉尼亚人来说，开放获取北方沿海鱼类的重要意义并非只是供应弗吉尼亚本地所需。将殖民者运来这个新生定居点的船只被授予了"北海自由捕鱼权"，充作运费。弗吉尼亚宣称，科德角岸边的鱼类代表着"把他们的人运来，并维持种植园的……唯一手段"。他们主张，垄断海洋资源不仅违背了他们的特许状，而且在根本上并非不正义，因为鱼"像空气一样对所有人都是免费公有的"[20]。

海洋渔业中显然有商业利益可图，从而引发了围绕获取权的争论。初期许多新世界探险的驱动力都是为了寻找渔场，早期宣传家对渔产的强调程度要超过其他几乎所有野外生物。新的殖民地探索将海洋视为利润来源，以此证明和维持美洲事业。在17世纪的新英格兰版图上，"种植园渔场"是一个重要的组成部分，它为居民提供的土地既可以种粮，也可以晒鱼。[21]切萨皮克殖民者同样希望"从海湾捕鱼中获得巨大利益"，并将发展商业性捕鱼和勘探"金、银、铜等矿产"并列。[22]1607年，克里斯托弗·钮波特（Christopher Newport）探险队成员坚持认为，鲟鱼将为投资人提供稳定回报，鲱鱼和鳕鱼的商业化捕捞也有开展的可能性。[23] 近一个世纪后，观察者依然主张，切萨皮克的"鲟鱼、鳎鱼和鲇鱼"以及"我们盛产的牡蛎"能够为"本市和外来商人带来一门有利的行当"。[24]

为了重现北方商业性捕鱼的成功，弗吉尼亚公司于 1606 年向英国探险家颁发特许状，授予其弗吉尼亚沿岸 50 英里（约合 80 千米）以上范围内各种自然资源的开发权，鱼也包括在内。[25] 然而，授权对最早的移民价值很小，他们带来的装备不适合捕获丰富的海鱼或河鱼。1607 年，去弗吉尼亚的人显然没有携带任何渔具。[26] 尽管公司职员在广告的"需要移民类型"加入了渔夫和制网者，但在 1610 年抵达的船上并没有所需的熟练渔夫和鲟鱼加工师傅。[27] 公司职员提议建立一座盐厂，其在"短时间内或许就能成为一处真正的产业，为殖民地提供有力支持，也能带来海外利润"。尽管当地有"如此优质的鱼群"，但由于缺少"熟练掌握制盐技能的人"，所以无法变现潜在利润。[28]

尽管殖民地政府在整个 17 世纪不断地招募制作围网、渔网和鱼钩的工匠、盐工和渔夫，但并未在切萨皮克建立起面向出口或本地市场的商业性捕鱼产业。[29] 河鱼的季节性特征和温暖气候（意味着鱼无法保鲜）阻碍着当地的商业性捕鱼活动。然而，这些不利于渔场的因素并未阻止早期沿海低地殖民者消费数量可观的海鱼。仅 1624 年至 1625 年，弗吉尼亚的统计资料就显示詹姆斯河畔移民储存自用的盐腌鳕鱼达 58000 磅（约合 26.3 吨）左右。这些物资并非来自弗吉尼亚水域，而是通过烟草贸易从新英格兰和纽芬兰购入的。法国传教士皮埃尔·比亚尔（Pierre Biard）于 1613 年报告称，在一些情况下，"弗吉尼亚的英国人有每年去皮科群岛（Peucoit Islands）的习惯"，这些岛位于现今新不伦瑞克（New Brunswick）海岸外，这样做目的是"获取过冬用的鳕鱼"。[30]

尽管开发南方商业性捕鱼的努力陷入停滞，但弗吉尼亚和卡罗来纳的早期殖民宣传家还是不断兜售岸边与河里有丰富异常的鱼类，以此引诱英国人来定居。亚瑟·巴洛船长形容罗阿诺克岛附近水域里有"世界上最好、最优质的鱼，颇为丰饶"[31]。面对切萨皮克湾里黑压压、数都数不清的游鱼，约翰·史密斯一行人没有渔网，只能试着用煎锅来舀鱼，结果没有成功。这位冒险家回忆道：

> 我们中没有人在任何地方见过更多、更好的鱼，不过用煎锅是抓不着的。[32]

还有人将"无与伦比的弗吉尼亚"与广为人知、久受称颂的富庶大国相比，发现大国也比不上它。一位评论者于 1650 年写道，中国也不能自夸"像切萨皮克湾入口处的查尔斯角附近那样，一网下去可以捞上来 5000 条鱼”[33]。1663 年，英国探险家在开普菲尔河（Cape Fear River）上遇到了带着“大量鲜鱼，像大鲻鱼、小鲈鱼、鲱鱼和其他几种优质可口的鱼类”的印第安人。[34]1666 年，一份宣传卡普菲尔新种植园的广告强调，当地水域中能找到“大量鲟鱼、鲑鱼和许多其他优质的可食用鱼类，圆的和扁的都有”，适合“所有勤奋、有才之人”。[35] 托马斯·阿什（Thomas Ashe）写道：北卡罗来纳河海盛产“优质、有益健康的鱼类”，“至高无上者赐予它富足丰饶之福”。[36]

广告中承诺，这些动物福祉会增进未来殖民者的利益，使移民可以轻而易举地攒下家业。为了回应宣称英国种植园主为了生存而挣扎的批评，宣传弗吉尼亚的人指出 1612 年“渔获丰富”[37]。甚至在清苦的弗吉尼亚殖民初期，鳟鱼就与牡蛎和螃蟹（无须技能或装备就能抓到）一道成了殖民者的重要食物来源。[38]到了 17 世纪中期，宣传者可以轻松地向潜在的移民保证，弗吉尼亚河流中“随时”都游动着“非常鲜美”的鱼。爱德华·威廉姆斯对心存疑虑的读者们写道：

如果资源这么丰富，他还在担心饥荒的话，这个人简直可以说是在肉铺里害怕没肉吃。[39]

在 18 世纪初的南北卡罗来纳，鱼也是移民的重要生活资料。约翰·劳森写道，渔栅被证明"对大家庭有重大利好，因为这些装置能大量产出各种鱼类"[40]。博物学家马克·凯茨比同样发现，大量的鲟鱼、鼓鱼和鲱鱼已经"对弗吉尼亚和卡罗来纳多地的居民大有裨益"。深居内陆的殖民者会在每年 3 月的汛期"带着车"来到弗吉尼亚沿海，"运走他们想要的"鲱鱼。凯茨比发现，同样在春季捕捞的鼓鱼对南北卡罗来纳的"居民也有不小的好处"，其不仅可以食用，还可以卖到西印度群岛。[41] 对于有意推动移民定居的英国殖民者来说，开放个人对沿海及内陆鱼类的获取权要比发展大规模商业性远洋渔场更加重要。

在整个 17 世纪，殖民地当局都在颁发特许状、专利书和法令，以确认和扩大移民的捕鱼自由。1621 年，为了调解新英格兰与弗吉尼亚两处殖民地的纠纷，英国下议院起草了一项"捕鱼权放宽"的法案，允许"每一名"英国臣民都可以"在每一处海岸、浅滩和海角"捕获"一切种类的鱼"。[42]2 个月后，枢密院下发命令，规定两处殖民地相互开放的海洋捕鱼权仅限于"该殖民地居民维持自身生活，以及承担驶往该殖民地人员的船运费用"[43]。罗伯特·希斯（Robert Heath）于 1629 年领到的北卡罗来纳专利书为所有英国臣民保留了"在海洋与河流中捕鱼的自由"[44]。威廉·贝克莱总督于 1663 年的扩大北卡罗来纳移民规模训令中提出，为使运输方便，每名殖民者均应配给水滨土地以及"河水与河鱼之利"[45]。对殖民地立法者来说，开放获取野生鱼类或者说"自由捕捞"政策，似乎是鼓励英国人移民的最佳方法。[46]

话虽如此，自由捕捞并不意味着捕鱼是完全开放或不受限制的。确立私有制的殖民地法律也允许特定情况下对水路的排他性权利。在 1679 年的一个案例中，理查德·利尼（Richard Liny）投诉他人在自己的河滨地产岸边捕鱼，此举获得了弗吉尼亚当局的支持。尽管擅入者抗辩说"水域属于国王陛下，专利书也没有将权利转让给他，因此水域对所有人同等开放"，但议会没采纳这个观点。弗吉尼亚立法机关又进一步地允许河滨地主对在河流低水位线以上捕鱼，或者对在私有河岸架设围网的人提起诉讼。[47]弗吉尼亚和北卡罗来纳后来甚至立法规定：任何未经允许"在他人土地内的河流水域中捕鱼抓鸟"的人都要缴纳罚款，甚至要处以监禁。[48]还有法律禁止了某些捕鱼方法，包括下毒或者在特定季节使用单枝或多枝鱼叉捕鱼。[49]可见，殖民地的捕鱼自由是有限度的。

即便有这些限制，但鱼可被自由获取作为环境对殖民者的一种激励的看法一直延续到 18 世纪。当移民从海岸向内陆转移时，捕捞河鱼权对他们占有的边疆土地变得更加重要了。约翰·菲尔森（John Filson）——

他猜测肯塔基存在"大型地下水道",产出"各种可以垂钓的优质鱼类"——等宣传家言之凿凿地向潜在移民许诺西部水域是开放的。[50] 在东部,独立战争时期的立法者开始采取积极措施,以确保商业化和私有化不会剥夺公民,尤其是贫民的捕鱼自由。一份 1780 年的弗吉尼亚法律保留了"切萨皮克湾、海岸或本州东部所有河溪旁的未占土地"供人民使用。当局承诺,此举将避免"捕鱼权"和利益被"少数人垄断"。[51] 美国建国初期的此类法律不仅仅是在支持殖民者的捕鱼自由,更将大众皆可捕鱼视为美国的一项独特优势。

何物应被视为公有

尽管有这些法律保障,但野生鱼类的获取仍然是一个复杂的问题。虽然在理论上鱼或许对所有人开放,但对水域却未必能够有此保证——1774 年,水资源丰富的东部沿岸阿可麦克县的一些居民就注意到了这个事实。当知名的蓄奴种植园主凯莱布·厄普舍(Caleb Upshur)购买了瓦查布拉格河(Watchaprague Creek)畔的一片土地后,当地居民发现,他们无法再去这条河的通航河段及其通往的多处海湾了。他们愤怒地向弗吉尼亚市民院请愿,要求解决问题。他们抗辩称,当地居民像先辈们一样，早已习惯了穿越厄普舍地产的一角，以便前往河边的一处公共码头。他们的路线"紧贴河岸，几乎就在该地产的边界线上，不牵涉业主的围栏，也不会对业主造成其他损害"。尽管如此，厄普舍还是禁止他们前往码头，"否则后果自负"。富有的地主就这样剥夺了穷邻居的一项"可观食物来源"，也就是牡蛎和鱼。不仅如此，他已经侵犯了一项当地的习惯权利，当地人懂得这项权利，并把它当作公有产权来维护。[52]

在 18 世纪末至 19 世纪初围绕野生鱼权利的冲突中，这种有关公有物的语言频繁出现。[53] 像请求弗吉尼亚官员承认加罗林县"共渔权"的爱德蒙·彭德尔顿一样，其他请愿者认为应维持海岸与内陆鱼类获取权作为一项公有产权。例如，在加罗林县请愿之后的十年多一点时间里，切斯特菲尔德县（Chesterfield County）和亨赖科县（Henrico County）请愿者主张，詹姆斯河瀑布"应被视为公有"，属于整个社区。[54]1802年，安妮公主县（Princess Anne County）公民要求立法机关确保其在弗吉尼亚湾与海岸沿线捕鱼的"可取权利"，"以为整个社区公有"。[55]北卡罗来纳州的奎曼斯县（Perquimans County）居民对 18 世纪初的围网渔民提出抗议，认为他们占有了"远远超过按照公有权利应得的特殊利益"，南卡罗来纳的渔民则只是要求维护"人类的公有权利"。[56]上述及其他抗议显示了美国建国初期关于动物和土地合法所有权界定的观念，尚处于发展阶段。

美国建国初期关于捕鱼"公有权利"的立法请愿、法庭判例和特别法律层出不穷，这不仅仅是在重复或者完善既有的开放获取原则，也是在处理另一类主张。面对限制开放获取的现代化趋势——土地私有化、水域工业化、鱼产商品化——公民请求州政府确保殖民地时期关于美洲动物资源丰饶的承诺。自由人用"公有"语言来维护自身对野生鱼类的权利。他们的论证聚焦于对河流，最终也是对鱼类的地方管控惯例，支持社区利益，反对私利或者个人获益。自耕农、渔夫、小业主和贫困家庭主张自己对鱼的惯例公有权利，其方法是用独立观念与共和德性的新语言来重新表述传统的捕鱼自由。[57]

不过，请愿书中的"公有"一词本身并非具体公有产权主张的证据。与不列颠诸岛一样，在英属北美，无主资源常常被认定为"公有"。由于"开放获取公有"和"有限获取公有"都会被省略为"公有"，所以就连现代学者都会将一些古代公有产权制度误判为开放获取资源。[58]然而，要做更明确的界分，我们就要承认公有产权处于理想开放获取与排他性个人产权之间的某个位置，且兼具两者的部分性质。与开放获取一样，公有产权制度在运作中包含了平等要素；而与私有产权一样，公有产权制度对获取和使用都做了限定。公有资源通过不成文惯例或者成文法律受社区成员控制，管理目的是维护公民的长远利益。[59] 通过细读美国独立战争时期与建国初期南方渔民的抗议书，我们会发现一系列复杂的论点，这些论证不仅基于开放大众获取的观念，还基于发展中的美国版本的公有意识。

这些论证的出发点往往是引用可以追溯到多年前，甚至几代人之前的社区公用传统。在一个判例中，北卡罗来纳议会强调了伯蒂县（Bertie County）长久以来的实践。按照立法机关的看法，居民"自从该县初建以来"就在春季捕鱼。[60] 1788 年，格兰维尔县（Granville County）移民"多年来一贯"从罗阿诺克河外的格拉西溪（Grassy Creek）捕鱼。[61] 弗吉尼亚州安妮公主县居民自称，"自古以来"就有在附近海洋和海湾里捕鱼的不成文"古老权利"。[62] 1810 年，北卡罗来纳州东部韦尔奇溪（Welch's Creek）畔的请愿者发出哀叹，表示自己可能会失去"他们和他们的先辈自古以来就享有的特权和利益"[63]。对确立公有权来说，诉诸社区成员长期持续使用海岸、河流或小溪的惯例至关重要。[64]

当然，这种叙事多系虚构。出于方便，他们对水道的"自古以来"的主张完全抹杀了当地过往的人类原住民的使用史。与他们的主张恰恰相反，殖民者对河流与河鱼相对晚近的开发才是美国公有史的真正开篇。在这一点上，殖民地当局有时要更坦率。17世纪的弗吉尼亚立法者承认，英国移民曾迫使"可怜的印第安人……离开他们所习惯的牡蛎采集、捕鱼等之便"，于是其允许臣服的印第安人进入英国种植园获取上述资源。不过，印第安人必须携带政府发放的许可证，而且必须将所有攻击性武器留在家里。"无证进入围住的种植园"内的美洲原住民将遭到擅入领地的指控。[65]在18世纪，弗吉尼亚殖民当局在拉帕汉诺克河上为印第安人保留了一处渔场。[66]尽管此类法律允许原住民到河溪捕鱼，但也确立了限制原住民进入相同地点的法律框架。因此，这些法律是重要的占用表述，在法律上将美洲原住民的集体财产转化为有限获取的殖民地公产。[67]

随着美国建国初期公民共渔权运动的开展，排他性更强的限制出现了。请愿者主张，地方社区成员应当保有特定地点的水域资源合法使用权。捕鱼权代表团经常在请愿书中指明具体地点，如"罗阿诺克河南侧或格拉西溪周边"，或者"史密斯河汊下游的梅赫林领地"，或者"皮格河旁"。[68]鉴于"在贫困家庭或其他有一定量黑人的家庭，各种鱼类成为一种用处很大的物品"，保护社区对本地河溪的获取权至关重要。[69]鱼为小户家庭提供了生活资料。对北卡罗来纳州格拉西溪畔的居民来说，鱼不仅供养了家庭，更是供养了"一个人口众多的社区"。在弗吉尼亚州费尔法克斯县（Fairfax County），"居住在该河附近的贫民"可以从波托马克河里捕捞鲱鱼和西鲱以贴补家用，从而弥补地力耗尽、产量下滑的问题。[70] 上述及其他许多例子中的社区成员都提出了公有产权主张，其主张对象不是宽泛意义上的水道和鱼，而是在特定邻近河段里游动的当地鱼类。

公有产权的支持者主张，鱼是一个地方的"局部自然利益"，是"由神意确定的"要它"属于生活在那里的人们"。[71] 按照他们的思路，来自公有财产的自然福利理应平等地归属于社区的成员。因此，请愿者对垄断河流与河鱼、牟取私利的个体发出了最尖锐的讥讽。1789 年，亨赖科县与切斯特菲尔德县居民抱怨道：投机分子实际上已经勘查了詹姆斯河沿岸的水流、礁石和钓点，目的是提出私有主张。亨赖科县请愿者抗议道：有一些"名叫投机商的人，他们掠夺大地、空气和水以自肥"，"而且打着法律的幌子，剥夺了社区的一大部分自然权利与特权"[72]。两年后，哈利法克斯县和白金汉县（Buckingham County）居民也对地主提出了类似的抗议，那些地主用水坝、围网和栅栏阻挡鱼的迁徙。居民要求立法机关制定法律，强制清除河流上的所有障碍物——哈利法克斯县请愿书中称这是——

> 一个合理的请求，因为任何一个或数个人都不应该为了一己私利，而剥夺神意赐予社区整体的恩典福祉。[73]

立法者还批判了"为自身利益"而"阻挡河中鱼类迁徙"之人的做法。[74] 在北卡罗来纳，托马斯·默瑟（Thomas Mercer）和卡姆登县（Camden County）的邻居们抗议"少数人"在克鲁克德溪（Crooked Creek）架网捕鱼"为业"，从而损害了当地原有的丰富渔业。[75] 另一份 1802 年的抗议书写道：鱼应当"由社区使用和享用"，而不应交给"拿出自然或本州法律为幌子"的自私个人，个人不能假定自己拥有"将全体皆可使用之物占为己有的权利"。[76]

因为捕鱼权支持者将鱼理解为社区的公有财产，所以他们专门批判"外来"渔民的侵扰，还寻求法律途径将这些州外人赶出本地水道。波托马克河畔的劳登县（Loudon County）居民担心"整个洄游鱼群"很快就会被少数人占有，这些人里很多既不是弗吉尼亚人，也不是马里兰人。[77] 还有沿河居民抱怨，"有人甚至不是受其侵扰之地周边的人"，却设下刺网捕捉鲱鱼。[78]1836 年，费尔法克斯县水域中的生物资源同样需要"保护，以免遭外人盗捕"。该县居民要求立法"阻止洋基人使用刺网"，因为刺网会彻底毁掉鱼类群落。[79]P. F. 比德古德（P. F. Bidgood）和托马斯·B. 比顿（Thomas B. Beaton）于 1837 年向弗吉尼亚立法机关提出了另一项申请，要求保障诺福克郡人捕捉牡蛎的权利，不许任何定居该县不满 12 个月者捕蛎。两位请愿者预言道：若非如此，"洋基人就会过来"将他们想要的牡蛎一扫而空。[80]18 世纪末至 19 世纪初的立法者大体上赞同所谓的"社区成员公论"，这些成员希望将本地鱼类的使用权局限于本地居民手中。

眼看着自身社区里的鱼一年比一年少，这些早期的公有产权支持者惆怅日增。然而，平民只关注局部，很少会将目光拓展到眼前视野之外去寻求鱼类资源衰减的缘由。鱼类支持者倾向于将本地渔场恶化归咎于附近的人——往往就是他们的邻居。请愿者惯常会谴责具体某个人采用浪费性的捕鱼方法，以及具体某个磨坊主的水坝修得不好而阻碍了鱼类洄游。例如，1790 年，莎拉·斯特拉顿（Sarah Stratton）建在波托马克河上的水坝就遭到了彭德尔顿县居民的抨击。请愿者声称，她拒绝设置方便鱼类洄游的斜槽或者通道。[81]在皮特西尔韦尼亚县（Pittsylvania County），"几名心怀叵测之徒"是"皮格河旁的地主"，他们"设法截断了过河的途径"，这些障碍物让生活在上游附近的家庭失去了"捕鱼的巨大利益"。[82] 坎贝尔县公民坚持认为，唯一要对鲱鱼逆流洄游受阻负责的因素，便是迈克尔·特鲁伊特（Michael Truitt）在斯汤顿河（Staunton River）与法灵河（Falling River）交汇处修建的磨坊水坝。1787 年，当地人要求其拆除水坝以便补偿他们"遭受的重大伤害"，他们确信只要特鲁伊特的水坝被拆除，"河流畅通无阻"，鱼就会回来。[83] 当弗吉尼亚州远西部威斯县（Wythe County）一度丰富的鱼变得稀少时，当地请愿者便归咎于安德鲁·克罗克特和詹姆斯·克罗克特（Andrew and James Crockett）不久前在里德溪（Reed Creek）旁修建的水坝。1798 年前后，克罗克特兄弟在溪旁一处被他们称作"炼狱地"（Purgatory Tract）的地方修建了一座锻铁炉和熔炉。6 年后，老住户雅各布·戴维斯（Jacob Davis）作证称，在克罗克特水坝修建前，他在溪里抓到过许多鱼；但水坝建好后，戴维斯坚称，那里就不再"值得一个人花时间去钓鱼了"；现在，拿着鱼竿鱼线去一整天，钓到的鱼也只够一顿饭的量。威斯县请愿者确信是铁厂阻止了鱼逆流而上，于是主张"个人方便应该服从公共利益"。他们的诉求是强制克罗克特兄弟在水坝上修建过鱼设施，立法机关同意了。[84]

公有产权的支持者们相信，地方问题需要由地方解决。于是，他们要求立法者采取针对具体地方的私

天生狂野：北美动物抵抗殖民化

人行动，处理他们的具体环境与社会状况。例如，费尔法克斯县波托马克河渔场处于"特殊的不利情形"之下，即水浅滩阔，最近河上又开办了汽船运输。一位狡猾的马里兰渔民想出了开炮将弗吉尼亚浅水区的鱼赶进主河道的办法，当时弗吉尼亚的请愿者就要求制定针对这种独特状况的特殊法规。[85] 另一些请愿者将目标对准伦道夫县（Randolph County）西端的泰加特斯河谷（Tygarts Valley），认为那里的瀑布是一个难题。居民们于1795年提出，若能设法打通这道天然障碍，让鱼能够通过，那么弗吉尼亚州西部边疆的居民就能够收获河中的"重大利益"。提倡"这样一个造福于民的有价值的目标"，理应值得立法施行。[86]1834年，弗吉尼亚州弗洛伊德县（Floyd County）有一份呼吁书，请求立法规定磨坊主必须在水坝上设置斜槽，其目标范围仅仅是利特尔河（Little River）东岔，以及"上至中岔彼得·盖尔内（Peter Guernent）家和戴维斯·豪厄尔斯（Davis Howels）家为止，西岔至所罗门·哈里森（Solomon Harrison）家为止"[87]。在此类请求的推动下，美国建国初期当局制定的大部分渔业法律都是这样的局部特设立法。18世纪末至19世纪初的决议说明了居民的投诉内容，指向了居民提到的确切位置，比如北卡罗来纳州坎伯兰县（Cumberland County）罗克菲什溪（Rockfish Creek）"从河口到分岔"的地方；又如南卡罗来纳州钦阔平溪（Chinquapin Creek）自"与布莱克溪（Black Creek）"交汇处以及"马圈河汊口"开始的部分。由此，地方法规的制定隐含地确认了社区对公有河鱼资源的控制权。[88]

18 世纪末开始，在南方磨坊主遭到的大量投诉中，地方控制权表现得最为明显。在这些纠纷中，居民自诩为公共利益的终极裁决者，贝德福德县（Bedford County）的磨坊主雅各布斯·厄尔利（Jacobus Early）多年来就遭到邻居们关于他家磨坊的公共价值的投诉。厄尔利的水坝建在古斯溪（Goose Creek）上，靠近古斯溪与弗吉尼亚境内斯汤顿河的交汇处。请愿者于 1785 年宣称，水坝"建造不善，全面失修"。"它建在一处沙地附近"，"地形不佳，破碎且多石"，周边区域"人口稀少"，厄尔利的磨坊选址的"四五英里内就有另外两家磨坊"。因此，社区成员坚持认为，古斯溪磨坊对社区造成的妨碍大于便利，并请求将其拆除。[89]1789 年，在贝德福德县另一个地方的大奥特河（Great Otter River）上，科利尼厄斯·诺埃尔（Cornelius Noel）没有在自家磨坊水坝上开出通道，无法在春天捕鱼季保持通道打开，于是遭到居民抗议。请愿书中的 100 多位署名人之所以特别恼火，是因为诺埃尔当初承诺修建过鱼斜槽，以此换取居民支持，从而获得了水坝用地审批。1791 年，社区成员再次投诉诺埃尔：

"水坝刚修好，诺埃尔不仅拒绝按照承诺修建过鱼道"，而且"一贯禁止请愿者在磨坊下游近处钓鱼，并经常对他们口出狂言"，弗吉尼亚立法机关支持了抗议者。[90]诺埃尔显然辜负了公众的信任，他为图私利，垄断了按照权利属于社区整体的自然资源。

此外，还有请愿者衡量了地方磨坊与野生鱼类的公共利益孰轻孰重。1788年，家住北卡罗来纳州格兰维尔县的州界线附近的几人作证称，托马斯·菲尔德（Thomas Field）磨坊上游的格拉西溪中鱼变少了。他们的结论是，尽管磨坊"方便有利"，但他们"宁愿要（他们）网里的鱼"[91]。约翰斯顿县（Johnston County）居民向北卡罗来纳州立法机关提出申请，要求制定法律规定大河上的磨坊主必须于每年2月至5月保持水坝打开，因为"在鲱鱼洄游期，这些磨坊对上述居民的用处很小"。另外，小河上的众多磨坊同样便利，它们能够更好地"在一年中的这个季节"磨粉以"赚得家业"。[92]社区成员有权利做出这种判断，因为水道与河鱼是居民的公有财产。居民可以决定什么最有利于公共福祉：河里有鱼无磨坊，或是河有磨坊却无鱼。

照例使用、有限获取、社区利益由地方掌控——这些都是公有产权安排的典型要素——被支持捕鱼的请愿者用来构造论证。美国早期的公民将本地海湾与河流中的鱼表述为一种无明确归属的公有物，从而将占有主张延伸到水域以及鱼类之上。投诉经常能成功阻止个人垄断水域或野生鱼类，这证实了请愿者修辞的说服力——这种修辞是两种元素的结合，一种是新形成的自耕农独立观念与共和德性，另一种是殖民地对野外生物资源自由获取的长远承诺。[93]

1802 年，安妮公主县居民写道："独立邦国的福祉"取决于"国土的自然利益与产出"。社区本地海岸盛产鱼类，这一自然资源为县内自由民的生计与幸福做出了重大贡献。[94]凭借"大片的鲱鱼群"，贫民得享家业以及独立地位——哪怕是在乔治·华盛顿老家费尔法克斯那样地力枯竭的地方也一样。该县居民于 1836 年发现：

促使我们留在本地的原因里，最有力且几乎是唯一的因素就是波托马克河流域提供的鱼类。[95]

然而，不加节制的私有化和商业化可能会消灭这种激励。正如南卡罗来纳州泰加河（Tyger River）的请愿者于 1811 年所说，这样的结果违反了"自然权利"，也违反了"天生的自由公民、精神和原则上的共和主义者"的权利。[96]

请愿者声称鱼是社区的公有财产，并以自耕农独立地位的名义反击私有化。他们认为自己有权控制本地水域中生活的野外生物，哪怕只能控制一个季度。然而，在他们的公有产权论证中始终有一条"开放获取"的思路脉络。在围绕获取野生鱼类的纠纷中，许多早期人士将公地用语与无限获取二者融合在了一起，比如兰开斯特县居民认为"本州水域是州民全体的自由公有财产"。1833年，兰开斯特县请愿者断言，任何禁止自由使用的做法都"违反我们政府的宪法与精神"。话虽如此，强烈要求保护捕鱼和牡蛎的"自然权利"的人还是"依靠水产支撑生活"的社区居民。如果没有这些资源，那些家庭就会沦落到"贫乏乞讨"的地步，贫困会迫使他们离开"弗吉尼亚故乡"。[97]于是，公有产权的支持者论证称，每当渔产受到私人利益威胁时，无限制的自由使用就必须为社区利益、地方控制和有限获取让路。唯有如此，方能维持野外生物对移民的吸引力。因此，将野生鱼类列为公有财产的做法是为了保障公民能继续获取本土动物，这不仅是殖民者的自由，也是美国人的权利。

与土地不可分的权利

美国人的权利是独立战争时期和战后几十年里的一个焦点——尤其是与私有产权相关的权利。地主极力守护着无条件拥有的田产持有权和转让权，他们可以阻止擅自闯入者，不许其使用所有物的任何一个部分，业主合法享有他拥有的土地上的全部自然资源与产物。在新兴国家里，确认绝对所有权与共和理想相呼应，将经济自足与政治独立联系起来。于是，公民权与私有产权纠缠在一起，难解难分。[98]

如此，难怪安妮公主县的基林一家会在1802年那样坚决地维护切萨皮克湾旁的产业。为了回应一项公民请愿——大部分请愿者都不是本县地主——弗朗西斯·基林和约翰·基林（Francis and John Keeling）的监护人坚称，受监护人的"权利受土地法保护"。作为"切萨皮克湾与林黑文河（Lynhaven River）旁田产的业主"，基林一家先前曾在与田产相邻的水域"主张并行使过排他性捕鱼权"，且"不受任何权力约束"。他们对允许他人在基林家岸边捕鱼的虚妄"古老传统特权"嗤之以鼻。基林家的抗议书坚称，实情恰恰相反，捕鱼的"传统或权利"是"授田状中明文规定附属于他们的土地，且与他们的土地不可分离"。侵犯基林家田产附近水域的排他性捕鱼特权就是"侵犯个人权利"，就像剥夺地主的"宅基地或粮田占据的土地"一样不可思议。此观点具有"危险的后果"，并"充斥着不公"，弗吉尼亚立法者只能以"应有的怒火与痛恨"予以回应。[99]

基林家的抗辩是对开放获取与公有产权支持者的

强硬回击，阐明了美国建国初期野生鱼权利之争核心的根本矛盾——不可分离性。围绕鱼的争端必然会涉及水域和岸线。英属美洲殖民地的产权制度曾试图将自然界解构成一组可分割的属性，借此调和矛盾。理论上，水道使用权与水域资源使用权可以分别分配——河岸可以是地主的私产，河道是船只与旅客使用的公路；水流可以由磨坊主占有用于生产，鱼则可以是独立小地主和大小渔场主的私有财产。人们可以对不同位置的水域及其不同方面分别提出产权主张。这种法律花招叫作"区分所有权"。但现实生态状况颠覆了立法者借此解决水域争端的企图，尤其是私有产权安排的排他性让可分割性问题浮出水面，迫使美国当局承认法律也无法让鱼水分离。

到了18世纪，英属美洲殖民者已经将土地等同于私有产权。个体业主对占有的土地行使绝对控制权和排他使用权——或者用布莱克斯通的表述即"独一且专断的支配"[100]。而在独立战争时期，美国广泛的土地私有制已不仅是一种产权关系，更是上升到了政治意义，用托马斯·杰斐逊的话说是最有利于"有德性的独立公民"的条件。[101]不过，到了杰斐逊写作《弗吉尼亚状况实录》的18世纪80年代，这种共和理想已经处于压力之下。弗吉尼亚、马里兰和南北卡罗来纳境内定居历史较长的沿海区域苦于土地短缺和地价上涨，进而限制了土地私有化程度。蓄奴的南方愈发不平等，对自耕农的自给自足构成了威胁。地主对河流的私有主张抵消了不平等，为小地主提供了减缓滑落至依附地位的手段。因此，在法务当局将南方水道分割为各自独立且受不同产权安排管辖的属性时，大小地主无不忧心观望。每一次分割都会潜在地降低他人持有产权的价值，立法者没有澄清合法控制与使用问题，反而将岸线与水域分离、将水流与水道分离、将鱼与河分离，这只会让问题更加混乱。由于水法越来越多，南方人愈发坚持个人产权主张的首要性与排他性。[102]

野生鱼类在这些冲突中扮演了关键角色，其打乱了居民提议、立法者制定的局部碎片化产权。鱼的习性，尤其是洄游鱼类的习性违背了对所有制的区分。鲟鱼、条纹鲈、河鲱、西鲱等洄游鱼类会在咸水和淡水之间穿梭，迁徙范围广阔，这些品种属于对殖民者经济价值最大的那一类。每年春天，洄游鱼会聚集成庞大的鱼群，从海洋返回河水中的产卵地。[103]

在美国建国初期的水滨权利纠纷中，情况最突出的洄游鱼类是美洲西鲱（*Alosa sapidissima*）以及同属的灰西鲱（*Alosa pseudoharengus*）和蓝背西鲱（*Alosa aestivalis*）。这三种鱼在幼鱼期顺流而下，会在洋流中生活 3—6 年。到了产卵期，西鲱一般会游 12000 英里（约合 19000 千米）左右返回故乡产卵。在水温、光照强度、气味和本能的推动下，这些银色大鱼会到河流上游很远的地方找地方繁殖。在水流速度慢、食物来源充足、捕食者较少的"鲱鱼塘"中，鲱鱼后代有更大的生存机会。为了来到位于上游的遥远繁殖地，鱼要沿着深河道前行，越过瀑布线的急流、湍流和飞瀑，逆流而上达 500 英里（约合 800 千米），到内陆产卵。只有在波托马克河这样有天然大瀑布阻碍行动的河流里，西鲱才无法深入南方内陆。[104]

鱼类的活动空间如此广大，无法被轻易放进 18 世纪和 19 世纪时崇尚私有产权的刻板法律框架。对鱼行使产权必然会侵犯上至主要河流的西部支流、下至大西洋沿岸海域的一连串水滨业主所主张的绝对权利主张。北卡罗来纳州内陆亚德金河（Yadkin River）尽头的农夫们要求将春季鲱鱼渔汛的一部分纳为私产，由此侵犯了里士满县磨坊主的权利，后者想在自己所在的皮迪河（Pee Dee River，亚德金河的一条支流）河段修建水坝；同样，其也侵犯了下游数百英里外鱼主的权利，他们想在大皮迪河流入温约湾（Winyah Bay）的南卡罗来纳州乔治敦（Gerogetown）拦网捕鱼。在独立战争期间和战后时期，此类涉及范围大且相互矛盾的河流资源主张成倍增长。殖民者发现鱼的数量变少、产卵范围收缩，于是河流及其资源的所有权、使用权和控制权问题就被推到了前台。[105]

　　尽管早在 17 世纪末就有法律规范开放获取，维护南方水域中的鱼，但最早期的渔业法律成效有限，有时甚至受到了冷遇。1769 年，威廉·特赖恩总督（Gov. William Tryon）驳回了北卡罗来纳禁止在特定河流中"不合时节的破坏鱼类行为"的法规。特赖恩认为，面向"西印度市场"的商业性鲱鱼捕捞需要保护，其无须遵守禁止"在适当季节联用多张围网"大批量捕鱼的拟议立法。北卡罗来纳的沿海捕捞成功断绝了春季产卵渔汛，以至于总督公开质疑道：为什么"弗吉尼亚人没有抱怨鲱鱼短缺"？他总结道：任何对盈利行业的管制都会"损害本地的总体利益，破坏本殖民地稀缺到需要提倡的工商业精神"[106]。难怪政府的观点是：供应殖民地贸易网络的渔产商业价值胜过上游移民捕捉鲱鱼的欲望。

　　河水流动本身的价值甚至比鱼类洄游还要大，水道是内陆通往海岸的重要客货运输通道。英国普通法将可通航河流的所有权授予王室，美国人则沿袭英国的水滨原则，将可通航河流视为各州的公有财产。这些河边的地主与不可通航溪流旁的地主不同，不能主张对水域的私有产权。[107]19 世纪初的法学理论家甚至更进一步，在美国语境下重新定义了"可通航"。按照英国普通法的定义，只有有潮水涨落的水域才属于

"可通航"，但 19 世纪初的美国法学家主张采取更宽泛的定义，因为"美国大河与英格兰大河有很大差别"[108]。美洲的大河深入内陆太远，不受潮汐影响，所以英国的规则对其并不适用。[109] 美国立法者将大河乃至一些较小的河流都指定为公路，受州当局管控。[110]

　　然而，将河流化为公路不只是一个法律界定的问题，往往还需要改造工程。阻碍通航的天然或人工障碍物必须被清除、化解，或者绕开。[111] 许多公民甚至提出了更高的要求并于 18 世纪末至 19 世纪初向南方立法机关请愿采取进一步行动，以提升和拓展大河的通航能力。1794 年，弗吉尼亚州远西部的哈里森县居民要求州立法机关"打通和延伸莫农格希拉河（Monogahalia River）和西岔河（West Fork River）以通航"。居民后来再次申诉：允许西岔河上修建一座铁厂，前提是水坝不得高于 3 英尺（约合 90 厘米）且应"方便鱼或平底船通行"。[112] 再往东，在 1785 年获准改善商贸通航的波托马克公司主席与各位董事于 1799 年向立法机关投诉，抱怨"河对岸普遍为了用捞网捕鱼而修坝"。这些水坝通常被叫作"鱼壶"，堵塞了河流交通。公司花费重金修建绕开瀑布的侧渠，清除河道上的障碍物，结果都因为鱼坝而失去了价值。波托马克公司的投诉书声称，马里兰立法机关已经将这种捕鱼方式定为非法，并且在考虑对违反者施以重罚。[113]

皮迪河上的渔网

　　19世纪末政府报告插图。图中呈现了河流上游的一种捕鱼作业。（George Brown Goode，*The Fisheries and Fishery Industries of the United States*, Washington DC，1887.）
　　照片来源：NOAA国家海洋渔业署。

为建立造福公众的河流公路而付出的努力，往往也会造福洄游鱼类。有专门法律禁止使用鱼坝、停鱼石、栅栏和其他固定捕鱼工具，以免影响船运，同时也遏制了许多南方水道中的大规模捕鱼活动。清除天然障碍、打通河道的做法也让洄游鱼类可以上溯到比之前更远的地方，绕过瀑布或连接河湖的运河为鱼类提供了新的通道。以北卡罗来纳州的阿尔伯马尔半岛（Albemarle Peninsula）为例，当地在19世纪初修建的运河连通了多个大型湿地湖泊，首次让河鲱可以经此洄游。[114]

　　对少有或没有洄游鱼类出没的河流上游居民来说，通航改善带来了新渔获的潜在希望。但对有捕鱼传统的地方来说，法律将某些河流指定为公路的做法会威胁到他们的生计。1816年，渔民抗议波托马克河开通汽船。他们声称"汽船等铁机器不断发出轰鸣"，声如雷鸣，将鲱鱼赶到了更深的水域，渔民的网捕不到鱼了。新式船只航速很快，渔民来不及收网避船，尤其是夜里。波托马克河渔夫认为，他们财产的价值被牺牲了，却只"为了少数旅客能便捷一点"。在私利冲突中，渔夫认为相比于春季繁殖渔汛期"对我们全年收益造成的损失"，对汽船公司施加几条季节性的限制会更公平。[115]

　　然而，即使对法学家来说可通航性也是一个令人困惑的问题。不同地区、不同州对此的定义都不一样：在一些地方，可通航水域必须能承载大船；但也有一些地方将"可通航"单纯解读为能让任何小船或者木筏"可以浮起来"的水域。此外，河流属性的所有权也不明确。在一些情况下，河被视为公路，但河床泥土却可能属于某侧岸边的地主。这些地主可以禁止对岸的人在水里捕鱼，而岸线问题同样令人困扰。有些州开放河岸，另一些州则只允许公众在私有岸线上短暂停泊。任何一条河上的捕鱼活动都可能因为位置不同而服从于多种不同的产权安排。下游可能被指定为完全的公有财产，同一条河的中游可能被划分为水域公有、河床私有；而过了可通航点的上游可能是完全私有，邻近地主享有排他性的捕鱼权。然而，19 世纪的整体趋势是水域公有扩大化，因为立法者认为这样更有利于公众。[116]

美国建国初期，航运和捕鱼遇到最明显的障碍物就是磨坊水坝，它们似乎涌现在南方的每一条大小河溪上。自从 17 世纪以来，用于加工面粉、木材和布料的前工业时代小型水磨曾经是发展中的殖民地社区的特色。[117]但磨坊建设在 18 世纪末不断加速，乡间遍布地方性的磨面厂和锯木厂，大河上开始出现工业磨坊。修建高高低低的磨坊水坝是为了储存来自河水流动的能量，但也妨碍了水、船、木筏和鱼的自由活动。[118]

然而，立法机关认为磨坊是公共事业，所以愿意批准这种使用河流的方式。于是，磨坊服务于公众利益，正如水道发挥公路的功能，两种用途都促进了经济发展。殖民地当局先通过了各色磨坊法令，州立法机关后来又加以修订和扩展，为磨坊主修建水坝赋予了巨大的自由度。法律允许磨坊主阻碍水道、淹没邻居的土地，而无须担心被告越界或扰民。即使当水力磨坊日益私有化，仅仅为磨坊主使用和牟利时，法院依然主张磨坊是"公共物品"。这样一来，法务部门就稀释了 18 世纪地产的不可侵犯性，地主的绝对支配权要为磨坊主的私人利益让路。[119]

然而，在长达几个世纪的水坝立法进程中，鱼的利益却并没有受到合理保障，甚至没有得到充分理解。尽管批准建闸的法令一般会有涉及鱼类洄游和船只通行的条款，但提议的补救措施往往没有效果，或者根本没有执行。1759 年的弗吉尼亚法律要求拉皮丹河（Rapidan River）上的磨坊主在水坝上留出至少 10 英尺（约合 3 米）宽的开口，或者说"过鱼斜槽"，这种规定并不罕见。[120]这部法律过了大约 20 年后被废除，因为它"没有满足预期目的"，这种情况也不罕见。[121]北卡罗来纳州摩尔县（Moore County）居民提出抗议称，由于专员拒绝按照 1787 年的一部要求河流"应季保持畅通"的法律执行，所以这部法律的"良善公正意图"

未能实现。[122]1791 年，磨坊主罗伯特·帕克（Robert Parker）亲自向弗吉尼亚立法机关请愿，并在请愿书中注明他"可能会就磨坊过鱼问题惹上麻烦"。尽管议会的一部法令强制磨坊主"为鱼和船只留出充足的通道"，却并没有具体规定什么样的开口算是"充足"。直到汉普夏县法院任命托管人判定他的水坝是否足用，帕克才担心邻居们的"投诉空间"太大。[123]

帕克的问题是有依据的。渔夫、磨坊主和立法者对水坝如何影响鱼类生态知之甚少。1808 年，南卡罗来纳州磨坊支持者观察到泰加河和埃诺里河（Enoree River）的鲱鱼"完全消失"，于是承认"我们不了解鱼类迁徙的定律"。[124] 修建足以维持鱼类种群数量的斜槽或者水闸是一个超出 19 世纪科学和工程能力范围的难题。对现代鱼梯和升鱼机的研究已经表明，这些技术大体上是失败的，尤其是对美洲西鲱来说。即便是最先进的过鱼道，能够通过多道水电站坝抵达产卵地的鲱鱼比例也不到 3%。[125]18 世纪和 19 世纪过鱼道的效果估计也不会更好。当上游居民在 19 世纪初发现鱼逐年减少乃至消失时，便会谴责附近的磨坊主没有充分保护这种宝贵的野外生物资源。

磨坊主则坚称，水坝对河鱼状况恶化没有责任。反对水坝的人士倾向于认为问题就出在水坝附近；磨坊主则不同，其指出宏观环境条件能够影响鱼类种群。托马斯·菲尔德在于 1788 年呈交弗吉尼亚立法机关的反请愿书中做了清晰的论证。北卡罗来纳州格兰维尔县居民"自称受到了"菲尔德建在格拉西溪上紧靠州境的水坝的"严重伤害",菲尔德和梅克伦堡县（Mecklenburg County）的其他磨坊支持者对此提出疑问。反请愿书给出了"几条事实"来反驳北卡罗来纳人的指控。第一,格拉西溪是罗阿诺克河的一条支流,而罗阿诺克河经常泛滥至超过坝高的水位;鱼能轻易在河水泛滥期间越过水坝,因此过鱼斜槽并无必要。第二,河上已经建起多道水坝,上游仅仅数英里外就有"一道任何鱼都无法越过的磨坊水坝"——那道水坝已经建成二三十年了;其他溪口处的水坝也没有引来格兰维尔请愿者的投诉。磨坊支持者主张,鱼类种群缩减的另一个原因是溪流源头处的农田开垦。裸露的土壤被冲入溪水,让水变得"一直泥泞污秽",不适合产卵。[126] 尽管这种观点承认鱼类减少是经济发展的必然后果,但这几乎就是从生态系统的角度看待河鱼了。在倡导自身利益的过程中,磨坊主及其支持者考察了鱼类生活的整个空间,而不仅仅是当地状况,以此解释河鱼的增减兴衰。[127]

针对水坝遭到的众多投诉,南方磨坊主还做出了其他回应。很多磨坊主坚称他们遵守了所有与水坝修建运营相关的法律,包括留出适当过鱼通道的要求,其在此过程中往往蒙受了重大损失。[128] 还有一些人声称，反对水坝声音最大的人不是当事渔民，而是对立的磨坊主。迈克尔·特鲁伊特认定，有几次号召拆除他在法灵河下游水坝的请愿的"主要鼓动者"，正是弗吉尼亚州坎贝尔县"法灵河汊上的磨坊主"。[129] 支持菲尔德的梅克伦堡人也断言，他们并不认为对手的抗议"是出于公心，追求公益"。反对菲尔德水坝的请愿运动的"执笔人和推动者"是托马斯·高尔布雷思（Thomas Gaulbreadth），他不久前才向县法院申请批准他在法灵河上自建磨坊。[130] 按照磨坊主的看法，这些争论并非围绕捕鱼或自由通航的公共权利，而是私人利益集团之间的斗争。

事实上，磨坊主提出的最有力的论证是维护磨坊的私有财产地位。在磨坊主看来，地方上为了改善捕鱼条件而抨击水坝也好，政府为了改善通航条件而努力拆除水坝也罢，都是对私有财产的侵犯。据此，磨坊支持者在 1787 年为了解释他们反对开放阿波马托克斯河（Appomattox River）的原因时，提出的抗辩理由便是保护私有财产。请愿者论证道："以保障渔产充足为由规定该河上的磨坊限期运作"不能"施行，否则便是公然的不公和压迫"。受影响的磨坊主已经"在法律批准和政府支持下付出相当的成本建起磨坊，以保护当地权利"。他们宣誓称，任何企图剥夺业主水坝的"异想天开的计划"都会"对我们和我们的后代造成实质性伤害"。[131] 将近 40 年后，远西部罗素县的威廉·纳什（William Nash）质疑了反对者的动机并以此回应围绕他建在克林奇河（Clinch River）上的磨坊水坝的纠纷。纳什致信弗吉尼亚立法机关称，如果社区投诉"以公共利益原则为基础的话"，那么"请愿者将会保持沉默"。但既然任何改动水坝的做法都不会为社区总体带来普遍的好处，所以纳什及其支持者"不愿让他们自己或任何人在充分享有自己的财产时受到伤害，而只为了满足不满分子的任性"[132]。

话虽如此，河边磨坊主并未完全抛弃公益理念。当公益符合他们的自身利益时，磨坊主会迅速将公益论证融入对私有产权的辩护。磨坊支持者将清除或限制水坝描绘成攻击社区公共物品。[133] 公共权利要胜过少数旅行者提升通航条件的欲求。如果没有"公共磨坊"，人们就会"失去一种将玉米或小麦磨粉的途径"，要么就必须走很远的路才能吃上饭。[134]1787 年，阿波马托克斯河畔的磨坊主一边维护自己的私有产权，一边主张磨坊也是当地居民"最佳的和首要的便利设施"[135]。1778 年，奥兰治县（Orange County）和卡尔佩珀县（Culpepper County）的请愿者声称，如果当地磨坊不复存在，那么拉帕汉诺克河边的几百户人家就会"陷入极大困境"，其中还包括许多"手下管着 180

个人"的奴隶主。他们又说:"可恨的傲慢啊!逼得请愿者里三四个最优秀的劳力手拿研钵磨粮食,好去满足个别"相信河中障碍物阻挡产卵渔汛的人。[136] 磨坊主坚称,磨坊服务于更大的社区利益,而鱼只是满足有限的个人欲望。

除此之外,按照磨坊主的说法,南方水域盛产鱼类,渔汛规模宏大的状况基本已是明日黄花。1810年,磨坊支持者声称,在北卡罗来纳州塔尔河(Tar River)至纳什县和埃奇库姆县(Edgecombe County)的河段里,鱼群数量"不足以补偿捕鱼者"[137]。北卡罗来纳州其他地方的人写道:韦恩县(Wayne County)和约翰斯顿县内两条小河里的稀少鱼群"对居民带来的好处比不上""有益实用的磨坊"。[138] 弗吉尼亚州阿波马托克斯河畔的磨坊主声称,早在河上建起第一座水坝之前,河鱼就已经变少了。投诉者在 1787 年宣誓称:

我们这里的鱼少极了,钓鱼对忙人来说只是消遣,对闲人则是一份有害的职业。[139]

北卡罗来纳州梅克伦堡县内的格拉西溪,还有南卡罗来纳州的泰加河和埃诺里河同样如此。即使河流再次畅通,在"每年关键季节"能捉到的少量鱼类也无法"引诱勤奋的种植园主荒废田地，投身渔业"。因此，鲱鱼和其他鱼类根本不值得费力保护，当然更不能成为拆除或者限制磨坊水坝的理由。[140]

按照磨坊主的算计，磨坊的公共价值超过南方河流的其他用途所带来的收益，也就是公共捕鱼权和通航权。殖民地时期和美国建国初期的各种磨坊法案为这一立场提供了法律支持。法律向磨坊主发放执照，允许其利用储存在水中的能量，为面粉厂、锯木厂和铁厂提供动力。这些事业推动了地方经济发展，表面上这是为了社区的利益，但是不管磨坊支持者如何大力鼓吹磨坊对公众的好处，磨坊都不是公有财产。流动的河水或许是公有物或者公路的一部分，但流水被水坝挡住，引入水渠，驱动水车转动以后，就成了机械的一部分，是磨坊主的独占财产。业主致力于将这种绝对支配权延伸至水力。到了18世纪末，磨坊主将初期的公共物品、公益、私权观念融入了一种视财产为可分割资源的新意识，借此为个人利用公共水道的做法辩护。尽管磨坊主的主要兴趣不在于捉鱼——如果鲱鱼和其他洄游鱼类能越过挡在路上的人造障碍，磨坊主也乐见其成——但他们不愿意为了野外生物的生理需求而牺牲自己的财产。

然而，河滨地主确实是在乎鱼的。1791年，弗吉尼亚州班尼斯特河（Bannister River）边的居民指出，弗吉尼亚县法院依法征询磨坊水坝建设造成的潜在危害时，并未考虑其今后对磨坊上游"居民可能造成的伤害"。水坝拦河期间，自耕农遭受的损失不仅仅是农田被淹。地主购买沿河土地时常常要支付溢价，"不仅仅是为了耕作，也是为了在河里捕鱼的利益"[141]。詹姆斯河畔的地主也有类似的心态，他们坚称在"让他们决定沿河定居和持续生活的因素中，渔获并不是微不足道的诱因"[142]。1806 年，贝德福德县和富兰克林县居民投诉了斯汤顿河上的磨坊水坝。据他们回忆，当年渔汛的时候，河流上游的田庄里能捉到上万条鲱鱼，而现在"几乎没有了"[143]。如果没有鲱鱼和其他鱼类的定时洄游，南方河流旁的地产就失去了大量内在价值。

很多情况下，这种价值包括向当地售鱼的利润。丰富的渔获为水滨业主提供了一份有利可图的副业，尤其是春季渔汛期，那时洄游的鲑鱼、鳟鱼、红鲱鱼、大西洋西鲱、灰西鲱回到居民家门口产卵。例如，这种本土贸易就为兰开斯特县的牧场主提供了一份生计。河溪是"许多人的主要产业"，小地主靠售卖河溪里抓到的鱼和牡蛎也能一天赚到"两三美元"。[144] 请愿者于 1802 年提出，在水坝、渔网和鱼栅阻碍詹姆斯河里士满段之前，白金汉县本地渔业让"围网主及其家庭"过上了丰裕的生活，其产出了"大量盈余"，还"可以周济贫困的邻居和其他人"。然而，障碍物刚被竖立起来，溯流而上的鱼就减少到了不能"招来任何人购买围网或者开辟渔场"的程度。现在，白金汉县居民"只能付出高昂的价格到里士满市里买鱼"。请愿者最后用诗意的语言写道：在不太遥远的未来，所有鱼都会消失，"再也见不到一条鱼／在宁静的波浪下游动"[145]。对地主来说，失去本地渔业不仅仅是经济损失，更是丧失了一份与所占土地不可分离的对河流的私有权。

起初，南方立法机关支持上游地主对至少一部分洄游鱼类的主张。[146]18世纪末至19世纪初的法律禁止磨坊主和下游渔场完全阻塞水道，目的是造福在受影响的河流旁"拥有地产"的人。[147]在弗吉尼亚州境内詹姆斯河上布置鱼坝和鱼栅的人，必须留出至少30英尺（约合9米）的过鱼道。[148]还有法令规定，每条河必须有四分之一到三分之一的宽度不设障碍物，以便让鱼通过。[149]北卡罗来纳州立法者向在罗阿诺克河畔"拥有土地的每一个人"授予"特权和自由"，其可以因设立捕鱼点而"占用"毗邻岛屿和礁石。这项法律的用意是阻止其他人，尤其是无地游民设立"站点、障碍或水坝"捕捉河里的鱼。[150]当美国联邦政府谴责博格滩（Bogue Banks）上的私人业主时，州官员将捕鱼权留给了占地地主——这是一个明显的信号，表示北卡罗来纳州立法者将捕鱼理解为一种独立的产权主张。上述法规以及众多其他管辖南方水道的法规证明了河滨地主论点的说服力。当局承认这种逻辑，即地主不仅仅享有捕鱼自由，鱼也是属于地主的财产。[151]

河滨地主和本地渔民的论证思路摇摆不定，模糊了野生鱼私有产权和社区公共权利的概念。请愿的河滨地主认为鱼属于土地自然资产的一部分，抗议下游开发项目造成了渔获损失。但他们又质疑同一条河道上其他地方的人的动机，认为后者损公肥私且垄断了红鲱、大西洋西鲱和灰西鲱。[152] 詹姆斯河上游的小渔户（他们过去每天靠围网能捞到 1000 条以上的鲱鱼）对被布置在瀑布线上的私人鱼栅和下游"吃小鲱鱼长膘的猪"多有抱怨。这种浪费行为不仅危害了他们作为河滨业主的排他性权利，也有损社区成员的自给自足。如果没有了鱼，"疲饿交加的劳工"就无以为生，更不用说挣得一份家业了。[153] 河滨业主在公共资源中主张私有财产，从而将两种对野生鱼类的理解——作为公有物和私有物——都与共和、独立之精神联系了起来。

自由之根

捍卫鱼的私有产权不仅是上游地主采用的策略，

瀑布线下的大型成熟种植园渔场也采取了同样的路线。在美国独立战争时期和建国初期，大型捕鱼业为种植园主提供了丰厚收入，比如乔治·华盛顿的弗农山庄（Mount Vernon）。华盛顿在波托马克河上有多处渔场，其将大西洋西鲱、红鲱鱼和白鲑鱼卖给本地和西印度群岛的种植园主，用作奴隶的廉价口粮。独立战争期间，这些渔场为大陆军士兵提供了急需的食物。[154] 到了 18 世纪与 19 世纪之交，马里兰州圣玛丽县和弗吉尼亚州约克县有三分之一乃至更多的小奴隶主拥有渔船和渔具。[155] 种植园位于河边的大奴隶主，比如拥有詹姆斯河畔贝克莱种植园的哈里森家族，经营着规模更大的渔场。他们捕获了大量洄游产卵的鱼，所获利润有时比农业产出还要高。[156]

因此，种植园渔场主对美国初期的大河通航措施反应强烈。1799 年，弗吉尼亚境内帕芒基河（Pamunkey River）旁的地主表示反对禁止河上修建障碍物的法律。地主认为，尽管他们的鱼梁和鱼栅确实对河运造成了一定妨碍，但那只是特定季节对少数人的不便。[157] 波托马克河地主反对汽船，说汽船会"毁掉以往给业主带来利润的河上渔场"。请愿者于 1816 年宣称，地主"清理水域"，"为开展大规模渔业而修建的昂贵设施"将失去意义。他们预言道："我们付出努力与花费的果实，将从我们手中被夺走。"由于"考虑到渔场预计带来的收益，公共估价会普遍升高"，所以这样做尤其不公平。[157] 按照渔场主的估算，旅客的小小不便不足以成为剥夺地主财产权的理由。

当然，大渔场主不太关心剥夺竞争者和其他上游地主的权利。例如，东部各县的帕芒基河渔场主对"住在河源的人"的怨言不屑一顾，并将洄游鱼类的减少归咎于下游。[159] 北卡罗来纳奴隶主托马斯·马赛厄斯（Thomas Matthias）的两位邻居亨利·班内特（Henry Bennett）和约翰·科菲尔德（John Coffield）要求阻止"洛卡霍克溪（Rockahock Creek）鲱鱼捕捞从业者"阻塞三分之二以上的河道，马赛厄斯对此感到为难。班内特和科菲尔德都是比较大的奴隶主和渔场主，两人在洛卡霍克溪两岸的土地就在马赛厄斯产业的上游不远处。马赛厄斯解释道，两人在 1810 年的提案在事实上会毁掉他的渔场，只"为了让该亨利·P. 班内特获益"。一项旨在剥夺马赛厄斯水滨地产连带权利的法律是"极其新奇且无先例的，执行则是偏颇不公且极具压迫性的，会带来极大痛苦"。北卡罗来纳州立法机关被马赛厄斯说服，驳回了班内特的投诉。[160]

19 世纪初，南方河流河口附近兴起了工业化捕鱼，对原有种植园渔场主造成了更大的威胁。商业性捕鱼从业者不是河滨地主，他们利用可通航水道这一公有财产，从船上撒下漂浮的围网或者刺网。刺网是设有活盖的竖直网格，鱼游过时就会被困住；刺网还可以固定在两岸或者两条船之间，也可以放流。商业性捕鱼方法相对简单实用。对于捕捉水面附近的大量洄游或者成群鱼类来说，漂网的效率特别高。渔夫可以建造大型木筏，把围网捞上来，直接在筏子上加工渔获。还有人在岸上用骡力绞盘把大型拖网拉到岸上，这种拖网的长度有时会超过 2000 码（约合 1800 米），横跨在南方河流河口和沿岸海峡上。拖网工在繁殖渔汛季连轴转，把溯河洄游的大西洋西鲱、红鲱和灰西鲱捞了个精光。处理几万乃至几十万条捕到的鱼需要大量劳动力。19 世纪 30 年代，弗吉尼亚商业捕鱼从业者开始向立法机关提出申请，要求在渔汛季特批引进自由黑人劳工。沿海商业性渔民开展了大规模的劳动密集型捕鱼活动，似乎打定主意不让一条鱼回到自己出生的河流。[161]

弗吉尼亚州新肯特县（New Kent County）的岸基拖网捕鱼者相信，下游的漂网或浮网严重损害了他们的渔场利益，至少在许多上游业主看来是这样的。一位渔夫作证，他在 1815 年渔汛季用围网捕到了不少于 5000 条鲱鱼，而一年前的数量是接近 7000 条。[162]在河上出现浮网作业之前，本杰明·哈里森的詹姆斯河畔种植园渔场"每年产出 1500 或 1800 美元的净收入"。但从那以后，哈里森捕鱼几乎入不敷出。[163]1817 年，波托马克河渔场主宣称，"有人——甚至不是受其侵扰之地周边的人——布下漂网和刺网，造成鲱鱼锐减"。[164] 他们于 1836 年再次提出抗议，其观察到河口处的刺网和大型围网让"捕鱼的益处和利润"得以"被少数位置的少数人获取"，商业性捕鱼从业者成功垄断了不属于他们的野外生物资源。[165]

河滨业主发起回击，鼓动制定新法以禁止在南方水域开展高强度的商业性捕鱼活动。他们的论证依据是要保护自己对土地和鱼的产权，这也在预料之中。北卡罗来纳州卡姆登县居民要求立法机关保护地主，对抗在克鲁克德溪布置围网和拖网以捞光河鱼"为业"之人。[166] 詹姆斯河与奇克哈默尼河（Chickahominy River）上的渔场主恳求立法机关查禁漂浮式围笼和渔网，他们认为这些设备"侵犯了一些请愿者的权利"。"鱼是因请愿者和其他人付出辛劳和费用才变得有价值的"，为了"确保他们对鱼的排他性使用和享用权"，上述行动势在必行。[167] 商业性捕鱼从业者没有对河流的合法占有权，他们只是在利用公共水道，榨取无主的生物资源。相比之下，河滨地主购买和改良了渔场。岸基捕鱼业主让远近居民可以花钱获得渔获，从而促进了公众福祉。按照他们对共和德性以及自耕农独立地位的表述，这个理由能够捍卫他们对河水与河鱼的占有权。

除此之外，对鱼类的开放获取威胁到了当初助力北美殖民事业的丰富自然生物资源。多年来对大西洋西鲱、灰西鲱和红鲱的无节制商业捕捞已经造成产卵渔汛的规模缩减，鱼的平均尺寸也变小了。不受监管的捕鱼行为还造成近海以小型洄游鱼类为食的鲭鱼和鳕鱼资源枯竭。变化早在1804年就显而易见了，当时诺福克县和安妮公主县的地主游说弗吉尼亚立法机关，要求其保护洄游鱼类。请愿者写道："许多人不按时令在州内海湾、大河、小溪和其他水域拖网捕鱼"，这样会"破坏州内的主要渔业资源，尤其是大西洋西鲱和红鲱"。请愿者的索赔"不是地方政策问题，也不是为了自身的特殊利益"，而是"为了本州全体的普遍福祉"，对鱼类的开放获取不符合公益。[168]

对于鱼类、公共物品和共和德性，商业性捕鱼从业者有自己的看法。为了回应1804年沿岸业主的请愿，诺福克县商业渔民痛斥一切"限制人对可通航水域河床的平等权利"的企图。其认为此等做法不仅违反宪法，而且是"不公正的、霸道的、压迫的"。诺福克县请愿者甚至更进一步，将国家争取独立说成是渔权之争。他们号称，州当局不能夺取"众多公民从独立战争结束以来就享有的一项权利"。这是"一项他们奉为至圣的权利，是父辈的鲜血为他们和他们的子孙后代争取到的权利"。如果立法机关恪守"纯粹的共和自由

北卡罗来纳州阿尔伯马尔海峡萨顿滩拖网捕鱼作业图

　　这幅19世纪末的插图展现了大规模岸基拖网捕捞灰西鲱的场面。（George Brown Goode, *The Fisheries and Fishery Industry of the United States*, Washington, DC, 1887).
　　照片来源：NOAA 国家海洋渔业署。

与人人权利平等的原则"，那就必须破除对人民自由获取野生鱼类的限制。任何向少数地主授予捕鱼"排他性权利"的法律，都是侵犯多数人的环境权利，进而会对"自由之根造成致命打击"。[169]

弗吉尼亚立法者似乎认为诺福克县的抗辩同样有说服力，于是将请愿书和反请愿书都标记为合理。这就是问题所在。双方运用平等、公民精神、自然产权等同一套共和话语来为所有财产制度辩护——从开放获取、公共权利到公有产权、私有产权。他们能成功做到这一点就表明，野外生物是多么难以被放进发展中的英裔美国人的财产制度。事实证明，鱼的流动性太强了，刻板的法网无法对其进行限制。于是，鲱鱼和其他洄游鱼类成为法律行为人，它们的行为迫使美洲殖民者纠结于产权的含义。

18、19世纪的捕鱼请愿、磨坊水坝纠纷和水法层出不穷，这不能仅仅解释成自耕农生计与市场、私有财产与公共权利、渔民与磨坊主之间的斗争。究其本质，斗争双方是鱼类与殖民法，鱼类的相关争论代表着英式殖民愿景在新生美国政治环境下的重塑。数个世纪以来，美国人已经形成了一种期望，即捕鱼自由是移民努力改造环境的报酬。然而，独立战争的共和意识形态让公民们更进一步对鱼和鱼所在的水域提出了相互对立、有时彼此矛盾的不同财产权解释。持续不断的争论揭示了野外生物对殖民事业带来的现实约束。在法律上再造天地——将自然转化为固定的、可分割的、归根到底是死物且可以被占有的一处处地界——没有考虑本土动物的习性，而美国人相信自己有权获得这些动物。鱼类搅乱了美国殖民活动的法律事务，法律无法承认野生鱼类不能与水分离，以及不能在为个人所有的生态空间中穿梭游动的事实。

【注释】

1　Inhabitants, Petition, Caroline County, November 21, 1777, VLP.

2　同上。

3　Curtis, *Jefferson's Freeholders*, 64–65; Konig, "Pendleton, Edmund."

4　Curtis, *Jefferson's Freeholders*, 64–65; Pendleton, "Pendleton to Jefferson, 3 August 1776." 关于杰斐逊的观点，参见 Jefferson, "Thomas Jefferson to Edmund Pendleton, 13 August 1776"。

5　Macpherson, "The Meaning of Property," 8. 关于18、19世纪的水权、经济发展和产权定义的变迁，参见 Horwitz, *Transformation of American Law*, 31–53; 以及 William E. Nelson, Americanization of the Common Law, 159–165。

6　Ostrom and Hess, "Private and Common Property Rights," 56.

7　Parkhurst, "A Letter to M. Richard Hakluyt," 12:300–302. 帕克赫斯特天马行空的描绘是有事实依据的。胡瓜鱼在产卵渔汛期可以被轻松地捞起来。帕克赫斯特可以"用笤帚铲成一堆，脚都不带湿的"鱼，是在卵石海滩上产卵的毛鳞鱼。参见 Rose, *Cod*, 202n. 87; 以及 Karen L. M. Martin, *Beach-Spawning Fishes*, 62。

8　Brereton, *Briefe and True Relation*, 331; Archer, *Gosnold's Settlement at Cuttyhunk*, 3.

9　Smith, *Description of New England*, 28–29, 31, 33, 56–57. 关于欧洲人对北大西洋丰富动物资源的印象，参见 Bolster, *Mortal Sea*, 39–41。

10　Grotius, *Freedom of the Seas*, 28, 37.

11　Welwod, *Abridgement of All Sea-Lawes*, 61–72.

12　Selden, Mare Clausum, 151, 355–358; Churchill and Lowe, *The Law of the Sea*, 3–4; Philip E. Steinberg, *Social Construction of the Sea*, 90–97.

13　Welwod, *Abridgement of All Sea-Lawes,* 72.

14　Philip E. Steinberg, *Social Construction of the Sea*, 98.

15　Selden, *Mare Clausum*, 442.

16　McCay, "Culture of the Commoners," 197–199, 201–202; Crenshaw v. The Slate River Company, 260–261; Bean and Rowland, *Evolution of*

National Wildlife Law, 9; Paul, *Digest of the Laws*, 200, 202. "公有渔场" 不同于"公共渔场", 后者是非排他性的、开放获取的渔场。

17　Blackstone, *Commentaries*, 4:235, 415.

18　关于大众抵制猎物法以及屡禁不止的偷猎活动, 参见 Thompson, *Whigs and Hunters*; Manning, *Hunters and Poachers*; 以及 Munsche, *Gentlemen and Poachers*。关于主张野外生物和鱼类是地主私有财产的对立观点, 尤见 Christian, Treatise on the Game Laws。

19　I. R., "The Trades Increase, 1615," 引自 Alexander Brown, *Genesis of the United States*, 2:766。

20　Pearson, "Fish and Fisheries," pt. 6, 436−437; Kingsbury, *Records of the Virginia Company*, 1:393, 410−411, 428.

21　Shurtleff, *Records of Massachusetts Bay*, 1:326−327, 256−258, 4:312, 400; Shurtleff and Pulsifer, *Records of the Colony of New Plymouth*, 11:288−289.

22　Hening, *Statutes at Large of Virginia*, 1:136.

23　［Archer］, "Description of the Now−Discovered River and Country of Virginia," 374, 376.

24　"Plain & Friendly Perswasive," 261.

25　Hening, *Statutes at Large of Virginia*, 1:59.

26　Pearson, "Fish and Fisheries," pt. 2, 353.

27　Council of Virginia, "Classes of Emigrants Wanted," 1:469.

28　Kingsbury, *Records of the Virginia Company*, 3:304. 关于盐场, 另见 Clarke, *True and Faithful Account*。

29　Pearson, "Fish and Fisheries," pt. 3, 6−7.

30　同上, pt. 3, 2, 4−7, pt. 6, 437; Biard, "Relation of New France," 3:273.

31　Barlowe, "The first voyage made to the coasts of America," 13:292.

32　Smith, *Travels and Works*, 1:113.

33　Edward Williams, *Virginia⋯Richly and Truly Valued*, 21.

34　Long, Hilton, and Fabian, "Report," 1:68.

35　"Advertisement concerning the settlement of the Cape Fear Area, 1666," 1:153−154.

36　Ashe, *Carolina*, 25−26.

37 Robert Johnson, *The New Life of Virginia* (1612), 14.

38 Smith, *Generall Historie*, 1:20, 35, 92, 302.

39 Edward Williams, *Virginia: Richly and Truly Valued*, 48.

40 Lawson, *New Voyage to Carolina*, 86.

41 Catesby, *Natural History of Carolina*, 2:xxxiii.

42 Kingsbury, *Records of the Virginia Company*, 3:439−440.

43 同上，3:459。

44 "Sir Robert Heath's Patent…1629," 1:12. 其他殖民地也有授予类似的"捕鱼、捕鸟、猎鹰、狩猎"的权利。例见 Shurtleff and Pulsifer, *Records of the Colony of New Plymouth*, 11:16；George, McRead, and McCamant, *Laws of the Province of Pennsylvania*, 160；Bartlett, *Records of the Colony of Rhode Island*, 1:99；以及 Lund, *American Wildlife Law*, 19−20。

45 "Instructions for Sir William Berkeley…1663," 1:50−51.

46 关于美国早期"自由猎取时代"的野外生物政策，参见 Campbell-Mohn, Breen, and Furtrell, *Environmental Law*, 203; Marks, *Southern Hunting in Black and White*, 29；Curnutt, *Animals and the Law*, 292；以及 Cowdrey, *This Land, This South*, 46。

47 Hening, *Statutes at Large of Virginia*, 2:456。非通航溪流以及有改良投苗的鱼塘也可以不对公众开放。例见 George, McRead, and Camant, *Laws of the Province of Pennsylvania*, 160；以及 Shurtleff and Pulsifer, *Records of the Colony of New Plymouth*, 11:16。

48 Hening, *Statutes at Large of Virginia*, 3:328, 354; Saunders and Clark, *Colonial and State Records of North Carolina*, 23:434.

49 Hening, Statutes at Large of Virginia, 2:487, 3:30; McIlwaine, *Legislative Journals*, 3:1533; Cowdrey, *This Land, This South*, 57.

50 Filson, *Discovery*, 21.

51 Hening, *Statutes at Large of Virginia*, 10:227.

52 McIlwaine and Kennedy, *Journals*, 13:129, 211; Boddie, *Historical Southern Families*, 11:2−5.

53 大约同期，别处也产生了类似争论。例见 Kulik, "Dams, Fish, and Farmers," 25−50；Vickers, "Those Dammed Shad," 685−712；Gertsell,

American Shad；以及 Theodore Steinberg, *Nature Incorporated*。

54 Inhabitants, Petition, Henrico County, November 21, 1777; Inhabitants of Chesterfield and Henrico, Petition, Henrico County, November 14, 1789, VLP.

55 Citizens, Remonstrance, Princess Anne County, December 15, 1802, VLP.

56 Inhabitants of Orangeburgh District⋯1787, "Petition Explaining That Anderson's Mill on the Edisto River is a Public Nuisance⋯," February 8, 1787, SCGAP.

57 Harry Watson, "Common Rights of Mankind," 15–16, 28–29; Kulik, "Dams, Fish, and Farmers," 46.

58 最著名的例子是生物学家加勒特·哈丁（Garrett Hardin）的《公地悲剧》一文。关于对哈丁观点的反驳，参见 Feeny, Hanna, and McEvoy, "Questioning the Assumptions of the 'Tragedy of the Commons,'" 187–205; Swaney, "Common Property," 451–453; Berkes, Feeny, McCay, and Acheson, "The Benefits of the Commons," 91–93; 以及 McEvoy, "Towards an Interactive Theory of Nature and Culture," 289–305。

59 Thomas W. Merrill and Smith, *Oxford Introductions to U.S. Law*, 21; Eggertson, "Open Access Versus Common Property," 73–75, 86; McCay, "The Culture of the Commoners," 204; Ostrom, *Governing the Commons*, 2–8 (《公共事物的治理之道》)。

60 Saunders and Clark, *Colonial and State Records of North Carolina*, 24:936.

61 Inhabitants, Petition of Inhabitants of Granville, North Carolina, Mecklenburg County, November 22, 1788, VLP.

62 Keeling, Adams, and Others, Remonstrance, Princess Anna County, December 15, 1802; Citizens, Remonstrance, Princess Anne County, December 15, 1802, VLP.

63 Inhabitants, Petition, Martin and Washington Counties, 1810, box 3, folder: Joint Committee Reports (Props. and Grievances), NCGAR.

64 Wall, *Commons in History*, 10, 94; Thompson, "Custom, Law and Common Right," 97–184.

65 Hening, *Statutes at Large of Virginia*, 1:415, 2:140, 3:467.

66 同上，8:590。

67 Swaney, "Common Property," 453; Veracini, *Settler Colonial Present*, 102–103.

68 Inhabitants, Petition of Inhabitants of Granville, North Carolina, Mecklenburg County, November 22, 1788; Freeholders and Inhabitants of Lunenburg and Citizens, Petition, Pittsylvania County, December 12, 1809, VLP.

69 Citizens of Amherst and Campbell, Petition, Amherst County, December 13, 1802; Inhabitants, Petition, Buckingham County, December 11, 1802, VLP.

70 Inhabitants, Petition of Inhabitants of Granville, North Carolina, Mecklenburg County, November 22, 1788; Residents, Petition, Fairfax County, December 20, 1836, VLP.

71 Residents, Petition, Fairfax County, December 20, 1836, VLP.

72 Inhabitants of Chesterfield and Henrico, Petition, Henrico County, November 14, 1789, VLP.

73 Freeholders and Inhabitants, Petition, Buckingham County, November 8, 1791; Inhabitants, Petition, Halifax County, October 21, 1791, VLP.

74 Cooper, *South Carolina Statutes*, 5:700.

75 Thomas Mercer and Others, Petition, Camden County, 1810, Camden, box 3: folder: Petitions (Misc.), NCGAR.

76 Citizens, Remonstrance, Princess Anne County, December 15, 1802, VLP. 有一批殖民地法律对使用公益性质的鱼类进行了规范，尤以新英格兰为最。这些法律预示了美国独立战争时期与建国初期的争论。以普利茅斯为例，只有市民可以用大西洋西鲱、红鲱或灰西鲱作为粮田补充肥力。1645 年，普利茅斯总法院对"私人"网捕鲈鱼行为进行了管制，以便桑威奇镇（Sandwich）公允地分得红鲱鱼和灰西鲱。1634 年，马萨诸塞总法院允许纽敦市民"在维诺提密斯河（Winotimies Ryver）的任何位置修建一道围网"，前提是围网位于"该镇范围内"。Shurtleff and Pulsifer, *Records of the Colony of New Plymouth*, 11:14–15, 34, 49; Shurtleff, *Records of Massachusetts Bay*, 1:128.

77　Land Holders and Inhabitants, Petition, Loudon County, March 1, 1831, VLP.

78　Proprietors and Occupiers of Fisheries on the Potomac River, Petition, Potomac River (Miscellaneous), December 16, 1817, VLP.

79　Residents, Petition, Fairfax County, December 20, 1836, VLP.

80　P. F. Bidgood and Thomas B. Beaton, Petition, Norfolk County, February 1, 1837, VLP.

81　Inhabitants, Petition, Pendleton County, November 5, 1790, VLP.

82　Freeholders and Citizens, Petition, Pittsylvania County, December 12, 1809, VLP.

83　Inhabitants, Petition, Campbell County, October 27, 1787, VLP.

84　French and Armstrong, Notable Southern Families, 75; Inhabitants, Petition, Wythe County, December 15, 1804, VLP.

85　Fishermen on the Potomac River, Petition, Fairfax County, December 14, 1816, VLP.

86　Inhabitants, Petition, Randolph County, November 24, 1795, VLP.

87　Citizens, Petition, Floyd County, December 8, 1834, VLP.

88　Saunders and Clark, *Colonial and State Records of North Carolina*, 25:69; Cooper, *South Carolina Statutes*, 5:278.

89　Inhabitants, Petition, Bedford County, May 21, 1785, VLP.

90　Inhabitants Residing Near the Great Otter River, Petition, Bedford County, November 14, 1784; Freeholders and Inhabitants, Petition, Bedford County, November 11, 1791, VLP.

91　Inhabitants of Granville County, North Carolina, Petition, Mecklenburg County, November 22, 1788, VLP.

92　Inhabitants, Petition, Johnston County, North Carolina, 1810, box 3, folder: Petitions (Misc.), NCGAR.

93　Harry Watson, "Common Rights of Humankind," 16, 41–43; Kulik, "Dams, Fish, and Farmers," 44–46.

94　Citizens, Remonstrance, Princess Anne County, December 15, 1802, VLP.

95　Residents, Petition, Fairfax County, December 20, 1836, VLP.

96　Inhabitants of Union and Spartanburg Districts, "Petition Asking That Tiger River Be Opened to Navigation and the Free Passage of Fish," October 12, 1811, SCGAP.

97　Citizens, Counter-Petition, Lancaster County, January 4, 1833, VLP.

98　Kulikoff, *From British Peasants*, 125-126; Tomlins, *Law, Labor, and Ideology*, 24-26; Huston, *Land and Freedom*, 12-13.

99　Citizens, Remonstrance, Princess Anne County, December 15, 1802, VLP.

100　Blackstone, *Commentaries*, 2:1.

101　Jefferson, *Notes*, 183.

102　Kulikoff, *From British Peasants*, 129-133; Hahn, *Roots of Southern Populism*, 58. 关于公有物与私有财产的互补关系，参见 Louis Warren, "Owning Nature," 400。

103　Sawyer, *America's Wetland*, 83-95; Victor S. Kennedy and Mountford, "Human Influences on Aquatic Resources," 205-207.

104　Gertsell, *American Shad*, 1; McPhee, *Founding Fish*, 3, 30-38, 92-93, 103, 113; Fisher and Schubel, "Chesapeake Ecosystem," 7-8, 10; Stevenson, "Shad Fisheries of the Atlantic Coast," 24:111-112.

105　关于大西洋西鲱在皮迪河水系的历史分布范围与种群萎缩，参见 Stevenson, "Shad Fisheries of the Atlantic Coast," 104, 111。

106　Tryon, Governor Tryon to Hillsborough, November 30, 1769, 8:153-154.

107　Angell, *Treatise on the Common Law*, 18-19; Novak, *People's Welfare*, 132-133.

108　Shrunk v. Schuylkill Navigation Co., 78-79.

109　Houck, *Treatise on the Law of Navigable Rivers*, 26-35. 例见 Cates v. Wadlington。

110　Novak, *The People's Welfare*, 133.

111　18 世纪和 19 世纪出现了大量旨在提升南方河流通航条件的法律。例见 Saunders and Clark, *Colonial and State Records of North Carolina*, 23:974, 24:936-937; Cooper, *South Carolina Statutes*, 5:726; Virginia, *Collection of All Such Acts of the General Assembly*, 2:11, 19-20, 125, 170;

以及 Hening, *Statutes at Large of Virginia*, 8:564–565, 11:506。

112 Freeholders and Inhabitants, Petition, Harrison County, November 12, 1794, VLP. 另见 Inhabitants, Petition, Harrison County, December 4, 1811, VLP.

113 Presidents and Directors of the Potomack Company, Petition, Miscellaneous, December 17, 1799, VLP.

114 Sawyer, *America's Wetland*, 88.

115 Fishermen on the Potomac River, Petition, Fairfax County, December 14, 1816, VLP.

116 Angell, A Treatise on Watercourses, 14–20; Adams v. Pease, 2 Conn. 481; Hooker v. Cummings, 20 Johns. 90; Palmer v. Mulligan, 3 Cains' Rep. 307; The People v. Platt, 17 Johns. 195; 以及 Shaw v. Crawford, 10 Johns. 237, 均引自 Angell, appendix to *A Treatise on Watercourses*, 1–4, 90–96, 138–148, 151–161, 175–176; Novak, *The People's Welfare*, 132–136。

117 弗吉尼亚、北卡罗来纳和马里兰殖民地分别于 1667 年、1758 年和 1669 年颁布了"鼓励磨坊建设"的法律。参见 Hening, *Statutes at Large of Virginia*, 2:260–261; Head v. Amoskeag Mfg. Co.; John F. Hart, "Maryland Mill Act, 1669–1776," 1–7。

118 Theodore Steinberg, *Nature Incorporated*, 29–32.

119 Horwitz, *Transformation of American Law*, 31, 48–51; William E. Nelson, Americanization of the Common Law, 159–160.

120 Hening, *Statutes at Large of Virginia*, 7:321–322.

121 同上, 9:579; Harry Watson, "Common Rights of Mankind," 29–30。

122 Moore County, Nov. 1792–Jan. 1793, box 4: folder: Petitions (Misc.), NCGAR. 另见 Inhabitants, Petition, Fauquier County, December 7, 1797; Citizens, Petition, Lancaster County, December 31, 1832, VLP。

123 Robert Parker, Petition, Hampshire County, 1791, VLP.

124 Inhabitants of Union, Newberry, and Laurens Districts, "Petition for the Repeal of the Law Relative to the Preventing of Obstructions to the Passage of Fish Up Tyer and Enoree Rivers," November 20, 1808, SCGAP.

125 J. Jed Brown et al., "Fish and Hydropower on the U.S. Atlantic

Coast," 280–284.

126　Thomas Field and Sundry Inhabitants of the Neighbourhood of Grasssy Creek, Petition, Mecklenburg County, November 22, 1788, VLP.

127　例见 Wimbish, Oliver, and Others, Petition, Halifax County, December 11, 1807, VLP；Inhabitants of the Counties of Nash and Edgecombe, Petition, Nash County, July 1810, box 3, folder: Petitions (Misc.), NCGAR。

128　Munford, *General Index to the Virginian Law Authorities*, 26–27; Horwitz, *Transformation of American Law*, 48; Inhabitants of the Counties of Nash and Edgecombe, Petition, Nash County, July 1810, box 3, folder: Petitions (Misc.), NCGAR; Robert Ellison and Others of Darlington County, "Petition to be Empowered to Complete Their Saw Mills on Black Creek, Despite Petitions Protesting Hindrances to Navigation and Fishing," December 9, 1797, SCGAP.

129　Inhabitants, Petition, Campbell County, October 27, 1787, VLP.

130　Thomas Field and Sundry Inhabitants of the Neighbourhood of Grassy Creek, Petition, Mecklenburg County, November 22, 1788, VLP.

131　Inhabitants of Amelia, Cumberland, and Powhatan, Petition, Amelia County, November 6, 1787; Inhabitants of Amelia, Powhatan, Chesterfield, and Dinwiddie, Remonstrance, Amelia County, October 29, 1787, VLP.

132　Nash, William, and Others, Petition, Russell County, December 13, 1825, VLP.

133　Petition of Sundry Inhabitants on Contentnea Creek, Pitt County, 1792, box 4, folder: Petitions (Misc.), NCGAR.

134　Petition of the Inhabitants, Wayne County, November 20, 1810, box 3, folder: Petitions (Misc.), NCGAR; Petition of Inhabitants, Nash and Edgecombe, July 1810, box 3, folder: Petition (Misc.), NCGAR.

135　Inhabitants of Amelia, Powhatan, Chesterfield, and Dinwiddie, Remonstrance, Amelia County, October 20, 1787, VLP.

136　Inhabitants of Culpeper and Orange, Petition, Orange County, November 12, 1778, VLP.

137　Petition of Inhabitants, Nash and Edgecombe, July 1810, box 3, folder:

Petitions (Misc.), NCGAR.

138　Petition of Inhabitants, Wayne County, November 20, 1810, box 3, folder: Petitions (Misc.), NCGAR.

139　Inhabitants of Amelia, Powhatan, Chesterfield, and Dinwiddie, Remonstrance, Amelia County, October 29, 1787, VLP.

140　Thomas Field and Sundry Inhabitants of the Neighbourhood of Grassy Creek, Petition, Mecklenburg County, November 22, 1788, VLP; Inhabitants of Union, Newberry, and Laurens Districts, "Petition for the Repeal of the Law Relative to the Preventing of Obstructions to the Passage of Fish Up Tyer and Enoree Rivers," November 20, 1808, SCGAP.

141　Inhabitants, Petition, Halifax County, October 21, 1791; Inhabitants and Freeholders, Petition, Pittsylvania County, VLP.

142　Inhabitants of Powhatan and Cumberland, Petition, December 13, 1802, VLP; Inhabitants, Petition, Fluvanna County; Citizens of Amherst and Campbell, Petition, Amherst County; Inhabitants of Cumberland and Powhatan, Petition, Cumberland County, December 10, 1807, VLP.

143　Inhabitants of Bedford and Franklin, Petition, Bedford County, December 3, 1806, VLP.

144　Citizens, Counter-Petition, Lancaster County, January 4, 1833, VLP.

145　Inhabitants, Petition, Buckingham County, December 11, 1802, VLP.

146　Harry Watson, "Common Rights of Mankind," 17–18, 38–41.

147　例见 Saunders and Clark, *Colonial and State Records of North Carolina*, 25:69; Inhabitants of Powhatan and Cumberland, Petition, Powhatan County, December 13, 1802, VLP。

148　Inhabitants, Petition, Campbell County, December 13, 1808, VLP.

149　例见 McCord, *Statutes at Large of South Carolina*, 6:341; 以及 Saunders and Clark, *Colonial and State Records of North Carolina*, 24:175–176。

150　Saunders and Clark, *Colonial and State Records of North Carolina*, 24:937–938.

151　Frederick Nash, *Revised Statutes of the State of North Carolina*, 2:185.

152　例见 Inhabitants, Petition, Halifax County, October 21, 1791; 以及 The

Petition of Sundry Inhabitants, Nash and Washington Counties, November 20, 1810, box 3, folder: Joint Committee Reports (Props. and Grievances), NCGAR。

153 Inhabitants of Cumberland and Powhatan, Petition, Cumberland County, December 10, 1807, VLP.

154 关于乔治·华盛顿的渔场，例见 George Washington, "Remarks and Occurs. in Feby. ［1770］"; Stevens, "To George Washington from Nathaniel Stevens, 3 May 1781"; Washington, "To George Washington from Lund Washington, 8 April 1778"; 以及 Dalzell and Dalzell, *George Washington's Mount Vernon*, 62, 66。

155 Walsh, "Land Use," 243.

156 Benjamin Harrison, Petition, Charles City County, January 18, 1833, VLP; Dalzell and Dalzell, *George Washington's Mount Vernon*, 66, 285n.64.

157 Inhabitants of Caroline, Hanover, and King William, Petition, Caroline County, December 19, 1799, VLP.

158 Fishermen on the Potomac River, Petition, Fairfax County, December 14, 1816, VLP.

159 Inhabitants of Caroline, Hanover, and King William, Petition, Caroline County, December 19, 1799, VLP.

160 The Petition of Thomas Matthias, Chowan County, November 22, 1810; Report of the Committee of Propositions and Grievances, December 4, 1810, box 3, folder: Joint Committee Reports (Props & Grievances), NCGAR。根据 1810 年人口普查，马赛厄斯拥有 20 名奴隶，在本区奴隶主中排名第 9 位。班内特和科菲尔德分别有 31 名和 51 名奴隶，是区内前 4 位的奴隶主，也是县内最大的奴隶主之一。不过，他们的规模比乔万县（Chowan County）最大的种植园要小得多，后者有奴隶 200 名以上。US census, 1810, Chowan County, North Carolina.

161 E. C. E. Potter and Pawson, *Gill Netting*, 5, 10−11; Gertsell, *American Shad*, 13−14, 22−31; Harry Watson, "Common Rights of Mankind," 36; Taylor, "Seiners and Tongers," 4−11; James L. Cox and George Wareham, Petition, Westmoreland County, Citizens, Receipt, Fairfax County, April 8, 1839, VLP.

162　Citizens, Petition, New Kent County, December 19, 1815, VLP.

163　Benjamin Harrison, Petition, Charles City County, January 18, 1833, VLP.

164　Proprietors and Occupiers of Fisheries on the Potomac River, Petition, December 17, 1817, VLP.

165　Residents, Petition, Fairfax County, December 20, 1836, VLP.

166　Petition of Thomas Mercer and Others, Camden County, 1810, box 3, folder: Petitions (Misc.), NCGAR.

167　Citizens, Petition, New Kent County, December 19, 1815, VLP.

168　Citizens of Norfolk and Princess Anne, Petition, Norfolk County, December 5, 1804, VLP.

169　Citizens, Counter-Petition, Norfolk County, December 7, 1804, VLP。关于商业化和公共物品的对立观点，参见 Kulik，"Dams, Fish, and Farmers," 44；以及 Harry Watson，"Common Rights of Mankind," 38-40。

CHAPTER 5

天生狂野

第五章

猎杀鹿的自由

The Liberty of Killing a Deer

乔治·坎贝尔或许会感到困惑，他的命运竟然悬在一头鹿上。他在佐治亚州法庭上接受审判，罪名与鹿、森林或打猎都无关。坎贝尔被指控"恶意射击"，这起案件是简单的袭击罪。但当检方选择按照英格兰1723年制定的《布莱克法案》对他提起死刑诉讼时，鹿在某种意义上成了法庭之友。[1]《布莱克法案》是18世纪英国严苛的"血腥法典"的一部分，它将大约50种不同的罪行定为死罪（包括残害家牛、烧毁谷仓、砍树、破坏鱼塘、发出威胁信、恶意射击任何人），而其前言里就将偷猎鹿设定为主要目标。[2]在判决1808年的佐治亚州诉坎贝尔案时，佐治亚东部巡回法庭知名法学家、坚定的共和主义者托马斯·厄舍·普拉斯基·查尔顿（Thomas Usher Pulaski Charlton）提出有关鹿的话题，以之解释为什么《布莱克法案》不适用于美国国情或坎贝尔案情。[3]正如被告所说，《布莱克法案》制定的目的是"保护皇家园林和贵族私苑免遭平民侵犯或者说亵渎"。然而，美国的自然环境与社会环境却大不相同。在一个"森林连成一片的国家"里，无法将鹿仅仅作为贵族享乐工具以供私人园林或王室森林之用。因此，这部英国法律在英属美洲殖民地"永远不可能生效"，更不可能适用于新生的各州。查尔顿还坚持认为，"鹿漫游的自然权利"一贯是不受约束的。因此，"杀死鹿的自由"也是一样。[4]

美国独立之后的岁月里，这种自然权利和自由话语承载了更深的内涵，尤其是对查尔顿这样坚定的杰斐逊主义者来说。随着18世纪末至19世纪初的美国人拉开了与英国法律权威和殖民地社会阶级的距离，为独占特权而辩护似乎已跟不上新生共和国的脚步。[5]在这种环境下，正如查尔顿宣称的那样，私人对成群漫步的野外生物的所有权主张听上去简直是荒唐的，甚至是"不美国"的。这些动物是分布广泛、数量繁多的生计、利润和娱乐来源。对更熟悉英国环境下束手束脚的"猎物法"的移民来说，野外生物一直被当作利好来宣传。白尾鹿，或许比其他任何美洲动物都象征着大众获取野外生物的阶级平等承诺。

查尔顿对"鹿的漫游"的执着也有显著意义，因为英式殖民愿景的特点是私有产权、排他所有权，以及永久定居和土地改良，而白尾鹿的活动性对其产生了挑战。鹿以其独特的方式破坏了英式移民社会的固定性，其频率比其他让殖民者和立法者牵挂的野外生物都要高。河狸贸易迫使美洲原住民猎人和商人穿越广袤空间，前往分散的河狸领地，但殖民者大多数是定居的。毛皮被送到英国商人手里，而不是与之相反。尽管狼分布广泛，但英国移民一般不会长距离跟踪狼。只要捕食动物离农场和牲畜足够远，殖民者就乐得让它们待在野外。洄游鱼类的运动路程最远，却被局限在特定的水道内，渔民等着鲱鱼在汛期回到当地的河溪而不会出去找鱼。相比之下，鹿会鼓励殖民者走动，有些情况下还需要走远路。猎鹿人将成熟的英国定居点的理性秩序抛在身后，追逐白尾鹿深入西部"连成一片的森林"。

在美国独立战争时期与建国初期，鹿、美洲原住民与殖民者在阿巴拉契亚山区南部的遭遇产生了两种对立的猎场观念。

第一种观念来自南方内陆居民，他们将美洲的鹿视为免费的资源，其既是生计来源，也有商业价值。猎鹿人跟着鹿侵入了邻居的私有领地，在这个过程中，猎鹿人破坏了领地边界的不可违抗性，也损害了殖民者对自有土地所做的规范改良。当殖民地立法者试图将猎场限制在成熟的英国定居点周围时，他们也就将猎鹿人推向了边缘地带，并最终推动猎鹿人翻过阿巴拉契亚山，来到依然能够找到大量白尾鹿的开放无主空间。高流动性的猎鹿人将一种新的、粗放的英裔美洲定居模式传播到了南方内陆和边疆各地，这种模式的特点是定居点存在时间短与混合自给自足经济。南方边疆家庭将打猎、散养放牧与有限的农业生产结合起来，没有多少动力去精耕细作，他们甚至都不太愿意定居。相反，他们追寻的是自由进入公共猎场，在那里可以利用各种野外生物，尤其是鹿。[6]这样产生的结果不是经过理性设计和法律批准的英式殖民过程，而是一种看似杂乱无章的跨阿巴拉契亚边疆的美式占领过程。

第二种猎场定义来自殖民者与美洲原住民的冲突，冲突围绕印第安人猎取鹿和其他野外生物的广阔区域所展开。为了阻止暴力边境冲突，英属美洲当局从18世纪中叶开始将阿巴拉契亚山区南部的某些区域指定为"印第安猎场"，此举一度阻止了美国政治控制范围的扩张，迟滞了边境移民活动。猎场的法律建构将印第安人的所有权主张与土地上的鹿——而非土地本身——绑定在一起。理论上，法律禁止欧洲裔美洲人获取鹿和土地。印第安人占有了自己的猎场，但前提是猎场上还有鹿在漫游。

总的来说，独立战争时期的牧场观代表了美国对殖民主题的独特变奏，即强调野外生物与独立、自给自足、西方边疆业主身份的互补关系。在18世纪的进程中，美国殖民者设想出了新的占有主张类型——这种主张在英国法律中没有类比对象。这些争议主张与鹿和其他在南方边疆漫游的野外生物之间有直接关联。在肯塔基，美国殖民者将猎场设想为"巨大的自然公园"，猎场是公共场所，白人移民可以无限制地获取无主的野外生物。而到了更南边的南北卡罗来纳西部、田纳西和佐治亚北部，英属美洲当局向印第安人授予了某些具有法律强制力的猎场权。尽管受保护的猎场为切洛基人、克里克人、切克肖人（Chickasaw）和其他南方部落赋予了对鹿和土地的排他性种族特权，但归根到底，这些权利就像它们的基础——白尾鹿一样飘忽。为了证明剥夺和迁移的合理性，19世纪初的美国立法者炮制出了"印第安权利"暂定说，接着又以鹿为由夺走了美洲原住民的土地权利。猎场的法律地位——是美洲原住民的财产，还是殖民者的公地——贯穿了整个独立战争时期乃至19世纪初。这个悬而未决的问题塑造了美国西部边疆的新殖民路线，也无意间使白尾鹿在这个过程中扮演了能动的角色。

鹿的数量那么多

在最早的英国观察者看来，北美洲似乎"盛产鹿"[7]。16、17世纪的殖民宣传家将南方描绘成一片有"无穷多"鹿的地方，以至于"整片土地似乎只是一片连绵的鹿苑"。[8]这些报告并非夸张。在欧洲人刚接触北美洲的年代，东部白尾鹿（*Odocoileus virginianus*）确实数量大、分布广。据生物学家估计，在前殖民时代，北美洲白尾鹿数量在2000万到3000万头之间。[9]17世纪初，安德鲁·怀特神父对白尾鹿数量之多有一段定性的描绘。他曾轻描淡写地宣称，马里兰的鹿多到"麻烦大于益处"的程度。[10]乔治·艾尔索普表示，切萨皮克的鹿"很少怕人，或者不怕人"。这种动物在独特的美洲野外环境中"漫步吃草"——这座"鹿苑"的"边界和围栏只有汹涌澎湃的大洋"。[11]白尾鹿没有被围起来，也没有主人，只等着殖民者去关注。

尽管在欧洲人殖民之前，美洲的鹿确实数量众多，但在大陆上的分布并不均匀。从历史上看，鹿群密度最高的地方是东部沿海湿地，以及密西西比河以东的河床森林和高原林间空地。在这些区域内部，鹿还会选择特定的空间居住，也就是边缘栖息地。在这些森林与原野的过渡地带，或者溪流湖泊沿线，鹿可以找到它们偏爱的食物来源，即草、灌木和树苗。东南方的印第安人了解鹿的习性，常常会通过清理林地和定期烧荒的方式营造有利于白尾鹿的生存环境。这些培育适宜栖息地的努力表明了鹿对于与欧洲人接触之前的美洲原住民经济至关重要。从古代到16世纪，鹿都是东南方部落的主要陆地肉类来源。尽管原住民的高强度狩猎或许会造成局部地区的鹿的数量减少——比如弗吉尼亚沿海低地地带，但由于印第安人会季节性流动，还会定期休养猎场，所以动物数量能够恢复到让英国人在与之初次接触时感到值得一提的水平。在切萨皮克地区，早期英国人文本中关于白尾鹿繁多的记载极为普遍，于是白尾鹿有了"弗吉尼亚鹿"这个通称。[12]

对英国人来说，大量自由漫步的鹿之所以值得一提，是因为鹿凸显了美洲野兽和英国猎物之间的主要区别，即美洲的鹿没有主人。在不列颠群岛，从11世纪的《森林法》和14世纪的《狩猎资格法》开始，越来越多的法律限制了对鹿的获取。早期英国捕猎法从法律上将一部分野外生物从天生野兽重新界定为"猎物"，这个过程在美洲法律中一度得到了逆转。英国法律限制捕猎权，而领地持有者凭借地主身份有权获取猎物（ratione soli），君主与蒙受御恩之人拥有获取猎物的特权（ratione privilegii），早期森林法和狩猎资格法划定了法律界限，为17、18世纪的猎物法奠定了基础，后者将包括鹿在内的"士绅猎物"的私有产权赋予了鹿苑、兔场和开放猎场的主人。[13]

从诺曼征服到19世纪初，英国当局都用严刑峻法对抗在王室领地和私人鹿苑内偷鹿的行为。征服者威廉的《森林法》要求对偷猎者施以刺眼或阉割之刑，臭名昭著的 18 世纪《布莱克法案》更是将非法杀鹿定为死刑，最低也是流放。自耕农、劳工、伐木工和一些乡绅抵制特定阶级对鹿的独占，尤其是对围起来的荒地和树林不能让本地人使用的情况。尽管英国用苛刻的法律将捕猎权局限于精英阶层，但英国鹿的数量还是在几百年间稳步减少。早在 16 世纪，英国原产鹿种之一的狍子在英格兰南部和米德兰地区就基本灭绝了。于是，精英也和平民一样，渐渐将鹿和鹿肉视为格外罕见之物。[14]

难怪殖民宣传家会强调美洲野鹿众多，并将其与英国殖民事业的成功联系起来。艰苦挣扎的弗吉尼亚公司用美洲盛产鹿来反驳那些抹黑殖民事业的"恶意报道"，弗吉尼亚理事会在 1610 年的公告中列举了"本地野兽"，声称其中鹿的数量相当于全欧洲公牛的数量，这是"将心比心"之言。理事会觉得英国读者可能会怀疑这样的大话，于是给出目击证人的证词来支持自己的辩护。在英国殖民要塞的周边区域，殖民者经常看见一群群数目上百的鹿。另外，原住民也"以鹿皮为衣"。英国船长克里斯托弗·钮波特从印第安人那里获得了"数不尽"的鹿皮，还看见"波瓦坦族的一间衣库里堆着"几千张鹿皮。为新生殖民地辩护的人总结道：弗吉尼亚的鹿代表着"所有西班牙人在整个墨西哥王国都没有找到的庞大兽群"[15]。弗吉尼亚的财富不是金银，而是鹿皮。

随着英国殖民者转向定居，作者们开始强调鹿能够如何被纳入每个殖民者的家庭经济。对切萨皮克家常饮食的描述中出现了鹿肉，英国的高端美食变成了美洲的寻常食物。旅行家评论道：

鹿的数量那么多，没有一家不吃鹿肉。[16]

为了激发英国国内贫民的口腹之欲，约翰·哈蒙德漫不经心地指出，在17世纪中期的切萨皮克定居点，鹿肉"是一种被吃腻的肉"[17]。约翰·莫里斯也表达了类似的观点，即认为鹿肉在南卡罗来纳种植园主中"不太受推崇"，因为鹿肉是他们的家常便饭。[18]在此类宣传的鼓动下，英国移民来到殖民地时，惊异于所见的每一块土地上都有鹿、每一张餐桌上都有鹿肉。

鹿不仅是数量多，而且是野生的。博物学家约翰·劳森在1709年强调，美洲鹿不同于英国鹿的地方在于其没有主人。他写道：在卡罗来纳省打猎是"最渺小的种植园主独断的自由，因为他就是省里最尊贵，或者最富有的人"。殖民地的鹿没有被"圈禁或保护在界线之内"供精英享乐，"贫苦的劳工"也有"充分的权利"，仿佛"他主宰着一个大猎场"，可以在餐

天生狂野：北美动物抵抗殖民化

桌上享用野味"美食"。[19] 按照约翰·莫里斯的说法，南卡罗来纳的鹿"在林子里非常多"，当地人"也不像（在英格兰）那样不被许可杀鹿"。[20] 这些保证变成了宣传口号，引起了习惯于英国猎物法的"嚣张跋扈"的移民们的共鸣。[21]

殖民地当局对鹿和猎鹿的法律态度迥异于英国本土。早期的弗吉尼亚法律认为，殖民者"在公共树林、森林或河流中杀鹿或其他野兽及捕鸟"是"便利之举"。[22] 殖民地官员接受了先前的"自由获取"政策，授予英国移民猎鹿的自由，但这些保障并非总能延伸到原住民身上。[23] 对危机四伏的弗吉尼亚殖民者来说，印第安人的猎鹿活动似乎尤其危险，他们无法苟同，因为白尾鹿的习性让猎人不得不隐匿潜行。

在 17 世纪前几十年的盎格鲁–波瓦坦战争期间，弗吉尼亚立法者禁止殖民者向印第安人提供打猎用的枪支弹药。[24]1618 年，弗吉尼亚公司发布指令，禁止英国人教印第安人"开枪射击"或者"猎鹿或猪"，"否则教学双方都将被处死"。[25]17 世纪三四十年代颁布的法律禁止"各色人等""招揽印第安人猎鹿或其他猎物"，以及为其提供武器。[26] 然而，弗吉尼亚种植园主常常会无视或者避开官方限制，利用美洲原住民为他们供应鹿肉和鹿皮。在 17 世纪后期的几十年里，逐渐成熟的殖民据点放松了对捕猎的管控，至少对附

第五章 猎杀鹿的自由

283

庸的印第安人有所放松。17 世纪 50 年代，弗吉尼亚授予"印第安人在所有荒地和没有围栏的土地上打猎的自由"，还允许印第安人自由使用自有枪支弹药，"在他们自己的疆界内不会受到任何人的阻挠或骚扰"。[27]不过，这些权利是暂时性的，成立的前提是土地上无人定居。

到了 17 世纪末，印第安人和殖民者同样享受着约束比较小的野鹿获取权。然而，自由获取是有代价的，代价便是英国人的种植园和城镇周围的白尾鹿资源迅速耗竭。弗吉尼亚立法机关意识到了限制猎鹿的必要性，于是在 1699 年通过了美洲最早的物种保护法之一。[28]殖民地发现之前有大量的鹿"在体质很差、身怀幼崽的情况下被猎杀在积雪之中"，于是规定禁止"在不合时宜的季节杀鹿"（2 月至 7 月）。[29]由于英国人定居点附近的鹿群数量持续减少，当局于 1705 年延长了禁猎期。[30]

跨大西洋鹿皮贸易的发展让问题更严重了。对东南沿海部落来说，他们从第一次与英国人接触时就开始进行殖民地鹿皮贸易了。切萨皮克和卡罗来纳东部的印第安人远离最优质的河狸地带，因此近在眼前的鹿皮就成了利润最丰厚的货品。早在 1609 年，亨利·斯佩尔曼就已经看清了这种商品交换的经济和生态影响。这位勇敢的切萨皮克译员兼商人发现，弗吉尼亚印第安人常常打鹿而只为取皮，鹿皮是"他们最渴望的东西"[31]。随着殖民地市场在 17 世纪的扩大，印第安人猎取鹿皮的强度增大了。17 世纪末，劳森在卡罗来纳边疆看到几百名塔斯卡洛拉族（Tuscarora）印第安人放火驱鹿。通过这种方式，塔斯卡洛拉族获得了"与英国人做贸易用的鹿的毛皮"[32]。随着印第安人设法扩大产量，更有效地争夺欧洲贸易品，这种大规模集体捕猎活动便愈发普遍。[33]殖民当局则企图管控贸易，借此促进本土产业的发展。17 世纪中期，弗吉尼亚通过了多部基本没有效果的法律，规定禁止将未经加工的鹿皮运出殖民地。1682 年，弗吉尼亚最后一次尝试阻止未经加工的鹿皮出口，结果惹怒了海关专员。英国贸易委员会要求撤销禁运法，并坚持认为未经处理的毛皮应当被运往英格兰。[34]

在 18 世纪前期，英国皮革业受到本土原料减少的影响，美洲鹿皮变得更重要了。从 1710 年开始，欧洲反复爆发牛疫，造成英格兰牛皮供应枯竭。[35]产于以东南殖民地为主的美洲鹿皮保住了英国皮革工匠的生意，也让印第安人参与跨大西洋经济体系。1733 年，詹姆斯·奥格尔索普（James Oglethorpe）写道：南卡罗来纳和佐治亚原住民是"优秀的猎手"，向英国种植园供应鹿肉、向英国商人供应鹿皮，因此"有益于"殖民地。[36]新奥尔良、查尔斯顿和奥古斯塔成为主要出口中心，其每年在集市上从猎人手中收购的鹿皮数以千计。威廉·斯蒂芬斯（William Stephens）在1740年写道："印第安贸易"对佐治亚殖民地奥古斯塔的地方经济助益甚大。城里商人的大船每年向英格兰输送"约9000—10000磅鹿皮"。有600名左右殖民者以此为业，包括英国商人及其仆从和各路马夫。每年春天，2000多匹驮马会载着"各种优质英国货"离开奥古斯塔，"印第安人用鹿皮、河狸皮和其他毛皮支付费用"，他总结说这是"一种对英格兰非常有利的买卖"。[37] 鹿皮在18世纪前期成为卡罗来纳价值最大的出口品，而且其市场在之后的几十年里急剧扩大。查尔斯顿的出口量从1704年的4.9万张增长到了18世纪50年代末的13万张。随着美产毛皮的需求量在18世纪中叶达到顶峰，从事这门行业的欧裔美洲人变多了，并与印第安集市猎人争夺残存的白尾鹿。[38]

如此规模的商业性鹿皮狩猎给整个东南部的白尾鹿种群带来了毁灭性的威胁。有人将滥捕归咎于美洲原住民。罗伯特·贝弗利给印第安人的放火猎鹿打上了浪费的标签，说原住民猎人"造此杀孽主要是为了鹿皮，尸体大多任其在林中腐烂"[39]。马克·凯茨比写道：在英国殖民者到来前，卡罗来纳印第安人"只把鹿皮和其他兽皮用来当衣服穿"。跨大西洋市场改变了这一切。现在，原住民会物物交换，"把皮交给欧洲人，换取其他他们过去根本不了解的衣服器物"，比如"枪支、火药、弹丸、毛衣、斧头、水壶、粥锅、小刀、朱砂、珠子、朗姆酒等"，而换来的欧洲火器让印第安人得以"大肆杀鹿和其他动物，远胜于之前用原始弓箭的年代"。[40] 威廉·巴特拉姆同样称印第安人的捕猎行为浪费，认为其动机是对英国贸易品的欲望。他在《游记》中写道：

> 他们对鹿和熊发起了永恒的战争，获取食物、衣物和其他必需品及用品；实话说，他们已经过分到了不可理喻乃至犯罪的程度。

巴特拉姆总结道：印第安人震惊于"海外的物产丰盈"，于是把鹿牺牲掉，只为了满足自身刚刚被发现的消费欲望。[41]

不过，鹿群减少的罪过不能全怪到美洲原住民头上，殖民者也有责任。[42] 到了 18 世纪中期，这两群人的捕猎活动明显已经耗尽了长期定居地区的鹿群。1772 年，弗吉尼亚议会准备采取激进手段，明令禁止捕鹿，并宣称"本殖民地定居区域的鹿种有灭绝的可能"。立法者坚称，如果鹿的数量不足，移民将"不仅失去这种有益且宜人的美食，鹿皮贸易也会大为缩减"。为了不让鹿消失殆尽，殖民地在四年时间里完全禁止杀鹿。[43] 一年后，殖民者向议会申请撤销禁令，因为在他们看来禁令已经达到了目的。尽管请愿在 1774 年被驳回，但阿默斯特县（Amherst County）居民没有放弃，于 1775 年再次抗议。这一次，议会撤销了禁令。[44]

即使白尾鹿在殖民点周边数量减少，但它们依然是美洲丰富动物资源的象征。这些野兽数量众多且性情温顺。对殖民者来说，鹿并非奇异或不熟悉的事物。来到美洲的英国男女原有一套文化价值观和历史记忆，其将鹿与贵族独享但有争议的特权联系在一起。但在一个鹿没有主人也不受约束的环境中，每个人都享有原本属于英国贵族的特权。猎杀白尾鹿还会带来鹿皮之利，而且尽管自由放任造成了鹿的局部枯竭，但在地平线外的不远处，在英国人领地边缘的蛮荒地带似乎总能找到鹿。野外，通过鹿的形式对英国殖民者产生了强大的吸引力。他们所需要的，只是跟着走的意愿。

像鹿一样"野"

1768 年第一天，英国国教会巡回牧师查尔斯·伍德梅森（Charles Woodmason）在南卡罗来纳内陆沙丘做了一场布道，听众是聚集在格兰尼阔特溪（Granny's Quarter Creek）的"繁杂人等"。他抱怨这是"我亲眼见过的，或者说在这片森林里遇到过的最低级的一群无赖"。伍德梅森性格刻薄，确实对任何人都没有好话。在他看来，这群以"猎杀鹿"为生的"下流阶级"移民吸收了猎物的最恶劣特质。他们在仪式期间不老实坐着，"一直前摇后摆"，伍德梅森对"治理这个部落"感到绝望。男人和女人来听布道时都是衣不蔽体、赤脚裸腿，"俨然处于自然状态"，他总结称，他们"像鹿一样野"。[45]

这个比喻是故意的，也是恰当的。伍德梅森故意不用野兽，而是专门用一种行踪不定的动物来形容"俨然处于自然状态"的内陆居民。与鹿一样，伍德梅森试图管控的野外"部落"不停地移动，不顾体面的界线，从而扰乱了他的仪轨。伍德梅森选择了这样一种常见动物来作比较：白尾鹿在殖民地环境，尤其是南卡罗来纳经济中占有突出位置。尽管伍德梅森可以批评游走的人群不受秩序，但他大概不能怪鹿，因为鹿天生狂野。

伍德梅森暗示，鹿的野性已经传染了南方内陆。他的批评并不算离谱。对18世纪中叶生活在殖民地开拓边缘地带的许多人来说，白尾鹿是一种重要的经济资源。这些人的东边是历史较久的成熟定居点，西边是阿巴拉契亚山脉和印第安人盘踞的土地。在许多情况下，为了寻找鹿多的地方，殖民者会被引入深林——

不是像英国殖民者期望的那样"定居"下来，而是四处游走，殖民地官员对此颇怀疑虑。对英裔美洲猎人来说，自由获取野外生物，尤其是白尾鹿，要比独占土地的权利更重要。猎鹿人无视有主与无主的界线，猎物恰巧走到哪里，他们便跟去那里。他们的擅闯行为令当局不安、令地主恼火，也打乱了英国殖民事业。猎鹿人于18世纪在南方内陆造成了广泛存在的混乱，伍德梅森在那些信众身上见到的乱象，只是一些小小的例子。

乱象是由白尾鹿和猎鹿人共同造就的。鹿的习性塑造了猎人的行为。白尾鹿胆小易惊慌，其防备捕猎者——狼、熊、人——的主要手段是隐匿和逃跑。鹿是按照逃跑战术的需求来选择活动范围的。鹿忠实于这些它们熟悉的环境，坚持在这里生活，它们在头脑里已经规划好了行动路线和越过逃跑的障碍。据野外生物学家测算，白尾鹿大部分时间生活在平均1平方英里（约合640英亩，1英亩约合4000平方米）的范围内，但年际活动范围会根据气候、性别、季节、人类干扰、遮蔽和食物来源的可得性而有很大差异——下至100英亩、上至7500英亩。在食物和遮蔽充足的南方森林，鹿的活动范围一般较小，而生活在北方、山区或者草原的鹿则活动范围较大。鹿会组成小型的社会群体，通常是一只成年母鹿带着自己幼崽为家庭单位，或者是单身年轻公鹿形成的群体。白尾鹿在白天寻找有遮蔽的区域，在黄昏和黎明时分开始活动，它们会占据森林与开阔平原之间的边缘地带。定居的英国人制造出更多白尾鹿喜爱的过渡环境，因为殖民者会垦林种田。由于这种环境变化，再加上狼和熊数量减少，所以殖民者定居点周围的白尾鹿数量可能在短时间内有所上升，从而造成了动物繁多的印象，促进了猎人的活动。[46]

殖民地猎鹿人采取了顺应白尾鹿习性的做法，同时也服务于发展中的以资本出口为导向的鹿皮经济。半独居、行踪隐秘、在限定区域内活动的白尾鹿遇到了养成同样习惯的猎鹿人。猎鹿人像鹿一样游走，生活在野林与农田之间的边缘地带。猎鹿人通常独自行动，隐匿、潜行于昼夜之间的空间，手里拿着一杆枪，或许还有一支火把。狩猎活动与狩猎经济不完全属于英国人，也不完全属于美洲原住民。由于鹿会活动，地盘又离农庄近，这便鼓励猎鹿人跨越私人领地的界线，并在这个过程中威胁到其他移民的农业改良活动。因此，殖民地当局开始将猎鹿人视为违法乱纪之徒。猎鹿人跟着鹿越过了想象中的殖民者属地边界，暴露了英裔美洲边界线的法律拟制属性。自由获取是英国宣传家口中新旧大陆的一大区别，而到了18世纪中叶，这种政策也带来了社会失序的种子。

17 世纪的殖民者享有捕猎自由，因此猎鹿人几乎可以在任何地方"不受约束或惩罚"地逐鹿。猎鹿人不仅可以在荒地和公地杀鹿，很多情况下也可以追逐鹿而进入私人领地，并不会遭到擅闯的指控。弗吉尼亚立法要求猎人获得地主允许方可捕猎，还规定未经主人同意在有界地域内打猎应缴纳罚款。尽管法律限制了殖民者打猎的权利，官员却会灵活通融——只有标识明确的有界地域才不许猎鹿人进入。即便是这种情况，地主也必须先至少警告一次闯入者，或者公开宣布自家领地不对猎鹿人开放，然后才能指控猎鹿人擅闯。[47]

然而，猎鹿人的擅闯问题在 18 世纪变得更严重了。随着东南部商业性鹿皮捕猎活动的加剧，立法者禁止在私有土地上"非法开枪放牧"，以此约束鹿皮猎人。[48] 然而，大地主仍然保有打猎自由。弗吉尼亚在 1705 年制定了有关"土地确权勘界"的法案，允许拥有 6 名或以上奴隶的地主追鹿进入邻居的领地而不受处罚。[49]1745 年，北卡罗来纳当局只允许有"固定住处"且在前一年耕种 5000 垄(corn hills)者打猎。1768 年，这部英式资格法将打猎的财产要求提升到了 100 英亩（约合 0.4 平方千米）或一年耕种 10000 垄以上。违者将处以罚款或鞭刑。立法者坚称这些法律是必要的举措，目的是避免"众多居无定所、目无纲纪的浪荡之徒"在"属于国王的荒地和属于他人的土地"上面打猎。[50] 这样一来，殖民地当局重新定义了狩猎权，并将其窄化为定居地主的特权。

这些18世纪的猎鹿法将猎鹿人的流动性与社会失序联系了起来。南方立法者明显是在针对漫游的集市猎人，并将他们称作"懒散无序之人"。南卡罗来纳有一份保护鹿群的法案，形容非法猎人"在域内上下游走不息"，杀鹿仅为取皮。[51] 佐治亚立法者将猎鹿人称作"游民"，这些人"没有自家土地作为固定住处"，喜欢"各处游走"。[52] 北卡罗来纳的第一部资格限制法案的序言里说，"大量懒散无序、不事定居之人"是法律意图管控的麻烦。这部1745年的法律并不禁止管家乃至奴隶在"属于雇主的土地，或属于国王的荒地"上猎鹿，前提是在其住处5英里的范围内。之前有法律禁止人们在他人的土地上打猎，不过"邻接田产"除外。北卡罗来纳在1770年对打猎施加了更进一步的限制，规定任何人在不属于自己的土地上私猎皆为非法。[53]18世纪南方狩猎法中有一条反复出现的常见内容——担忧鹿皮猎人的流动性会对定居秩序和私有产权构成重大威胁。

这些威胁有多种形式。即便猎鹿人待在界外，他们打猎的方法也会损害到私有财产。火、子弹、狗、狼——这些鹿皮猎人的手段会侵犯业主圈围的土地，造成实质性损害。火猎的意思是放火把鹿聚拢起来并

第五章 猎杀鹿的自由

293

赶向猎鹿人，还有夜里用火把照鹿而使其僵立原地。到了18世纪60年代，火猎已经成为南方内陆地区的一大祸患。[54] 佐治亚批判"放火打猎的危险行为"对畜群和牧主有害。[55] 南北卡罗来纳立法者也对猎鹿人给牲畜造成的伤害表示忧虑，猎鹿人在夜里会误射牛马，有时还会伤人。[56] 猎鹿人在森林里放的火常常会烧过田产界线，毁掉干草堆和农舍。1777年，北卡罗来纳立法者企图彻底将火猎定为非法，指出"频繁的放火烧林"会"伤害猪牛，对土壤损伤尤其大，而且常常会毁坏篱笆和其他改良设施，对种植园主和农场主造成致命后果"。[57] 放狗驱鹿也"会伤害牲畜"[58]。最麻烦的是集市猎人把鹿的皮剥掉、身子丢在林中的做法。当局抱怨道："狼、熊和其他恶兽"被猎鹿人的疏忽"喂饱养大"，移民的牲畜由此受害。[59]

猎鹿人本身也是社会不稳定因素。在18世纪中期的法律话语中，"无法无天"、永远游走在法律边缘的深林鹿皮猎人是一个关键形象。1769年，南卡罗来纳副总督威廉·布尔（William Bull）对"放荡游猎"表示忧虑，认为这种做法会"危害边疆定居点的公共安宁"。[60] 北卡罗来纳立法者宣称，猎鹿人正"大量聚集在林中扎营"，他们联合起来是"为了互保自卫"，对抗企图"给他们中的任何人立任何规矩的人"。[61] 一旦狩猎季结束，"懒散游荡"的鹿皮猎人可能就会"杀

水中猎鹿

　　乔治·卡特林（George Catlin）绘于 19 世纪 50 年代，展现了猎人借着火光在萨斯奎汉纳河猎鹿的场景，这是火猎的一种方式。

　　照片来源：耶鲁大学拜内克古籍善本图书馆。

牛偷马，犯下其他恶行"。[62] 佐治亚官员指控猎鹿人倒卖偷来的马匹，整体上看是"对所有守法良民的骚扰"[63]。殖民地当局认可内陆移民的看法，后者要求"对猎人施加一定的管束"[64]。

　　独立战争期间，东南方鹿皮贸易达到顶峰，南方农民与猎鹿人间的冲突也变得尤为激烈。立法者偏袒把时间投入农耕而非狩猎的移民，企图借此平息内陆地区日渐紧张的局势。卡罗来纳匡世军（Carolina Regulators）原本经常聚集起来反抗腐败的政府官员，如今却发现自身利益与殖民地领导层在这个话题上达成了一致。南卡罗来纳匡世军批判在深林中游荡的猎人，说他们"无家无室"、浪迹乡里，而副总督布尔也斥责这些"偏远地区的居民宁愿游荡不羁，以狩猎为业，也不从事更正直、安稳的稼穑"。[65] 佐治亚立法"惩治游民与其他闲散人员"，专门针对无地人的擅闯行为。猎人"或四处游荡，或寄宿酒家农房，或露天为居"。立法者宣称，这些游民的生计来源是在"偏远地区"打猎，以"未经授权定居在国王属地"为务。猎鹿人平整土地，修筑陋舍，"自诩有权占有土地"。非法占地者打算等把鹿打完了，就把"这块土地卖给下一个来的人"，自己则迁到"更远方的地方"。这种居无定所的模式对殖民者造成了损害，他们本来可以"通过耕作和改良该处土地成为有益的居民"[66]。英式殖民

天生狂野：北美动物抵抗殖民化

的特点是合法占有、有序定居、合理熟地，这种观念容不得鹿和以猎鹿为生的人。

到了独立战争时期，弗吉尼亚、南北卡罗来纳和佐治亚当局都得出结论，认为不受监管的狩猎与移民定居不相容。商业性鹿皮猎人对私有财产构成了新的威胁，立法者因此拓宽了擅闯的定义，以便约束阿巴拉契亚山脉以东的猎鹿人的活动。一份南卡罗来纳的法案限制了猎鹿人的活动范围，即仅限于住宅半径7英里（约合11千米）以内。[67] 此外，猎鹿法允许治安官拘捕任何到外县打猎的"形迹可疑的闲散之徒"[68]。不过，正是独立战争为官员提供了约束那些威胁公共秩序的猎鹿人的终极手段。北卡罗来纳政府给已定罪的火猎人的惩罚是在大陆军中服役3年，而告密者可免服兵役12个月。[69] 南卡罗来纳于1778年颁布了一道类似的法令，强制从事火猎的"游民"加入州民团。非法猎人被强制变为军人，再也无法对州内"勤业居民造成负担和伤害"了，其反而可以"服从纪律管束，为美国做出一定贡献"。[70] 最起码，各州可以确保猎鹿人不再有权任意游荡。

独立战争时期限制猎人行动自由的法律，与一个世纪前殖民者享有的打猎自由形成了鲜明对照。立法意图是限制猎鹿人的行动，削弱阿巴拉契亚山以东的狩猎权。由于法律限制增多，加上鹿群数量锐减，狩猎鹿与鹿皮的地域发生西移，猎鹿人被驱往更偏远的区域和美洲原住民的地盘。那里，在英属领地蛮荒的西部边陲，也在东部捕猎与擅闯法规的范围以外，还有着广大的地域，野鹿依然在那里游荡。[71] 当局在 18 世纪末将这些地方指定为"猎场"，企图规范殖民地的土地使用。随着鹿皮猎人向阿巴拉契亚以西的猎场转移，他们引发了围绕新土地与当地野鹿所有权的严峻问题，这些问题将会塑造美国的西部殖民事业。

他们的天然大鹿苑

1769 年 12 月下旬，丹尼尔·布恩（Daniel Boone）与妹夫约翰·斯图尔特（John Stewart）遭到一伙肖尼族印第安人突袭，后者正从格林河（Green River）牧场返回奇利科西（Chillicothe）老家。初夏的时候，布恩和其他五名北卡罗来纳的"长途猎人"进入肯塔基，准备积蓄兽皮，尤其是鹿皮，再到东南部的贸易集市出售。然而，印第安人痛恨他们闯入肖尼族主张的领地。肖尼族人的首领威尔·埃默里（Will Emery）没收了两人的枪，洗劫了他们攒的皮毛，并警告他们不许再回来。他宣称，此地是"印第安人的牧场，所有动物和毛皮都属于我们"。如果布恩、斯图尔特和其他白

天生狂野：北美动物抵抗殖民化

人偷猎者"蠢到敢再来"，埃默里保证他们"一定会遭到胡蜂和黄蜂的痛叮"。[72]

在有争议的肯塔基土地上，肖尼族人与北卡罗来纳猎人针锋相对。这两群人都没有生活在这里，却都自称有权在当地猎鹿。对埃默里这样的美洲原住民来说，肯塔基是"印第安人的猎场"，但对边疆移民来说，肯塔基是"一座天然的大鹿苑"，是盛产"繁多野兽"的荒野。[73] 在这里，兼营农牧者可以收割美洲动物资源的益处，而在阿巴拉契亚山脉以东，由于高强度的商业化狩猎活动以及法律限制增多，动物资源正在迅速枯竭。西部依然有大量野外生物可以自由猎取。[74] 按照一本早期的布恩传记作者的说法，肯塔基的"广大荒野"俨然是"第二天堂"。边疆移民看到的动物"不了解人的暴行，所以不怕人"，而且"西境到处都能找到"舔盐地，这引来了"令人惊叹的兽群"——有鹿，也有野牛。在这块野外胜地，布恩一行人的"打猎成果丰厚"，只有"数不清的动物不断出现在（猎人）眼前"，因而让人眼花缭乱。即便与肖尼族剑拔弩张，也无法阻止他在返乡后依然带着家人"尽快前往肯塔基居住"[75]。

布恩在1769年发现的野外天堂并非只是一个生态现象。在人类与环境因素的共谋下，肯塔基在18世纪中期成为一处几乎无与伦比的猎场。肯塔基与俄亥俄河谷位于易洛魁帝国西陲，17世纪时在原住民之间发生过多次激烈的对峙。所谓"河狸战争"将肖尼族赶到了边缘地带，也清空了当地的人类居民。冲突暂时减弱了狩猎压力，野外生物成为土地的主人，鹿和其他野兽由此获益。在1701年的"蒙特利尔大和解"结束了河狸战争后，肖尼族与特拉华族（Delaware）、明戈族（Mingo）和其他印第安族群开始重返俄亥俄河谷，在北岸建立了多族混居的村庄，还会定期进入肯塔基狩猎。切洛基族、尤奇族（Yuki）和切克肖族怀着同样的目的从南边而来。[76] 难怪在欧裔美洲观察者看来，肯塔基似乎"被视为一处东西南北的各个部落所公有的猎场"[77]。

肯塔基是野生动物熟悉的家园，且似乎无人久居，因此很容易被看作一处"天然大鹿苑"[78]。土地开阔，森林广袤，大型哺乳动物众多，包括成群的异域野牛和具有商业价值的白尾鹿——这些因素共同造就了一处俨然野生动物保护区的所在。伴随动物繁多而来的一个状况是，英国人和易洛魁人的殖民行动已经让美洲原住民的所有权变得模糊了。似乎没有哪一个群体对土地使用或者土地本身拥有绝对的权利——不管是法律权利，还是惯例权利。[79] 在独立战争前的几年里，像布恩这样的鹿皮猎人开始将动物繁多的西部土地想象成殖民者的公共猎场。迁居而来的耕作猎人否认肖尼人和其他印第安人拥有排他性的土地权利，并宣称肯塔基的鹿是公有的。边疆人对殖民者公地的表述不仅否定了印第安人的所有权主张，还暗含了一种不同于17世纪英国模式的美式殖民观。[80]

在18世纪末至19世纪初，吸引殖民者翻越阿巴拉契亚山脉的因素不仅有土地所有权，同样还有对公共猎场的欲望。在商业性鹿皮贸易的吸引下，像布恩这样的耕作猎人来到肯塔基，他们采取了一种广义的移民模式，将小规模农耕同散养牲畜与狩猎，尤其是猎鹿结合起来，获取衣食金钱。[81]这些人重视野外生物胜过赋予英式合法所有权的改良活动，其尤为重视维系着边疆自立的鹿。肯塔基公共猎场的特点是流动与野性，而非固定与驯服，因为随着开拓者跟随白尾鹿后退，其生活得"越来越靠里……为了打猎，也为了他们所说的放牧"[82]。于是，肯塔基殖民活动发展成了两种因素的结合体——一种是耕作猎人的深林文化，一种是白尾鹿的深林习性。

在耕作猎人发明出殖民者公共猎场之前，英属美洲殖民者必须先解决美洲原住民内部对肯塔基猎场的争夺。进入18世纪后，易洛魁人凭借在"河狸战争"中对肖尼族人取得的胜利，提出要独占肯塔基。弗吉尼亚人宣称，易洛魁人在1744年的《兰开斯特条约》（Treaty of Lancaster）中向他们移交了肯塔基，尽管易洛魁人并不认可英国人对条约的解读。后来，易洛魁人为了减轻本族定居点遭受的压力，在《斯塔尼克斯堡条约》（Treaty of Fort Stanwix，1768）中放弃了他们既不在当地居住、也不在当地打猎的肯塔基土地。而在同年的《哈德雷波条约》（Treaty of Hard Labor）中，切洛基人同样放弃了他们对肯塔基猎场的主张。但对确实在肯塔基狩猎的肖尼族人和其他印第安人来说，这些条约中的割让毫无分量。他们早就不认为自己是人数更多、势力更大的邻族的附庸了。从肖尼族人的视角看，英国人与易洛魁人或切洛基人签订的条约对他们没有约束力。[83]

英国当局在独立战争期间发现，如果他们想要治理西部的话，那就不能无视各方对阿巴拉契亚以西土地的主张纠纷。英国官员在 18 世纪 60 年代裁定，各部落可以对各自在阿巴拉契亚以西的猎场提出合法主张。王室在英国定居点与印第安猎场之间划下了"清晰且固定的边界"，以"互保"双方"各自的所有物"。[84]尽管这条"1763 年宣言边界"基本只有象征意义，但由于英方遏制美洲殖民者越界的努力，所以从事扩张的土地公司、投机客和移民还是不得不应对印第安人所有权的问题。[85]

本杰明·富兰克林在 1772 年给出了一个案例。大俄亥俄公司向英国贸易委员会申请索取这块土地未

天生狂野：北美动物抵抗殖民化

果，而肖尼族、特拉华族、切洛基族和美洲移民都主张自己控制了俄亥俄河以南的一大片土地，于是富兰克林从历史角度详尽解释了印第安人主张的无效性，肖尼族人更是在"被六族联盟征服"时就丧失了权利。本身就是大俄亥俄公司股东的富兰克林总结道：切洛基人无权占有"大卡诺瓦河（Great Kenhawa River）至切洛基河（即田纳西河）之间的土地"，因为那里"从来不是切洛基族的居住地或者猎场"。[86] 理查德·亨德森（Richard Henderson）的特兰西瓦尼亚公司用类似的说法为他们在1775年的《锡卡莫尔滩条约》（Treaty of Sycamore Shoals）中购买的印第安猎场辩护：猎场位于肯塔基河与坎伯兰河之间。切洛基人中的长老不情愿地将土地授予了亨德森的公司，但警告他小心这桩买卖的后果。部落首领预言"当时正在长大的孩子们或许会有理由提出抱怨"，如果出售的土地"是对他们大有用处的猎场的话"。[87]

殖民地当局试图安抚忧虑的印第安人，向印第安人保证他们的狩猎权不会受到白人移民的侵扰。托马斯·布利特上尉（Capt. Thomas Bullitt）在奇利科西告诉肖尼族和特拉华族印第安人说，尽管国王"从南北印第安人手中购得"的土地要供英国移民定居，但他认为那不会与印第安人继续享有使用权冲突。因为国王"购地仅仅是为了让他的臣民安居乐业，以供养本地"，所以"不会有人反对你们在上面布陷阱打猎"。肖尼族酋长"玉米秆"（Cornstalk）虽有疑虑，但还是签字认可了布利特的保证。肖尼人看重的是"为了换取所需衣物而进行的狩猎活动"不受打扰。布利特的翻译官理查德·巴特勒（Richard Butler）也在磋商后犹犹豫豫地表示了信服。巴特勒在寄给俄亥俄河沿岸边疆农民的信中写道：尽管肖尼族人声称对"你们将要定居的土地全境拥有绝对权利"，但他们会保持友好，只要殖民者"努力约束猎人不要杀光猎物"。巴特勒总结道：因为英国人的事业"不是打猎，而是耕种你们将要定居的土地"，所以"约束有意打猎的人，避免给你们稚嫩的定居点带来纷扰应该是一件容易的事"。[88]

但管束似乎并不是美国人的特质。独立战争前夕的阿巴拉契亚南部居民是一类完全不同的殖民者，他们并不遵行英式定居移民。弗吉尼亚殖民地总督邓莫尔勋爵（Lord Dunmore）在 1774 年解释称，政治权威"不足以约束美洲人"。他在报告里写道：英裔弗吉尼亚人"无恋土之思——漫游似乎深植于他们的本性"。事实证明——旨在约束阿巴拉契亚以东殖民者的宣言并无效果，因为深林中人"不认为政府有权利禁止他们占取广大土地"。这不是划割出一块块地产持有和改良的英式殖民。向西看的弗吉尼亚人和北卡罗来纳人似乎正在放弃这个有序的流程。按照总督的说法，其中有文化原因，也有环境原因。边疆人"从幼年起便接受的情感习惯，大不同于类似条件下的人在英格兰养成的习性"[89]。在与英国殖民秩序矛盾的冲动驱使下，边疆猎人参与了邓莫尔对肖尼族的战争，"除了猎杀鹿，没有任何事能留住这些人"[90]。他们心目中的肯塔基不是定居农庄与熟地。因此，尽管邓莫尔战争看似于1774年10月以肖尼族投降告终，但肯塔基的占有形式问题并未完全解决。[91]

在独立战争时期围绕肯塔基所有权的军事、政治和法律争夺中，一种将狩猎场视为殖民者公共猎场的特殊观念产生了。美国殖民者否认印第安人对土地具有排他性权利，提出了三大论点反驳原住民的主张：第一，印第安人在肯塔基没有永久性住处，也没有经常性使用该地；第二，切洛基、易洛魁、肖尼和特拉华各部的主张相互交叠，证明没有任何一个群体完整地支配和掌控当地；最后，殖民地政府已经通过购买和征服消灭了一切残留的使用权。

有了这样的法律逻辑，布恩和其他鹿皮猎人相信自己进入肯塔基的行为不应被视为越界，尽管印第安人不断抗议和抵抗。宣言线在实质上已被抹掉了。

扫清了印第安人的法律主张后，肯塔基猎场在独立战争时代向美国殖民者打开了大门。这些最早期的肯塔基开拓者骑马翻山，"所能携带的只有衣物、床榻和厨具"[92]。尽管如此，"因为鹿、熊和火鸡有很多"，所以他们可以"靠打猎补充肉食"。[93] 布恩斯伯勒（Boonesborough）初期的农业生产受到印第安人的袭扰阻挠，居民主要靠 1779 年来到肯塔基的约书亚·麦奎因（Joshua McQueen）等猎人捕杀鹿和野牛为生。[94] 约翰·莫里森夫人（Mrs. John Morrison）回首自己的边疆童年时光时说道：在印第安人毁掉了她家的粮食和牲畜后，一家人就只能吃着"野牛和鹿肉当面包、熊肉当荤菜"的单调饮食了。[95]

有了肯塔基的猎场，移民迁入偏远地带时就能养活自己，并获得应急物资，还免去了一部分农活。[96] 肯塔基殖民者安顿下来以后，便开始综合利用各种生产性的生态关系获取生活所需，营生方式包括耕作、放养畜牧和在殖民者公共猎场打猎。[97] 树林藤丛里的野鹿不仅为移民提供了食物，还有相当于现金的货品。按照斯宾塞·雷科德（Spencer Record）的记述，一名优秀猎人在肯塔基可以杀死"许多鹿和熊"，并把毛皮运到阿巴拉契亚对面贩卖。[98] 当地商人卖货时也支持以毛皮付账。[99] 难怪很多布恩这样的肯塔基边疆居民推崇打猎是"头等要务，耕作只是次要因素"[100]。

尽管肯塔基猎场鼓励殖民迁居，但与此同时，现成的白尾鹿和其他野兽也对殖民进程构成了妨阻和威胁。英属美洲法律体系假定人和动物是固定在土地上的，而在现实中，肯塔基边界的特点就是流动性，人和动物都在流动。白尾鹿是阿巴拉契亚南部环境中用途最广、价值最高的动物，而它们正是最主要的流动者。尽管鹿皮猎人和开拓者剥夺了印第安人的捕猎权，将肯塔基猎场据为己有，并以此推进殖民事业，但随着边疆居民以猎鹿为主，以耕作、改良和定居为辅，他们的行动也破坏了理性化的殖民模式。

森林公有权利与财产私有特权这两种对立的观念在边疆发生了碰撞。由于这种碰撞，肯塔基的狩猎文化与延续这种文化的野外生物也遭到了尖锐的批判。[101] 许多人认为猎鹿是舍本逐末，农耕才是英国殖民的核心。

吉尔伯特·伊姆利断言：打猎"对勤奋的人来说，更多是在浪费时间，而无真实益处"[102]。按照托马斯·纳托尔的看法，19世纪初的肯塔基居民只是"勉强维生"。移民除土地以外的财产很少，积蓄都花在了频繁迁徙上。[103] 批评者主张，边疆的问题在于边疆人的品格。约翰·D.沙恩（John D. Shane）在19世纪写道："一大批猎人和边疆移民教导子女过无知、闲散、贫困的猎人生活"，他们显得"粗犷、近乎野人"。肖恩宣称，猎人和放牧人是"愚人，缺乏文明生活中更甜美的乐趣与更优雅的情趣"[104]。美国耕作猎人或许没有像印第安人那样实际消亡，但在19世纪的现代化推动者眼里，他们的社会生活同样近乎空白。猎鹿人拒绝在英属美洲物权法的界限内生活，因此他们要被扫清，以便"更有力的事业"能够将肯塔基的公共猎场转化为农场主的私有产业。[105]

批评者和当局眼中的无法、无序状态，其实是美洲殖民的一种形式，它来源于殖民者与鹿的遭遇。白尾鹿吸引殖民者翻越阿巴拉契亚山脉，并将他们从移民转化为开拓者，成为驱逐印第安人的流动武装先锋。[106]作为猎鹿人，殖民者适应了他们的猎物，养成了游荡的习性，由此被拉向了英国殖民社会的边缘地带。

但是，游动生活与公共猎场终究不符合英美的所有权法律定义。在 19 世纪初的国民经济发展与政局稳固过程中，肯塔基的形势偏向了占有性个人主义和私有产权，当局随之取消了当初让肯塔基鹿皮猎人转变为耕作猎人的公有环境权。集体公共猎场让位于排他性的私有财产。一旦经历了殖民，白尾鹿和殖民者的公共猎场便不可能长存。

然而，在一段时间内，鹿和猎鹿人的躁动依然使肯塔基边疆陷入不安的状态。

他们偷走了我们的鹿和土地

1769 年，也就是肖尼族在肯塔基找丹尼尔·布恩和约翰·斯图尔特谈话的同一年，切洛基首领在托夸族（Toquah）的奥弗希尔村（Overhill）会见了另一位约翰·斯图尔特——此人是南区印第安人事务的英国总监。首领们来到这里也是为了投诉，其对象是侵犯切洛基边界的越界者和偷猎的美洲殖民者。在大略勘查了本族在田纳西东部的领地之后，切洛基人确信殖民者"在离（宣言）线外很远的地方定居"，而且"在我们的猎场正中央"。他们要求斯图尔特"命令他的人撤回线内"，不许其在切洛基人的田纳西河领地上打猎。首领们愤怒地发现，尽管殖民地官员让切洛基战士不要"偷走任何属于白人的东西"，但美洲殖民者却"不听任何人的话"，行事"随心所欲"。印第安人在声明中继续写道：他们"偷走了我们的鹿和土地"，"如果不立即整改的话，将有不良后果"，因为年轻人"眼见猎场被夺走而感到非常愤怒"。[107]

与肖尼族的抗议一样，切洛基族的抗议表明了其愈演愈烈的挫败感。殖民地当局无力或不愿约束白人并阻止其侵犯印第安人认为属于自己的猎场，这让印第安人感到恼火。部落对猎场和其中的野外生物提出了所有权主张，尤其是有经济价值的白尾鹿。然而，殖民者发现这种主张难以评断，因为它们不符合英美所有权的既有法律框架。因此，围绕阿巴拉契亚山区南部猎鹿场的冲突引发了严峻的问题，问题的主题是剥夺原住民所有权以及野外生物在殖民事业中的地位。肯塔基针对这些问题提供了一套答案，而在更南边的地方，在南北卡罗来纳、佐治亚和田纳西的内陆山区——那里是东南部鹿皮贸易的心脏——这些问题会得到大不相同的解答。在那里，一些原住民得以将猎场变成自己的财产、将白尾鹿变成法律上的盟友，其中最有名的就是切洛基人。但这些胜利只是暂时的，持续时间以鹿的存在为限。随着鹿皮贸易的消亡，印第安人最终也被赶出了阿巴拉契亚山区南部，这并非巧合。

在英国殖民初期，法律机关似乎不可能认为野鹿能让原住民的所有权主张合法化。相反，许多殖民者将印第安人猎鹿视为原住民不拥有土地的证据。印第安人打猎是为了"一般使用"，他们不从事地形改造与改良活动，而这些活动正是英国人授予所有权的条件。[108]17 世纪至 18 世纪初的宣传家发现，美洲原住民惯常"改变住处，游走各地"，以便追逐野兽。这种游牧生活方式证明，印第安人"连四分之一的土地都无法利用"，应将广袤空旷的大地留给英国殖民者围栏、耕作和占有。[109] 罗伯特·约翰逊（Robert Johnson）在 1609 年表示，整个美洲"生活着野蛮人，他们像林中鹿群一样麇聚游走"[110]。1717 年，为了证明夺取佐治亚土地的合理性，罗伯特·蒙哥马利（Robert

Montgomery）坚称印第安人只从事渔猎采集活动，因此没有对荒野的所有权。这片"诱人的土地"无人居住，"只有零星游荡的印第安部落，他们野蛮无知，全都不通技艺，像哺育他们的土地一样未开化"。[111] 英国殖民者假定，印第安人只在上面打猎的土地可以合法夺取。

18 世纪初，殖民者就在夺取土地。1709 年，约翰·劳森谈及卡罗来纳西部时抱怨"野人确实依然占据着卡罗来纳的精华"，而英国人享有的"仅为这片良土的末梢"。原住民害怕垂涎土地的殖民者"会在山中或者山附近定居，剥夺（他们）最好的猎场"[112]。事实证明，他们的忧虑很有道理。阿巴拉契亚山以东的印第安领地已经被英国殖民者合围。投机商向殖民地治理机关申请印第安土地特许状，比如尼古拉斯·克里斯普（Nicholas Crisp）要求获取北卡罗来纳境内 600 英亩（约合 2.4 平方千米）的塔斯卡洛拉族领地。尽管总督理事会于 1714 年将该地"留作猎场"，但克里斯普辩称，此举"会极大损害定居活动，当地河流可以供养几百户人家的生活"。[113]1715 年，波特斯基特族（Poteskeet）印第安人也向北卡罗来纳政府请愿，抗议英国人干涉他们在沿岸"常规猎场打猎的自由"[114]。在 18 世纪中，殖民压力向西传播到了四处都有印第安人打猎的广阔内陆山区。

正如肯塔基的情况那样，18世纪英裔美洲占地者、猎人和商人进入部落主张的自有猎场，从而引发了反抗与暴力。包括"塔斯卡洛拉战争"（1711—1715）、"雅玛西（Yamasee）战争"（1715—1717）和"英国–切洛基战争"（1751—1768）在内的起义让殖民地当局确信，英国人侵犯印第安猎场和破坏印第安鹿皮经济的做法终将带来一场灾难性的"全面印第安战争"[115]。为了避免这样的结局，南北卡罗来纳和佐治亚的立法者在18世纪下半叶形成了一种新的猎场观念。不同于独立战争时期的肯塔基形成的殖民者公共猎场观念，南方的印第安猎场成为一种单独的排他性财产。18世纪末至19世纪初的法律和条约向特定的东南方部落授予了阿巴拉契亚南部边疆大片土地脆弱的所有权。随着英属美洲当局确立并贯彻了"将公民定居点与印第安村庄及猎场分隔开的财产边界线"，印第安猎场成为一个实实在在的法律概念。[116]立法者禁止白人擅闯部落领地，并勒令占地者搬离。在一段时间内，切洛基人和其他阿巴拉契亚南部的印第安人发现，他们的土地在殖民者的理性化法律秩序之下得到了保存乃至保护。

尽管法律和条约中规定的印第安猎场新定义具备一部分排他性所有权的特征，但这是一种不常见的所有权。一个地方之所以成为猎场，不是出于土地之由，

天生狂野：北美动物抵抗殖民化

而是取决于鹿和其他动物。鹿的行为决定了印第安人土地权利的范围和形态，也决定了权利的期限。只要土地上还有鹿，印第安人就可以伸张主权，阻遏殖民者。在19世纪30年代围绕印第安迁移的争论中，鹿与财产权的上述关联成为问题的关键。反对安德鲁·杰克逊政府印第安法案的人主张，美国的对印第安政策及法律已经确立了"印第安人是其主张土地与猎场的业主这一事实"[117]。然而，他们的业主身份从来没有坚实的地基，因为它的合法性取决于来去匆匆的白尾鹿。

由于当时特殊的政治环境，阿巴拉契亚南部印第安猎场权在18世纪有着更严肃的法律意义。相比于肖尼族——英属美洲官员认为他们是被五族同盟征服的对象——切洛基族、克里克族和切克肖族的印第安人享有直接与殖民地当局展开地权谈判的特权。此外，由于过往的部落间冲突，这些族群已经确立了边界，将阿巴拉契亚南部林区分成了多个不同的猎场。各部落分别掌控规定好的狩猎区域，其独占性高于肖尼族在肯塔基境内的争议地带。最后，肯塔基对肖尼族来说是一处偏远的季节性猎场，而切洛基族和其他东南方部落主张的土地则是自己的居住地和狩猎地。在这样的环境下，殖民地官员用"猎场"一词所指的便不仅仅是包含野生猎物的土地。阿巴拉契亚南部各猎场行使着原住民领地边境的职能。[118]

印第安人的城镇与南卡罗来纳查尔斯顿、佐治亚奥古斯塔等相互竞争的殖民地贸易站勾连成了南方鹿皮贸易网，而猎场就在网中和网外。[119] 切洛基族、克里克族、切克肖族等印第安部族在殖民地鹿皮市场中扮演着关键的经济角色。输入查尔斯顿的大部分鹿皮——18 世纪初年出口量超过 12 万张、18 世纪 30 年代突破 25 万张——都产自切洛基猎人。18 世纪 30 年代，奥古斯塔和萨凡纳（Savannah）这两处英国贸易中心崛起，对查尔斯顿商人团体的优越地位发起挑战，截留了一部分来自印第安地区的鹿皮。持证商人定居在切洛基族、克里克族、切克肖族和乔克托族（Choctaw）的地盘上，用枪支、衣物、铁器和朗姆酒交换鹿皮，由此其利润率高达 600%。这样一来，维护印第安人鹿皮经济和猎鹿场符合英国殖民者的既得利益，正如当初的河狸商人一样。[120]

即使鹿皮贸易在 18 世纪下半叶陷入衰退，殖民地当局也在努力保护印第安猎场免遭英国人骚扰。1763 年的"宣言线"是当局的一次尝试，尽管边界线的阻拦作用一直不大。[121] 之后的几年里，立法者针对越界行为出台的法令愈发严厉。1764 年，佐治亚立法规定"频繁越界进入印第安人领地与牧场"的"游民与其他闲散不轨之徒"应处以监禁、罚款、苦役和鞭刑。该地还将"在树林中"与印第安人进行无证贸易定为非法。[122] 在 18 世纪 60 年代末至 70 年代初，南卡罗来纳殖民地政府采取措施，"限制国王陛下的臣民在印第安猎场杀死鹿与河狸"[123]。1774 年，威廉·普雷斯顿上校规定："猎人或移民"不得"无故或以不知为由"跨越弗吉尼亚与切洛基族领地之间明晰的分隔界线。因此，殖民者没有合法理由"侵犯印第安人的权利"[124]。边界是有的，只是需要执法。

南区印第安事务总监约翰·斯图尔特做出了一些努力，要求加强对内陆鹿皮贸易的管制及对印第安人领地的保护。1769 年初，斯图尔特视察了他参与勘测的"北卡罗来纳省边疆地与切洛基族猎场之间"的"边界线"。这条线划定于 1767 年"英国-切洛基战争"结束后，属于英国宏观政策的一部分，政策目标是建立一条连续的边境线，以便"杜绝今后与印第安人的一切纠纷"。探察边界两年后，斯图尔特又来复查成效。他骑马沿着卡罗来纳西侧边缘走，发现边界有 50 英尺（约合 15 米）宽的树刻为记，一目了然。但他发现，在靠近边界线的地区，也即"印第安人认为最优质的猎场"一带"住满了人"。斯图尔特抗议道：这些闯入者"很少或者根本不尊重法律或政府"，深受印第安人厌恶。斯图尔特发出警告，这种无视美洲原住民产权的做法迟早会让边疆卷入冲突和暴力。[125]

斯图尔特奉行能够为边疆带来稳定的殖民政策，

而保护印第安人的猎场独占权对维持和平关系至关重要。[126] 因此，斯图尔特反对延长弗吉尼亚与北卡罗来纳边界线的提案，因为那样会"让切洛基族和切克肖族失去他们仅有的高价值猎场"。总监解释道：印第安人之所以要求进入广阔的领域，是因为他们打猎总是去"离本村一两百英里以外的地方，原因显而易见，即狩猎民族住处周围的鹿少"。据斯图尔特估计，如果切洛基族和切克肖族猎场转交给"来自你们的殖民地，同样是猎人，而且在其他方面与印第安不和的冒险家"之手，那将会有"无法克服的障碍"。对"任何一族土地"的侵犯都会迅速成就印第安人的"共同事业"，将他们团结起来，发动对英国殖民者的全面战争。[127]

切洛基族、克里克族和切克肖族的抗议越来越多，表明美洲殖民者藐视王室宣言和法定界限。北卡罗来纳的原住民代表远赴英格兰，陈述他们"与定居在他们的土地上的欧洲人之间的具体分歧"[128]。还有人对印第安特派员诉苦。斯图尔特听取了大量这样的抱怨，并将边疆的难处转达给了殖民地领导人。斯图尔特向南卡罗来纳副总督布尔汇报称，克里克族各镇"充斥着不受任何规范管辖的不法游民"[129]。北卡罗来纳的情况也没有什么区别，威廉·特赖恩总督批评了"本省西部边疆的众多猎人"，他们"频繁闯入切

天生狂野：北美动物抵抗殖民化

洛基族猎场并杀死其猎物"。在总督看来，边疆动乱的起因大多是北卡罗来纳与切洛基族领地之间的界线不清。1769年，特赖恩在一封写给斯图尔特的信中解释道：如果不明确划分土地，"这些地方的居民必将继续生活在完全不服从治理的状态下"[130]。除非有可执行的法定财产边界，否则殖民地移民和猎人还会将印第安人猎场视为开放公地。

随着英国政治权威在殖民地的动摇，切洛基人决定自己动手。1774年，特派员亚历山大·卡梅伦（Alexander Cameron）知会弗吉尼亚、北卡罗来纳和南卡罗来纳总督称，切洛基族印第安人"决定夺取所有界内猎杀的鹿皮等物"，以及"他们发现的属于越界者的枪支马匹"[131]。1776年，曾在哥哥手下当副总监的亨利·斯图尔特鼓励切洛基族反抗那些反叛之意日盛的殖民者。一批切洛基族青壮年曾前往"北方各族"寻求盟友，返程中经过了肯塔基领地，那里不久前还是"肖尼族与特拉华族的猎场（当初除了熊、鹿和野牛以外什么都看不到）"。他们震惊地发现，"当地住了很多人，人人都带着武器"[132]。切洛基人在肯塔基所见景象预示着他们的猎场前途不妙。警醒于美国人的扩张，切洛基族和肖尼族战士在1776年夏季开始袭击肯塔基，而来自奥弗希尔各镇的战士则袭击了南北卡罗来纳的边疆定居点。独立战争期间，南方内陆印第安人之所以与英国人联手，有一个不小的因素就是几十年来印第安猎场遭到的侵犯。对阿巴拉契亚南部的许多印第安人，尤其是年轻人来说，独立战争是一场保全地权与鹿权的斗争。[133]

独立战争期间与战后，南方立法者重申了原住民对猎场的权利，试图以此平息原住民对美国意图的疑虑。北卡罗来纳州的《权利宣言》中保留了"所有印第安族群"享有"既有猎场，以及本州立法机关过去或将来授予的猎场"的权利。立法者规定："任何人不得进入印第安猎场或在印第安猎场境内勘测。"美国人对印第安猎场内的土地主张被"宣布完全无效"[134]。当局还禁止侵犯印第安猎场，目的是阻止"贪鄙不轨之徒"激起切洛基人的"疑妒"。若对越境等不法之举放任自流，则必将"令本州或合众国他处陷入一场糜费血腥的印第安战争"[135]。1786 年，佐治亚立法规定"于本州印第安猎场界线之内购地"为非法，并禁止无照商人"与（印第安人）在林中交易，或在印第安领地打猎，或有任何其他逾越之举"。[136]

美国于 18 世纪末期订立了一系列条约，在国家层面进一步巩固了印第安人的占有权。1785 年至 1786 年签订的《霍普威尔诸条约》（Treaties of Hopewell）规定了切洛基族、切克肖族和乔克托族猎场与美利坚合众国公民之间的边界。《霍尔斯顿条约》（Treaty of Holston，1791）和第一次《特利科条约》（Treaty of Tellico，1798）进一步确保了边界要"实定实标"。根据1790年的《纽约条约》（Treaty of New York），美国与克里克族领地的边界应"明确周知"，"至少以20英尺（约合0.6米）宽的伐倒树木为界"。[137] 条款中还规定，"白人和印第安人"若无"专门证件"则不可越过既定边界。[138] 印第安猎场的界线不再是含混的山丘和树木，如今的定界方式与保护私有产权的边界类同。勘察线指定了印第安领地的边界，围合了印第安猎场。

美国官员所做的不仅仅是描述阿巴拉契亚南部印第安人猎场的边界，他们还像独立战争前的英国当局那样企图将其贯彻执行。然而，鉴于美国人已经接受了殖民的承诺，所以这是一项令人望而生畏的任务。到了18世纪末，支持边疆移民、鼓励个人产业的土地和动物自由已经成为美国人与生俱来的权利。基于种族的排他性土地与动物权利不符合美国的殖民冲动。占地者不甚关注印第安土地的法律边界。1787年，北卡罗来纳总督理查德·卡斯韦尔（Richard Caswell）要求山外各县治安官强制"人民撤出留作印第安人猎场的土地"[139]。尽管休·蒙哥马利（Hugh Montgomery）等印第安特派员企图驱逐闯入者，但内陆居民却设法避开了法律。1817年勘察佐治亚边疆后，蒙哥马利报告称,有一批家庭"在阿巴拉契亚山外定居"且拒绝迁回。这些人会——

> 收留某个印第安游民长期或短期同住,他们自称是他的(收割人);他打猎,他们种地,他们给他枪支弹药,肉归他们,皮归他;但结果往往是他拿一张鹿皮换两张猪皮,于是边疆移民损失了很多猪"。[140]

尽管边疆移民企图躲在切洛基"地主"摇摇欲坠的狩猎活动后面,但蒙哥马利知道他们侵犯了印第安人的所有权。因此,按照法律规定,他们就是越界了。尽管阿巴拉契亚南部连绵不绝的森林看上去是旷野或者开放牧场,但事实上并非如此,其作为一种理性化的产权形式,是一种"英国-印第安"的创制,将印第安人在森林中的惯例使用权变成了18世纪的法律所有权。

就本身而言,印第安特派员蒙哥马利承认切洛基族所有权的法律依据并不稳固,并在寄给佐治亚总督威廉·雷本(William Rabun)的信中谈到了这一点:

> 我想要了解印第安人的个体租赁或出租的权限范围,按照我个人的印象,印第安人对任何土地都没有法理权利,而只有占用权,在条约保留

给他们的猎场土地上，他们是政府的不定期租户。[141]

蒙哥马利的信提出了一个重要问题：猎场的所有权到底是什么性质？

1823 年，最高法院为蒙哥马利提供了明确的法律答复。"约翰逊诉迈金托什案"（*Johnson v. McIntosh*）是一起涉及印第安人产权这个大问题的购地纠纷。在 1773 年和 1775 年，投机商从皮安克肖族（Piankeshaw）印第安人处购买了伊利诺伊南部及印第安纳地区约 43000 平方英里（约合 11 万平方千米），该案件针对的就是这起交易是否成立。首席大法官约翰·马歇尔（John Marshall）在意见书中提出了"发现说"，认为这条"根本原则"授予了联邦政府对原住民土地的绝对权利。马歇尔超越本案的狭隘法律范畴，理出了一条看似完整无缺的历史先例脉络，一直追溯到发放给约翰·卡伯特和汉弗莱·吉尔伯特的特许状，以此表示由于英格兰的"发现"，所以英国王室对美洲土地拥有排他性的所有权。作为既成事实，独立战争将这一明确的权利让渡给了美国。尽管美洲原住民"是土地的公认合法居住者，也有继续占据土地的法律和道义依据"，但马歇尔主张，欧洲人的发现必然减损了印第安人的主权。印第安人所余的仅有居住权——而美国政府随时可以通过赎买或征服方式取消这一权利。[142]

在 1830 年的《印第安人迁移法案》（Indian Removal Act）引发争议期间，马歇尔从"约翰逊诉迈金托什案"的"发现说"立场上退缩了。他在伍斯特诉佐治亚案（*Worcester v. Georgia*，1832）的意见书中试图遏制对部落主权的侵犯，而这种侵犯正是他先前的庭审判决所合法化的。他坚持主张，"发现"授予的仅仅是一种有限的权利，也就是排除其他欧洲国家的权利。尽管联邦政府保有排他优先权，但这种权利并不允许其侵犯印第安部族内部事务，也不允许其强行让印第安人离开自己的土地。切洛基族以及所有已与政府协商订约的部落都是"独立自主的政治共同体，保留其作为自古以来无争议土地占有者的原始自然权利"。首席大法官断言，领土边界由条约划定、联邦政府保护，"（美洲原住民的）权威在边界内具有排他性"[143]。

在马歇尔对政治主权、自然权利、外国势力和领土边界的探讨中，藏有一种对动物的隐晦致意，动物让他试图描绘的理性化图景变得复杂了起来。伍斯特案迫使马歇尔将"猎场"一词解释成一个与法律占有权无关的问题：

> 关于"猎场"一词亦如此，当时打猎是印第安人的主业，打猎是他们对土地的首要用途。但

我们不能认为，这里存在任何印第安人完整使用保留地的意图。印第安人是将整块领地都用作猎场，还是有个别村落或农田将其打乱并为猎场景观带来了一定变数，对美国来说都无关紧要。[144]

反对迁移的人表示赞同。切洛基族的辩护律师威廉·沃特（William Wirt）宣称，《印第安人迁移法案》的支持者认为切洛基人"只有在他们的土地上打猎的权利"，这种说法可谓谬论。此外，将切洛基人描绘成原始流动的"猎人种族"的做法显然也是过时的。[145]《切洛基凤凰报》（*Cherokee Phoenix*）登载了一位乔克托族通讯员的信，他在信中抱怨道：

> 要说本族大部分人都打猎——那不是事实。我承认有人还在打猎。但同时也有很多人在家做活。至于族人全靠打猎维持生计——这也不是事实。[146]

尽管遭到抗议，但"发现说"以及与之关联在一起的印第安人游民形象与牧场非永业的观念却延续了下来。威廉·约翰逊法官在考察"切洛基族诉佐治亚案"（*Cherokee Nation v. Georgia*，1831）中的法律问题时总结道：切洛基人对猎场并无永久权利，因为授予他们的仅仅是暂时的狩猎权。"当猎物不再时"，权利随之消失，因为"猎人会到其他地方找猎物"。[147]印第安人之前就被警告会是这样的结果。1818年，《尼尔森周评》(*Niles Weekly Registe*)刊登的一封来信写道："善良的伟人华盛顿"曾告诉切洛基人，"当你们无鹿可杀的时候"，猎场就会被剥夺。[148]从杰斐逊到杰克逊的历届美国总统重申了这一告诫，他们预言一旦鹿和野牛被赶到西边，印第安人的猎场就没有了。[149]在一段时间内，白尾鹿是印第安人对抗美国人扩张的盟友。但到了印第安迁移时代，鹿忠于谁就不那么清晰了。19世纪的切洛基诸案表明，白尾鹿既为剥夺印第安人领地提供了法律依据，也为印第安人反对迁移提供了法律依据。归根结底，让渡美洲原住民所有权的是白尾鹿，而不是印第安人。[150]

到了18世纪末，关于自由获取即允许随意猎鹿的美国殖民政策已经破碎化，变成了因地而异的猎场法律制度。在阿巴拉契亚山以东，越界行为损害了私有产权，过度狩猎摧毁了鹿，于是美国人发现承诺中的动物资源大多没有兑现。在依然有白尾鹿漫游的阿巴拉契亚边疆，猎人之间的冲突造成了两种不同的土地所有权观念。两者都与野外生物有关，尤其是与在西部猎场上漫游的鹿有关。像布恩一样的鹿皮猎人将有争议的肯塔基猎场重新定义为殖民者公共猎场，移民开拓者可以集体行使"林中权利"[151]。再往南，当局立法为切洛基族、

天生狂野：北美动物抵抗殖民化

切克肖族和克里克族猎场设立明确边界，禁止白人擅闯，此举为这些土地赋予了一些私有产权的属性，因此强化了印第安猎鹿人的所有权主张。

然而，这两种情况中有一点是相通的，那就是野鹿在猎场的任何定义中都占据了核心地位。白尾鹿为这些西部猎场赋予了物理实体，阻挡了需要迁移原住民、用理性化手段将土地转化为农业聚落的殖民进程。鹿和猎鹿人的野性扰乱了殖民当局将人限定在土地上的企图。猎鹿人模仿鹿的习性，游走嬉戏，潜行于英裔美洲人定居点的边缘地带。他们无视当局为了标记产权、区分不同土地用途而划定的法律边界。猎鹿人跟着鹿巡行四方，按季节迁移。他们向外拓展，脱离开发程度高的环境，进入各路美洲原住民宣称为自家猎场的西部。猎鹿人的越界行为及其造成的冲突破坏了英式殖民所有权的底层法律依据。他们的行为迫使当局制定了新的英美式产权和印第安式产权的定义，以便控制不符合英国殖民意图的野性。简言之，猎鹿人一开始起到的作用是扰乱阿巴拉契亚边疆，而非给边疆带去英国式的秩序。

但猎鹿人并非独自行动。他们与自己最爱的猎物——白尾鹿携手努力，颠覆了英美式所有权的观念。尽管宣传家号称美洲鹿繁多且可以自由获取，是殖民的宝贵助力，但鹿的流动性扰乱了当局剥夺原住民所有权、独占殖民地并对其合理开发运用的努力。白尾鹿或许是阿巴拉契亚南部最重要的动物资源，它们为猎场赋予了一种作为所有权类型的物理实体。猎场，必须有鹿才成为猎场。从很多方面来看，18世纪创制的猎场概念是对野鹿的让步。白尾鹿跨越了公有财产与私有财产、荒林与农田、印第安人猎场与英裔美洲人定居点之间的虚拟界线。

白尾鹿，拒绝被殖民。

【注释】

1 法律里有一个术语叫 "amicus curiae"，字面意义是 "法庭的朋友"，定义是指非案件当事方，但对案情有强利益或观点的相关者。关于美国人对英国 "血腥法典"（bloody code）的抵制，参见 Wilf, *Law's Imagined Republic*, 139–146, 194–195。

2 Thompson, *Whigs and Hunters*, 21–23; Carl J. Griffin, *Protest, Politics, and Work in Rural England*, 47; State v. Campbell, 168. 《布莱克法案》前言如下（9 Geo.1 c.22）：

> 近期有多名意图不轨、乱纪不逞之徒结社，号称 "黑面人"，谋划交结，从事偷杀鹿只、盗捕围场鱼塘、砍伐树木及其他不法活动，并携带刀剑、火枪与其他攻击性武器，其中有数人涂黑面目或以其他方式伪装，成群非法在属于国王陛下的森林，以及属于陛下若干臣民的鹿苑中打猎；击杀鹿并运走；盗捕围场、河流及鱼塘；砍伐树木；向陛下多名臣民许诺钱财及其他回报，邀其入伙；并以假名向多人送信，索要鹿肉及钱财，并威胁如果拒绝他们的非法索求，则将实施重大暴力。（引自 Brayley and Britton, *The Beauties of England and Wales*, 6:296）

3 Lamplugh, *Politics on the Periphery*, 211.

4 State v. Campbell, 167–168.

5 Wilf, *Law's Imagined Republic*, 141–146.

6 艾伦·格里尔（Allan Greer）区分了殖民地内部公地和殖民地外部公地，后者指的是 "移民打猎、伐木、放家畜拾食，尤其是放家畜啃草。相比于通常与殖民定居联系在一起的耕地和围栏，啃草可能在占地活动中发挥了更重大的作用"。参见 Greer, "Commons and Enclosure," 376。

7 Barlowe, "The first voyage made to the coasts of America," 13:240. 另见 Harriot, *Briefe and True Report*, 19–21, 31; 以及 Sparke, "The Voyage made by M. John Hawkins Esquire," 125–126。

8 Ashe, *Carolina*, 21.

9　VerCauteren, "Deer Boom," 15–16; McCabe and McCabe, "Of Slings and Arrows," 22–26.

10　Andrew White, *Relation*, 6.

11　Alsop, *Character of the Province of Maryland*, 346.

12　McCabe and McCabe, "Of Slings and Arrows," 19–30; Ballard, "Predator–Prey Relationships," 252; Severinghaus and Brown, "History of the White–Tailed Deer in New York," 130–132; Cronon, *Changes in the Land*, 51（《土地的变迁》）; Lapham, "Their Complement of Deer–Skins and Furs," 173; Lapham, "Southeast Animals," 399–400; Henry M. Miller, "Living along the 'Great Shellfish Bay,'" 121; Mitchell, Hofstra, and Connor, "Reconstructing the Colonial Environment," 174; Fisher and Schubel, "The Chesapeake Ecosystem," 7. 北美洲鹿群数量从殖民时代初期就开始下降，在19世纪与20世纪之交达到约50万只的低谷。关于美国目前的鹿群数量，各种说法差异较大，下至1500万只、上至2500万只以上。但有研究者对高估值持怀疑态度。参见McCabe and McCabe, "Recounting Whitetails Past," 15–18。

13　Edward Coke, *Institutes of the laws of England*, 304; William Nelson, *Laws of England Concerning the Game*, 252; Manning, Hunters and Poachers, 57, 81, 230–231; Qualification Act, 1541, *Statutes of the Realm*, 33 Hen.8, c.6; Manwood, Treatise of the Laws of the Forest; Jacob, Game Law, vi–vii; Christian, Treatise on the Game Laws, 3–4.

14　*Some Considerations on the Game Laws*, 107–108; Marvin, "Slaughter and Romance," 228–229; Hanawalt, *Of Good and Ill Repute*, 144; Munsche, *Gentlemen and Poachers*, 5, 8–9, 164, 233–234; Baker and Hoelze, "Evolution of Population Genetic Structure of the British Roe Deer," 89–102; Emma Griffin, *Blood Sport*, 45–46, 106–108.

15　*A True Declaration*, 13. 关于印第安人产出的鹿皮来源，另见Barlowe, "The first voyage made to the coasts of America," 13:286; 以及Harriot, *Briefe and True Report*, 6–10。

16　［Durand of Dauphiné］, *Frenchman in Virginia*, 117–118.

17　John Hammond, "Leah and Rachel," 10:291–292.

18 John Morris, *Profitable Advice*, 62.

19 Lawson, *New Voyage to Carolina*, 12−13.

20 John Morris, *Profitable Advice*, 62.

21 Munsche, *Gentlemen and Poachers*, 6−7, 159.

22 Hening, *Statutes at Large of Virginia*, 1:199.

23 Lund, *American Wildlife Law*, 19−20.

24 Kingsbury, *Records of the Virginia Company*, 3:170−171.

25 同上，3:93。

26 Hening, *Statutes at Large of Virginia*, 1:255. 新英格兰各殖民地也出
现了禁止美洲原住民使用枪支和打猎的法律。例见 Bartlett, *Records
of the Colony of Rhode Island*, 1:81−82, 107, 113, 117, 225；Shurtleff and
Pulsifer, *Records of the Colony of New Plymouth*, 11:254; Shurtleff, *Records
of Massachusetts Bay*, 5:136−137, 230；以及 Trumbull and Hoadly, *Public
Records of the Colony of Connecticut*, 1:46, 240。

27 Hening, *Statutes at Large of Virginia*, 1:457, 468, 518, 2:140−141.

28 罗德岛早在 1646 年就立法规定，每年有一段时间禁止猎鹿，目的
不是限制打猎，而是确保狼不会被林中鹿的尸体吸引，而是被引到城
里的诱饵陷阱中。Bartlett, *Records of the Colony of Rhode Island*, 1:85. 马
萨诸塞（1694）和康涅狄格（1698）早期也有类似的禁猎鹿期立法。
参见 Palmer, *American Game Protection*, 49。

29 Hening, *Statutes at Large of Virginia*, 3:180.

30 同上，3:462−463。

31 Spelman, "Relation of Virginia," cvii.

32 Lawson, *New Voyage to Carolina*, 207.

33 Waselkov, "Evolution of Deer Hunting," 26.

34 Hening, *Statutes at Large of Virginia*, 1:174, 307, 2:185; Gill, *Leather
Workers in Colonial Virginia*, 10−11. 同一时期马萨诸塞也通过了多部类似
的法律。参见 Shurtleff, *Records of Massachusetts Bay*, 1:155, 2:117, 168。

35 Richards, *World Hunt*, 34−35.

36 Oglethorpe, *Provinces of South Carolina and Georgia*, 28−29.

37 ［Stephens］, *State of the Province of Georgia*, 6.

38　Braund, *Deerskins and Duffels*, 29, 34−39; Hudson, "Why the Southeastern Indians Slaughtered Deer," 167−170; Penna, *Nature's Bounty*, 89.

39　Beverley, *History and Present State of Virginia*, 125.

40　Catesby, *Natural History of Carolina*, 2:x.

41　Bartram, *Travels*, 184.

42　Beverley, *History and Present State of Virginia*, 126.

43　Hening, *Statutes at Large of Virginia*, 8:591−593.

44　McIlwaine and Kennedy, *Journals*, 3:23, 85, 184, 200.

45　Hooker, *Carolina Backcountry*, 31, 39, 47, 96.

46　Geist, *Deer of the World*, 284, 293; Sargent and Labisky, "Home Range of Male White−tailed Deer," 389, 395; Tyler Adam Campbell, "Movement Ecology of White−Tailed Deer," 27−30, 39; Innes, "Odocoileus virginianus."

47　Hening, *Statutes at Large of Virginia*, 1:199, 248, 2:96.

48　同上，3:304。另见 Saunders and Clark, *Colonial and State Records of North Carolina*, 23:434。

49　Hening, *Statutes at Large of Virginia*, 3:328.

50　Saunders and Clark, *Colonial and State Records of North Carolina*, 23:218−219, 775−776, 218−219.

51　Cooper, *South Carolina Statutes*, 4:310.

52　Candler, *Colonial Records of the State of Georgia*, 18:589.

53　Saunders and Clark, *Colonial and State Records of North Carolina*, 23:218−219, 113−114, 802.

54　关于不同的狩猎形式，例见 Burnaby, Burnaby's Travels, 147−149; 以及 Chesney, *Last of the Pioneers*, 50−51。

55　Candler, *Colonial Records of the State of Georgia*, vol. 19, pt. 1, 288.

56　Saunders and Clark, *Colonial and State Records of North Carolina*, 23:656; Cooper, South Carolina Statutes, 5:124.

57　Saunders and Clark, *Colonial and State Records of North Carolina*, 24:134.

58　同上，24:270。

59　同上，23:219, 775−776。另见 Hening, *Statutes at Large of Virginia*,

8:595-596。

60 Bull, Bull to Hillsborough.

61 Saunders and Clark, *Colonial and State Records of North Carolina*, 23:775-776.

62 同上，23:218-219。另见 "South-Carolina, Camden District, November Sessions, 1773, Presentments of the Grand Jury," December 8, 1773, *South Carolina Gazette and Country Journal*, n.p.

63 Candler, *Colonial Records of the State of Georgia*, 18:588.

64 "The Remonstrance, 1767," 231, 245-246. 关于猎鹿人和边疆动乱，参见 Herman, *Hunting and the American Imagination*, 37-46；以及 Klein, Unification of a Slave State, 47-77。

65 Hooker, *Carolina Backcountry*, 214; Klein, *Unification of a Slave State*, 51; Bull to Hillsborough, 引自 Klein, *Unification of a Slave State*, 51。

66 Candler, *Colonial Records of the State of Georgia*, 18:589, 596.

67 Cooper, *South Carolina Statutes*, 4:310.

68 Saunders and Clark, *Colonial and State Records of North Carolina*, 23:802.

69 同上，24:33，24:268-270。

70 Cooper, *South Carolina Statutes*, 4:410-11.

71 限制猎鹿行为的法律通常会豁免边疆居民和靠打猎维持生计的人。例见 Hening, *Statutes at Large of Virginia*, 5:61；以及 Saunders and Clark, *Colonial and State Records of North Carolina*, 24:596。

72 Bryan, "Interview with Bryan," 14; Draper, "Life of Boone," 2B 188. 所有布恩传记的作者都会复述布恩与肖尼族的这次遭遇。例见 Filson, *Discovery*, 34-35；Thwaites, *Daniel Boone*, 74-78；Faragher, *Daniel Boone*, 79-81；以及 Aron, *How the West Was Lost*, 6, 18。

73 McQueen, "Interview with McQueen," 13C 121; Filson, *Discovery*, 35. 关于鹿皮贸易以及美洲原住民猎鹿人开拓产量更高的新猎场所造成的影响，参见 Piker, *Okfuskee*, 82；以及 Usner, *Indians, Settlers, and Slaves*, 173。

74 关于狩猎和其他人类干扰对鹿的活动范围的影响，参见 Waselkov, "Evolution of Deer Hunting," 24-26; Sargent and Labisky, "Home Range of Male White-Tailed Deer," 389-390；以及 Karns et al., "Impact

of Hunting Pressure," 120–121。

75　Filson, *Discovery*, 34–36; Draper, "Life of Boone," 2B 180, 3B 52; Hinderaker and Mancall, *At the Edge of Empire*, 161–165. 关于肯塔基动物界的情况, 参见 Imlay, *Topographical Description*, 217–220; 以及 J. Stoddard Johnson, *First Explorations of Kentucky*, 75。

76　Aron, *How the West Was Lost*, 6–8; Richter, *Facing East from Indian Country*, 168; Richard White, Middle Ground, 187–189 (《中间地带》); Aron, "Pigs and Hunters," 187; 以及 Rafinesque, *Annals of Kentucky*, 30–31。

77　Cartwright, *Backwoods Preacher*, 21.

78　McQueen, "Interview with McQueen," 121.

79　Aron, "Pigs and Hunters," 182.

80　Greer, "Commons and Enclosure," 382.

81　Bushman, "Markets and Composite Farms," 364–367; Perkins, "Consumer Frontier," 486–510; Aron, *How the West Was Lost*, 29–31.

82　Imlay, *Topographical Description*, 149.

83　Richard White, *Middle Ground*, 235; "Treaty Held at the Town of Lancaster," 41–79; Calloway, Shawnees, 45.

84　Sullivan, *Papers of Sir William Johnson*, 2:879.

85　Alan Taylor, *Divided Ground*, 40–42; Patrick Griffin, *American Leviathan*; Banner, *How the Indians Lost Their Land*, 157; William J. Campbell, *Speculators in Empire*, 5, 151–152, 182–196; Lindsay G. Robertson, *Conquest by Law*, 14–15.

86　Sparks, *Works of Benjamin Franklin*, 4:324–325.

87　Lowry, "Deposition"; James Robertson, "Deposition"; Sheidley, "Hunting and the Politics of Masculinity," 176; Lindsay G. Robertson, *Conquest by Law*.

88　Richard Butler, "Letter of Richard Butler, June 10, 1773."

89　Murray, "Official Report, December 24, 1774," 371.

90　Woods, "Woods to Preston," 88.

91　Aron, *How the West Was Lost*, 27–28. 关于邓莫尔战争与肯塔基土地, 参见 Hinderaker, *Elusive Empire*, 193–199; 以及 Greiner, *First Way of War*,

148−151。

92 Records, "Narrative," 4.

93 Brissot de Warville, *New Travels*, 463−464.

94 McQueen, "Interview with McQueen," 119−120.

95 Morrison, "Interview with Mrs. Morrison," 151−152.

96 Perkins, *Border Life*, 62−65, 75−77.

97 McQueen, "Interview with McQueen," 119; Black, "Interview with Major Black"; Bushman, "Markets and Composite Farms in Early America," 364−367; Kulikoff, "Transition to Capitalism," 134.

98 Records, "Narrative," 23.

99 Perkins, "Consumer Frontier," 497.

100 Draper, "Life of Boone," 2B 39−40.

101 Aron, *How the West Was Lost*, 122; Jordan and Kaups, *American Backwoods Frontier*, 1−7; Herman, *Hunting and the American Imagination*, 55−60.

102 Imlay, *Topographical Description*, 136.

103 Nuttall, *Journal of Travels*, 13:58−59. 另见 Faux, *Faux's Memorable Days in America*, pt. 1, 11:203−204.

104 Shane, "Memoranda on Indian Warfare," 192−193.

105 Lewis Brantz, "Memoranda of a Jouney," 3:344.

106 关于拓荒的"准军事占领"性质,参见 Faragher, *Sugar Creek*, 26。

107 "Abstract of a Talk…at Toquah," July 29, 1769. 关于约翰·斯图尔特在弗吉尼亚−切洛基边境地区管理中扮演的角色,参见 Alden, *John Stuart*, 262−293。

108 Seed, *Ceremonies of Possession*, 16−40; Tomlins, "Many Legalities of Colonization," 4; Cronon, *Changes in the Land*, 54−81(《土地的变迁》).

109 Higginson, New−Englands Plantation, 12.

110 Johnson, *Nova Britannia*, 11. 另见 Cushman, "Reasons and Considerations," 243。

111 Robert Montgomery, *Discourse*, 7.

112 Lawson, *New Voyage to Carolina*, 205.

113 Saunders and Clark, *Colonial and State Records of North Carolina*,

2:139−140.

114　同上，2:172。

115　Ramsay, *Revolution of South Carolina*, 2:72.

116　Worthington, *Journals*, 25:684.

117　Bates, "Speech on the Indian Bill (1830)," 247.

118　Braund, *Deerskins and Duffels*, 42−43. 关于狩猎活动在地貌塑造方面发挥的政治力量，参见 Hatley, *Dividing Paths*, 212−215。

119　Paulett, *Empire of Small Places*, 2, 27. 尽管波莱特（Paulett）认为，鹿皮贸易的地理格局是由"欧洲人、美洲人和非洲人之间的持续斗争形成的"，但他并没有谈及白尾鹿参与了格局塑造。

120　Braund, *Deerskins and Duffels*, 26−39; Richard, *World Hunt*, 38−39; Dunaway, *First American Frontier*, 32−36. 关于乔克托族印第安人与东南方鹿皮贸易的衰落，参见 Richard White, *Roots of Dependency*, 69−96。

121　Patrick Griffin, *American Leviathan*, 22−27, 158; Banner, *How the Indians Lost Their Land*, 85−105.

122　Candler, *Colonial Records of the State of Georgia*, 18:588−590.

123　"Charles−Town, December 5," *South Carolina Gazette and Country Journal*, December 5, 1769; Governor William Bull, "An Act for the Preservation of Deer," *South Carolina Gazette and Country Journal*, April 3, 1770; "Commander in Chief Over the Said Province: A Proclamation," *South Carolina Gazette and Country Journal*, July 4, 1771.

124　Preston, "Preston to McDowell, May 27, 1774," 26.

125　Saunders and Clark, *Colonial and State Records of North Carolina*, 8:1−2; Hatley, *Dividing Paths*, 204; Oliphant, *Anglo-Cherokee Frontier*, 28; Richard White, *Roots of Dependency*, 110−111.

126　Alden, *John Stuart*, 261−262.

127　McIlwaine and Kennedy, *Journals*, 12:xi−xii.

128　"Board of Trade…Minutes," Feburary 12, 1765.

129　Stuart, "Stuart to Lt. Gov. Bull re Indians," December 2, 1769.

130　Saunders and Clark, *Colonial and State Records of North Carolina*, 8:22.

131　"To Whom It May Concern, Cameron Issued to Ugayolah (Cherokee),"

September 20, 1774.

132   Saunders and Clark, *Colonial and State Records of North Carolina*, 10:763–765.

133   Calloway, *American Revolution in Indian Country*, 43–46, 190–199.

134   Saunders and Clark, *Colonial and State Records of North Carolina*, 10:1005.

135   同上，24:188–189。

136   Watkins and Watkins, *Digest of the Laws of Georgia*, 288.

137   Kappler, *Indian Affairs*, 2:9–16, 29–34, 51–55, 25–29.

138   Watkins and Watkins, *Digest of the Laws of Georgia*, 779–780.

139   Caswell, Caswell to Shelby, Feburary 27, 1787, 1.

140   Hugh Montgomery, Montgomery to Rabun, July 3, 1817, 4.

141   同上，July 3, 1817, 5–6。

142   Johnson v. McIntosh; Banner, *How the Indians Lost Their Land*, 181–187; Lindsay G. Robertson, *Conquest by Law*, 98–116; Blake A. Watson, *Buying America From the Indians*, 272–295; Kades, "Great Case of Johnson v. McIntosh," 103–106.

143   Banner, *How the Indians Lost Their Land*, 221; Lindsay G. Robinson, *Conquest by Law*, xii, 133; Worcester v. Georgia, 31.

144   Worcester v. Georgia, 517.

145   Wirt, "Opinion, 1830," 8–9.

146   David Folsom, "From the Missionary Herald: Opinions and Feelings of the Choctaw in Regard to a Removal," *Cherokee Phoenix*, April 7, 1830, 4.

147   Cherokee Nation v. Georgia, 20.

148   An Aboriginal Cherokee, "Sketch of the Progress of the Aboriginal Chrokees," *Niles Weekly Register* 16, suppl. (July 20, 1818): 96.

149   例见 Jefferson, *Writings*, 8:199。

150   Cherokee Nation v. Georgia, 20.

151   Aron, *How the West Was Lost*, 102–105.

CHAPTER 6

天生狂野

❧ ──── 第六章 ──── ❦

天生自由

In All Their Native Freedom

旅居欧洲 17 年的华盛顿·欧文（Washington Irving）刚刚回国，他盼望看到美国西部。于是，当亨利·莱维特·埃尔斯沃思（Henry Leavitt Ellsworth）在 1832 年夏天邀请他一同去南方平原考察的时候，他迫不及待地同意了。埃尔斯沃思受安德鲁·杰克逊总统委任，负责监护东部各部落的西迁工作。他知道"欧文先生渴望前往野牛之乡"，便要求这位名作家和他一起去印第安领地探察实情。[1] 欧文的游记《大草原之旅》（*A Tour on the Prairies*）首次出版于 1835 年，是作者重返美国文坛之作。[2] 欧文想要撰写一部具有"显著民族性格"的书，他在开篇便描绘了阿肯色河、加拿大河与雷德河之间"满是奇迹与冒险的一片区域"。他写道：

> 这片葱郁肥沃的荒原上依然游荡着天生自由的驼鹿、野牛和野马。

大草原远离"人类生活的前哨"，是奥赛治族

（Osage）、克里克族和特拉华族印第安人的猎场，也是"波尼族（Pawnees）、科曼奇族（Comanches）和其他野蛮却独立的部落，即大草原上的游牧民"的猎场。在这些争斗不休的"争议土地"上，埃尔斯沃思专员希望为流离失所的东部印第安人找到合适的安置地。[3]

之前已经有其他人对南方平原做过类似的考察，衡量许诺的迁移地的前景。1828 年，托马斯·安东尼上尉（Capt. Thomas Anthony）写了一封信，后来刊登在《切洛基凤凰报》，他在信中宣称，他带队的克里克族印第安人对途经的印第安领地非常满意，尤其是在狩猎野牛成功之后。28 名克里克族猎手在 20 天内杀死了 24 头野牛，看见的野牛还有好几百头。安东尼宣称，在这个环境中，耕作和狩猎能为移民提供绰绰有余的生活物资——19 世纪 20 年代，美国的印第安专员们企图以此为由将表示抗拒和不情愿的东部部落驱离家园。[4]1820 年，美国专员告诉乔克托族："你们的总统父亲"已经选了一块更好的土地给你们安家，"你们到那里可以犁地，也可以猎鹿、熊和野牛"。印第安专员和政府官员许下承诺，处境艰难的东部部落对西部土地的"权利无可忧虑"，那里满是大群的野牛和野外生物。佛罗里达领地总督威廉·P. 杜瓦尔（William P. Duval）确信，如果塞米诺尔族（Seminole）酋长可以"听从劝说，派一队人去当地考察的话"，他们就会发现"大量的鹿、驼鹿和野牛……将有力地引诱他们前往密西西比河以西定居"。[5]

然而，许多生活在密西西比河以东的人不认可对西部平原的美好描绘，觉得那太夸张。1824年，切洛基人再次被命令割让土地，他们在正式答复中拒绝用自己的家园交换"除了猎杀野牛以外百无一用之地"[6]。其他反对印第安迁移的人表示同意。在围绕1830年的《印第安人迁移法案》的论战中，来自马萨诸塞州的国会众议员爱德华·埃弗里特（Edward Everett）主张，联邦政府"将这些印第安人丢到西部荒野"是"专横""傲慢"之举。埃弗里特引用了早期探险家的记述，他们说南方平原是只适合"野牛、野山羊和其他野生猎物"的地方。议员质问道：为什么要把"在粮田、作坊、织布机上长大的人"送到西边去，"在这片不宜人居的荒漠中……猎杀野牛呢"？[7]

东部人或许会认为南方平原"不宜人居"，但这片土地肯定并非杳无人烟。阿肯色的一份报纸指出了显而易见的事实：密苏里和阿肯色以西的拟议迁移地"已经划分给了多个现今占据当地的部落"[8]。得克萨斯地区不可选，因为它不属于美利坚合众国。西部印第安领地边疆的大"荒漠"是"波尼族和科曼奇族的猎场"。埃弗里特坚称，这些土地并非"仅有野牛占据"，占据那里的还有"大陆上最凶悍的部落"。[9]切洛基人抗议道：如果他们迁移到大平原，那就不得不"与当地的未开化的印第安人交战"。印第安专员也承认，被迫移民的人"惧怕西部的印第安人"[10]。反对迁移者辩称，杰克逊的计划必将带来暴力冲突的后果。西部大草原将成为"彻头彻尾的印第安人屠场"[11]。

　　杰克逊提出的印第安人政策是彻底重组，而19世纪前期的印第安人迁移之争正凸显了杰克逊政策遭到的人为障碍——美国拓荒者日后也会遭遇同样的障碍。许多人都承认，美洲原住民或欧洲裔美国人西迁会激发其与当地原有印第安人的冲突。尽管"约翰逊诉迈金托什案"将印第安人的权利定义为临时居住权，这看似解决了相关的法律问题，却并没有解决大平原部落的问题，后者想必可以主张自己享有土地初始主人的财产权。经验已经让美国人明白，居住带来的所有权并不容易被消灭。军务卿彼得·比尔·波特（Peter Buell Porter）就表达了这个看法。他在1832年提出，部落地权问题尚无共识。有人主张部落是独立主权国家；其他人则认为：

> 印第安人只是不定期租户，我们随时可按照自身利益或方便占有他们的地盘，就像大草原上的野牛可以随时被猎杀一样。

第六章　天生自由

波特坚称，两者都是极端看法，但"政府从来没有划定一条折中的界线"[12]。因此，尽管"约翰逊诉迈金托什案"为剥夺土地提供了法律依据，但关于征服或权利和平让渡能否终结大平原印第安人占据西部，美国人还是不确定。

但是，大平原的标志性动物住客——野牛呢？

在19世纪上半叶的大部分观察者眼中，上百万头平原野牛只是美洲盛产动物的又一个证据罢了。在没有大森林，也没有明显地形变化的矮草草原上，将大地染成深色的庞大野牛群便是平原地貌最突出的特征。俗语中常将西部的"野牛"和"野印第安人"联系在一起。殖民者相信，印第安人是两种住客中斗争性更强的那一个。然而，到了19世纪下半叶，许多人开始认为占据平原的野牛同样是个大问题。即使牛群规模减小了，它们在或不在依然对美国西部殖民过程的意义重大。最终，平原野牛迫使殖民者将所有权理解为一个人兽共居的问题。

某种奇异巨兽

1527年，阿尔瓦尔·努涅斯·卡韦萨·德巴卡（Álvar Núñez Cabeza de Vaca）在加尔维斯顿岛（Galveston

Island）遭遇海难，滞留新世界。在之后的八年时间里，卡韦萨·德巴卡同命途多舛的纳韦埃斯（Narváez）探险队的其他三名幸存者一起，在西南地区四处游荡、贸易和探险，希望设法前往新西班牙的定居点。他在旅途中有了惊人的动物发现：大群野牛聚集在今奥斯汀（Austin）附近的科罗拉多河沿岸。他在1542年的《记述》（*Relación*）中回忆道：

> 这些牛从北方来，穿过前方的土地，前往佛罗里达海岸，400里格（约合1600千米）之内，无处不在。

小牛的角和"摩尔牛的一样"，毛很长，"如同优质羊毛"。于是，卡韦萨·德巴卡在1530年成为第一位目睹北美洲最大陆地哺乳动物的欧洲人。[13]

卡韦萨·德巴卡只勾勒了骨架，后来，其他西班牙人的描述则丰富了血肉——在他简练记述的基础上添加了异国情调的修饰。16世纪的西班牙探险家考察美洲内陆时走入了开阔的草原——他们称之为"Llanos del Cíbolo"，意思是"野牛平原"——并在那里遇到了更多的"某种奇异巨兽——在已知的亚洲、欧洲和非洲都不曾见过或者听闻"。弗朗西斯·洛佩斯·戈梅拉（Francis Lopez Gomera）在《西印度通史》（*General*

History of the West Indies）中写道：这种大型动物"样貌扭曲恐怖"[14]。平原野牛的怪相甚至会让马受惊。[15] 不过，也有人觉得这些生物"奇妙喜人"。胡安·德奥尼亚特（Juan de Oñate）坚持认为：

> 一个人越是看它，就越想看它，一天看它一百遍，就会发自内心地大笑一百遍，如此便再无忧思。

野牛是骆驼、骡子、狮子、绵羊、山羊和奶牛的奇特结合体。在"目睹如此凶猛的动物"[16]并为之着迷的西班牙人看来，野牛不啻是奇观。

这种异兽不仅仅是大平原上的怪事。对 16 世纪至 17 世纪初的探险家来说，野牛显然对新西班牙地区的原住民至关重要。牛肉、牛油、牛毛和牛皮在整个"野牛之乡"都是主要物资。[17]原住民用牛皮做毯子、鞋子、靶子和帐篷。熟练的美洲制革工人能将生皮变成熟皮，其成品在西班牙殖民者看来"像亚麻布和细荷兰布一样柔软"，有羊毛质感的野牛毛还被制成了垫子或帽子。[18]阿帕奇族——按照奥尼亚特的说法，他们"占据了大平原"——的生活靠"跟着牛群走"，或者是"牛群跟人走"。[19]这些野兽在印第安经济中显然占据核心地位，难怪西班牙征服者会觉得野牛类似于家畜。

新西班牙殖民者发现野牛既不同寻常，又潜藏实用价值，于是多次企图抓捕样本，以便作为珍奇异兽带回西班牙，或者作为家畜送去殖民点。这两种努力基本失败了。1598 年，奥尼亚特新墨西哥探险队中的一位军士长想要"抓几只野牛带回圣胡安村"，让当地的殖民者一睹风采。士兵们试着将野牛赶入匆忙搭建的牛棚，但"凶兽"逃逸了，"像猛烈的旋风一样横冲直撞"，"扬起大片烟尘"。野牛吓坏了西班牙人的马，还有踩踏人的危险。西班牙人圈养成年野牛的努力受挫，便转而用绳索套牛犊，但即便是最小的幼兽也会"激愤不已"，在被抓到后不到一个小时便一命呜呼。探险者总结为野牛的野性太强，无法管束。因此，士兵们便把它们射死了事。[20]

对西班牙人来说，平原野牛的样貌、野性和用处都是值得一提的特质，但给他们留下最深印象的还是野牛数量的庞大。作家们搜肠刮肚地想要表达出平原上野牛群的规模，还担心读者会觉得自己夸大其词。1581 年，沙穆斯卡多（Chamuscado）和罗德里格斯（Rodriguez）探险队前往新墨西哥，遇到野牛在"长达 200 多里格（约合 800 千米）的地面上连绵不断"。奥尼亚特手下的一名上尉加斯帕尔·佩雷斯·德比利亚格拉（Gaspar Pérez de Villagrá）望见野牛横跨"600或 800 里格（约合 2400 或 3200 千米）"。1610 年，他在《新墨西哥史》（*History of New Mexico*）中写道：

> 那儿看上去简直是一片均匀的牛海。在这些平原上迷路的旅者实在不幸，因为他肯定会葬身于兽海之间。

就算没有牛，西南大地上也能看到牛群数量之大的证据，那就是被它们踏平的草，还有它们留下的成堆牛粪和牛骨。[21]

相比于西班牙人笔下的西南部壮观的野牛景象，早期英国人笔下的东部野牛简直是平平无奇。欧洲人对密西西比河以东野牛的最早记载出自塞缪尔·阿盖尔，时间是 1612 年。这位英国探险家当时在离切萨皮克湾不太远的内陆，偶遇了一群数量可观的大野牛。印第安人向导杀了两头之后，阿盖尔记述了他眼中野牛的关键特征：它们是"优良有益的肉"，而且"非常容易猎杀"。与西班牙人不同，这个英国人坚称这些本地大牛"野性不及野外的其他野兽"[22]。后来偶尔有英国探险家说在 17 世纪至 18 世纪初的沿海殖民地附近见到过野牛，尽管大部分人都承认，野牛的栖息地在西边的偏远地带。[23] 约翰·劳森和约翰·布里克尔等 18 世纪的博物学家将野牛列为北卡罗来纳本土动物，还详细描述了野牛的特征，但他们也承认在英国

天生狂野：北美动物抵抗殖民化

定居点附近看不到野牛。[24] 关于这种动物本身，作家们主要是说它们体大、毛多、味美。1729 年，威廉·伯德考察队在距离弗吉尼亚海岸 150 英里（约合 240 千米）外"有幸碰到了一头幼年野牛"，立即杀而食之，大家"对这种新食物感到喜悦"。[25]

英国人笔下平凡的东部野牛与西班牙人遇到的西部野牛从体质上讲，并无显著差别。事实上，两者是同一个物种，学名为"Bison bison"。英国人和西班牙人记述的分歧更多与野牛近期的历史演变和地理分布有关。西南平原的西班牙人进入了野牛地带和本土野牛经济的核心。17 世纪的英国人紧靠大西洋沿岸，处于近期野牛活动范围扩大进程的外侧边缘。借由旧世界疫病造成的原住民人口减少，野牛进入了东部森林，时间可能只比英国殖民者早一点。那里没有庞大兽群或者大片牛海让英国人发现，也没有生计全靠野牛的人，只有少数走丢的牛，更常见的则是远方内陆的巨牛传说。[26]

直到殖民者在 18 世纪中叶越过阿巴拉契亚山，他们才遇见了数量大到值得进一步讨论的野牛群。1750 年，在勘察肯塔基期间，托马斯·沃克博士发现舔盐地和盐泉周围聚集着数量介于 40 头到近百头之间的牛群。[27] 约翰·菲尔森于 1784 年写道："奇异的野牛群"激起了旅者的"惊奇与骇惧"。动物走过的路线在大地上留下了曲折的"大道",仿佛是"通往某座人口众多的城市"。[28] 丹尼尔·布恩和其他"长途猎人"起初觉得肯塔基的野牛比"村镇家牛"更普通。[29] 据边疆居民约书亚·麦奎因回忆,在东部投机商派去探险者和勘测员之前,只有美洲原住民捕猎"大群野牛",而且他们"只有在需要的时候才去射击牛"。话虽如此,在 1779 年的时候,来到舔盐地的野牛如此众多,以至于麦奎因确信一个猎人"不可能把它们全部赶走"[30]。

正是在这里,在阿巴拉契亚山外的西部,英属美洲殖民者开始明白了野牛对移民和占地的促进作用。野牛的属性——包括习性和体型——意味着猎人只要花比较少的力气就能大有斩获。猎人发现,由于捕猎压力有限,所以野牛不怕人,更容易被发现和猎杀。与难测的白尾鹿和独行的黑熊相比,野牛群是更轻易被发现的目标,尤其是当它们聚集在舔盐地和矿泉的时候。野牛的行动路线很好辨认,猎人跟着走就能来到它们的栖息地。另外,猎人只要在浓密的灌木丛里放火,就能把野牛赶出来,并将其驱入肯塔基河沟里的藤丛。[31] 肯塔基猎人和移民很快就把野牛登记在猎物名单上,因为在边疆地带,带毛牛皮同野牛肉与鹿皮鹿肉一样有用。布恩斯伯勒居民"主要依靠野牛肉"撑过了 1780 年的严冬。[32] 在另一个寒冷的季节,麦奎因和搭档约翰·菲普斯(John Phipps)在俄亥俄河口猎杀野牛，并贩卖牛肉去上游。[33] 生野牛皮可以制成优良皮革，只要能积累到一定数量，就算市场价低廉也有利可图。一位老猎人告诉托马斯·阿什，他当年杀过 600 到 700 头野牛，只为了获取每张卖区区 2 先令的牛皮。不过，18 世纪 50 年代他在阿勒格尼河和莫农格希拉河上游源头当了几年毛皮猎人以后，发现"剩余漫游的"野牛"马上回到了野外"，再也没有在宾夕法尼亚西部现身。[34]

甚至在殖民者盘点野牛特征的 18 世纪，他们也注意到了这个令人不安的事实：野牛没有当初那么多了。在一小段时间里，阿巴拉契亚山外西部的野牛数量似乎多到不可思议，甚至可能是无穷无尽。但人们很快就发现，这种大型野兽从过去出没的地方消失了。有猎人推测，野牛只是"走了"，或者说因开疆扩土的白人定居点和猎人而退避了。[35] 也有人认为，野牛已经被移民"无度杀光"了。按照吉尔伯特·伊姆利的说法，野牛在 1797 年"基本被赶出了肯塔基"[36]。尽管一直有人觉得"定居点之外"的远方还有更多野牛，但情况慢慢变得明朗了，即甚至在更远的西部，野牛也在消失。[37] 一些 19 世纪初的地理书还在说伊利诺伊领地盛产野牛，但也有观点指出：动物在 1780 年至 1790 年之间进行了大迁徙，退往密苏里河流域。[38]

在阿巴拉契亚山外西部，殖民者短暂窥见了另一

第六章 天生自由

种动物资源，即丰富的东部野牛。在 18 世纪末，野牛对猎人、寻路者、移民和商人的用处才刚刚显露一点儿苗头，这些动物便将要消失了。诚然，许多美国人以为，野牛的消失是殖民者占有土地的必然结果，甚至是一件好事。然而在 1832 年，密西西比河以东的最后两头野牛被杀死在威斯康星之时，人们还是隐隐感觉到某种美洲特有的宝物已经被挥霍殆尽。殖民广告宣传了两个世纪的"动物繁多、随人取用"，如今终于走到了尽头。[39]

尽头或许还没有到。通过 1803 年的路易斯安那购地，西部野牛之乡的核心地带向殖民者打开了大门。随着探险家、勘测员、猎人和商人考察评估这片土地，美国人再次听到了动物繁盛的传说。尽管语气似曾相识，但在这个陌生环境中上演的是新类型的殖民故事，由另一批角色出演。动物演员里的主角是野牛。大平原上的野牛财富再次激发了殖民热情，让英裔美国殖民者畅想占有西部土地的新篇章。当然，他们预料到的故事结局是理性化的环境秩序，而鉴于这片土地及其居民的性质，秩序要如何建立尚未可知。在一开始，人们并不清楚末章写就时，大平原的主人到底会是谁。

史蒂夫·H. 朗撰写了一个可能的故事线。在他的 1819 年至 1820 年探险报告中有一句名言，称大平原"几乎完全不适合耕作，对务农为生的人来说自然是无法居住的"。这片土地似乎"特别适合野牛、野山羊和其他野外生物生活",因为"多到无可计数"的野兽"在平原上有充足的草料和食物"。朗给大平原贴上了"美国大荒漠"的标签,其意图并非贬低此地的重要性。他认为,作为国家的西部边疆,广袤的草原"或许有着无穷的意义"。它是"阻挡我国人口过分西进的一道屏障",也会保护国家免遭"原本可能会扰乱我国的敌国诡谋或者入侵"。[40]

也有人赞同朗的想法,认为西部空间的界定和组织形式将不同于密西西比河以东的土地。许多人认为,大平原最适合发挥天然缓冲带的功能,而非转化为个体农场和城镇组成的"定居"地界。草原上大量游荡的野牛似乎已经预定了这片土地的用途。1803 年,杰斐逊在对路易斯安那的记述中,将墨西哥以北的区域说成是"一片广阔的草原",上面"充斥着野牛、鹿和其他种类的野兽"。尽管这些土地"除了草什么都不长",却盛产野牛——密西西比河以西的早期探险记录中总会提到这一事实。[41]平原上庞大的兽群"令人难以置信"。在 1807 年的泽布伦·派克探险队期间,詹姆斯·威尔金森(James Wilkinson)发誓:

> 只要我看见了一头野牛,那天路上就会看见 9000 多头。[42]

1839 年，托马斯·杰斐逊·法纳姆（Thomas Jefferson Farnham）写道：在堪萨斯州波尼岔河（Pawnee Fork）的"地平线上见到隆起的上千座山丘"，上面"黑压压地满是平静吃草的野牛"。[43] 约翰·C. 弗雷蒙（John C. Frémont）在 1842 年的报告中写道：草原"在字面意义上布满了野牛"[44]。动物如此繁盛，这在密西西比河以东是未曾听闻过的。

大平原野牛是西部环境中蕴含的独特性与希望的最明显标志。旅行者在穿越一马平川的草原时会寻找野牛，野牛是活的路标，标志着他们进入了大陆腹地。有作者在日记中记录了第一次目睹和猎杀野牛的欢庆经历。詹姆斯·俄亥俄·帕蒂（James Ohio Pattie）前往圣塔菲（Santa Fe）途中第一次"感受到了期盼已久的观牛喜悦"[45]。乔赛亚·格雷格记述了探险队初遇"这些'草原牛'的那一天"。野牛给队员留下了相当深刻的印象，因为没有几个人"在野外状态下见过野牛"[46]。詹姆斯·贝克沃思（James Beckwourth）以猎手身份受雇加入了威廉·艾什利将军（Gen. William Ashley）的落基山毛皮公司，由于对野牛没有认知经验，所以闹了笑话。贝克沃思被派去打晚餐吃的猎物，射死了一只大型的黑色动物，他以为是头熊。艾什利将军只好告诉这位新手猎人，他打死的其实是一头野牛。贝克沃思回忆称他那天晚上不得不忍受同伴们的嘲笑，过得很不舒服。然而，这次遭际对他是一件大事，代表着他正式加入了西部生活。[47]

野牛群无处不在，"不受打扰地占有和啃食"平原，这代表了英裔美国殖民者在西部不得不与之斗争的新的文化与环境现实状况。[48]平原印第安人与野牛之间的联系既是物质的，也是精神的。美国殖民者轻松地发现了野牛在印第安人经济与生态中的中心地位。对一些部落来说，猎杀野牛是包括种植在内的多种生计活动之一。而对另一些常被称作"野牛印第安人"的部落来说，平原野牛是一种独特的经济资源，是贸易与劫掠经济的关键。[49]上起刘易斯和克拉克，下至朗、弗雷蒙和伦道夫·马西（Randolph Marcy）的西方探险家都提到，草原上的"流动人群"仰赖野牛为"主要维生手段"。[50]亨利·阿特金森和本杰明·欧法伦（Benjamin O'Fallon）在 1826 年写道：

（印第安人）吃着野牛肉、穿着带毛野牛皮，丰盈自足——牛皮是他们主要的衣料，也几乎是他们唯一可拿来与商人交换的货品。[51]

事实上，在包括南边的科曼奇族和凯厄瓦族（Kiowa）、北边的克罗族（Crow）和苏族在内的草原部落里，野牛的经济意义也是不久前才兴起的。在 18

世纪末，平原猎牛印第安人配备了欧洲进口品——马和火枪——彻底改造了自己的社会形态。[52] 到了 19 世纪美国殖民者遇到大平原印第安人的时候，若说这些部落与野牛密不可分，那也算不得大而化之。这种关系引发了关于何种方式最适合殖民上述两者的问题。威廉·吉尔平（William Gilpin）于 1861 年阐述了人兽关系的隐含意义。他提出，通过自身"与'野牛印第安人'的非常充分的交往经验"，他得出的结论是"管理印第安人部落交往的美国法律不适用于大平原和山区"。[53] 西部有另外一种自然和人文环境，需要用新思维才能加以管理和占有。

这个新环境中有一点是一以贯之的，即大量的动物有利于殖民。美国殖民者一开始的想法是，允许野牛履行其在印第安人社会中的原有功能对殖民事业最为有益。作为一种现成的经济与文化资源，野牛会让原住民沉浸其中，以免去关注美国人的侵犯。印第安人的带毛野牛皮贸易已经为殖民者与西部各部落提供了一条的重要经济纽带。[54] 印第安人迁移之争表明，许多美国官员也相信西部草原上的庞大牛群会吸引部落西迁。当局盛赞在开阔平原上猎杀野牛的美好前景，希望借此说服东部印第安人放弃自己的土地。[55]

到了 19 世纪，大平原殖民进程中又出现了新场景——野牛在其中扮演着核心角色。探险家发现了野牛的又一种潜力，那就是为前往更富饶的太平洋海岸的开拓者提供食物。法纳姆计算了自己旅途中所见的单位面积的野牛数量，不禁发出惊叹：

　　用于喂养印第安人和来到这片平原的白人朝圣者的食物何其多啊！[56]

　　马西的西部向导列举了移民在哪些地方可以猎取野牛肉，在哪些地方能找到牛粪做燃料。[57]第一波草原移民发现野牛对他们的生计至关重要，他们打猎一天获得的肉就足够一整个冬天吃。铁路筑路工也依赖于以野牛群为食，铁路完工后运来了大批打猎取乐的游客，他们屠牛无数。[58]庞大的牛群进一步表明，草原尽管看似平平无奇，却能够为移民的家畜提供食料。[59]总的来说，野牛给美国殖民者吃了一颗定心丸，让他们相信西部是可以被占有的。

　　美国观察者一般都认同 19 世纪初的大平原动物界有两个看似矛盾的特点。第一，他们赞同野牛是平原最明显的特征。所有人都同意野牛"数不胜数"，组成"数目无穷无尽"的"庞大群落"而迁移。第二点共识是，野牛很快就会消失。有些人认为，新生边疆聚落周边野牛数量的减少证明了一个"众所周知的事实"，那就是"野兽，尤其是野牛，害怕白人的气味胜过印第安人的气味"。[60]另一些人的看法则更加悲观，认为考虑到印第安人和白人猎手每年杀死平原野牛的数量超乎寻常，这种动物已经到了灭绝的边缘，尤其令批评者感到恼火的一点是这些巨兽还惨遭丢弃。来自大平原的报告讲，猎人只取牛皮和牛舌，其尸体则被丢在阳光下腐烂。根据贸易站的信息，评论员估算出：每产出一张带毛野牛皮，就有五头牛被杀害和丢弃。西部游客和军人的"娱乐化倾向"也要对无节制的破坏负责。近来，东部野牛的经历为一种观点提供了论据：就算野牛数量如此之大，灭绝依旧势不可挡。[61]

正如乔治·凯特林（George Catlin）在 1844 年思考的那样：

> 自然界最美丽、最动人的景色，莫过于西部大草原；而在大草原上生活的人类与兽类之中，最高贵者莫过于印第安人和野牛——他们同为土地的原始住户，一起躲避逼近的文明人；他们逃到了西部大平原，在那里，同样必将毁灭的他们捧起了最后一抔土，那是他们身死族灭、白骨一同褪色的所在。[62]

这位著名的西部画家兼作家，还有许多其他美国人都认为，野牛和印第安人的命运纠缠在一起。两者

天生狂野：北美动物抵抗殖民化

都是"土地的原始住户"——他们居住在这里，却不能主宰自己的命运。乍看上去，凯特林的预言似乎颇有先见之明。然而，从原住民手中夺取大平原的过程却比凯特林认为的更加复杂，更加艰难。

改造平原远非势不可挡，而是需要多方的协同行动，且伴随着大量暴力。美国殖民者耗尽了 19 世纪余下的时间，才得以实现大平原环境的理性化与秩序化的愿景。

猎牛人战争

1874 年夏季，美国猎牛人和商人齐聚得克萨斯州潘汉德尔，地点是土墙堡（Adobe Walls）的威廉·本特（William Bent）贸易站旧址。他们来到这里是为了猎取亚诺埃斯卡多（Llano Estacado，又称"围桩平原"）中尚存的仍在漫游的野牛。这片令人望而生畏的台地自印第安领地向南延伸，跨过得克萨斯州与新墨西哥州边界。猎牛人们知道自己在碰运气。有印第安人主张这片区域是自己的猎场，且他们痛恨擅闯行为，但"赶牛人"相信自己有权去那里。他们去那里当然是有原因的，即大量任由自取、有利可图的野牛。[63]

6 月 27 日清晨，28 名在堡内扎营的猎牛人、商人和车夫被吵醒了，"一声浑厚的呐喊——战吼似乎令清晨的空气都在震颤"。骇人的呐喊之后便是雷鸣般的马蹄声，还有数百名科曼奇族、凯厄瓦族、夏延族（Cheyenne）战士的"可怕叫声"。猎牛人群手忙脚乱地爬出睡袋，奔向堡内三座核心的草土墙建筑：A. C. 迈尔斯商店、拉思公司和詹姆斯·汉拉恩酒馆。但并不是堡内所有人都抵达了安全位置。道奇市（Dodge City）来的车夫沙德勒兄弟（Shadler brothers）没有及时醒来，他们在自己的车里和睡在两人脚边的纽芬兰犬一起遇害，还被剥了头皮。据猎牛人比利·狄克森（Billy Dixon）回忆，来袭的印第安人包围了草土墙建筑，"炫耀沙德勒兄弟血淋淋的头皮，高兴得像魔鬼一样"，还射碎了建筑的每一扇窗户。受困堡内的众人孤绝奋战，印第安人反复发起冲击，有时甚至逼近到可以用枪托猛砸被堵住的房门的程度。[64]

随着第一波进攻的气势减退，猎牛人开始组织起来，收集枪支并到商店储藏室里搜刮弹药。狄克森、巴特·马斯特森（Bat Masterson）和其他猎牛人从草土墙建筑的破窗里向外开火，用大威力、长射程的武器接连狙击印第安人及其坐骑，震慑了来袭者。据狄克森回忆，枪战激烈地进行着，直到"土墙周围有多处的草被鲜血浸湿"。印第安人发现正面进攻对武器精良的猎人无效，于是杀光了美国人的牛和马，并后

天生狂野：北美动物抵抗殖民化

358

撤转入围攻。下午时分，留在堡内的人从掩体中走出来，时间刚好够埋葬己方死者：沙德勒兄弟，还有肺被射穿的比利·泰勒（Billy Tyler）。他们匆匆巡视了战场，发现 12 匹死马和 13 名没有战友收尸的印第安人。[65]

次日，更多猎牛人从北面的营地返回，靠近土墙堡，他们还不知道那里刚刚发生的恶战。看见散落在建筑周围的印第安人和马匹尸体后，他们迅速意识到了这处残破聚落的险境。亨利·利斯（Henry Lease）自告奋勇回道奇市求援，一位返回的猎牛人吉姆·卡托尔（Jim Cator）把自己的马借给了他。其他人则在崎岖的乡间四散开来，警告数十名还在野外的猎牛人——"印第安人已经出征"。另一位赶牛人汤姆·尼克松（Tom Nixon）组织起一支队伍去解救土墙堡贸易中心，还把堡内的一名妇女奥尔兹夫人（Mrs. Olds）带到了安全地带。[66]

与此同时，利斯抵达了道奇市，请求骑兵出动以支援被围人员。但是，军官对猎牛人的困境不为所动。密苏里军区司令约翰·波普将军（Gen. John Pope）不负责保护土墙堡内的美国人。他认为这些人无权前往该地，因此必须自己对付印第安人。除此之外，猎牛人还是南北战争后边疆冲突的始作俑者。波普将军公然表示，他"不同情也不关心"在得克萨斯境内非法开设商铺的白人野牛猎手。他们是"侵犯印第安人的土地、对印第安人犯下不可饶恕的暴行的恶棍"。波普在一份广为流传的声明中表示，如果他向这些"非法贸易据点"派遣部队，"目的也是拆除，而非保护"。将军甚至进一步宣称，"这些人无耻的非法交易"已经招致了印第安人对"无辜边疆移民"的袭击。在波普看来，越界的猎牛人"应受惩处，不应保护"。[67]

猎牛人为什么要在1874年6月来到土墙堡呢？从表面上看，他们是去杀野牛的。但除此之外，他们还是美国殖民进程的参与者——即便波普将军不情愿承认这一点。近三个世纪以来，野外生物资源都在引诱殖民者，而他们到那里正是去利用这份资源。然而，史称"雷德河战争"（Red River War）的连续不断的冲突表明，野牛搅乱了殖民者对大平原的计划。虽然美国观察者几十年一直在宣扬野牛即将灭绝，但事实证明，这种草原居民比料想中更加坚韧。面对英美"文明"的锋芒，野牛并未不可避免地回退，反而需要动用大规模暴力才被赶出西部草原。野牛的数量虽然减少了，但它们的坚强最终促使殖民者思考：是不是必须动用武力让印第安人和野牛都不再居住在西部草原上，美国人才能占有这片土地？ 1874年至1875年的印第安人起义是南北战争后大平原上演的众多类似大戏之一，这件事显示了一种野外生物如何塑造出美国人对原住民居住权和殖民者占有权的观念。平原野牛是一些人所说的"猎牛人战争"的利益相关方，它们揭露了殖民者任取野外生物资源的承诺与基于理性有序环境的英美式占有权之间的矛盾。

猎牛人来到得克萨斯州潘汉德尔是因为野牛；然而，其到来的时间点则是受 19 世纪中叶一连串技术进步与经济发展的支配。当然，美国人猎杀野牛的历史远远早于 1874 年。第一批边疆移民听从了 19 世纪移民指南的建议，用这种野兽供养车队和新生的定居点。[68] 因此，西行路南侧干线之一的圣塔菲小径（Santa Fe Trail）沿线的野牛数量变少了。南方平原上的移民会组织起来猎杀野牛，既是为了取乐，也是为了牛肉、牛油和牛皮。按照苏珊·钮科姆（Susan Newcomb）的说法，猎牛是南北战争结束后得克萨斯州的常规活动。她和丈夫塞缪尔住在斯蒂芬斯县（Stephens County），他们在 1865 年 12 月至 1866 年 1 月间至少见过 9 支从戴维斯堡（Fort Davis）出发的狩猎队。钮科姆夫妇都提到了布拉佐斯河（Brazos River）周边地区野牛众多，还描写了移民经常会逗弄偶尔离群、进入堡垒的这种"西部长毛野生怪物"。苏珊·钮科姆在 1866 年的日记中记载了"我们与一头野牛的小趣事"。镇上的男孩子把一头漫游的公牛赶进母牛圈，并用绳子把它的头和蹄子捆起来。少年们"把它狠狠地切割（原文如此）"之后，在河床里杀死了这头野牛，他们对当天的活动感到很满意。[69]

　　西部军事据点里的士兵也喜欢上了打猎。指挥官允许部下猎杀野牛，以补充微薄的口粮，在一些情况下还会鼓励这种做法。消遣性质的猎牛活动同样重要。1867年，卡斯特第七骑兵团（Custer's Seventh Cavalry）在海斯堡（Fort Hays）附近举办了为期一天的屠牛竞赛，高潮环节是一场"'野牛猎手'盛宴"。事实上，阿尔伯特·巴尼茨（Albert Barnitz）在1868年写给妻子珍妮的信里讲，卡斯特手下的军官猎牛"成风"，有几个人每天早晨出门，下午带着"半打野牛的驼峰、后腿和舌头"归来。[70]1860年，D. S. 斯坦利少将（Maj. Gen. D. S. Stanley）在印第安领地内的科布堡（Fort Cobb）目睹了一场大屠杀。守军司令为了将汪洋一般的迁徙牛群赶走，于是向牛群开炮，击毙了数百头野牛。据斯坦利回忆，次日天气转暖，"腐烂尸体的恶臭几乎把大家赶出了据点"。士兵们在之后一周里都是在"堆砌牛尸并焚烧"[71]。也有人认为猎牛应是一种战术。威廉·谢尔曼上将（Gen. William Sherman）是大力提倡用这种动物对付反抗的印第安人的人之一。谢尔曼在1869年对《陆海军杂志》（*Army Navy Journal*）表示：

　　　　逼迫印第安人定居，过文明生活的最快捷的

办法，就是派 10 个团的士兵到平原上，命令他们射杀野牛，直到野牛数量少到他们无以为生为止。[72]

约翰·M. 斯科菲尔德（John M. Schofield）在回忆录中表达了类似的感受。他回忆称，在 1869 年至 1870 年抵达堪萨斯州莱文沃思堡（Fort Leavenworth）的时候——

他别无他愿，只想终生抵御蛮族，杀光他们的猎物，直到我们美丽的国家中再也没有印第安人边疆。[73]

尽管早在土墙堡的冲突之前，美国人就已经在平原上对野牛进行了大范围、破坏性的猎杀，但在这场战斗之前的几年里，屠杀的步调急剧加速。19 世纪 70 年代初，新生皮加工技术带来了新的市场需求。为了满足需求，猎牛人杀掉了比过去还要多的牛。关于让制革工人能够将野牛生皮转化为工业用皮革的新方法具体起源于何处，历史纪录中说法不一。多人曾声称最早的实验是自己做的。而实验的最终结果是，数十万张牛皮在 19 世纪七八十年代被送进了东部的制革厂。流传最广的故事出自猎牛人乔赛亚·怀特·莫尔（Josiah Wright Mooar）。19 世纪 70 年代初，此人在堪萨斯州海斯堡外工作。他的说法是在事发约 50 年后讲述的，其将灵感归功于 1871 年一家英国公司向位于莱文沃思堡的 W. C. 洛本斯坦（W. C. Lobenstein）皮毛贸易公司发出的试订单，数量为 500 张野牛生皮。之前以猎取野牛肉为目的的莫尔与洛本斯坦的两位代理人，查理·拉思（Charlie Rath）和查理·迈尔斯（Charlie Myers）签订了牛皮供货合同。莫尔猎取的牛皮数量超出了定额，后来就把余量送给自己在纽约的兄弟，后者发现东部制革厂正在积极开展同样的实验。他们的实验"立即取得成功"，美国制革厂遂开始与莫尔洽谈"收购（他）能送来的所有野牛皮"之事。[74]

莫尔的说法与 1872 年《伦敦时报》的另一篇报道有出入。后者称生牛皮制革的最初想法出自"几位有事业心的纽约人"。《伦敦时报》宣称，"美国制革工完全不会用"，只有英国制革厂完善了牛皮软化柔顺的工艺，将其"做成车篷或者真正的皮革"。[75] 还有一个说法将技术创新的起源追溯到加拿大制革工本杰明·麦克莱恩（Benjamin McLean）头上。南北战争结束后，他在堪萨斯城经营毛皮贸易生意。1890 年，《鞋与皮革报道》（*Shoe and Leather Reporter*）中称，纽约、辛辛那提和蒙特利尔制革厂找到了将野牛皮制成皮革的工艺，成品可用于英国与德国的军用邮包、马匹项圈和军靴，随后便有其他几位堪萨斯州皮毛商人迅速进军这一行业。[76]

尽管在细节上有分歧，但有一点似乎是确定的：在 19 世纪 70 年代初的某个时间，西部皮毛商与东部制革商合作开展实验，将正常状态下多孔疏松的野牛皮改造成了强度更高的皮革，可用于机械皮带和其他用途。大约在同一时期，家牛皮价格飙升，于是西部商人带着低价替代品——野牛皮涌入市场。在短时激增的野牛皮需求推动下，一大批职业猎人奔向草原，首先猎取了最容易接触到的兽群。[77]据牧场主查尔斯·古德奈特（Charles Goodnight）回忆，侵入南方平原的猎牛人数量太大了，"枪声几乎从日出响到日落"[78]。职业牛皮狩猎队通常由四到五人组成——虽然也有人数较多的营地——"有人射牛，其余人剥皮"。一名猎手平均每天能杀死大约 50 头野牛，一名剥皮工产出 30—40 张皮。猎手群之外还有厨师、清洁工和拖车工。这些有组织的营地从堪萨斯州内各商贸中心呈扇面状向外散开，往南北两个方向搜寻野牛的活动范围。[79]

然而，职业猎牛人并不是新式商品化的野牛皮革业的产物。1874 年，在土墙堡周围打猎的大部分美国人之前就已经靠猎牛营利了。莫尔、狄克森和马斯特森等人向边疆定居点卖肉，向当地商人卖带毛野牛皮。早在 19 世纪 40 年代，本特设在土墙堡的外围贸易站就以经营带毛野牛皮为主业了。不过，这些早期的野牛狩猎以季节性活动为主，在牛毛较厚的寒冷季节进行。低温也有利于保存运往远方市场的肉。1872年2月，波士顿从堪萨斯和科罗拉多收到了4吨野牛肉，而在前一个季度还收到了数百吨肉。[80] 带毛牛皮和野牛肉的利润足以激励白人猎手留下。

不过，发轫于19世纪70年代的新式皮革业与之前的带毛野牛皮、野牛肉贸易之间有着至关重要的区别。第一，猎牛变成了全年的业务，因为制革用的生皮可以在一年里的任何时间获取。第二，猎人之前的主要目标是肉质细嫩、皮软、适合带毛穿的小母牛，而现在有了新式皮革业，任何性别和年龄的野牛的毛皮都可利用。最后，相比于拖拽沉重的带毛牛皮，制革用的干生牛皮运输更方便。19世纪70年代的技术革新迅速使南方平原的大量野牛生皮被运用于商业化皮革生产，也让美国猎人对野牛群进行了比过去更加彻底的开发。[81]

伴随着皮革工艺变革，19世纪中叶的其他技术进步增强了猎牛人的杀伤力。职业猎人发现南北战争时期的武器很适合自己。膛线是一项战时的发明创造，目的是提高准确度和射程，这使得线膛枪对猎牛人有了很大的吸引力。[82] 吉姆·卡托尔的父亲为儿子在1874年买的新枪而着迷："你从何处得知带弹仓，开好几枪都不需要下肩的线膛枪的消息？"老卡托尔为儿子

"一枪打死三头鹿"的成绩感到惊艳。[83]1871年，夏普斯"大50"问世，这是一种专为猎杀野牛设计的大威力、长射程、高精度线膛枪，为猎人的武器库增添了一件更加致命的工具。线膛枪的精度、射程和威力意味着吓跑猎物的概率降低了，而一枪打死多只动物的机会则增多了。线膛枪让专业猎牛人可以"站桩"，即固定在一个位置就能射杀多头野牛。不过，站桩的前提是猎物没有四散奔逃。神枪手会悄悄地接近兽群，他们往往是匍匐至射程内。猎牛人P. C. 韦尔伯恩（P. C. Wellburn）回忆道：

> 我们有时候必须匍匐行进半英里，除非我们和它们之间有东西挡着，比如一丛仙人掌。

韦尔伯恩解释称，"懂行"的猎人会"专挑头牛杀"，其他牛则会聚集在倒下的同胞身旁，"猎人就不停开枪"。如果有个别牛开始散开，猎人就会再次找到领头的牛射死，"让牛群再次停下"[84]。射杀必须精准——干净利落地射穿牛的肺部，使其倒地，大量失血，静静死去。如果运用得法，汤姆·尼克松这样的熟练猎人来一轮顺利的站桩，短时间内便可斩获100多头野牛。[85]

对盘踞西部平原的野牛来说，南北战争后最重要的技术变革或许就要数铁路了。1869 年完工的横贯大陆的铁路穿越野牛地带腹里，将平原野牛群一分为二，形成了南牛群和北牛群。随着新的西部交通动脉伸入南方平原，野牛的活动范围变得更加局限和破碎了。在距土墙堡之战不到两年的时间中，艾奇逊、托皮卡和圣塔菲铁路通到了道奇市郊区。各铁路公司聘用马斯特森和"野牛比尔"科迪（"Buffalo Bill" Cody）等猎手杀牛取肉，为筑路工人提供伙食。根据科迪在 1867 年与堪萨斯太平洋公司签订的合同，他每天必须杀 12 头野牛供铁路工人食用。等到科迪的铁路生涯结束的时候，他号称自己在堪萨斯已派送了大约 4280 头野牛。[86]

铁路一经完工，成千上万名新的猎人便被直接运进了野牛的活动范围。《萨林县杂志》（*Saline County Journal*）报道称，艾奇逊、托皮卡和圣塔菲铁路西端于 1872 年被数十万头动物围困，火车通行受阻。困在兽群之中的乘客可以从车厢窗户直接向外开火。这种做法已司空见惯，以至于《哈珀周刊》（*Harper's Weekly*）早在 1867 年就发现，几乎每一趟驶离海斯堡的堪萨斯太平洋公司列车都在"与野牛群相伴而行"。火车会为了配合野牛而减速，此时乘客就可以取出"防备印第安人用的火车自卫武器，从车窗和平台上向外射击，宛如一场快节奏的遭遇战"。该杂志断言，女士们经常参与这项活动，"激动的狄安娜们"声称"所有猎物都是她们勇猛地用火枪打到的"。[87]

1868年，在堪萨斯太平洋铁路上有一场专为圣路易斯铁路官员组织的特别的狩猎活动。缺乏经验的猎手们在海斯堡以西30英里（约合48千米）外刚看见一群牛，就慌慌张张地去拿枪。他们迫不及待地想要打响第一枪，以至于"到处乱放"，匆忙间差点误伤队友。有人跳上车顶，用转轮手枪朝撤退的兽群射击，却毫无效果。火车上发出的连珠枪直接击毙了一些野牛，但大部分新人猎手都发现，"野牛绝不放弃，至死方休"。据《芝加哥论坛报》（*Chicago Tribune*）特邀通讯员报道称，许多野牛连续挨了十几枪之后，"在平原上狂奔数英里，倒下死去的地方太远，射手根本无法收获自己的战利品"；还有腿被子弹打中的野牛"疾驰奔逃，每跑一步，残肢都会扎进土里"。[88]这种狩猎活动成了西部铁路的一项特色，美国东部和外国游客甘心掏钱来玩。[89]由此带来的杀戮招来了批评家和动物保护主义者的怒火。1872年，威廉·黑曾将军（Gen. William Hazen）在一封写给美国爱护动物协会创始人亨利·伯格（Henry Bergh）的信中对这种行径提出了抗议。他抱怨道：

凭借铁路通入并贯穿我国荒野的非凡壮举，所有阶层的人都能够接触到大平原上庞大的野牛群，每年都有为数众多的牛死于所谓的"玩乐"。[90]

黑曾将军谴责的对象不仅仅是游客和玩家，还包括一个季度中"每人为了区区1美元的单价而杀害1000头牛"的职业毛皮猎人。[91]铁路也促进了这种商业化屠杀。正如查尔斯·古德奈特回忆的那样：

> 真正意义上的猎牛直到1870年前后，在堪萨斯-太平洋铁路建成后才开始。[92]

野牛先是从铁路沿线消失了——那里接触牛群方便，运输牛皮也方便。1872年，圣塔菲铁路修建至堪萨斯州西部，位于布法罗市（Buffalo City，后来更名为道奇市）的始发站成为汇集野牛皮肉、运往东部的物流枢纽。这门生意主要由毛皮商查尔斯·拉思、罗伯特·怀特（Robert Wright）和A. C. 迈尔斯三人操办。其他道奇市商人则打出了猎牛营地服务的广告，比如弗雷德·齐默尔曼（Fred Zimmerman）。堪萨斯州内的铁路建设差点儿赶不上拥入周边山谷的猎人。在1872年11月的一天，他们将超过"1400张野牛皮以及背脊肉"送进了道奇市。[93]

理查德·欧文·道奇中校（Lt. Col. Richard Irving Dodge，华盛顿·欧文的外甥）对动物格局变化之迅

远西地区——堪萨斯太平洋铁路线上射杀野牛图

出自 *Frank Leslie's Illustrated Newspaper*（June 3，1871）。
图片来源：国会图书馆版画与照片部。

速感到震惊。当年有"无尽野牛"之地，如今却只有"无尽尸骸"。1873 年，道奇堡周围的平原已经变成了"一片死寂、孤茫、污秽的荒漠"[94]。同年，《恩波里亚新闻》（Emporia News）报道称，堪萨斯州巴伯县（Barbour County）西北部被"野牛尸体发出的恶臭污染"[95]。道奇市来讯表示，野牛已经离开了那片区域，一起走的还有"猎人大军"。猎人、服务人员和酒馆老板同样跟随着野牛贸易的脚步，拔营西去。报纸预言"A., T., & S.F. 铁路上的下一个'火热'小镇将是萨金特（Sargent）"车站，其"之后又会让位于里昂（Lyon）或其他某个地方"。[96]

到了 1873 年，在铁路和毛皮贸易扩大的共同作用下，堪萨斯的野牛变得稀少，猎牛人也开始向远方寻找新的兽群。许多人将注意力投向了阿肯色河以南，那里被视为"加拿大自治领至格兰德河（Rio Grande）之间最优质的野牛国度"[97]。狄克森在 1873 年的大部分时间里都在往来奔走，经堪萨斯州西南部、科罗拉多州、得克萨斯州，最后进入西部印第安领地，寻找规模大到值得狩猎的野牛群。当年秋季，狄克森及其搭档杰克·卡拉汉（Jack Callahan）第一次带队来到阿肯色河南岸，寻找"新猎场"。他们仅逗留了不到两周，但随着野牛"开始成千上万地前来"，队员们还是得以杀了很多牛。他们分几趟把狩猎成果运回道奇市，"幸运地赶上了好行情"，毛皮单价在 2.5 美元至 4 美元之间，据狄克森回忆，那是"我们拿到过的最高价"。[98]

这个狩猎成果让狄克森相信，道奇市周边的狩猎活动已经结束了。许多人完全放弃了这个行当，而 1874 年 3 月聚集在道奇的残余猎人则认为，他们"必须往更南的地方走，猎牛业才会有回报"[99]。狄克森、莫尔、约翰·韦布（John Webb）等人前一年考察过得克萨斯潘汉德尔，并在考察报告中盛赞了当地的潜力。毛皮商人 A. C. 迈尔斯得知计划后，便同意在南加拿大河（South Canadian River）附近资源丰富的野牛地带的中央开设商铺。迈尔斯与猎人们达成交易，由猎人将他的商品运往南方。一经运抵新址，迈尔斯就会按照道奇市内的价格向猎人出售。对许多渴望加入土墙堡行动的猎牛人来说，这笔买卖看起来十分合算。也许在这个季节，他们会让"猎牛业有所回报"[100]。

猎野牛是有回报，但不高。19 世纪 70 年代初，新制革工艺让野牛皮能够替代更昂贵的家牛皮，于是干牛皮价格达到高点。毛皮猎人立即拥入这一领域，而野牛数量相对丰富、运输业比较方便，这意味着市场几乎从一开始就是供过于求。堪萨斯州莱文沃思三大毛皮商很早就同意统销，以便稳定价格。根据 1890 年的行业杂志，三人起草了一份"实际上无疑就是美国野牛的死刑执行令"[101]的文件。商人要求猎人自带装备，而且装备售价极高。交完了补给、弹药和运输费，毛皮猎人常常只剩下很少的利润，或者根本没有利润。皮价在整个19世纪70年代都在下跌，从19世纪70年代初的公牛皮平均单价3.5美元（所以狄克森在1873年拿到4美元单价时才会激动）跌到1874年的2美元。母牛皮和牛犊皮的价格还要更低。[102]1875年1月，吉姆·卡托尔拿出了40张公牛皮，查尔斯·拉思公司的收购价仅为每张1.75美元。[103]由于这个行当看上去无利可图，所以卡托尔的父亲才会琢磨吉姆和亚瑟（即鲍勃）这两个儿子选的职业道路到底对不对。他于1874年9月写道：

> 你们开始养牛养羊怎么样？羊毛价格一直不错。

10月份，他又向儿子们提起养羊的主意，次年1月又来念叨，他写道：

> 等到我听说你们安顿下来、转行养牛羊的那天，我就高兴了。羊肯定赚钱。[104]

老卡托尔远远地审视市场，眼见野牛皮价格低迷，对两个儿子仍坚守这门回报微薄的行业感到奇怪。1871年送吉姆和鲍勃去美国的时候，他相信两人在美国西部的机会比在英格兰老家多。两位英国小伙子发现自己做不来堪萨斯农民，便进军毛皮业。对两兄弟和南方平原上的许多其他商业猎人来说，猎牛的诱惑力在于任君获取看似无边无际的野外生物财富。狄克森坚称："我见过好猎手赚了大钱。"商业猎人确信围桩平原上依然游荡着大量野牛，于是决定去找寻承诺已久的动物宝库。[105]

据莫尔回忆，猎牛人在离开前举办了一场"军事会议"[106]。这些人知道将狩猎区域转移至所谓的"死亡线"，也就是阿肯色河下方的风险。道奇市众人知道自己的"举措并非没有生命危险"，于是先去试探政府对其计划的反应。[107]按照莫尔的说法，大家选他和另一位猎牛人斯蒂尔·弗雷泽（Steel Frazier）去接触当地军队司令，并汇报意图。道奇中校提了几个问题后，莫尔单刀直入，询问如果猎牛人越境进入得克萨斯，政府会作何反应。据说，道奇像一个真正的毛皮猎人般回答道：

> 伙计们，我要是猎牛人，牛在哪里，我就去那里打。[108]

知道了军方不会挡路，猎牛人放下心来，开始大队集结，前往"死亡线"以南，希望人数和枪支能确保自身安全。从猎牛人的视角看，只要他们还愿意"牛在哪里"就跟着牛走，便有无穷的获利潜力。正因如此，美国猎牛人于 1874 年夏季南下得克萨斯潘汉德尔。[109]

伊萨泰战争

猎牛人没有理由认为，主张阿肯色河南猎场属于自己的印第安人不会将他们的行动视为入侵。甚至在土墙堡战斗之前，科曼奇族、基奥瓦族和夏延族印第安人就攻打过猎牛人的外围营地。早在 1874 年 6 月，从土墙堡返回的勘测员就遇到了两具猎牛人尸体，并向补给营的官员汇报了情况。副联邦法警 E. C. 勒费弗（E. C. Lefebvre）于 6 月 14 日写道："针对猎牛人的动向似乎有精心策划。"[110] 后面还有更多的袭击。就在土墙堡事件几天前，乔·普拉默（Joe Plummer）就在奇肯溪（Chicken Creek）的营地里发现了同伴戴夫·达德利（Dave Dudley）和汤米·华莱士（Tommy Wallace）的尸体。两人头皮被剥，肢体残破。其中一人被木桩穿透腹部插在地上。不久后，雷德河盐岔口又传来了遇袭的消息。印第安人杀害了约翰·"夏延杰克"·琼斯（John "Cheyenne Jack" Jones）和一名绰号"蓝比利"的德国男子。随着猎牛人死亡的消息传开，猎牛人"一致认为，就连盲人都看得出来，留在周围都是印第安人的营地里太冒险了"[111]。于是，他们迅速撤往土墙堡，等待许多人认为无可避免的对抗。[112]

鉴于之前已经发生过暴力事件，几天后土墙堡遭到印第安人袭击的时候，猎牛人们并未大受震撼。尽管如此，数百名印第安人对猎牛人据点发起猛烈且协调进攻的状况，或许还是让他们吃了一惊。在夸哈达部科曼奇药师伊萨泰（Isatai）和年轻战争酋长奎纳·帕克（Quanah Parker）的带领下，印第安联军安排了战术，以号声为令，发起协同冲锋。伊萨泰向其追随者承诺，他的强大魔法能阻挡子弹、复活死者。年轻的先知在山顶观战，他的科曼奇、基奥瓦和夏延族勇士们发起了代表开战的齐射，目的是将野牛从白人猎手中解救出来。土墙堡战斗不是游击劫掠，也不是孤立的遭遇战，而是印第安人团结反抗大业中的一环，标志着一场更为广阔的印第安人起义。[113]

美国官员起初不愿相信，他们对南方平原传来的早期暴力活动报告持怀疑态度。据《芝加哥论坛报》报道，波普将军对6月底堪萨斯边境的"暴行"传言不屑一顾，认为这是"狡猾的白人企图损公肥私，获取斯普林菲尔德步枪和弹药给自己打野牛用"，劫掠可能也是"伪装成印第安人的盗匪"所做。[114] 一封寄给堪萨斯州托皮卡某报的信宣称，近日"骚乱"可能是由"非法团伙"造成的，"目的是抢劫"或者"营利"。[115] 即便是承认印第安人袭击属实的人也主张，暴力活动将是短暂且局限的。据《公益报》（*Commonwealth*）报道，6月26日，也就是土墙堡之战前一天就有"印第安人惊扰"[116]。夏延族与阿拉珀霍族特派机构工作人员约翰·米尔斯认为，6月中旬堪萨斯州梅迪辛洛奇（Medicine Lodge）遭到印第安人劫掠，以及道奇堡和补给营之间有一名男子遇害的事件证明"我们的印第安人已经出征"。但他依然相信，他们的主要袭击对象仅限于猎牛人。[117] 起初，各家报纸声称不存在"印第安人发起全面协同进攻"，堪萨斯州州长的军务幕僚还坚称印第安人对定居点不构成危险，只会威胁"在外的队伍和猎人"。[118]

然而，随着更多暴力冲突的报告涌入边疆定居点，居民们再也不能轻易无视危险了。偏远农庄、勘测队和车队频繁且大面积遭到印第安人袭击——猎牛人营地还遭遇协同进攻——这似乎表明一场全面的印第安战争要开始了，恐慌情绪随之升级。7月初，有关土墙堡陷入僵持的只言片语开始流入城镇，令评论员心生怀疑，"嗜血的夏延人和基奥瓦人"是否尚未"从四面杀向（猎牛人），并将其毫不留情地屠杀"。[119] 其他故事同样令人烦恼。科罗拉多州东部有一名男子外出伐木，结果被人用他自己的斧子砍死，尸体"有多处弹孔，面部血肉模糊"[120]。在奇瑟姆小径（Chisholm Trail）上，200名印第安人袭击车队并将一名司机绑在车轮上，然后将其活活烧死。[121]得克萨斯报纸转载来自印第安领地的消息称，科曼奇族和夏延族印第安人"已经出征"，意图劫掠得克萨斯定居点。[122]据报道称，7月10日有30名印第安人袭击了得克萨斯州杰克斯伯勒（Jacksboro）以西的J. C. 洛文（J. C. Loving）牧场，杀死男子一名并盗马七匹。堪萨斯和得克萨斯的报纸断言，这些劫掠活动"只是一场威胁已久的无情灭绝战争的序幕"[123]。《莱文沃思时报》报道称，印第安人的起义阻断了西进迁徙，让偏远居民不得不"拔出木桩"，进城以求安全。[124]传闻有一名男童在堪萨斯州森城（Sun City）被剥头皮，《公益报》于是表示，假如市民能够"早几天将波普将军请来，他们就能轻松地打消他认为劫掠是装作印第安人的马贼所为的想法"[125]。

南方平原边疆的美国移民坚称，"这件印第安事务"需要实权人物率领"足够的兵力以应对这些铜色皮肤的暴徒"，并发动战争"直到最后一名印第安人倒地"。[126]卡托尔兄弟从父亲那里得知类似的情绪，后者正在英格兰跟进起义过程。甚至早在得知土墙堡遇袭之前，他就担心起远在美国的儿子们了。他在 1874 年 7 月写道：

> 我看美国地图的时候心里就害怕，你们正在靠近最凶残的印第安部落之一——科曼奇人。他们天性嗜血。

过了一段时间，在得知土墙堡之战的消息后，他为儿子迄今为止未受伤害而感到宽慰，尽管孩子的母亲恳求他们"不要再到'恐怖'的印第安人中间去打猎了"。约翰·卡托尔为儿子的安全感到焦虑，建议政府不要再"绥靖"印第安人，应采取强硬立场。他于 9 月写道：

> 现在必须下重手镇压洋基人，与他们全族划清界限。凡有墨西哥人向蛮族出售火器或者火药，应一律射杀。[127]

到了 7 月中旬，得克萨斯游骑兵在洛斯特山谷（Lost Valley）与基奥瓦族、科曼奇族战士进行了一场可怕的对抗之后，联邦官员意识到他们确实在面对一场印第安人的全面起义。菲利普·谢里登将军（Gen. Philip Sheridan）立即申请动用骑兵"对印第安人发起攻势"，他主张"进攻是比防守更有效、更经济的方针"。谢尔曼将军表示认同，并在 7 月 17 日的电报中催促谢里登命令第 6 和第 10 骑兵团前往锡尔堡（Fort Sill），目的是"阻止印第安人南下得克萨斯"。谢里登在回电中烦躁地表示，他之前就命令顽固的波普将军这样做了。谢里登接着抱怨说波普却"耽于防守的想法"，"不明白这样运用骑兵是荒谬之举"。战争部赞同谢里登的观点，下令发动全面军事回应。纳尔逊·米尔斯上校（Col. Nelson Miles）在道奇堡组织起一支兵力，8 月初进入战场。猎牛人的战斗由此变成了雷德河战争。[128]

冲突的导火索是猎牛人，这一点没有争议。印第安人和美国人同样声称是白人猎牛者动摇了南方平原原住民生活的根基。尽管内务卿哥伦布·德拉诺（Columbus Delano）于 1873 年表示，他"并不会为野牛完全从我国西部草原消失而深感遗憾"，但他坚决反对"白人侵犯专门划给印第安人居住的保留地"。在他看来，为了大平原的安宁，白人猎牛者的越界行为必须加以阻止。[129] 基奥瓦族酋长多哈桑（Dohásän）抱怨道，"白人穿过我们的土地，杀害、驱赶我们的野牛"，让妇女儿童陷入挨饿的险境。[130]《哈珀周刊》在 1874 年后半年发表了类似的观点，将印第安战争与商业化的野牛狩猎直接联系起来。该杂志认为：

由于白人的行为，部落失去了主要的维生手段之一，自然会报复。[131]

就连吉姆·卡托尔和鲍勃·卡托尔的父亲都承认，美洲原住民眼见"白人夺走属于他们的几乎殆尽的东西"，他们会反抗就"在意料之中了"。[132]

但是，在19世纪60年代末至70年代的冲突中，野牛不仅扮演了经济角色，也扮演了政治角色。南北战争后缔结的条约规定，平原印第安人享有居住权的条件是对野牛的占有权得到保证。本质上，野牛成为条约中的一方，也是美国印第安政策的参与者，野牛政治的基础是关于野牛在南方平原存续状况的两个不同假定。长期以来，美国人相信野牛的自然灭绝是殖民的必然结果。许多南方平原印第安人同样坚决地认为野牛会自然延续下去，或者如伊萨泰预言的那样，野牛必然会回归。[133] 一位19世纪的观察者表示，他们相信"地下生长着数不清的野牛"，后来会从"得克萨斯广大的'亚诺埃斯卡多'，也就是围桩平原的地缝"钻出来。[134] 以雷德河战争为高潮的19世纪70年代冲突史证明，这两种假设都是错误的。

南北战争结束后，联邦政府重新开始关注西部平原。战时的无暇他顾与混乱局面为印第安人带来了辗转腾挪的空间。在南方平原深处，科曼奇族与基奥瓦族联合击退了美国殖民军队的入侵，他们寻求重建自 18 世纪中期以来大体由科曼奇族主导的区域政治经济格局。[135] 与此同时，南方平原的移民在战争期间勉力维持着对美国殖民边疆的脆弱掌控。由于印第安人劫掠牲畜并绑架人员，殖民者被迫放弃外围主张而"结堡"自卫。边疆民兵对印第安村落和营地发起了愈发带有惩戒性质的袭击，无差别杀害男女老少。南方平原的美洲原住民与白人移民关系十分紧张，似乎已经到了即将爆发一场激烈的灭绝战争的地步。[136]

在这个不安定的环境中，使美国殖民事业卷土重来是一项艰巨的任务。联邦于 1867 年派出一支议和委员会，与平原各部商定新约，目的是结束敌对活动。之前其在 1865 年有过一轮条约谈判，由于美军无视条约义务，针对或真或假的犯境而袭扰印第安人，所以议和未成。在南方平原上，温菲尔德·斯科特·汉考克少将（Maj. Gen. Winfield Scott Hancock）将任何印第安人反抗的迹象都解读为挑衅，还拒绝履行 1865 年的《小阿肯色条约》（Little Arkansas Treaty）中向各部落发放武器弹药的承诺。他派兵追击印第安人，屠杀印第安人的牲畜，烧毁印第安人的村庄。[137] 议和委员会在 1868 年的报告中对汉考克的侵略行动表示抗议，称他的做法将所有南方平原部落都打成了"法外之徒"。他们调查了"敌对"印第安人的指控，证明

第六章 天生自由

383

基奥瓦族、科曼奇族和阿帕奇族基本遵守了 1865 年条约的条款，但政府并未履行自己的诺言。难怪各部会对一切新谈判持怀疑态度，并如很多人一样认为美利坚合众国"决心要灭绝他们"[138]。不过，议和委员们成功在 1867 年 10 月 21 日与基奥瓦、科曼奇两族商定了新条约。一周后，夏延与阿拉珀霍两部也缔结了类似的条约。[139]

1867 年的《梅迪辛洛奇条约》（Medicine Lodge Treaty）中要求科曼奇族和基奥瓦族放弃对阿肯色河—雷德河盆地的主张，而这片土地在《小阿肯色条约》中"划归部落，部落享有绝对且不受侵扰的使用权与居住权"。新协定为他们分配的保留地显著缩小，面积约为 5500 平方英里（约合 14000 平方千米），位于威奇托山脉（Wichita Mountains）附近印第安领地租借区西部。作为割地的交换，部落取得了每年获得物资且保留地免遭侵犯的承诺。[140]基奥瓦族和科曼奇族放弃了"在保留地外永久占有领地的一切权利"，保留了"在阿肯色河以南所有地方打猎的权利，前提是当地野牛的活动数量足以证明狩猎的合理性"。之后夏延与阿拉珀霍两部签订的条约中也保障了他们在阿肯色河以南猎牛的权利。[141]就这样，野牛成了议和委员与南方平原部落讨价还价的筹码。

1867 年的《梅迪辛洛奇条约》中专门提到了野

牛，这在 19 世纪的美国印第安政策中有些反常。当然，早在 18 世纪后期的条约就已经为印第安人保留了"居住及狩猎"的土地。[142] 但《梅迪辛洛奇条约》（以及 1868 年与北方平原部落签订的《拉勒米堡条约》[Fort Laramie Treaty]）不寻常的地方在于，它对印第安人占有权的定义是有选择性的。首先，条约将两种权利分离开来，一种是在印第安领地内划定保留地的永久居住权，另一种是在大得多的阿肯色河以南地区的狩猎权。其次，条约将狩猎权的持续时间与单独一种野外生物的数量绑定，而且这个数量没有明确的界定：

野牛……数量足以证明狩猎的合理性。[143]

1867 年的《梅迪辛洛奇条约》签订后，美殖民当局与印第安方离场时对上述权利范围和意义的理解大不相同。从美殖民当局视角看，分配给部落作为永久家园的保留地权比较重要，而授予他们使用旧猎场的特权则是暂时性的，会随着灭绝在即的野牛一同失去。但从居无定所的猎牛部落的视角看，相比于野牛猎场的权利，永久居住权则是次要的。议和委员会在最终报告中用有些纡尊降贵的口气概述了这一思想：

这些老印第安人的诉求无以抗拒。他们说：

"我们完全不懂农业。我们从小就以打猎为生。我们喜欢打猎。这里的广阔平原有大群野牛游荡。它们春天北上，秋天又走几千英里回来。你们没有在它们去往的地方定居；就算你们有，空间也足够两者共存。为什么要将我们限制在特定的边界之内，而不让我们跟着猎物走呢？如果你们想要土地以定居，那就来定居吧。我们不会打扰你们。你们可以种田，我们会去打猎。你们喜欢一样，而我们喜欢另一样。"[144]

1867 年的和谈结束之际，议和委员察觉到一个至关重要的误解，却未能理解其意义。对南方平原部落来说，联邦政府认可了他们在得克萨斯州和新墨西哥州的狩猎权，这便等同于承认他们的领土主权——一种与野牛共始终的主权。[145]

但在一开始，1867 年的协定似乎并未带来多少改变。国会围绕《梅迪辛洛奇条约》批准事宜争论不休，并继续派兵惩戒桀骜不驯的南方平原部落。大多数科曼奇人和基奥瓦人拒绝留在保留地，而是继续在得克萨斯、新墨西哥和印第安领地劫掠。然而到了 1869 年，新任美国总统尤利西斯·S. 格兰特（Ulysses S. Grant）改变了印第安政策方针。他被东部的人道主义者说服，相信美国"印第安问题"的起因是军方跋扈、印第安事务管理局腐败。于是，格兰特同意设立印第安专员委员会。印第安特派机构的管理权移交新教传教士，他们负责"较野蛮部落"的基督教化和文明化工作。[146] 教友会提名艾奥瓦州贵格派教徒劳里·塔图姆（Lawrie Tatum）主持印第安领地锡尔堡的基奥瓦族与科曼奇族特派机构。塔图姆不知道自己被选中了，他是从报纸上才了解到这次任命和参议院确认的消息。尽管他对"一名印第安特派员的职责义务"所知甚少，但他同意赴任。他认为自己的主要职责是对"毛毡裹身的野蛮印第安人基奥瓦族和科曼奇族，还有半开化的威奇托族及其附属部族"开展"劝业、道德和宗教教育"。塔图姆于 1869 年 7 月接手特派机构领导权，他的前任是名誉少将 W. B. 黑曾和丹尼尔·布恩之孙阿尔伯特·G. 布恩（Albert G. Boone）。[147]

塔图姆刚到锡尔堡，他治下的百姓就给他上了一堂有关南方平原美国与印第安人之间关系的政治课。当地有许多印第安人保留了劫掠的生活方式，尽管劫掠已经具有了新的意义，即要挟货物口粮岁赏的谈判工具。基奥瓦人和科曼奇人对一头雾水的塔图姆讲，如果他们"出征"，杀人、偷马、抓俘虏，"那么政府就会给他们大量厚棉布、细平布等物品，好让他们退兵"。一位酋长知会塔图姆，如果政府"不想让他手下的小伙子在得克萨斯劫掠，华盛顿就必须把得克萨斯移得远远的，让小伙子们找不到它"。劫掠会带来政治红利，基奥瓦族和科曼奇族只要看看威奇托族印第安人——他们没有与白人移民交战，但也未因土地被偷走而得到补偿——就能明白劫掠的效力了。[148]

从一开始，塔图姆就对基奥瓦族和科曼奇族的劫掠掳人行为采取了他所认为的强硬路线。新任特派员扣押了政府口粮，以此惩戒在保留地外搞破坏的印第安人。塔图姆把弹药扣了下来，要求在发放岁赏之前必须归还被盗的牲畜。他还要求部落释放俘虏，并且拒绝按对方的要求支付赎金。塔图姆用"试验新法"来形容自己的计划，并对成果感到满意。[149] 他确信在自己的努力下，保留地的印第安人已经释放了他们抓到的所有俘虏，而且他已给他们留下了劫掠杀人并无作用的印象。[150] 当然，印第安人的袭击并未止息，这从塔图姆本人记述的劫掠损失和被俘人丁就能看得出来。[151] 尽管如此，他仍相信劫掠得克萨斯移民和其他人的主要是阿帕奇族和夏延族战士，或者是保留地外的夸哈达部科曼奇人，后者提供了"一个不遵法纪、心怀不满的印第安人的退居地"。塔图姆写道，他对这些人没有管辖权或掌控力。[152]

塔图姆很快意识到，野牛在政府与南方平原部落的关系中扮演着重要角色。他确信，保障基奥瓦族与科曼奇族获取野牛，将有助于印第安人过渡到保留地生活。

天生狂野：北美动物抵抗殖民化

388

塔图姆经常允许"他的印第安人"离开保留地几周或数月时间去猎杀野牛。1870年，特派员致信伊诺克·霍格总监（Superintendent Enoch Hoag）称：

> 野牛来附近时，我不仅允许、还会鼓励他们去猎取尽可能多的带毛牛皮，用来换取衣物，因为除了政府提供的少量物资以外，这是他们唯一的生计来源。

塔图姆援引《梅迪辛洛奇条约》中保留部落到阿肯色河以南捕猎野牛之权利的条款，为自己的决定辩护。[153] 发放给部落的物资时常短缺，塔图姆还尝试以印第安人猎牛作为补充。他申请允许印第安人在野牛多的时候出售牛肉，以便补充缺供的咖啡和糖。塔图姆向上级保证，这会"让他们保持平静"。不许印第安人猎牛只会徒增劫难，而且这位艾奥瓦贵格会教徒相信，他治下百姓追逐野牛的时候就会忙得顾不上抢牲口了。[154]

塔图姆的上级对此并不那么笃定。1870年，印第安事务专员埃利·S. 帕克（Ely S. Parker）"关于据闻印第安人'得到特派员允许离开保留地'一事"致信塔图姆和霍格。帕克坚称，专员委员会先前要求印第安人不得离开保留地的指令"专门针对你们的特派机构治下的基奥瓦族、科曼奇族和其他印第安人"，这些人曾在得克萨斯劫掠。[155]1873年10月，爱德华·史密斯专员（Edward Smith）又给各特派员发了一封传阅信，要求将所有印第安人限定于各自的保留地之内，目的是保护白人定居点免遭袭击。塔图姆则认为是严苛的限制措施破坏了他的努力，他写道：

我的人将专员传信视为宣战。[156]

然而，南方平原上的移民大力要求对美洲原住民采取严厉的手段。在他们看来，联邦政府的"和平政策"让印第安人得以摧残边疆。许多人认为，猎牛为印第安人劫掠提供了伪装，他们表面上是进行一年一度的打猎，其实却在杀害人畜、毁坏财物。猎牛很容易演变成抢牲口，尤其是在野牛少的时候。也有人主张，印第安人杀野牛是为袭击白人定居点做准备，大量晒制肉干可以供他们在劫掠的时候吃。印第安人可以定期返回受保护的保留地，获取口粮，直到下一次发动劫掠。边疆居民也批判联邦政府和信奉人道主义的文职特派员，说他们制定规章禁止士兵进入保留地追击印第安人，使得指挥官束手束脚。到了19世纪70年代初，大多数南方边疆的美国人都已不承认特派机构是印第安事务的主管部门。[157]1873年，《达拉斯先锋报》（*Dallas Herald*）痛斥格兰特总统的立场，写道，"基

天生狂野：北美动物抵抗殖民化

奥瓦人和科曼奇人乐于猎牛招待他们伟大的父亲"，前提是"能引诱几位无助的妇孺自愿效劳"。[158] 从移民的视角看，野牛和政府的印第安政策共同支持了南方平原印第安人自治，却并未支持美国人的殖民事业。

在一定程度上，基奥瓦族和科曼奇族也有这种看法。尽管遭受了美国殖民者、边疆民兵和联邦政府的暴力、窃取和强迫，但南方平原部落也能够利用联邦政府的印第安政策为自己牟利。科曼奇人和基奥瓦人因此得以延续以猎牛、劫掠牲畜和贸易为基础的政治经济格局，正如他们自18世纪以来所做的那样。随着美国殖民给平原带来的变化，印第安人也做了各方面的调整，以便拓宽经济底盘、保持政治独立。连接东部市场的商人拥入，为之提供了新的经济出口。美国移民常常非自愿地为其提供额外的经济资源，也就是无人保护的牧场上放养的家畜。得克萨斯的牛是特别受青睐的目标。南北战争结束后的条约向印第安人承诺了另一个经济物资来源——政府岁赏和口粮。这些条约建立的保留地为夸哈达等部提供了过冬场所和法律庇护，这些人在一年中的其他时间里会到开阔的平原上打猎、劫掠和贸易。[159]

然而，平原野牛一直是19世纪中期新的政治现实中的核心角色。科曼奇、基奥瓦和夏延战士精心计划过的决定就是证明。他们选择在得克萨斯潘汉德尔袭击白人野牛猎手，由此发动了雷德河战争——对于这一地区，南方平原部落和美国人提出了彼此冲突的不同所有权之主张。联邦政府将自由漫步的野牛用作政治棋子，以及争取印第安人屈服于美国权威的谈判工具。野牛最终会灭绝是其屈服的关键。美国官员相信，到了平原野牛消失的时候，印第安人就会顺应自己作为被殖民者的身份。然而，对南方平原部落来说，野牛是政治权力工具。印第安人相信，野牛的持续存在是政治权力的保障，而且他们坚持认为就连美国军人"也不足以将其阻挡"[160]。伊萨泰利用这种信念来团结和鼓动追随者。野牛永存，科曼奇族、基奥瓦族、夏延族、阿拉珀霍族的传统就会长存，且其不受殖民者左右的独立地位亦可保有。直到伊萨泰的魔力在土墙堡失效时，参战的印第安人才开始质疑这种信念。[161]

随着南北战争后格兰特总统的和平政策在大平原土崩瓦解，要求遏制"印第安野人"和"野牛"的呼声代之而起，并愈发尖锐。土墙堡遇袭后，边疆移民和边疆驻军几乎立即要求被允许进入保留地进行报复性袭击。据《堪萨斯首长报》(Kansas Chief)报道称，7月初有一支队伍离开堪萨斯州梅迪辛洛奇，前往印第安领地，"来一场小规模的剥头皮远征"。报纸预言白人会养成"靠近印第安领地时不顾边界线的习惯，甚至保留地的禁令也不能将其遏阻"[162]。得克萨斯州长理查德·科克（Richard Coke）同样将保留地称作敌对团伙的庇护所，还呼吁禁止部落猎牛。他于1874年9月写道：

> 只要印第安人还有狩猎（特权），他们就会杀人掠边。他们应该被关在保留地内，不许以任何借口外出。[163]

西部各州领地官员和军事当局一致要求由战争部管理印第安事务，并允许军队"追击印第安匪徒进入保留地"[164]。作为回应，军务卿迅速下令，允许军队"在任何地方追击惩戒印第安人"，哪怕是在印第安保留地的界线之内。[165]

1874年的燥热夏季结束时，美国陆军已经断然开始对保留地外的科曼奇族、基奥瓦族和夏延族采取行动。登记"友好的"印第安人并限其居于保留地内，同时军方从堪萨斯、印第安领地、新墨西哥和得克萨斯驻军调集五路纵队，汇集于雷德河原。[166]约3000名军人，以及各路由猎牛人转行的侦察兵在得克萨斯潘汉德尔各处打了多场遭遇战，追击和扰乱反抗的印第安人。野牛塘（Buffalo Wallow）、甜水溪（Sweetwater Creek）、帕洛杜罗峡谷（Palo Duro Canyon）与雷德河之处都发生了大战。能够投入压倒性兵力的美军取得了大多数胜利。批评者将军队的成功解读为背弃和平政策。此举证明，只有用武力才能结束印第安人对平原的占据，科曼奇族先知伊萨泰则蒙羞退场。在1874至1875年秋冬季的几个月里，保留地内外的印第安人都发现，随着美国人将严厉的殖民秩序强加于南方平原边疆，印第安人残存的经济和政治权力也随野牛的消失而烟消云散。[167]

野牛战争

从野牛的视角看，猎牛人战争毫无胜算。19世纪70年代，夹在多股毁灭性力量之间的南方平原野牛数量骤减，至19世纪70年代末已经只剩下几百头了。[168] 这些毁灭性力量中最明显的一股是毛皮猎人，他们的侵犯是挑起雷德河战争的部分原因。边疆移民也对种群萎缩产生了一定影响，其不仅仅是通过猎杀野牛，也通过引入家畜与野牛争夺草料。托马斯·巴蒂（Thomas Battey）是一名到基奥瓦部落传教和教书的贵格会教徒，他在19世纪70年代初注意到了平原动物界的变化。巴蒂有一次在锡尔堡和威奇托之间旅行，他数到有28000头得克萨斯家牛，而野牛则一头都没有。[169] 军方也在猎杀野牛，正如基奥瓦族女性"老

天生狂野：北美动物抵抗殖民化

马夫人"（Old Lady Horse）回忆：

> 白人在基奥瓦族的地盘修建堡垒，头戴野牛毛的士兵用尽可能快的速度射杀野牛。

她认为，那是"一场野牛与白人间的战争"[170]。

但充当具有毁灭性力量角色的，不只是美国毛皮猎人和殖民者。平原野牛也是印第安人的首要野外生物资源，并遭到他们的大规模开发。甚至早在商品化野牛皮革业兴起之前，南方平原的印第安人就已经为了牛肉和带毛牛皮而猎杀野牛。18 世纪后期，印第安人融入更广阔的殖民地市场经济，猎杀数量有增无减。南方部落，尤其是科曼奇族在 18 世纪末转型为骑马猎牛并进行马匹贸易，印第安人的畜群遂与野牛争夺活动范围。到了 19 世纪，部落之间的合作开辟了丰美的猎场，阿肯色河以南的猎场就属于此类。而这些区域原本是各部猎场之间的缓冲地带和野牛的避难所。后来有条约协议鼓励部落共享猎场，野牛蒙受的压力便更大了。总的来说，早在白人野牛猎手侵犯南方猎场之前的几十年，印第安人做出的经济选择就已经对野牛生态造成了深远影响。[171]

此外，也有非人类的毁灭性力量。一位 19 世纪的观察者写道：狼是"野牛的巨大灾难，仅次于印第安人"[172]。印第安人和欧洲裔美国人引入南方平原的家畜破坏了草场，对野牛在自家地盘上的统治地位发出了挑战。家畜输入的疫病也带来了死亡。多变的平原气候本身已使兽群规模缩减——因为就算旱灾、火灾和洪灾没有直接杀死一只野牛，这些灾害也会荼毒野牛草场。到了 19 世纪中期，在人类与非人类因素复杂且共同的作用下，南方平原发生了一场"野牛危机"[173]。

然而，野牛并非没有自己的防御手段，它们也能够适应南方平原环境带来的挑战。由于有进行大范围漫游的习性，野牛能够抵御草原明显的环境波动。野牛迁移不定，因为兽群会漫无目的地游荡，直到发现合适的草场。在一年中的大部分时间里，野牛群规模都比较小，从而减轻了对单片区域的啃食压力。群居性社会结构能保护牛犊免遭捕猎者伤害。母牛、牛犊和青年公牛一起活动，成年公牛则组成 5—15 头不等的群体。只有到了公牛激烈交锋的夏季发情期，它们才会组成庞大的兽群——这令人类看客叹为观止。野牛的特性是流动性强、难以预测、性格独立，又有等级之分、竞争性且能够集体行动，这使其能够占据南方平原的边缘地带。[174]

野牛的习性反过来塑造了猎牛人的行为。在一年中的大部分时间里，科曼奇族及其盟友基奥瓦族和基奥瓦—阿帕奇族印第安人会组成小队，不停地搜寻野牛与适合喂养庞大马群的草场。白人野牛猎手也遵循类似的模式，他们分散成"青年公牛"小营，以跟随野牛。这两个群体的活动范围都很大，在南方草原四处漫游，无视人类划定的田产界线。两者都积极主张自由和自治。印第安猎牛人和美国猎牛人的特点亦是流动性强、难以预测、性格独立，又有等级之分、竞争性且能够集体行动，这同样促成了以雷德河战争为高潮的乱局。[175]

起义延续到了 1874 年末至 1875 年初，美国骑兵追着印第安人穿过遭受旱灾的台地，进入了印第安人的过冬营地。到了 8 月底，米尔斯上校所部在雷德河草原犬岔口（Prairie Dog Fork）与约 400 名夏延族印第安人交战，上校手下人员包括参加过土墙堡战斗的猎牛人狄克森和马斯特森。在这里，步兵架起了两部加特林机枪。[176]J. W. 波普中尉（Lt. J. W. Pope）远距离击中了一名骑马武士，展现了这种强大武器的精度，观者看到"子弹射入战马后炸开，人马俱碎"[177]、夏延人逃跑了，他们烧毁营帐、仓皇退兵，并丢弃了受伤马匹、营中器物和野牛肉干。尽管战斗并未一锤定音，但米尔斯相信目标已经达成，即消灭印第安人的马匹物资。一名战地观察员评论道：

在能找到丰富草料供马匹和野牛食用时，蛮

族就可以在这片区域随意漫游。

他们"无法用鞭子抽到骑在马上的"印第安战士。[178]9月底，拉纳尔德·S.麦肯锡上校（Col. Ranald S. Mackenzie）的纵队在帕洛杜罗峡谷一带击溃了夏延人的几处营地，并下令销毁印第安人的物资，枪杀了1400多匹马。[179]

面对在平原上既没有食物，也没有马过冬的前景，加之到处遭到一心报复的敌军袭扰，抵抗者在10月初开始向印第安特派机构投降。1875年1月底，基奥瓦族酋长"大弓"（Big Bow）向詹姆斯·霍沃思（James Haworth，塔图姆心怀反感辞职后，霍沃思于1873年接任基奥瓦族与科曼奇族特派机构负责人）投诚，报称有许多基奥瓦族、夸哈达部科曼奇族和夏延族人"急于进行有条件的议和"[180]。在整个冬季，随着一群群饿着肚子、士气低落的印第安人逐渐流入保护地，军方开展了多次小规模行动。同年4月初，得克萨斯州奥斯汀的一份报纸称，"纯粹的野人，西南地区最麻烦的蛮族之一"的夸哈达部科曼奇人一部已于锡尔堡投降，余部可能也会效仿。[181]1875年6月2日，坚持到最后的一批人——夸哈达部的400名男子、女子和儿童——走进了锡尔堡。曾策划在土墙堡对猎牛人发起首次进攻的年轻酋长奎纳·帕克率众交出了武器和近 2000 匹马，雷德河战争到此结束。[182]

起义领导者被关押在锡尔堡的禁闭室和冰库里，直到军官们选出 72 名印第安人，不经审判就将他们监禁于佛罗里达州马里恩堡（Fort Marion），其中科曼奇族有 9 人、基奥瓦族有 22 人、夏延族有 27 人、阿拉珀霍族有 2 人、卡多族（Caddo）有 1 人等。而当押送队抵达马里恩堡时，美军士兵已经击毙了企图逃跑的"黑马"（Black Horse，夏延族）和"白须"（Gray Beard，夏延族）。另一名囚犯"瘦熊"（Lean Bear，夏延族）自杀未遂，身受致命伤。"天行者"（Mamanti，基奥瓦族）在抵达佛罗里达后不久死于肺炎。基奥瓦族酋长"白熊"（Santanta）曾被囚于得克萨斯州亨茨维尔（Huntsville），并于 1878 年 10 月在一间二层阳台自缢。南方平原部落余部被圈禁于西部印第安领地的保留地，须在美国当局允许和监督下方可离开。[183]1875 年秋季的年度猎牛活动仍在举行，但印第安人是在美国骑兵的陪同下前往围桩平原的。一位白人观察者写道：基奥瓦人和科曼奇人"外出不得超过一天"，除非是和政府运输队一起被派去将牛肉干送回部落。随着猎牛人战争的结束，南方平原印第安人沦落到了"完全且彻底的臣服地位"[184]。

然而，野牛战争还没有平息。1874 年夏秋的遭遇战并没有让毛皮猎人放慢屠杀的脚步。尽管狄克森、普拉默和马斯特森等一部分猎牛人以兼职侦察兵的身份参与了雷德河战争，但1873年和1874年拥入野牛繁多的得克萨斯潘汉德尔的商业猎人，大部分都留在了草原上，以猎杀最后的南方野牛群。卡托尔兄弟在周围正进行印第安战争的条件下继续打猎，尽管两人确实做了防备——组成更大的队伍外出，以便自卫。[185] "印第安问题"大体解决后，相关从业者更多了，杀戮卷土重来。[186] 到了1877年和1878年，按照古德奈特的说法，仅潘汉德尔就有约10000名神枪手。[187] 印第安人也在继续猎杀野牛。威奇托特派机构报告，当地印第安人在1876年11月取得了"重大成绩"——猎得5000张带毛牛皮可供交易。然而，这只是一个注定消亡的行业的回光返照罢了。[188] 猎牛人弗兰克·柯林森（Frank Collinson）回忆称，在1876年因为大苏族战争（Great Sioux War）离开北方平原之后，他回到了得克萨斯，发现"家牛来了"；而"野牛几近于无"。1878年，柯林森和搭档在土墙堡杀光了一小群即200头野牛，但后来那里就只有家牛活动了。他们"决定不再猎牛了"，柯林森的搭档去了新墨西哥州拉斯维加斯（Las Vegas）猎鹿，为艾奇逊、托皮卡和圣塔菲铁路筑路营提供伙食。[189] 印第安特派员也对野牛的命运得出了类似结论。霍沃思特派员报告称，基奥瓦族和科曼奇族的成果不多，并预言1878年"几乎就是野牛业的末日"[190]。

诚然，有人支持野牛，并自诩为野牛的同盟军，对抗贪婪无度的毛皮猎人和暴殄天物的娱乐性猎手。1871年，亚利桑那州众议员R. C.麦考米克（R. C. McCormick）提出了一份限制娱乐性猎牛的国会法案，但它从未被签署成为法律。1874年，有人提出了另一份更加严厉的野牛保护法案，但其在委员会就被毙掉了。[191]爱达荷州、怀俄明州和蒙大拿州都通过了时间较早而内容受局限的保护法，类似的措施在堪萨斯州和得克萨斯州立法机关则引发了论战。[192]人道主义者和爱护动物人士集会抗议广大西部草原上的"恣意杀戮"，呼吁保护"这些高贵的动物"。[193]

然而，许多曾积极参与过美国南方平原暴力殖民过程的西部人对野牛灭亡则没有什么感情。他们眼看着南部野牛群落在19世纪70年代末几乎绝种而并无懊悔。基奥瓦、科曼奇与威奇托族特派机构的工作人员P. B.亨特（P. B. Hunt）认为，印第安人在1879年冬季猎牛失败一事将会发挥"好作用"。亨特在年度报告中宣称，印第安人发现"猎杀野牛不如过去那样有利可图"，便会"断绝以此为生的念头"。[194]10年后，南方平原群落只剩下了25头野牛。[195]当初的毛皮猎人坚称，"挽救西部的唯一可能的办法就是杀光野牛"，以此为自己在野牛灭绝中扮演的角色辩护。[196]野牛争夺草料、糟蹋庄稼、破坏栅栏，因此对平原畜牧业生产构成了威胁。他们辩称，野牛每年的迁徙活动还会裹挟家牛。[197] 毛皮猎人们宣称，粉碎南方平原印第安人抵抗的功劳也有他们的一大份。莫尔在 1933 年表示：

> 要是没有猎牛人的工作，野牛就会在今天是阿马里洛（Amarillo）的地方啃草，红番也会继续统治得克萨斯潘汉德尔的草原。[198]

预言成真

1916 年，查尔斯·古德奈特在位于得克萨斯潘汉德尔的自家养牛场里为数名基奥瓦族印第安人举办了一场野牛狩猎会。尽管原本是为了招待印第安人，但这个消息还是引发了当地人的兴趣。活动当天，3000 辆满载观众的汽车来到 JA 牧场（JA Ranch），观赏只有古德奈特这样年纪极大的边疆居民才目睹过的"胜景"。古德奈特从半家养的野牛群中挑出了一头，将其放入被汽车围住的草场上。基奥瓦人骑马追牛，用弓箭将其射杀。接下来是烤牛宴。场面反响甚佳，以至于古德奈特的私人律师和朋友 J. L. 拉基（J. L. Lackey）建议牧场主再举办一次，并将其拍成影片。

古德奈特一开始有些不情愿，后来则承认这个主意"兼具历史和商业价值"，便同意资助这个项目。[199] 次年 12 月，摄制组从丹佛来到古德奈特的牧场，录制了另一场基奥瓦族猎牛活动，由古德奈特任制片人，野牛联合出演。[200]

尽管拉基和古德奈特对成片感到失望，但还是在丹佛养牛从业者大会上为其安排了首映式。这部题为《老得州》（*Old Texas*）的默片追溯了古德奈特本人在潘汉德尔的传奇经历：他于 1845 年来到得克萨斯，他做印第安侦察兵的经历，他在帕洛杜罗峡谷地区的牧场，还有他抓捕野牛牛犊并"为美国保全这个物种"的努力。[201] 影片的高光时刻是基奥瓦人猎牛，骑马猎手把二三十头野牛赶进了一条沟里；在狩猎的最后阶段，六名印第安人围住一头野牛，一动不动地站在峭壁前方，周围的猎手射出了许多箭；值得一提的是，最后的"杀箭"是远处悬崖上的"老马"（Old House）射出的，野牛中箭后侧翻倒地，终于"降服"。尽管野牛的殒命场面富有戏剧性，但古德奈特还为影片的结尾保留了另一场"降服"。片尾字幕引用了一段"基奥瓦传说"，那是一句警告：

> 当野牛从大地上消失的时候，基奥瓦人的太阳也就落山了。

接下来是一小段野牛群在空旷的草地上安静吃草的画面。两名骑在马背上的印第安人闯入画面，野牛随之奔向远方的地平线。随着屏幕上出现"预言成真"的字样，画面渐渐变成了黑色。[202]

古德奈特的影片表达了野牛与印第安人宿命交织的意味，这是 20 世纪的美国观众所熟悉的一种意味。但是，另一种西部殖民叙事也还没有褪色。1909 年，扬名于土墙堡的夸哈达部科曼奇酋长奎纳·帕克给得克萨斯立法机关写了一封信，请求"向我和我的特定友人发放在贵州自由狩猎的许可证"。帕克向得克萨斯州官员保证，参加秋季狩猎的只有 10 名基奥瓦人、4 名阿帕奇人和 10 名科曼奇人，而且选中的男女都是"衣着样貌得体"、人品清白之人。他写道："我自己就是得克萨斯人。"[203]S. B. 伯内特（S. B. Burnett）曾同意让这群人到他的牧场猎牛，表示支持帕克的要求，尽管他承认"一些议员或许会郑重反对允许整个印第安部落在得克萨斯自由打猎"[204]。他们的保证暗示了至少有一些得克萨斯人还记得殖民南方平原并非必然的和平演变，清除印第安人是通过武力和暴力实现的。

尽管殖民者普遍认为，美国占有土地需要清除居住在大平原上的原住民，但关于这一点对野牛意味着什么，人们无法达到意见统一。但大多数人认为，他们的命运有某种关联。事实上，没有其他任何一种美洲动物与人类居住者的联系如此密切。19世纪关于野牛灭绝的讨论与连绵不绝的印第安人迁移叙事之间有多处关键交叉点。从殖民者的视角看，野牛和"野人部落"都推动了平原乱局，但野牛是可以改造的。19世纪末，许多美国人相信野牛可以转变为殖民事业的合作者。

猎牛人战争表明，只要野牛还在游荡，就会有游荡的猎牛人。这种流动性干扰了西部的理性化治理。对南方平原部落来说，其社会组织以野牛为核心，哪怕在野牛数量减少的情况下，获取野牛也是维护部落政治独立的关键。对美国移民、边疆军人、白人野牛猎手和以打猎取乐的精英来说，正是在自由获取野外生物资源的希望推动下，美国殖民事业才进入了陌生的大平原环境。因此，尽管消灭野牛或许有利于削弱美洲原住民的政治独立，但同时也破坏了美国的环境独立——开发美洲动物财富的自由。这就是殖民者面临的困境。

尽管有种种预言，但野牛的故事并没有显见或预定的结局。不过，到了19世纪末，"必然灭绝"的版本似乎已成定局。在南部平原，曾经数量庞大的野牛群只剩下了寥寥几头。古德奈特和查尔斯·"野牛"·琼斯（Charles "Buffalo" Jones）等牧场主保留了少数样本，使其与得克萨斯家牛进行杂交，创造出了属于私人的驯

保留地上的野牛，又名"布法罗"

图为1913年摄于威奇托山国家野生动物保护区的放归野牛，摄影师是弗兰克·拉什（Frank Rush）。保护区前身为基奥瓦—科曼奇保留地。

照片来源：美国林务局，藏于美国国家档案馆。

天生狂野：北美动物抵抗殖民化

化野牛和"凯他洛"（catalo）杂交种。[205] 南方平原的印第安人似乎也被"驯化"了，至少在19世纪与20世纪之交的白人观察者看来是如此。1887年的《道斯土地占有法案》（Dawes Severalty Act）和1889年的《斯普林格修正案》（Springer Amendent）授权总统商谈西部印第安领地的割地事宜之后，被圈禁在威奇托山附近保留地内的科曼奇族、基奥瓦族和平原阿帕奇族发现自己承受了压力。1892年，帕克与其他科曼奇族和基奥瓦族头领同意作价200万美元，将部落剩余的250万英亩土地割让给联邦政府。尽管失地的印第安人后来提起了欺诈诉讼，其中有一起还在1901年被送进了最高法院，但割地工作依然在推进，南方平原印第安人被迫移居到个人持有的份地。[206]

残存的基奥瓦-科曼奇-阿帕奇保留地向汹涌而来的采矿者和垦荒者开放了，用当时的话说即"移民潮"。只有一块59000英亩（约合238平方千米）的土地例外，威廉·麦金莱总统（William McKinley）于1901年在此地设立了威奇托森林保留地（后更名为威奇托森林与动物保护区）。1907年，保护区与纽约动物学学会合作放归了15头野牛，让这处围桩保留地成为美国第一座大型野生动物保护区。帕克到场欢迎这些动物，因为它们重新占有了他的部落不久前放弃的土地。美国野牛协会在种群恢复项目中发挥了关键作用。凭借保护区的成功，该协会于 1908 年推动了在蒙大拿州建立的一处国家野牛栖息地。在 20 世纪初被放归平原的野牛，还有最早于 1872 年在黄石国家公园受到保护的残存野牛群处于一种中间态——不是家畜，但也没有完全的行动自由。家养野牛做不到这一点，因为当初为国家中央的广袤荒原赋予价值与美国特质的是数不清的野牛。

一种新的美国殖民形式将野牛限制在边界之内——有的是实体边界，有的是法律边界，并将它们生活的野外与它们周围的有主土地分隔开来。这便是英国殖民者为新世界带去理性秩序计划的最终实现，而这种秩序需要对人的殖民，也需要对动物的殖民。[207]

【注释】

1 Ellsworth, *Washington Irving on the Praire*, 3; Burstein, *Original Knickerbocker*, 254-259.

2 Barnes, "Hunting the Buffalo with Washington Irving," 51.

3 Irving, "Tour on the Prairies," xiv, 17-18.

4 "Extract of a letter from Capt. Thomas Anthony, dated Cantonment Gibson, (A.T.), July 1," *Cherokee Phoenix*, October 22, 1828, 4; LaVere, *Contrary Neighbors*, 56.

5 *American State Papers: Indian Affairs*, 2:236, 765, 697.

6 同上，2:502。

7 Everett, "Speech of the Hon. Edward Everett," 281.

8 "Proposed Residence of the Indians," *Arkansas Gazette, reprinted in Niles Weekly Register*, May 22, 1830, 233.

9 Everett, "Speech of the Hon. Edward Everett," 288.

10 *American State Papers: Indian Affairs*, 2:502, 697.

11 "Proposed Residence of the Indians," *Niles Weekly Register*, May 22, 1830, 233; Everett, "Speech of the Hon. Edward Everett," 288.

12 *American State Papers: Indian Affairs*, 5:21.

13 Covey, preface to *Cabeza de Vaca's Adventures*, 9-14; Cabeza de Vaca, *Relation*, 106-107.

14 Julyan, *Place Names of New Mexico*, 83-84; Gomera, "The Rest of this Voyage," 14:136-137.

15 Castañeda de Nájera, "Narrative," 382.

16 Oñate, "Oñate Expeditions," 228-229.

17 Hawkes, "Relation of the Commodities of Nova Hispania," 14:174; Montoya, *New Mexico in* 1602, 57.

18 Villagrá, *History of New Mexico*, 156-157.

19 Oñate, "Oñate Expeditions," 253.

20 Montoya, *New Mexico in* 1602, 55; Oñate, "Oñate Expeditions," 227-228; Benavides, *Memorial on New Mexico*, 54; Villagrá, *History of New*

Mexico, 1610, 156.

21　Oñate, "True Account of the Expedition," 254; Montoya, *New Mexico in* 1602, 51; Escalante and Barrado, "Exploration of New Mexico, 1583," 156.

22　Argall, "Letter, June, 1613," 2:642.

23　Morton, *New English Canaan*, 14:236–237; Branch, *Hunting of the Buffalo*, 55–56.

24　Lawson, *New Voyage to Carolina*, 115–116; Brickell, *Natural History of North-Carolina*, 107–108.

25　Byrd and Ruffin, *Westover Manuscripts*, 81–82.

26　Ben A. Potter, Gerlach, and Gates, "History of Bison in North America," 6–8; Mathiesson, *Wildlife in America*, 62–63; Christopher Morris, "How to Prepare the Buffalo," 23–25.

27　Thomas Walker, "Journal," 43, 51, 57.

28　Filson, *Discovery*, 26; Humphreys, "Interview with Humphreys," 319.

29　Filson, "Adventures of Col. Daniel Boon," 35.

30　McQueen, "Interview with McQueen," 119.

31　Ketchum, *History of the Buffalo*, 2:79–81.

32　Morrison, "Interview with Mrs. Morrison," 151–152; Perkins, *Border Life*, 62–65, 75–77.

33　McQueen, "Interview with McQueen," 127.

34　Ketchum, *History of the Buffalo*, 80–81; Filson, *Discovery*, 21.

35　Carmony, "Spencer Records' Memoir," 339.

36　Imlay, *Topographical Description*, 94.

37　Filson, *Discovery*, 21.

38　Morse, *American Universal Geography*, 2:457; Adams, *Geography*, 164; Talbot, *History of North America*, 2:180–181.

39　Sibley, "Sport of Buffalo-Hunting," 4:94–95; Mark V. Barrow, *Nature's Ghosts*, 93–94.

40　James, *James's Account of S. H. Long's Expedition*, 17:148. 放在 19 世纪 20 年代，朗将大平原形容为荒漠的说法既不新奇，也没有大的争议。参见 Nichols and Halley, *Stephen Long*, 167–169。

41 Jefferson, "Description of Louisiana," 1:346.

42 Wilkinson, "Report on the Arkansaw," 2:548.

43 Farnham, *Travels*, 28:93.

44 Frémont, Hall, and Torrey, *Report*, 284.

45 Pattie, "Personal Narrative, 1824−1830," 18:49.

46 Gregg, *Gregg's Commerce of the Prairies*, 20:112.

47 Beckwourth, *Life and Adventures of James P. Beckwourth*, 40−41.

48 James, *James's Account of S. H. Long's Expedition*, 15:239.

49 Calloway, *One Vast Winter Count*, 291; Richard White, *It's Your Misfortune*, 23.

50 Marcy, *Exploration of the Red River*, 8:93−94, 103. 另 见 *American State Papers: Indian Affairs*, 1:723；James, *James's Account of S. H. Long's Expedition*, 17:156；Frémont, Hall, and Torrey, *Report*, 15−16, 19, 27。

51 *American State Papers: Indian Affairs*, 2:606.

52 Isenberg, *Destruction of the Bison*, 32−33; Flores, "Bison Ecology," 471−476.

53 Gilpin, "Gilpin to Dole," 1:711.

54 Christopher Morris, "How to Prepare the Buffalo," 37; Flores, "Bison Ecology," 476.

55 例见 *American State Papers: Indian Affairs*, 2:236, 697, 765。

56 Farnham, *Travels*, 28:96.

57 Marcy, *Prairie Traveler*, 155, 259, 267−269, 298.

58 Kansas State Board of Agriculture, *Biennial Report*, 3:54.

59 Frémont, Hall, and Torrey, *Report*, 282.

60 James, *James's Account of S. H. Long's Expedition*, 15:256.

61 关于人类造成的动物灭绝以及 19 世纪消灭野牛造成的反响，参见 Mark V. Barrow, *Nature's Ghosts*, 2−3, 80−84, 92−96。

62 Catlin, *Letters and Notes*, 1:260.

63 Haley, *Buffalo War*, 30−36; Cruse, *Battles of the Red River War*, 14−15.

64 Dixon, *Life and Adventures*, 206−207, 220−221; Baker and Harrison, *Adobe Walls*, 19−22; Haley, *Buffalo War*, 68−74.

65　Dixon, *Life and Adventures*, 220−221; Haley, *Buffalo War*, 71−73.

66　Dixon, *Life and Adventures*, 231−234; Haley, *Buffalo War*, 76−77.

67　Haley, *Buffalo War*, 77; A. H. L., "Indian Department: Indians and Negroes," *Voice of Peace*, September 1874, 84. 波普的评论被多份报刊广泛登载。例见 "Indian Matters," *Wichita Eagle*, July 23, 1874, 2; "News of the Week: West," *Bolivar (TN) Bulletin*, July 24, 1874, 1; 以及 "The Indian Outbreak," *New York Tribune*, July 14, 1874, 1。

68　例见 Marcy, *Prairie Traveler*, 234。也有指南书告诫移民不要过分依赖野牛为生计。例见 Hastings, *Emigrants' Guide*, 144。

69　Susan Newcomb, October 1865−January 1866, typescript, Newcomb Diaries.

70　Utley, *Life in Custer's Cavalry*, 53, 150.

71　Stanley, *Personal Memoirs*, 55.

72　*United States Army and Navy Journal and Gazette of the Regular and Volunteer Forces*, 26 June 1869, 705, 引自 Smits, "Frontier Army," 317。

73　Schofield, *Forty-Six Years in the Army*, 428. 关于军方蓄意灭牛的活动, 参见 Smits, "Frontier Army," 312−338。

74　John Arnot, "The Last of the Buffalo," 2H471, EVC; Lott, *American Bison*, 176−177. 詹姆斯·L. 黑利 (James L. Haley) 认为是莫尔创建了 "毛皮狩猎行业"。参见 Haley, Buffalo War, 21。

75　"Buffalo Hides: Some eight or ten months ago," *London Times*, August 17, 1872, 4.

76　"Bison Hides: History of Their Coming Into and Going Out of Use," *Shoe and Leather Reporter*, August 21, 1890, 456. M. 斯科特·泰勒以《伦敦时报》1872 年的文章为主要证据, 主张技术创新来自 1870 年或 1871 年的英国和德国制革厂。他说, 当时的美国制革工无法处理野牛生皮。参见 Taylor, "Buffalo Hunt," 3168−3170。下面的观察出自一份 1874 年堪萨斯农业报告, 其似乎支持了泰勒的说法: "不时有人尝试将生野牛皮转化为皮革, 但成效不大; 除了做袍子以外, 大概无甚价值。" 参见 Kansas, 1874 *Biennial Report*, 55。戴维·斯米茨 (David Smits) 认为是一名宾夕法尼亚制革商于 1871 年开发出了新工艺。参见 Smits,

"Frontier Army," 326。

77　大多数学者都认可一个笼统的观点，即 19 世纪 70 年代初出现的一种新鞣制工艺提升了干野牛生皮的市场价值，也促进了牛皮的应用，尤其是工业用途。他们认为，这些新工艺很可能是在大致同一段时间里由欧洲和美国的多家企业开发出来的。Isenberg, *Destruction of the Bison*, 132; McHugh, *Time of the Buffalo*, 253。约翰·汉纳（John Hanner）提出异议，主张"没有理由认为野牛生皮鞣制对制革工来说是一个特别的问题，或者需要鞣制工艺的专门创新"。参见 Hanner, "Buffalo Hide Trade, 1871–1883," 243。

78　Charles Goodnight, "My Rememberances and What I know about Buffalo," typescript, box 2H469, folder 6, EVC.

79　P. C. Wellborn, Interview, January 21, 1932, box 2H484, EVC; Pace, *Buffalo Days*, 70.

80　"Miscellaneous," *Chicago Tribune*, Feburary 5, 1872, 4; Isenberg, *Destruction of the Bison*, 108, 136.

81　Isenberg, *Destruction of the Bison*, 108, 136.

82　Worman, *Gunsmoke and Saddle Leather*, 136–149.

83　John Bertie Cator, Letter, September 29, 1874, vol. 1, Cator Papers.

84　Wellborn, Interview, January 21, 1932, box 2H484, EVC.

85　Pace, *Buffalo Days*, 70–71; A. G. L., "Western Correspondence: Buffalo Meat and Buffalo Hunting," Reformed Church Messenger, January 1, 1873, 5.

86　"Santa Fe: Railroad Progress in the South West," *Chicago Tribune*, March 27, 1873, 2; Cody and Cooper, *Memories of Buffalo Bill*, 110; Richardson, *West from Appomattox*, 73.

87　"News of the Week," *Saline County (KS) Journal*, November 28, 1872, 2; "Buffalo Hunting," *Harper's Weekly*, December 14, 1867, 797–798; "Miscellaneous Telegrams," *New York Times*, October 9, 1868, 3.

88　"Ticket Agents Excursion: A Big Buffalo Hunt," *Chicago Tribune*, October 29, 1868, 2.

89 "A Grand Buffalo Hunt," *Emporia (KS) News*, August 29, 1873, 3; "Buffalo

Hunt," *Emporia (KS) News*, September 20, 1873, 3.

90   "Slaughter of Buffaloes," *Harper's Weekly*, Feburary 24, 1872, 165–166.

91   同上。

92   Charles Goodnight, "My Rememberances and What I know about Buffalo," typescript, folder 6, box 2H469, EVC.

93   "News of the Week," *Saline County (KS) Journal*, November 28, 1872, 2.

94   Kime, *Colonial Richard Irving Dodge*, 178; Dodge, *Plains of the Great West*, 133.

95   "Southwest," *Emporia (KS) News*, July 25, 1873, 2.

96   *Wichita City Eagle*, November 20, 1873, 3; "The Southwest," *Emporia (KS) News*, Feburary 7, 1873, 2; Sandoz, *Buffalo Hunters*, 152. 铁路并非是将野牛皮运往东部的唯一一方式。猎人也会用马车把生皮拉给新墨西哥、得克萨斯和科罗拉多的商人。参见 Isenberg, *Destruction of the Bison*, 138。

97   Dixon, *Life and Adventures*, 86. 另见 Pace, *Buffalo Days*, 37–38; Charles Goodnight, "Notes on Buffalo, With Additional Notes on the Early West," box 2H469, folder 7, EVC。

98   Dixon, *Life and Adventures*, 86, 110–118, 124–125, 143.

99   同上，144。

100   Isenberg, *Destruction of the Bison*, 138; Pace, *Buffalo Days*, 36–37; Dixon, *Life and Adventures*, 144–146.

101   "Bison Hides: History of their Coming Into and Going Out of Use," *Shoe and Leather Reporter*, August 21, 1890, 456.

102   Isenberg, *Destruction of the Bison*, 156–160.

103   Receipt from Rath & Company to Jim Cator, January 26, 1875, vol. 2, Cator Papers.

104   John B. Cator letters, September 29 and October 18, 1874, vol. 1, and January 4, 1875, vol.2, Cator Papers.

105   H. Allen Anderson, "Cator, James Hamilton"; Dixon, *Life and Adventures*, 149; Pace, *Buffalo Days*, 36–37.

106   Pace, *Buffalo Days*, 36.

107 Dixon, *Life and Adventures*, 124, 146.

108 Pace, *Buffalo Days*, 37.

109 Smits, "Frontier Army," 328.

110 E. C. Lefebvre to Miles, June 14, 1874，引自 Haley, *Buffalo War*, 97。

111 Dixon, *Life and Adventures*, 189–193.

112 Haley, *Buffalo War*, 60; Pace, *Buffalo Days*, 45–47; Cruse, *Battles of the Red River War*, 15. 之前几年中，印第安人袭击猎牛人事件也被广泛报道。例见" Murder of Buffalo Hunters by Indians," *New York Times*, May 29, 1869, 1；Emiline B. Allen, Letter to the Editor, *Wichita City Eagle*, April 10, 1873, 4；以及 "The Indian Panic: Homesteaders Abandoning Their Homes and Coming Into the Settlements. Eight Men In All Killed and Scalped," *Topeka (KS) Commonwealth*, June 24, 1874。

113 Haley, *Buffalo War*, 70; Cruse, *Battles of the Red River War*, 15; Dixon, *Life and Adventures*, 213; Chalfant, *Cheyennes at Dark Water Creek*, 37–38; Hämäläinen, *Comanche Empire*, 337.

114 "The Indians. Stories of Outrages Not Credited," *Chicago Tribune*, June 25, 1874, 12.

115 "The Indian Scare: The Latest News from the Front. Mail Carrier Chased by Indians. A Lady's Account of the Demonstrations of the Savages. Are They Indians or White Men?" *Topeka (KS) Commonwealth*, June 28, 1874.

116 "The Indian Scare Over," *Topeka (KS) Commonwealth*, June 26, 1874.

117 John D. Miles to James Haworth, June 29, 1874, Cheyenne and Arapaho Agency Records Microfilm, 8.

118 "The Indian Troubles," *Wichita Eagle*, July 9, 1874, 1874, 2.

119 "Indians on the Warpath," *Dallas Daily Herald*, June 30, 1874, 1.

120 *Daily ExpressI*, July 7, 1784, 2.

121 "A Train Captured. Men Burned Alive!" *Topeka (KS) Commonwealth*, July 10, 1874.

122 "From the Indian Territory," *Austin (TS) Weekly Democratic Statesmen*, May 21, 1874.

123 "Indians on the Frontier," *Dallas Daily Herald*, July 16, 1874, 2.

第六章 天生自由

124　"The Indians. A Train Captured Near Baker's Ranch and Four Men Killed," *Leavenworth (KS) Times*, July 16, 1874, 1.

125　"More Indian Murders," *Topeka (KS) Commonwealth*, June 27, 1874.

126　"The Indian War in the Southwest," *Topeka (KS) Commonwealth*, July 7, 1874; *Austin (TX) Weekly Democratic Statesmen*, July 16, 1874, 3.

127　John Cator to Arthur (Bob) Cator, July 28, 1874; ［Louisa］Cator letter, September 23, 1874; John Cator to Jim and Arthur (Bob) Cator, September 29, 1874, vol. 1, Cator Papers.

128　Haley, "Red River War"; Haley, *Buffalo War*, 99; "Gen. Sheridan Believes in an Offensive Policy," *Chicago Tribune*, July 18, 1874, 6; "The Indians: Condition of Affairs on the Frontier," *New York Times*, July 26, 1874, 1.

129　Delano, *Annual Report*, 688. 历史学研究中经常引用德拉诺的言论，用来证明美国政府的明确方针就是将屠灭野牛作为镇压印第安人反抗的战术。但从完整引文来看，德拉诺的主要批判对象是白人野牛猎手的越界行为。

130　Mooney, *Calendar History*, 175–176.

131　"Slaughtered for the Hide," *Harper's Weekly*, December 12, 1874, 1022–1023; "Sketches in the Far West," *Harper's Weekly*, March 21, 1874, 260–261.

132　John B. Cator to Jim and Arthur (Bob) Cator, September 29, 1874, 1874, vol.1, Cator Papers.

133　Hämäläinen, *Comanche Empire*, 337; Baker and Harrison, *Adobe Walls*, 45.

134　Dodge, *Our Wild Indians*, 286.

135　Hämäläinen, *Comanche Empire*, 2, 37–67; Flores, "Bison Ecology," 471–473.

136　Samuel P. Newcomb, January 1, 1865, typescript, Newcomb Diaries; Susan E. Newcomb, Janary 29–May 31, 1871, Newcomb Diaries.

137　Cozzens, introduction to *Eyewitness to the Indian Wars*, 3:xxiv–xxvii.

138　US Congress, Report of Indian Peace Commissioners, 4–16.

139　Kappler, *Indian Affairs*, 2:892–895, 977–989.

140 Hämäläinen, *Comanche Empire*, 313; Oman, "The Beginning of the End," 40–41.

141 Kappler, *Indian Affairs*, 2:892–895, 977–989.

142 关于提及猎场之处，参见 1785 年与怀安多特族（Wyandot）的条约、1786 年与乔克托族的条约、1808 年与奥赛治族的条约、1831 年与梅诺米尼族（Menominee）的条约等，收录于 Kappler, *Indian Affairs*, 2:7, 12, 14, 42, 96, 332。

143 同上，2:980。

144 US Congress, Report of Indian Peace Commissioners, 18.

145 Hämäläinen, *Comanche Empire*, 324.

146 同上，325–326；Rand, *Kiowa Humanity*, 40；Battey, introduction to *Our Red Brothers*, xvii–xviii。

147 Tatum, *Our Red Brothers*, 24–26, 54.

148 同上，30。

149 同上，47。

150 Tatum to Cyrus Bede, March 12, 1872, KA 6, vol.2, 159, KAR.

151 "Depredation Claims Record, 1851 to 1874," KA 6, vol. 1, 150–163; "Captives Recovered from Indians, 1860–1872," KA6, vol. 1, 164, KAR.

152 Tatum to Col. Grierson, October 11, 1871, KA 6, vol.2, 9–10, KAR.

153 Tatum to Enoch Hoag, February 11, 1870, KA 42, KAR.

154 Tatum to Hoag, January 22, 1872, KA 6, vol. 2; George H. Smith, Acting Agt. to Enoch Hoagh, November 27, 1871, KA 6, vol.2; Smith to Hoag, December 9, 1871, KA 6, vol. 2; Tatum to Hoag, February 17, 1872, KA6, vol. 3, KAR. 也有人持同样看法，认为消灭野牛将激化与印第安人的冲突。例见 McCormick, "Restricting the Killing of the Buffalo," 180；以及 Buff Thompson, "The Buffalo: Why They Should Be Perpetuated, and Not Wantonly Destroyed," *Chicago Daily Tribune*, March 7, 1873, 7。

155 Ely S. Parker to Lawrie Tatum and Enoch Hoag, May 27, 1870, KA 42, KAR.

156 Tatum to "Dearest Friend," December 3, 1873, KA 42, KAR.

157 Bedford, "Reminiscences, 1926"; "Indian Panic," *Wichita Eagle*,

July 9, 1874, 2; "The Quakers on Our Indian Situation," *Wichita Eagle*, July 23, 1874, 2.

158　"General Grant and the Legislature of Texas," *Dallas Herald*, March 15, 1873, 1.

159　Hämäläinen, *Comanche Empire*, 326. 基奥瓦族和科曼奇族不承认他们与美国签订的协议也适用于得克萨斯人，因为部落当初与联邦政府谈判时，得克萨斯还不属于美国，而且得克萨斯不久前还脱离了联邦。

160　Nabokov, *Native American Testimony*, 175.

161　Hämäläinen, *Comanche Empire*, 337; Gwynne, *Empire of the Summer Moon*, 26,271.

162　"The Indian Panic," *Troy Kansas Chief*, July 2, 1874, 2.

163　Richard Coke, Coke to Maxey, September 7, 1874, 3.

164　"The Indians: The Particulars of the Engagement on the Canadinan River," *Chicago Tribune*, July 21, 1874, 8.

165　"Washington," *Dallas Daily Herald*, July 22, 1874, 1.

166　"Calling in the Peaceful Indians," *New York Times*, July 15, 1874, 5.

167　"Washington: The Indians, The Cheyennes Coming in to Darlington," *New York Times*, August 16, 1874, 1; "The Indians: The Particulars of the Engagement on the Canadian River," *Chicago Tribune*, July 21, 1874, 8; P. H. Sheridan, "Lieut.–Gen. Sheridan: His Annual Report as Commander of the Military," *Chicago Tribune*, November 11, 1874, 5; Cruse, Battles of the Red River War, 5, 17–18; Haley, *Buffalo War*, 106, 125, 185–196; Baker and Harrison, *Adobe Walls*, 72.

168　Isenberg, *Destruction of the Bison*, 138, 140.

169　Battey, *Quaker Among the Indians*, 71.

170　Nabokov, *Native American Testimony*, 175.

171　Flores, "Bison Ecology," 475–476, 479, 481–483; Isenberg, *Destruction of the Bison*, 2–3; Hämäläinen, "First Phase of Destruction," 101–111.

172　Allen, *History of the American Bison*, 470.

173　Flores, "Bison Ecoly," 481–483.

174 Allen, *History of the American Bison*, 461-472; Gross, "Conservation Guidelines," 93-94; Isenberg, *Destruction of the Bison*, 66.

175 Bell, "A True Story of My Capture By, and Life With the Comanche Indians," Bell Reminiscences; Hämäläinen, *Comanche Empire*, 38, 269, 275-276.

176 Haley, *Buffalo War*, 127-136.

177 "The Indians: The Sweetwater Expedition. Gen. Miles' Victory Over the Savages," *Chicago Daily Tribune*, October 1, 1874, 3.

178 H. G. Lee and Robertson, Interview, January 15, 1921, Sullivan Reminiscences; Charles A. P. Hatfield, "The Comanche, Kiowa, and Cheyenne Campaign in Northwest Texas and MacKenzie's Fight in the Palo Duro Canyon, Sept. 26, 1874," typescript, Hatfield Report.

179 "The Hostile Indians: Dispatches from Col. M'Kenzie," *New York Times*, November 18, 1874, 5.

180 "Preparing for the Frontier," *Weekly Democratic Statesmen*, Feburary 4, 1875, 3, "The Indians: Surrender of a Kiowa Chief," *New York Times*, Feburary 6, 1875, 1.

181 "Telegraphic Notes," *Austin (TX) Intelligencer-Echo*, April 5, 1875, 2.

182 Haley, *Buffalo War*, 188, 209; "The Comanche Surrender," *Washington (DC) Evening Star*, June 7, 1875, 1.

183 "Texas in Brief," *Dallas Weekly Herald*, March 27, 1875, 1; Haley, *Buffalo War*, 215-219; Cruse, *Battles of the Red River War*, 19-20; "The South," *Eaton Democrat*, June 3, 1875, 1; "Texas Facts and Fancies," *Weekly Democratic Statesmen*, October 24, 1878, 2; "West and South," *Frontier Echo*, November 12, 1875, 2.

184 "Out West-Buffalo and Indian Hunting," *Weekly Democratic Statesmen*, November 25, 1875, 1.

185 John Cator to Arthur and Jim Cator, October 18, 1874, vol. 1, Cator Papers.

186 Luella Harrah McEntire, Memories, 1937, box 2H471, EVC.

187 Charles Goodnight, "Notes on the Buffalo," box 2H469, folder 7, EVC.

188　A. C. Williams, Williams to Hon. E. P. ［Edward Parmlee］ Smith, Commissioner of Indian Affairs, ［November 1876］, KA 6, vol. 3, KAR. 关于南方野牛群和北方野牛群消亡的时间，参见 Tober, *Who Owns the Wildlife?*, 100−102。

189　Frank Collinson, "Description of a Buffalo Hunter," n.d., box 2H468, EVC; Frank Collinson, "The Last Buffalo Hunt," n.d., box 2H468, EVC.

190　James Haworth to A. C. Williams, Wichita Agency, November 18, 1878, KA 80, KAR.

191　"A Bill to Restrict the Killing of the Bison," H.R. 157 (1871); McCormick, "Restricting the Killing of the Buffalo," 179−180; Hornaday, *Extermination of the American Bison*, 514−521.

192　Dary, *Buffalo Book*, 122−127.

193　"Slaughtered for the Hide," *Harper's Weekly*, December 12, 1874, 1022−1023; "Slaughter of Buffaloes," *Harper's Weekly*, Feburary 24, 1872, 165−166; "Sketches in the Far West," *Harper's Weekly*, March 21, 1874, 260−261; Buff Thompson, "The Buffalo," *Chicago Daily Tribune*, March 7, 1873, 7; *Daily New Mexican, January* 27, 1874, 1.

194　Hunt, "Report of P. B. Hunt···August 30, 1879," 65.

195　Hornaday, *Extermination of the Bison*, 525.

196　Bedford, "Why It Was Right for the Buffalo to Be Killed Out," Bedford Reminiscences.

197　Evans, "Buffalo in Texas," 1931, J. F. Evans Narrative.

198　Pace, *Buffalo Days*, 63.

199　J. L. Lackey to Edmund Seymour, March 1, 1918, Col. Charles Goodnight Correspondence with Edmund Seymour, President of the American Bison Society, box 2H469, EVC.

200　Isenberg, *Destruction of the Bison*, 176; Hunt, "Hunting Charles Goodnight's Buffalo," 6−7.

201　Lackey to Seymour, March 1, 1918; Charles Goodnight, Notes on the Buffalo with additional notes concerning the Early West, dictated to L.V.H., box 2H469, folder 7, EVC.

202   Goodnight, *Old Texas*.

203   Quanah Parker (per Laura Parker) to the Legislature of Texas, January 19, 1909; Quanah Parker (per Laura Parker) to S. B. Burnett, January 1909, Quanah Parker Letters.

204   S. B. Burnett to L. J. Worthington and W.B. Fitzhugh, Members Thirty–First Legislature, Austin, Texas, January 25, 1909, Quanah Parker Letters.

205   Goodnight, Notes on the Buffalo with additional notes concerning the Early West, dictated to L.V.H., box 2H469, folder 7, EVC.

206   Kracht, "Kiowa–Comanche–Apache Opening"; Lone Wolf v. Hitchcock, 187.

207   O'Dell, "Witchita Mountains National Wildlife Refuge"; Hornaday, "Report of the President," 1–2; Mark V. Barrow, *Nature's Ghosts*, 108–114; Montgomery, *Discourse*, 6–7.

EPILOGUE

天生狂野

→ ──── 尾声 ──── ←

复野

Epilogue: Rewilding the Wild

青年西奥多·罗斯福（Theodore Roosevelt）在他的第一本边疆生活记述中写道：

野牛灭绝是动物界一出实在的悲剧。

罗斯福只在劣地（Badlands）断断续续地待了几个月时间，然后就写了《牧场主狩猎行记》（*Hunting Trips of a Ranchman*，1885）。他在书中缅怀了"威严的野牛"的逝去，但也承认这种生物必然灭亡。他认为，野牛的衰亡有它们自身的一部分责任，因为"它们生性合群"，所以骑马拿枪的猎人"肯定会看见它们"。接下来，罗斯福附和了19世纪末常见的一种论调，即主张清除草原上的野牛不仅是必然的，也是"白人文明进军西部"的必要前奏。野牛不仅占据了可以用于获取更高利润的养牛业的珍贵草地，它们的存续也支撑了西部保留地外平原印第安人的"野蛮生活方式"。这位未来的动物保护主义者总结道："消灭野牛是解决印第安问题的唯一办法"，是占有和殖民西部土地的唯一办法。[1]

当时首屈一指的射猎期刊《森林与溪流》(*Forest and Stream*)对罗斯福浅探自然界的文字发表了一篇冷淡的书评。尽管这份杂志认为罗斯福行文"富有吸引力"，叙事"简练讨喜"，但"关于狩猎的多处言之凿凿的谬论"却污损了此书。书中对动物形象的不实描绘进一步损害了著作整体的"魅力"，包括讲一头雌性麋鹿长得像"患脑积水的小东西"。编辑乔治·伯德·格林内尔(George Bird Grinnell)认为，鉴于罗斯福"经验有限"，无法在西部野外生物方面"筛糠取谷，分辨真伪"，这些错误也在意料之中。[2]公开的批评伤了稚嫩的博物学家罗斯福的心，于是他跑到纽约的杂志社里与格林内尔对质。他刚到，就被对当代现实环境更有经验的年长的户外编辑上了一课。会面结束时，罗斯福不仅结交了一位新朋友和志同道合的伙伴，也更确信美国余下的野外生物需要法律保护。[3]等到他在1893年出版《荒野猎人》(*The wilderness Hunter*)的时候，罗斯福已经成了一项全国野生动物保护运动的领导者。他写道：

> 有必要建立由国家管理的大型国家森林保留地，那里也会成为野外生物的繁殖场和育幼所。

他坚称这些庇护所不应成为"只由富豪享受的宏大私人猎物自留地",那样的话,动物会成为个人财产。美国动物需要保持自由无主的状态,因为它们的野性为美国环境赋予了一种独特的"粗犷、强健的民主",其"在传统定居区域找不到替代品"。[4]

作为总统,罗斯福有条件践行他的动物保护运动。1903年,他将佛罗里达州佩利肯岛(Pelican Island)划为野生鸟类繁殖地,这是罗斯福总统任期内建立的50余座野生动物保护区中的第一座。[5]主张野牛和其他大型动物应国有化的民意日盛,这种呼声也反映在了报刊上。格林内尔的《森林与溪流》号召将西部森林保护区改为野外生物公园,"让野牛自在生活"[6]。十年之间,联邦政府分别在蒙大拿州和怀俄明州设立了国家野牛保护区和国家麋鹿保护区。1905年,罗斯福将威奇托山森林保留地更名为威奇托野生动物保护区,宗旨是"保护野外生物和鸟类"。到1909年罗斯福离任为止,在这位"动物保护总统"的主持下,美国新增了超过200万英亩(约合8093平方千米)的公有土地,用于国家野生动物保护体系、国家公园、国家纪念碑和国家森林保留地。[7]

罗斯福政府的举措影响深远,加快了起始于19世纪末的发展进程。黄石国家公园始设于1872年,并于1894年禁猎。后来,禁猎令推广到了优胜美地

天生狂野：北美动物抵抗殖民化

（Yosemite）和其他国家公园，从而表明美国国家公园体系将致力于保护"魅力非凡"的动物物种以及令人惊叹的地貌。[8]州鱼类与野外生物管理局从 19 世纪 70 年代末开始出现，截至 1900 年，已有 17 个州设立此类机关。[9]美国各州纷纷通过了野生动物保护法，并对狩猎活动施加了数量限制、禁猎期以及其他限制。1896 年，最高法院吉尔诉康涅狄格案（*Geer v. Connecticut*）支持了管理野外生物使用的州级法规，并明确阐述了各州对境内野外生物的所有人权益。1900 年的《莱西法案》（Lacey Act）禁止跨州运输那些违反州野生动物保护法规定而杀害的动物，这首次表现了联邦政府层面对指定国有土地之外野外生物的权益。随着法律格局的奠定，活动家和政治家得以在 20 世纪初推出了百花齐放的野外生物立法。[10]

这些法律让动物成为国家（或各州）为公众利益而持有的财产。就这样，英美法律制度终于为动物界带来了秩序，至少理论上如此。本土动物被限制在实体和话语边界里面，存在于威奇托山保护区等野生动物保护区的标界围栏之后，生活在围绕着公园、森林乃至保护动物身体的法律边界之内。在整个 20 世纪，野外生物受到的限制管控越来越多——栖息地被管理、种群被操纵、行动被追踪。当局立法管理美国人对本土动物的获取，并规定了允许捕杀野外生物的条件。

尾声 复野

这些规则是用民众享有的语言写成的。[11]自然作家埃德温·韦·蒂尔（Edwin Way Teale）在1953年做了如下解读：

> 拯救野外美景的长期斗争代表着民主最好的一面。它要求公民践行最难做到的德性——自我约束。我凭什么不能从河里随便捞鳟鱼？我凭什么不能从树林里带一朵稀有的野花回家？因为如果我做了，那么这个民主国家里的每个人也应该可以这样做。我的行为会被无限放大。为了保护野外生物和野外美景，每个人都必须相应地约束自己。特权与保护永远是矛盾的。[12]

现代野生动物保护法为美国动物创造了一个介于自由获取和独占权利之间的位置，从而强制公民自我约束。立法者赋予野外生物以公共财产的法律地位，将野生动物保护表述为服务于全民利益的管理。

本土动物被转化为"野外生物"这一法律范畴，并在法律范围内受到保护，其终于被安放在殖民者自始至终渴望建立的理性秩序之中。这个结局之所以过了几百年才发生，是因为美洲动物在殖民历程中留下了自己的印记。事实证明，野兽不仅仅是随意被开发、被灭绝、被商品化的被动客体。它们的行动——其实是它们的存在本身——迫使英美殖民者反思自己的土地占有方式。正是这种英式殖民与美洲独特动物环境之间的交互作用，才为英属北美殖民赋予了独特的形态与历程。英式殖民的特点是注重清除土地上的原住民，着力将土地分割成排他性占有的地块，重点对环境进行理性的规划管控，而这些并不适合边疆移民遇到的野外生物边疆。[13] 为了占有土地，殖民当局必须设法遏制动物和猎人的流动性。殖民法规必须考虑野外因素。于是，野外生物成为法律行为人，积极参与了对它们自身的殖民过程。

这个过程似乎在 20 世纪上半叶完成了。动物保护法律架构和官僚机构看上去控制乃至驯服了野外动物。[14] 政府出资实行捕食动物消灭计划，公聘猎手对狼、郊狼和野猫开战，目的是保护牲畜。此举成果斐然，以至于 1917 年《俄勒冈人报》（*Oregonian*）登载头条新闻称"联邦猛兽扫除计划成功"[15]。没有了捕食动物，白尾鹿数量从 1900 年 35 万只的低谷反弹至 1948 年达到约 600 万只。鹿的局部过剩造成了栖息地被破坏和食物匮乏，促使州和联邦政府采取强力管理手段，将种群数量控制在土地承载力以内。[16] 河狸自 1900 年以来就在美国东部绝迹。20 世纪中叶，野生动物管理专家又将河狸于同地放归。[17] 大平原野牛主要被圈养于大型牧场，其中有一部分是在野生动物保护区。私

尾声 复野

429

熊与游客

　　这幅照片出自西奥多·罗斯福的《一位美国猎人的户外消遣》（*Outdoor Pastimes of an American Hunter*，1905）一书，展现了黄石公园垃圾堆旁的黑熊如何成为旅游景点。公园管理人员则因警告说"熊真的是野兽"而遭到了罗斯福的嘲笑。

人畜群的规模则要大得多,饲养模式与家牛基本等同,且大部分野牛已与家牛杂交了。在 19 世纪与 20 世纪之交,只有黄石国家公园内有一群纯种野牛,它们成为日后野牛繁育计划的基础。[18] 黄石等国家公园内的羚羊、鹿乃至熊都适应了人类游客,不再好斗。罗斯福总统于 1903 年造访黄石公园后表示:"看见凶猛和怕人的野兽如此驯服,实为乐事。"公园里的熊已经发现了"酒店垃圾堆这个特别的食物来源",这些"半家养"的野兽还会作揖逗游客开心。最后,罗斯福得出的结论是:"野生动物保护区"显然达到了预期目的,其不一定要为之保留野性,而是要作为野生动物和鸟类的繁殖地和养育所。[19]

在管控的氛围下,野性的魅力依然存在。当立法者、动物保护主义者、娱乐性猎人、自然作家和其他人倡导合理使用与环境管理的时候,他们常常是带着一种情怀,想要寻回美国独有而已经失落的野外环境。美国动物正是这种野外环境活生生的体现,正如殖民宣传年代那样。亨利·大卫·梭罗(Henry David Thoreau)在 1856 年感叹道:

当我想到这里更高贵的动物已经灭亡的时候,我不禁感觉自己生活在一个被驯服乃至被阉割的国度里。[20]

尾声 复野

431

少了的东西便是奉献给早期移民社会的丰富野生动物。约翰·缪尔（John Muir）希望留住的荒野森林里"充满了大自然的动物——麋鹿、鹿、野羊、熊、猫和数不清的矮个子人"[21]。在罗斯福看来，"植物生活与动物生活之间的差别"赋予了"美国野外环境的独有特质"。"旧世界没有"的"林地动物""为猎人和拓荒移民的想象力留下了最生动的印记"。[22]因此，野生动物繁盛的殖民时代是罗斯福等20世纪初动物保护主义者的试金石，他们希望催动殖民者梦想的动物重现美国，至少是鹿、河狸、野牛这些温驯的动物。

然而，如今这些被控制管理起来的野外动物还"野"吗？有关野驯之别，当年的英国殖民者应一清二楚，而到了20世纪末却似乎变得模糊。1964年《荒野法案》（Wilderness Act）的起草者试图重新划定界线，将野外空间的本质属性定义为"土地及其生物群落不受人类侵扰、来访游客不会长久居住的区域"[23]。"野"就是非人。其他人则不同意。他们认为，荒野本身就是一种文化虚构，是文明的产物，而非文明的反面。[24]隔绝人与自然的努力——《荒野法案》的意识形态基础，深层生态学和"地球第一！"（Earth First！）运动就暗示了这种做法——不仅仅是自我否定，更是自我挫败，其终将是无用功。历史学家威廉·克罗农认为，更麻烦的一点是，真实环境问题以及解决这些问题的

天生狂野：北美动物抵抗殖民化

责任已经被纳入荒野纯化之下。批评者警告，倡导荒野的人无视了理念的历史建构，因而可能会忽视地球上那些人类历史留下的更明显印记的部分。[25]

荒野捍卫者很快对学者的批判做出了回应，他们质疑批评者的论证前提，同时重新定义了方兴未艾的"荒野之争"的核心词语。环保活动家否定了一种看法，即认为荒野主义的根本要义是未与人类接触的处女地的"原始迷思"。他们辩称，野外天然与驯育人文并非一体两面，而是代表人类操控程度大小的连续体的两端。"地球第一！"运动联合创始人戴夫·福尔曼（Dave Foreman）解释，野外"意味着脱离人类掌控的土地"，或者用更动情的语言说是"有自我意志的土地"。[26]一些环境科学研究者以及活动家选择与野外的文化内涵保持距离，而转向"野性"，认为"野性"代表着一种用定性方式对待非人类世界的路径。"野外"指代的是一个场所，一个经过定义和规定的地产；而"野性"代表着一种生存状态，一种存在的关系属性。[27]这是环境主义思想的一次变迁，从静态的"野外"转向动态的"野性"，凸显了动物在界定野地中的角色。简单地说，相比于想象土地具有自己的意志，为动物赋予自我意志乃至能动性要容易得多。[28]在具有自我意志、无法控制的野外图景中，如果我们画上福尔曼所说的"不喜欢被不起眼的人类推来搡去的野兽"，

尾声　复野

433

画面就会变得清晰得多。[29]

到了 21 世纪初，当代环境主义探讨已经超越了保存野外孤岛的范畴，而是设想在更大尺度上恢复野性。所谓的"复野"是一种环境保护的思路，其基础是关于生物多样性和维持有自我调节能力的健康生态系统的科学观点。复野的重点是建立涵盖完整生态系统的大型核心栖息地，借此重建碎片化的陆地群落。这些核心栖息地之间有供动物迁徙扩散的走廊相连，并受到基石物种的调节——通常是体型大、活动范围广的肉食性动物，比如狼。[30]考虑到动物的生理和社会需求，栖息地彼此连通，边界开放。复野尊重野外生物的流动性，也允许这种流动性影响保护区的形态和性质。如此一来，复野将本土动物自我界定的需求置于人类意图之上。换句话说，复野主张不要控制自然，而要"允许自然找到属于自己的路"[31]。

复野虽有冷静的科学基础，但也有怀旧的意味。它预设了一个失落的野性过去，并预测未来会通过人类的开明干预而恢复野性。在这个过程中，它忽略了当下的野性。但如果我们去找的话，依然能找到一种由动物意志支配的野性。在郊区游荡或倒毙于路旁的鹿就是证据。[32]繁衍壮大、占据历史活动范围以外的栖息地的河狸就是证据。在阿拉斯加公路上尾随孤身一人跑步者的狼就是证据。[33]越过国家公园边界，跑到养牛场吃草的野牛就是证据。[34]本土动物在继续抵抗理性化的土地利用制度，也依然在侵犯地产的边界。野兽拒绝服从我们的所有规则和欲望，而我们在持续对它们的"天生狂野"做出让步。

本土生物并未丧失野性，而是改变了野性的表现形式。在这个过程中，我们已经调整了自己对野性的预期。这并不是最近才发生的情况，它的源头不能被孤立地认为是某一场思想运动，或者某一种现代科学范式。只有细致考察殖民者与动物之间漫长而多样的遭遇史，我们才能够理解这些变化。在英属北美，英国殖民者面对异常繁盛且大多数情况下良善的动物环境，相信自己有能力塑造这些天生野兽，并使其服务于自身需求。他们相信可以将本土生物圈在法律框架之内。然而，每到一处野生动物边疆，殖民者就不得不对野性做出某种妥协。最终，殖民相对本土动物取得了胜利，尽管胜利并不彻底，而其也是动物本身参与造就的。

有太多英属北美殖民史讲述了野性失落的传说。此外，还有很多征服野性的故事。但如果我们允许动物在故事中出演角色的话，两段大不相同的叙事就会显现出来。一段是人类的野性史，另一段则是动物的殖民史。两者都值得我们去关注。

【注释】

1　Roosevelt, *Hunting Trips of a Ranchman*, 262, 265-267, 269-270.

2　"New Publications: *Hunting Trips of a Ranchman*," *Forest and Stream*, July 2, 1885, 451.

3　Philippon, *Conserving Words*, 53.

4　Roosevelt, *Wildnersness Hunter*, 449.

5　"Pelican Island National Wildlife Refuge."

6　"Government Ownership of the Buffalo," *Forest and Stream*, July 1, 1905, 1.

7　Fischman, *National Wildlife Refuges*, 35; Butcher, *America's National Wildlife Refuges*, 161; Franke, *To Save the Wild Bison*, 62, 247; "Theodore Roosevelt and Conservation." 关于野牛作为现代动物保护的象征，参见 Mark V. Barrow, *Nature's Ghosts*, 346。美国于 2016 年通过《国家野牛遗产法案》（National Bison Legacy Act），证明了野牛在美国民族文化中的持久意义。参见 Elahe Izadi, "It's Official: America's First National Mammal is the Bison," *Washington Post*, May 9, 2016。

8　Bean and Rowland, *Evolution of National Wildlife Law*, 19-20; Wright, *Wildlife Research and Management*, 46; Petersen, "Congress and Charismatic Megafauna," 467-469.

9　Lueck, "Wildlife: Sustainability and Management," 145.

10　Louis Warren, Hunter's Game, 23; Bean and Rowland, *Evolution of National Wildlife Law*, 15, 20; Cowdrey, *This Land, This South*, 135-146.

11　当然，许多狩猎法的反对者（以及一些历史学家）主张，一部分近代早期渔猎法规的出台动机是阶级利益、种族中心主义或种族歧视，而不一定是民主思潮。例如，20 世纪初禁止移民猎杀鸣禽的法规似乎就是偏见的明证。然而，动物保护话语和野生动物立法的整体轨迹一般强调的原则为野生动物是所有人共享的公共物品。例见 "The Working of the No-Sale Law," Outing, January 1898, 401；Hornaday, *Our Vanishing Wildlife*, 206-207; Tober, *Who Owns the Wildlife*, 1；以及 Freyfogle, *The Land We Share*, 35。

12　Teale, *Circle of Seasons*, 21-22.

13　Tomlins, *Freedom Bound*, 133–134.

14　关于现代野生动物种群恢复计划与"驯服",参见 Beinart and Coates, *Environment and History*,尤其是第 108 至 111 页。

15　Averill, "Federal Plan."

16　Miller, Muller, and Demarais, "White-tailed Deer," 921. 野生动物管理"开创者"奥尔多·利奥波德(Aldo Leopold)对鹿群数量与人类造成的环境变化(包括控制捕食性动物)之间的关系做出了经典研究成果。例见 Leopold, "Deer Irruptions," 1–11。

17　Baker and Hill, "Beaver (*Castor canadensis*)," 288.

18　Isenberg, *Destruction of the Bison*, 176–183; "Department of the Interior Bison Report."

19　Roosevelt, *Outdoor Pastimes of an American Hunter*, 327, 346, 348.

20　Thoreau, *Journal*, 372.(《梭罗日记》)

21　Muir, *Our National Parks*, 16.

22　Roosevelt, *Wilderness Hunter*, 4–5.

23　An Act to establish a National Wilderness Preservation System (1964); Harvey, Wilderness Forever, 202–204.

24　尤见 Raymond Williams, "Ideas of Nature," 67.

25　Cronon, "The Trouble with Wilderness," 69, 80–90. "荒野之争"在部分程度上是由克罗农的文章和拉玛钱德拉·古哈(Ramachandra Guha)之前的一篇论文引发的。科学家、环保活动家、哲学家、历史学家和其他人士做出了广泛回应。除了克罗农编辑的文集《非公地》(*Uncommon Ground*)以外,例见 Guha, "Radical American Environmentalism and Wilderness Preservation," 71–83; Callicott and Nelson, *The Great New Wilderness Debate*; Callicott and Nelson, *The Wilderness Debate Rages On*; Lewis, *American Wilderness*; Friskics, "Twofold Myth of Pristine Wilderness," 381–99; 以及 James Morton Turner, *Promise of Wilderness*。

26　Foreman, "The Real Wilderness Idea," 33–34. "有自我意志的土地"一词出自 Vest, "Will of the Land," 323–329。

27　Jack Turner, "In Wildness is the Preservation of the World," 617; Anna L.

尾
声
复
野

437

Peterson, *Being Animal*, 68. 动物保护学家戴维·沃勒（David Waller）进一步主张，野性与野外是可以分开的，因为野性"不是，也不能是人类的建构"。参见 Waller, "Getting Back to the Right Nature," 545。

28　关于动物的能动性，参见 McFarland and Hediger, *Animals and Agency* 中收录的文章；Shaw, "A Way With Animals," 1–12；以及 Brett L. Walker, "Animals and the Intimacy of History," 45–67。

29　Foreman, "Wilderness Areas for Real," 405.

30　Soulé and Noss, "Rewilding and Biodiversity," 21–22; Foreman, *Rewilding North America*, 4.

31　Monbiot, *Feral*, 9.

32　Cieslewicz, "Environmental Impacts of Sprawl," 34–35.

33　Baker and Hill, "Beaver (*Castor Canadensis*)," 288; Lem Butler et al., "Findings Related to the March 2010 Fatal Wolf Attack," 7–8.

34　黄石公园和其他地方的野牛群是政治热点。牧场主尤其关心布鲁氏菌病。这种细菌感染疾病会造成母牛流产和不孕，大黄石地区的一部分野牛和麋鹿是该病菌携带者。因此，野牛在公园外的活动受到了限制。野牛数量过剩和园内筛杀也是政治交锋点。例见 Brett French, "Park Service Wants Female Bison Removed from Northern Yellowstone Herd," *Billings Gazette*, December 28, 2012. 关于布鲁氏菌病，参见 US Department of Agriculture, "Brucellosis and Yellowstone Bison"。

参考文献

文献出处缩写表

英文缩写	英文全名	中文译名
DBC	Dolph Briscoe Center for American History, University of Texas at Austin	得克萨斯大学奥斯汀校区多尔夫·布里斯科美国史研究中心
EVC	Earl Vandale Collection	万代尔伯爵收藏
KAR	Kiowa Agency Records	基奥瓦管理局资料
LDC	Lyman C. Draper Manuscript Collection	莱曼·C. 德雷珀手稿收藏
NCDAH	North Carolina Division of Archives and History, Raleigh	北卡罗来纳州历史档案库罗利馆
NCGAR	North Carolina General Assembly Records	北卡罗来纳州议会档案
SCGAP	South Carolina General Assembly Records	南卡罗来纳州议会档案
VLP	Virginia Legislative Petitions	弗吉尼亚州议会请愿书收藏库

手 稿

"Abstract of a Talk from the Headman and Great Ruling Chiefs of the Cherokee Nation to John Stuart Esq. Superintendent for the Southern District dated at Toquah 29 July 1769." Original Correspondence. Secretary of State. Indian Affairs, Surveys, etc., 1769–1770, CO 5/1348. Foreign Archives, British Records. NCDAH.

Bacon, Nathaniel. "The Declaration of the People of Virginia ［against the Governor］." August 3, 1676. CO 1/37, no. 41. Colonial State Papers. proquest.com.

———. "Nathaniel Bacon, His Manifesto Concerning the Present Troubles in Virginia." September ［15?］, 1676. CO 1/37, no. 51. Colonial State Papers. proquest.com.

Barrow, David. "Journal of a Baptist Preacher's Trip from his home in Virginia to the western country, May 5–September 1, 1795." Microform. 12CC 163–184. LDC.

Bedford, Hilory G., Reminiscences. Undated. DBC. Bell, Bianca Babb, Reminiscences, Undated. DBC.

Berkeley, William. "Governor Sir William Berkeley to ［Thomas］ Ludwell." April 1, 1676. CO 1/36, no. 37. Colonial State Papers. proquest.com

Black, ［——］. "Interview with Major Black ［n.d.］." By John D. Shane. Microform.12CC 151–152. LDC.

"Board of Trade and Plantations, Minutes (commercial)." February 12, 1765. CO 391/72. Foreign Archives, British Records. NCDAH.

Bryan, Daniel Boone. "Interview with Daniel Boone Bryan ［1844?］." Microform.22C14. By John Shane. LDC.

Cator, John B. and Robert, Papers, 1845–1881. DBC.

Caswell, Richard. Caswell to Evan Shelby, February 27, 1787. Reuben T. Durrett Collection on Kentucky and the Ohio River Valley, Special Collections Research Center, University of Chicago Library. American Memory. memory.loc.gov.

Coke, Richard. Richard Coke to Samuel Bell Maxey, September 7, 1874. Records of Richard Coke, Texas Office of the Governor, Archives and Information Services Division, Texas State Library and Archives Commission. www.tsl.texas.gov/exhibits/indian/showdown/coke-maxey-sep1874-1.html.

Draper, Lyman C. "The Life of Boone Manuscript." Microform. Vols. 1-5B. LDC.

———. Manuscript Collection. Microfilm ed., 1949. State Historical Society of Wisconsin, Madison.

Evans, J. F. Narrative, 1931. DBC.

General Assembly Petitions, 1782–1866. Series S165015. South Carolina Department of Archives and History, Columbia. archives.sc.gov.

General Assembly Records. State Archives of North Carolina, Raleigh. Goodnight, Charles, Papers, 1882–1939. DBC.

"Grievances of the inhabitants in general, that is to say, housekeepers and freeholders of Northampton County, committed to their burgesses to present to the Governor, Council, and Burgesses of Virginia." March 1677. CO 1/39, Nos. 74, 75. Colonial State Papers. proquest.com.

Hatfield, Charles A.P., Report, 1874. DBC.

Humphreys, D.C. "Interview with D. C. Humphreys, Woodford County, Kentucky〔1854〕." By John Dabney Shane. Microform. 16CC292-296, 16CC318-321. LDC.

"Instructions for such things as are to be sent from Virginia with notes for their preservation, and the prices they sell for in England,〔1610〕." CO 1/1, No. 23. Colonial State Papers. proquest.com.

"Instructions to Andrew Percivall and Maurice Mathews from the Proprietors of Carolina." March 9, 1681. CO 5/286, 164–165. Colonial State Papers. proquest.com.

Jones, Roger. "Roger Jones to Peter Perry." January 1, 1692. CO 5/1306, no. 7. Colonial State Papers. proquest.com.

Kiowa Agency Records Microfilm. Indian Archives Collection, Oklahoma Historical Society, Oklahoma City.

McQueen, Joshua. "Interview with Joshua McQueen, Kentucky〔n.d.〕." By John D. Shane. Microform. 13CC 115–129. LDC.

Miles, John D. John D. Miles to James Haworth, June 29, 1874. Cheyenne and Arapaho Agency Records. Microform. CAA 8. Indian Archives Collection, Oklahoma Historical Society, Oklahoma City.

Montgomery, Hugh. Hugh Montgomery to William Rabun, July 3, 1817. Galileo Digital Library of Georgia, Southeastern Native American Documents, 1730–1842. http://dlg.galileo.usg.edu.

Morrison,〔——〕. "Interview with Mrs. Morrison, Fayette County, Kentucky〔n.d.〕." By John D. Shane. Microform. 11CC 150–154. LDC.

Newcomb, Samuel P., and Susan E. Diaries, 1865–1873. DBC.

Parker, Quanah. Letters, 1909. DBC.

"A Proposition Concerning the Winning of the Forest, signed by Sam. Mathews and Will. Claybourne." Enclosure 2 in "Governor Sir Francis Wyatt and Council of Virginia to the Privy Council." May 17, 1626. CO 1/4, no. 10. Colonial State Papers. proquest.com.

Records, Spencer. "A Brief Narrative giving an account of the time and place of the birth of Spencer Records, his movings and settlements...〔1842〕." Microform. 23CC 1-108. LDC.

Shane, John D. "Memoranda on Indian Warfare〔n.d.〕." Microform. 12CC 191–197. LDC.

Stuart, John. "Stuart to Lt. Gov. Bull re Indians." December 2, 1769. Original Correspondence. Secretary of State, Indian Affairs, Surveys, etc., 1769–1770. CO 5/71. Foreign Archives, British Records. NCDAH.

Sullivan, W. F. "Dick", Reminiscences, 1923. DBC.

"To Whom it May Concern, Cameron issued to Ugayolah (Cherokee)." September 20, 1774. Original Correspondence. Secretary of State, Indian Affairs, Surveys, etc., 1773–1774. CO 5/75. Foreign Archives, British Records. NCDAH.

Vandale, Earl. Collection. DBC.

Wirt, William. "Opinion on the right of the state of Georgia to extend her laws over the Cherokee nation, 1830." Galileo Digital Library of Georgia, Southeastern Native American Documents, 1730–1842. http://dlg.galileo.usg.edu.

Woods, Michael. "Michael Woods to Colonel William Preston, Finecastle〔VA〕, 3 September 1774." Microfilm. 3QQ 88. LDC.

Virginia Legislative Petitions Digital Collection. Library of Virginia, Richmond, Virginia. virginiamemory.com/collections/petitions.

参考文献

法庭讼案

Cates v. Wadlington, 1 McCord 580 (S.C. 1822).

Cherokee Nation v. Georgia, 30 U.S. 1 (1831).

Crenshaw v. The Slate River Company, 27 Va. 245 (Sup. Ct. of Va., 1828). Head v. Amoskeag Mfg. Co., 113 U.S. 9 (1885).

Johnson v. McIntosh, 21 U.S. 543 (1823).

Lone Wolf v. Hitchcock, 187 U.S. 553 (1903).

Shrunk v. Schuylkill Navigation Co., 14 Serg. & Rawle 71 (Pa. Sup. Ct. 1826).

State v. Campbell, 1 T.U.P. Charlt. 166 (Ga. Super Ct. 1808).

Worcester v. Georgia, 31 U.S. (6 Pet.) 515 (1832).

天生狂野：北美动物抵抗殖民化

报 刊

Austin (TX) Intelligencer-Echo

Austin (TX) Weekly Democratic Statesman

Billings Gazette

Bolivar (TN) Bulletin

Cherokee Phoenix

Chicago Tribune

Daily New Mexican

Dallas Daily Herald

Dallas Herald

Eaton Democrat

Emporia (KS) News

Forest and Stream

Harper's Weekly

Jacksboro (TX) Frontier Echo

Leavenworth (KS) Times London Times

New York Times

Niles Weekly Register

Outing

Reformed Church Messenger

Saline County (KS) Journal

Shoe and Leather Reporter

South Carolina Gazette and Country Journal

Topeka (KS) Commonwealth

Troy Kansas Chief

United States Army and Navy Journal and Gazette of the Regular and Volunteer Forces

Voice of Peace

Washington (DC) Evening Star

Washington (DC) Post

Wichita Eagle

出版物

Acosta, José de. *The Natural and Moral History of the Indies*. 1590. Translated by Frances López-Morillas. Edited by Jane E. Mangan. Durham, NC: Duke University Press, 2002.

An Act to establish a National Wilderness Preservation System for the Permanent Good of the Whole People, and for Other Purposes. Pub. L. 88-577, 78 Stat. 890. 1964.

Adams, Daniel. *Geography; Or, A Description of the World, in Three Parts*. Boston: Lincoln and Edmunds, 1818.

Adams, Percy G. "John Lawson's Alter-Ego—Dr. John Brickell." *North Carolina Historical Review* 34 (July 1957): 313–326.

Adkins, Howard G. "Allegheny Plateau." In e-*WV: The West Virginia Encyclopedia*. Article published December 7, 2010. www.wvencyclopedia.org/articles/198.

"Advertisement concerning the settlement of the Cape Fear Area, 1666." In Saunders and Clark, *Colonial and State Records of North Carolina*, 1:153–154.

Alden, John Richard. *John Stuart and the Southern Colonial Frontier: A Study of Indian Relations, War, Trade, and Land Problems in the Southern Wilderness, 1754–1775*. Ann Arbor: University of Michigan Press, 1944.

Allen, Joel. *History of the American Bison: Bison Americanus*. Washington DC: Government Printing Office, 1877.

Alsop, George. *A Character of the Province of Maryland*. 1666. Reprint. Cleveland, OH: Burrows Brothers, 1902.

American State Papers: Indian Affairs. Vol. 2. Washington, DC: Gales and Seaton, 1834.

American State Papers: Military Affairs. Vol. 5. Washington, DC: Gales and Seaton, 1860.

Anderson, H. Allen. "Cator, James Hamilton." In *Handbook of Texas Online*. Texas State Historical Association. June 12, 2010. www.tshaonline.org/handbook/online/articles/fca95.

Anderson, Virginia DeJohn. "Animals into the Wilderness: The Development of Livestock Husbandry in the Seventeenth-Century Chesapeake." *William and Mary Quarterly* 59, no. 2 (April 2002): 341–376.

——. *Creatures of Empire: How Domestic Animals Transformed Early America*. New York: Oxford University Press, 2006.

Andrews, Charles McLean, ed. Narratives of the Insurrections, 1675–1690. New York: Charles Scribner's Sons, 1915.

Angell, Joseph Kinnicut. *A Treatise on the Common Law, In Relation to Our Water Courses*. Boston: Wells and Lilly, 1824.

[Archer, Gabriel]. "A Description of the Now-Discovered River and Country of Virginia, with the Liklyhood of Ensuing Ritches, by England's Ayd and Industry." 1607. Reprinted in *Virginia Magazine of History and Biography* 14 (1907): 374–378.

Archer, Gabriel. *Gosnold's Settlement at Cuttyhunk: The Relation of Captain Gosnold's Voyage to the North Part of Virginia...*oston: Old South Work, 1902.

Argall, Samuel. "Letter of Sir Samuel Argoll [*sic*] touching his Voyage to Virginia and actions there. Written to Master Nicolas Hawes, June, 1613." Reprinted in *The Genesis of the United States*, vol. 2, edited by Alexander Brown, 640–644. Boston: Houghton,

天生狂野：北美动物抵抗殖民化

Mifflin, 1890.

Armstrong, David. "The Genealogical Correspondence of David Armstrong." pages. swcp.com/~dhickman/notes/gennotes.html.

Armstrong, Philip, and Laurence Simmons. "Bestiary: An Introduction." In *Knowing Animals*, edited by Laurence Simmons and Philip Armstrong, 1–24. Boston, MA: Brill, 2007.

Aron, Stephen. *How the West Was Lost: The Transformation of Kentucky from Daniel Boone to Henry Clay*. Baltimore, MD: Johns Hopkins University Press, 1996.

——. "Pigs and Hunters: 'Rights in the Woods' on the Trans-Appalachian Frontier." In *Contact Points: American Frontiers from the Mohawk Valley to the Mississippi, 1750–1830*, edited by Andrew Cayton and Fredrika Teute, 175–204. Chapel Hill: University of North Carolina Press, 1998.

"Articles of peace and friendship... agreed upon the 5th day of July 1652." In Browne et al., *Archives of Maryland*, 3:277–278.

Ashe, Thomas. *Carolina: or A Description of the Present State of that Country...*London: Privately published, 1682. Early Encounters in North America. S2608.

Asúa, Miguel de, and Roger French. *A New World of Animals: Early Modern Europeans and the Creatures of Iberian America*. Aldershot, UK: Ashgate, 2005.

Averill, A. F. "Federal Plan to Wipe Out Predatory Beasts Succeeds." *Oregonian*. April 29, 1917. Oregon Historical Society. *Oregonian* Collection. www.ohs.org/education/oregonhistory/historical_records.

Bacqueville de la Potherie, Claude-Charles Le Roy. "Letters of La Potherie." In *Documents Relating to the Early History of Hudson's Bay*, edited by J. B. Tyrrell, 145–292. Toronto: The Champlain Society, 1931. Early Encounters in North America. S3150.

Bailyn, Bernard. *The New England Merchants in the Seventeenth Century*. Cambridge, MA: Harvard University Press, 1979.

Baker, Bruce W., and Edward P. Hill. "Beaver (*Castor canadensis*)." In Feldhamer, Thompson, and Chapman, Wild Mammals, 288–310.

Baker, Karis H., and A. Rus Hoelze. "Evolution of Population Genetic Structure of the British Roe Deer by Natural and Anthropogenic Processes (*Capreolus capreolus*)." Ecology and Evolution 3, no. 1 (January 2013): 89–102. www.ncbi.nlm.nih.gov/pmc/articles/PMC3568846.

Baker, T. Lindsay, and Billy R. Harrison. *Adobe Walls: The History and Archaeology of the 1874 Trading Post*. Canyon, TX: Panhandle Plains Historical Society, 1986.

Balch, Thomas Willing. *The Brooke Family of Whitchurch, Hampshire, England*. Philadelphia: Allen, Lane and Scott, 1899.

Baldwin, K. Huntress. "George Alsop." In *Southern Writers: A New Biographical Dictionary*, edited by Joseph M. Flora and Amber Vogel, 6–7. Baton Rouge: Louisiana State University Press, 2006.

Ballard, Warren. "Predator-Prey Relationships." In *Biology and Management of White-tailed Deer*, edited by David G. Hewitt, 251–285. Boca Raton, FL: CRC Press, 2011.

Banner, Stuart. *How the Indians Lost Their Land: Law and Power on the Frontier*. Cambridge, MA: Belknap, 2009.

参考文献

Barlowe, Arthur. "The first voyage made to the coasts of America, with two barks, wherein were Captaines M. Philip Amadas and M. Arthur Barlowe, who discov ered part of the Country now called Virginia Anno 1584..." In Hakluyt, *The Principal Navigations*, 13:282–293.

Barnes, John. "Hunting the Buffalo with Washington Irving: LaTrobe as Traveller and Writer." *LaTrobe Journal* 71 (Autumn 2003): 43–66.

Barrera-Osorio, Antonio. *Experiencing Nature: The Spanish American Empire and the Early Scientific Revolution*. Austin: University of Texas Press, 2006.

Barrough, Philip. *The Method of Physick: Contaning the Causes, Signes, and Cures of Inward Diseases in Mans Body, from the Head to the Foote*. London: Richard Field, 1624.

Barrow, Mark V. *Nature's Ghosts: Confronting Extinction from the Age of Jefferson to the Age of Ecology*. Chicago: University of Chicago Press, 2009.

Bartlett, John Russell, ed. Records of the Colony of *Rhode Island and Providence Plantations in New England*. New York: AMS Press, 1968.

Barton, Benjamin Smith. *Barton's Fragments of the Natural History of Pennsylvania, Part* 1. 1799. Edited by Osbert Salvin. London: Taylor and Francis, 1883.

Bartram, William. *Travels through North and South Carolina, Georgia, East and West Florida*. Philadelphia, PA: James and Johnson, 1791. Early Encounters in North America. S2699.

Batbold, J., N. Batsaikhan, S. Shar, G. Amori, R. Hutterer, B. Kryštufek, N. Yigit, G. Mitsain, and L. J. Palomo. *Castor fiber*. The IUCN Red List of Threatened Species. 2008: e.T4007A10312207. iucnredlist.org.

Bates, Isaac C. "Speech of the Hon. Isaac C. Bates, Representative from Massachu setts, Delivered in the House of Representatives... May 19, 1830." In Evarts, *Speeches*, 229–250.

Battey, Thomas C. Introduction to *Our Red Brothers and the Peace Policy of Ulysses Grant*, by Lawrie Tatum, vii–xix. Philadelphia: John C. Winston, 1899.

——. *Life and Adventures of a Quaker Among the Indians*. Boston: Lee and Shepard, 1875.

Bayard, Ferdinand M. "A Summer at Bath, 1791." In Morrison, *Travels in Virginia*, 81–89.

Bean, Michael J., and Melanie J. Rowland. *The Evolution of National Wildlife Law*. 3rd ed. Westport, CT: Greenwood, 1997.

Beckwourth, James P. *The Life and Adventures of James P. Beckwourth, Mountaineer, Scout, and Pioneer, and Chief of the Crow Nation of Indians*. Edited by T. D. Bonner. London, England: Harper and Brothers, 1856.

Beekman, Wilhelmus. Wilhelmus Beekman to Peter Stuyvesant, February 20, 1662. Reprinted in *Annals of Pennsylvania, 1609–1682*, edited by Samuel Hazard, 330–331. Philadelphia: Hazard and Mitchell, 1850.

Beeland, T. Delene. *The Secret World of Red Wolves: The Fight to Save North America's Other Wolf*. Chapel Hill: University of North Carolina Press, 2013.

Beinart, William, and Lotte Hughes. *Environment and Empire*. Oxford, UK: Oxford University Press, 2007.

Beinart, William, and Peter Coates. *Environment and History: The Taming of Nature in the U.S.A. and South Africa*. London: Routledge, 1995.

Belknap, Jeremy. *The History of New Hampshire*. Vol. 3. Boston: Belknap and Young, 1792.

Belmessous, Saliha, ed. *Native Claims: Indigenous Law Against Empire, 1500–1920*. New

York: Oxford University Press, 2012.

Benavides, Alonso de. *Memorial on New Mexico in* 1626. Translated by Mrs. Edward E. Ayer. Annotated by Frederick Webb Hodge and Charles Fletcher Lummis. Chicago: R. R. Donnelley and Sons, 1916.

Benson, Adolph B., ed. *Peter Kalm's Travels in North America.* 1770. Translated by John Reinhold Forster. New York: Wilson-Erickson, 1937.

Benson, Etienne. "From Wild Lives to Wildlife and Back." *Environmental History* 16, no. 3 (July 2011): 418–422.

——. *Wired Wilderness: Technologies of Tracking and the Making of Modern Wildlife.* Baltimore, MD: Johns Hopkins University Press, 2010.

Benton, Lauren. *A Search for Sovereignty: Law and Geography in European Empires, 1400–1900.* New York: Cambridge University Press, 2009.

Berkeley, William. *A Discourse and View of Virginia.* 1663. Reprint, Norwalk, CT: William H. Smith, 1914.

Berkes, Fikret, David Feeny, Bonnie J. McCay, and James M. Acheson. "The Benefits of the Commons." *Nature* 340, no. 6229 (July 13, 1989): 91–93.

Bernardos, D., D. R. Foster, G. Motzkin, and J. Cardoza. "Wildlife Dynamics in the Changing New England Landscape." In *Forests in Time: The Environmental Consequence of* 1000 *Years of Change in New England,* edited by D. Foster and J. Abers, 142–168. New Haven, CT: Yale University Press, 2004.

Berry, John, and Francis Moryson. "A True Narrative of the Late Rebellion in Virginia by the Royall Commissioners, 1677." In Andrews, *Narratives of the Insurrections, 1675–1690,* 99–141.

Beverley, Robert. *The History and Present State of Virginia, In Four Parts.* London: R. Parker, 1705. Electronic ed. Documenting the American South. University of North Carolina at Chapel Hill, 2006. docsouth.unc.edu/southlit/beverley/beverley.html.

Biard, Pierre. "Relation of New France, and the Jesuit Fathers' Voyage to that country." In Thwaites, *Jesuit Relations and Allied Documents,* 3:21–281.

A Bill to Restrict the Killing of the Bison, or Buffalo, Upon Public Lands. H.R. 157, 42nd Cong. 1871.

Billings, Warren M. *Sir William Berkeley and the Forging of Colonial Virginia.* Baton Rouge: Louisiana State University Press, 2004.

Black, Major. "Interview with Major Black, Montgomery County, Kentucky." By John D. Shane. N.d. Lyman C. Draper Manuscript Collection. Microform. 12CC151-152.

Blackstone, William. *Commentaries on the Laws of England.* 16th ed. 4 vols. London: Strahan, 1825.

Bleichmar, Daniela. "Painting as Exploration: Visualizing Nature in Eighteenth- Century Colonial Science." In *Empires of Vision: A Reader,* edited by Martin Jay and Sumathi Ramsaswamy, 64–90. Durham, NC: Duke University Press, 2014.

Blith, William. *The English Improver Improved, or, The survey of husbandry surveyed discovering the improveableness of all lands* .... London: Printed for John Wright, 1653. Early English Books Online Text Creation Partnership. name.umdl.umich.edu/A28382.0001.001.

参
考
文
献

Boddie, John Bennett, ed. *Historical Southern Families*. Vol. 11. Baltimore, MD: Clearfield, 1995.

Bolster, W. Jeffrey. *The Mortal Sea: Fishing the Atlantic in the Age of Sail*. Cambridge, MA: Harvard University Press, 2012.

Bolton, Herbert Eugene. *Spanish Explorations in the Southwest, 1542–1706*. New York: Barnes and Noble, 1908.

Bonta, Marcia Myers. *Women in the Field: America's Pioneering Women Naturalists*. College Station: Texas A&M University Press, 1991.

Boorstin, Daniel J. *The Americans: The Colonial Experience*. New York: Random House, 1958.

Boulware, Tyler. "A 'Dangerous Sett of Horse-Thieves and Vagrants' : Outlaws of the Southern Frontier During the Revolutionary Era." *Eras* 6 (November 2004). arts.monash.edu.au/publications/eras/edition-6/boulwarearticle.php.

Brackenridge, Henry M. "Brackenridge's Journal of a Voyage up the River Missouri in 1811." In Thwaites, *Early Western Travels*, 6:20–166.

Bradford, William. *History of Plymouth Plantation, 1620–1647*. Vol. 2. Edited by Worthington C. Ford. Boston: Massachusetts Historical Society, 1912.

——. *Of Plymouth Plantation, 1620–1647*. Edited by Samuel Eliot Morison. 1952. Reprint, New York: Alfred A. Knopf, 2002.

Branch, E. Douglas. *The Hunting of the Buffalo*. 1929. Reprint, Lincoln: University of Nebraska Press, 1997.

Brandão, José António. *Your Fyre Shall Burn No More: Iroquois Policy Toward New France and Its Allies to* 1701. Lincoln: University of Nebraska Press, 2000.

Brantz, Dorothee. Introduction to *Beastly Natures: Animals, Humans, and the Study of History*, edited by Dorothee Brantz, 1–13. Charlottesville: University of Virginia Press, 2010.

Brantz, Lewis. "Memoranda of a Journey in the Western Parts of the United States of America, in 1785." In Schoolcraft, *Historical and Statistical Information*, 3:335–351.

Braund, Kathryn E. Holland. *Deerskins and Duffels: The Creek Indian Trade with Anglo-America, 1685–1815*. Lincoln: University of Nebraska Press, 1993.

Brayley, Edward Wedlake, and John Britton. *The Beauties of England and Wales, Or, Delineations, Topographical, Historical, and Descriptive of Each County*. Vol. 6. London: Thomas Maiden, 1805.

Brenner, Robert. *Merchants and Revolution: Commercial Change, Political Conflict, and London's Overseas Traders, 1550–1653*. London: Verso, 2003.

Brereton, John. *A Briefe and True Relation of the Discoverie of the North Part of Virginia in 1602, Made this present yeere 1602, by Captaine Bartholomew Gos- nold ....* In Burrage, *Original Narratives*, 325–340.

Brickell, John. *The Natural History of North-Carolina. With an Account of the Trade, Manners, and Customs of the Christian and Indian Inhabitants....* Dublin, 1737. Reprint, Raleigh, NC: North Carolina Public Libraries, 1911.

Brigham, David R. "Mark Catesby and the Patronage of Natural History in the First Half of the Eighteenth Century." In Meyers and Pritchard, *Empire's Nature*, 91–146.

Brissot de Warville, Jacques-Pierre. *New Travels in the United States of America, 1788*. Bowling Green, OH: Historical Publications, 1919.

天
生
狂
野
：
北
美
动
物
抵
抗
殖
民
化

Brown, Alexander, ed. *The Genesis of the United States: A Narrative of the Movement in England, 1605–1616....* Vol. 2. Boston: Houghton, Mifflin, 1890.

Brown, J. Jed, Karin E. Limburg, John R. Waldman, Kurt Stephenson, Edward P. Glenn, Francis Juanes, and Adrian Jordaan. "Fish and Hydropower on the U.S. Atlantic Coast: Failed Fishery Policies from Half-Way Technologies." *Conservation Letters* 6, no. 4 (July/August 2013): 280–286.

Brown, R. Ben. "Free Men and Free Pigs: Closing the Southern Range and the American Property Tradition." *Radical History Review* 108 (Fall 2010): 117–137.

Browne, William Hand, et al., eds. *Archives of Maryland.* 215+ vols. Baltimore and Annapolis: Maryland Historical Society, 1883–. aomol.msa.maryland.gov.

Bruce, Philip Alexander. *Economic History of Virginia in the Seventeenth Century: An Inquiry into the Material Condition of the People, Based Upon Original and Contemporaneous Records.* 2 vols. New York: MacMillan, 1896.

Brugger, Robert J. *Maryland: A Middle Temperament, 1634–1980.* Baltimore, MD: Johns Hopkins University Press, 1988.

Budd, Thomas. *Good Order Established in Pennsilvania and New-Jersey.* 1685. Reprint, Cleveland: Burrows Brothers, 1902.

Burke, John. *History of Virginia from its Settlement to the Present Day.* Vol. 2. Petersburg, VA: Dickson and Pescud, 1805.

Burke, Kathleen. *Old World, New World: Great Britain and America from the Begin ning.* New York: Grove, 2007.

Burnaby, Andrew. *Travels Through the Middle Settlements in North America in the Years 1759 and 1760.* New York: A. Wessels, 1904.

Burrage, Henry S., ed. *Original Narratives of Early English and French Voyages, Chiefly from the Hakluyt, 1534–1608.* 1906. Reprint, New York: Barnes and Noble, 1959.

Burstein, Andrew. *The Original Knickerbocker: The Life of Washington Irving.* New York: Basic Books, 2008.

Bushman, Richard Lyman. "Markets and Composite Farms in Early America." *William and Mary Quarterly* 55 (1998): 351–374.

Butcher, Russell D. *America's National Wildlife Refuges: A Complete Guide.* 2nd ed. Lanham, MD: Taylor Trade, 2008.

Butler, Lem, Bruce Dale, Kimberlee Beckmen, and Sean Farley. "Findings Related to the March 2010 Fatal Wolf Attack near Chignik Lake, Alaska." *Wildlife Special Publication,* ADF&G/DWC/WSP-2011-2. Alaska Department of Fish and Game. December 2011. fisheries.org/docs/pub_stylefl.pdf.

Butler, Richard. "Letter of Richard Butler, June 10, 1773." In *The Centenary of Louisville,* vol. 8, edited by Reuben Thomas Durrett, 128–130. Louisville, KY: John P. Morton, 1893.

Byrd, William, and Edmund Ruffin. *The Westover Manuscripts: Containing the History of the Dividing Line Betwixt Virginia and North Carolina; A Journey to the Land of Eden, A. D. 1733; and A Progress to the Mines. Written from 1728 to 1736, and Now First Published.* Petersburg, VA: Edmund and Julian C. Ruffin, 1841. Documenting the American South. docsouth.unc.edu/nc/byrd/byrd.html.

"By the King. A Proclamation for the Suppressing a Rebellion Lately Raised Within the Plantation of Virginia." *British Royal Proclamations Relating to America*, 1603–1783, vol. 12, edited by Clarence S. Bringham, 130–133. Worcester, MA: American Antiquarian Society, 1911.

Cabeza de Vaca, Álvar Núñez. *Relation of Álvar Núñez Cabeza de Vaca*. Translated by Buckingham Smith. New York: J. Munsell, 1871.

Callicott, J. Baird, and Michael P. Nelson, eds. *The Great New Wilderness Debate*. Athens: University of Georgia Press, 1998.

——. *The Wilderness Debate Rages On: Continuing the Great New Wilderness Debate*. Athens: University of Georgia Press, 2008.

Calloway, Colin G. *The American Revolution in Indian Country: Crisis and Diversity in Native American Communities*. New York: Cambridge University Press, 1995.

——. *One Vast Winter Count: The Native American West Before Lewis and Clark*. Lincoln: University of Nebraska Press, 2003.

——. *The Shawnees and the War for America*. New York: Penguin, 2007.

Calvert, Leonard. Governor Leonard Calvert to Lord Baltimore, April 25, 1638. In Lee, *Calvert Papers*, 182–193.

Campbell, Tyler Adam. "Movement Ecology of White-Tailed Deer in the Central Appalachians of West Virginia." PhD diss., University of Georgia, 2003. athenaeum.libs.uga.edu/bitstream/handle/10724/7112/campbell_tyler_a_200312_phd.pdf?sequence=1.

Campbell, William J. *Speculators in Empire: Iroquoia and the 1768 Treaty of Fort Stanwix*. Norman: University of Oklahoma Press, 2012.

Campbell-Mohn, Celia, Barry Breen, and J. William Futrell. *Environmental Law: From Resources to Recovery*. St. Paul, MN: West Group, 1993.

Candler, Allen D., ed. *The Colonial Records of the State of Georgia*. 31 vols. Atlanta, GA: Chas. P. Byrd, 1904–1916.

Carlos, Ann M., and Frank D. Lewis. *Commerce by a Frozen Sea: Native Americans and the European Fur Trade*. Philadelphia: University of Pennsylvania Press, 2010.

Carmony, Donald F., ed. "Spencer Records' Memoir of the Ohio Valley Frontier, 1766–1795." *Indiana Magazine of History* 55, no. 4 (December 1959): 323–377.

Cartier, Jacques. "The First Relation of Jacques Carthier of S. Malo, 1534." In Burrage, Original Narratives, 1–31.

——. "A Shorte and Briefe Narration (Cartier's Second Voyage), 1535–1536." In Burrage, Original Narratives, 33–88.

Cartwright, Peter. *The Backwoods Preacher: An Autobiography of Peter Cartwright*, edited by W. P. Strickland. Cincinnati: L. Swormstedt and A. Poe, 1859.

Carver, Jonathan. *Travels through the Interior Parts of North America, in the Years 1766, 1767, and 1768*. 3rd ed. London: C. Dilly; H. Payne; J. Phillips, 1781.

Castañeda de Nájera, Pedro de. "The Narrative of the Expedition of Coronado." In Hodge and Lewis, *Spanish Explorers*, 281–387.

C [astell] , W [illiam] . *A Petition of W.C. Exhibited to the High Court of Parliament now assembled, for the propagating of the Gospel in America, and the West Indies; and for the setling of our Plantations there... printed in the yeare* 1641. In Force, Tracts, vol. 1, tract no. 13.

Catesby, Mark. *The Natural History of Carolina, Florida, and the Bahama Islands.* 2 vols. London: C. Marsh, 1754.

Catlin, George. *Letters and Notes on the Manners, Customs and Condition of the North American Indians.* London: George Catlin, 1841.

"Causes of Discontent in Virginia, 1676." *Virginia Magazine of History and Biography* 2, no. 2 (October 1894): 166–173.

"Causes of Discontent in Virginia, 1676 (Continued)." *Virginia Magazine of History and Biography* 2, no. 4 (April 1895): 380–392.

Cave, Alfred A. *Lethal Encounters: Englishmen and Indians in Colonial Virginia.* Santa Barbara: Praeger, 2011.

Chalfant, William Young. *Cheyennes at Dark Water Creek: The Last Fight of the Red River War.* Norman: University of Oklahoma Press, 1997.

Chambers, Steven M., Steven R. Fain, Bud Fazio, and Michael Amara. "An Account of the Taxonomy of North American Wolves from Morphological and Genetic Analyses." *North American Fauna* 77 (October 2012): 1–67. doi:10.3996/nafa. 77.0001.

Chaplin, Joyce E. "Mark Catesby, A Skeptical Newtonian in America." In Meyers and Pritchard, *Empire's Nature*, 34–90.

Charlevoix, Pierre Francois Xavier de. *Journal of a Voyage to North America.* Edited by Louise Phelps Kellogg. 2 vols. 1761. Reprint, Chicago: Caxton Club, 1923.

Chesney, Jackson Pharaoh. *Last of the Pioneers: Or Old Times in East Tennessee; Being the Life and Reminiscences of Pharaoh Jackson Chesney (Aged 120 Years).* Knoxville, TN: S. B. Newman, 1902.

Christian, Edward. *A Treatise on the Game Laws: in which it is Fully Proved, That Except in Particular Cases, Game is Now, and Has Always Been, by the Law of England, The Property of the Occupier of the Land Upon Which it is Found and Taken.* London: R. Watts, 1817.

Churchill, Robin Rolf, and Alan Vaughn Lowe. *The Law of the Sea.* 2nd rev. ed. Manchester, UK: Manchester University Press, 1988.

Cieslewicz, David J. "The Environmental Impacts of Sprawl." In *Urban Sprawl: Causes, Consequences, and Policy Responses*, edited by Gregory D. Squires, 23–38. Washington, DC: Urban Institute Press, 2002.

"Claiborne's Petition and Accompanying Papers, March 13, 1667–1687/8." In Browne et al., 5:155–239.

Clarke, Samuel, comp. *A True and Faithful Account of the Four Chiefest Plantations of the English in America.* London: Robert Clavel, Thomas Passenger, William Cadman, William Whitwood, Thomas Sawbridge, and William Birch, 1670. Early English Books Online Text Creation Partnership. name.umdl.umich.edu/A33345.0001.001.

Clayton, John. *A Letter from Mr. John Clayton, Rector of Crofton at Wakefield in Yorkshire, to the Royal Society, May* 12, 1688, *Giving an Account of several Observ-ables in Virginia, and in his Voyage thither, more particularly concerning the Air.* In Force, Tracts, vol. 3., tract no. 12.

Cody, Louisa Federici, and Courtney Ryley Cooper. *Memories of Buffalo Bill*. New York: D. Appleton, 1919.

Coke, Edward. *Institutes of the laws of England: The Fourth Part Concerning the Jurisdiction of the Courts*. London: E. and R. Brooke, 1797.

Coke, Thomas. *"The Missionary Journeys of Dr. Thomas Coke: 1785–1791."* In Morrison, Travels in Virginia, 71–79.

Colden, Cadwallader. *The Letters and Papers of Cadwallader Colden, 1711–1755*. 9 vols. New York: New York Historical Society, 1917–1935.

Cole, Daniel H. "New Forms of Private Property: Property Rights in Environmental Goods." In *Property Law and Economics*, 2nd ed., edited by Boudewijn Bouckaert, 225–269. Northampton: Edward Elgar, 2010.

Coleman, Jon T. *Vicious: Wolves and Men in America*. New Haven, CT: Yale University Press, 2004.

Colonial Dames of America. *Ancestral Records and Portraits: A Compilation from the Archives of the Colonial Dames of America*. Vol. 2. London: Grafton, 1910.

Colpitts, George. *North America's Indian Trade in European Commerce and Imagination, 1580–1850*. Boston: Brill, 2013.

Columbus, Christopher, and Bartolomé de Las Casas. *Personal Narrative of the First Voyage of Columbus to America*. Translated by Samuel Kettell. Boston, MA: Thomas B. Wait and Son, 1827.

"Complaint from Heaven with a Huy and crye and a petition out of Virginia and Maryland." In Browne et al., *Archives of Maryland*, 5:134–152.

Conforti, Joseph A. *Imagining New England: Explorations in Regional Identity from the Pilgrims to the Mid-Twentieth Century*. Chapel Hill: University of North Carolina Press, 2001.

Cooper, Thomas, ed. *The Statutes at Large of South Carolina*. 5 vols. Columbia, SC: A. S. Johnston, 1836–1839.

Cornwaleys, Thomas. Thomas Cornwaleys to Lord Baltimore, April 16, 1638. In Lee, Calvert Papers, 169–181.

[Cotton, John and/or Ann] . "The History of Bacon's and Ingram's Rebellion, 1676." In Andrews, *Narratives of the Insurrections, 1675–1690*, 43–98.

Coues, Elliott, ed. *The Expeditions of Zebulon Montgomery Pike, to Headwaters of the Mississippi River, Through Louisiana Territory, and in New Spain, During the Years 1805-6-7*. 3 vols. New York: Francis P. Harper, 1895.

Council of Virginia. "Classes of Emigrants Wanted." 1610. Reprinted in *The Genesis of the United States: A Narrative of the Movement from England, 1605–1616*, vol. 1, edited by Alexander Brown, 469–470. New York: Houghton Mifflin, 1890.

Covey, Cyclone. Preface to *Cabeza de Vaca's Adventures in the Unknown Interior of America*, by Alvar Nuñez Cabeza de Vaca, 9–21. Translated and edited by Cyclone Covey. Albuquerque: University of New Mexico Press, 1983.

Cowdrey, Albert E. *This Land, This South: An Environmental History*. Rev. ed. Lexington: University Press of Kentucky, 1996.

Cozzens, Peter. Introduction to *Eyewitness to the Indian Wars, 1865–1890*. Vol. 3,

天生狂野：北美动物抵抗殖民化

Conquering the Southern Plains, edited by Peter Cozzens, xvi–xliii. Mechanics- burg, PA: Stackpole Books, 2003.

Craven, Wesley F. "Indian Policy in Early Virginia." *William and Mary Quarterly* 1, no. 1 (January 1944): 65–82.

Crèvecoeur, J. Hector St. John. *Letters from an American Farmer*. 1782. Reprint. Carlisle, MA: Applewood Books, 2007.

Cronon, William. *Changes in the Land: Indians, Colonists, and the Ecology of New England*. New York: Hill and Wang, 1983.

———. "The Trouble with Wilderness; or, Getting Back to the Wrong Nature." In *Uncommon Ground: Rethinking the Human Place in Nature*, edited by William Cronon, 69–90. New York: W. W. Norton, 1996.

Crosby, Alfred. *The Columbian Exchange: Biological and Cultural Consequences of 1492*. Westport, CT: Greenwood, 1972.

———. Ecological Imperialism: The Biological Expansion of Europe, 900 – 1900. New York: Cambridge University Press, 1986.

Cruse, J. Brett. *Battles of the Red River War: Archaeological Perspectives on the Indian Campaign of 1874*. College Station: Texas A&M University Press, 2008.

Curnutt, Jordan. *Animals and the Law: A Sourcebook*. Santa Barbara, CA: ABC-CLIO, 2001.

Curtin, Philip D., Grace S. Brush, and George W. Fisher, eds. *Discovering the Chesa- peake: The History of an Ecosystem*. Baltimore: Johns Hopkins University Press, 2001.

Curtis, Christopher Michael. *Jefferson's Freeholders and the Politics of Ownership in the Old Dominion*. New York: Cambridge University Press, 2012.

Cushman, Robert. "Reasons and Considerations Touching the Lawfulness of Removing Out of England Into the Parts of America." In *Chronicles of the Pilgrim Fathers of the Colony of Plymouth*, edited by Alexander Young, 239–249. Boston: C. C. Little and J. Brown, 1841.

Cutler, Manasseh. *An Explanation of the Map which Delineates that Part of the Federal Lands*. Salem, MA: Dabney and Cushing, 1787. Early American Imprints, Series 1, no 20312.

Cutright, Paul Russell. *Lewis and Clark: Pioneering Naturalists*. 1969. Reprint, Lincoln: University of Nebraska Press, 2003.

Dalzell, Robert, Jr., and Lee Baldwin Dalzell. *George Washington's Mount Vernon: At Home in Revolutionary America*. New York: Oxford University Press, 1998.

Dary, David. *Buffalo Book: The Full Saga of an American Animal*. Athens, OH: Swallow, 1989.

Davies, K. G. *The North Atlantic World in the Seventeenth Century*. Minneapolis: University of Minnesota Press, 1974.

Davis, Donald Edward. *Where There Are Mountains: An Environmental History of the Southern Appalachians*. Athens: University of Georgia Press, 2005.

Dechêne, Louise. *Habitants and Merchants in Seventeenth-Century Montreal*. Translated by Liana Vardi. Montreal: McGill-Queen's University Press, 1992.

Delano, Columbus. *Annual Report of the Secretary of the Interior (1873)*. Washington, DC: Government Printing Office, 1873.

Delâge, Denys. *Bitter Feast: Amerindians and Europeans in Northeastern North America, 1600– 64*. Translated by Jane Brierley. Vancouver: University of British Columbia Press, 1995.

Demallie, Raymond J. "Tutelo and Neighboring Groups." In *Southeast*, edited by Raymond D.

参考文献

453

Fogelson, vol. 14 of Sturtevant, *Handbook of North American Indians*, 286–300.

Denys, Nicolas. *The Description and Natural History of the Coasts of North America (Acadia)*. 1672. Translated and edited by William Ganong. Toronto, ON: Champlain Society, 1908.

"Department of the Interior Bison Report: Looking Forward." Natural Resource Report NPS/NRSS/BRMD/NRR—2014/821. www.slideshare.net/USInterior/doi-bison-reportl ookingforwardnpsnrr2014821.

Descalves, Alonso [pseud.]. *Travels to the Westward, or the Unknown Parts of America: In the Years* 1786 and 1787. Keene, NH: Henry Blake, 1794. Early American Imprints, Series 1, no. 26860.

Despret, Vinciane. "From Secret Agents to Interagency." *History and Theory* 52 (December 2013): 29–44.

Dixon, Billy. *Life and Adventures of Billy Dixon of Adobe Walls, Texas Panhandle*. Compiled by Frederick S. Barde. Guthrie, OK: Privately printed, 1914.

Dodge, Richard Irving. *Our Wild Indians*. Hartford, CT: A. D. Worthington, 1883.

——. *The Plains of the Great West and Their Inhabitants*. New York: G. P. Putnam's Sons, 1877.

Dolin, Eric J. *Fur, Fortune, and Empire: The Epic History of the Fur Trade in America*. New York: W. W. Norton, 2010.

Dongan, Thomas. "Gov. Dongan's Report on the Province of New-York, 1687." In *The Documentary History of the State of New-York*, vol. 1, edited by E. B. O'Callaghan, 93–118. Albany, NY: Weed, Parsons, 1850.

Dorsey, Clement, ed. *The General Public Statutory Law and Public Local Law of the State of Maryland: From the Year* 1692 *to* 1839 *Inclusive*. Baltimore: John B. Toy, 1840.

Dugan, Holly. *The Ephemeral History of Perfume: Scent and Sense in Early Modern England*. Baltimore: Johns Hopkins University Press, 2011.

Dunaway, Wilma A. *The First American Frontier: Transition to Capitalism in Southern Appalachia*, 1700–1860. Chapel Hill: University of North Carolina Press, 1996.

Dunlap, Thomas R. *Nature and the English Diaspora: Environment and History in the United States, Canada, Australia, and New Zealand*. New York: Cambridge University Press, 1999.

——. *Saving America's Wildlife: Ecology and the American Mind*, 1850–1990. Princeton, NJ: Princeton University Press, 1988.

[Durand of Dauphiné]. *A Frenchman in Virginia: Being the Memoirs of a Huguenot Refugee in* 1686. Richmond, VA: Privately printed, 1923.

Earle, Carville V. "Environment, Disease, and Mortality in Early Virginia." In *The Chesapeake in the Seventeenth Century: Essays on Anglo-American Society*, edited by Thad W. Tate and David L. Ammerman, 96–125. New York: W. W. Norton, 1979.

Edwards, Jess. "Between Plain Wilderness and Goodly Cornfields." In *Envisioning an English Empire: Jamestown and the Making of the North Atlantic World*, edited by Robert Appelbaum and John Sweet, 217–235. Philadelphia: University of Pennsyl-vania Press, 2005.

Eggertsson, Thráinn. "Open Access Versus Common Property." In *Property Rights: Cooperation, Conflict, and Law*, edited by Terry L. Anderson and Fred S. McChesney,

73–89. Princeton: Princeton University Press, 2003.

Eggleston, Edward, comp. "Bacon's Rebellion. Eggleston MSS.: Being copies of State Papers now in the British Public Record Office, London, relating to the seven- teenth century. Virginia State Library." Reprinted in *William and Mary College Quarterly Historical Magazine* 9, no. 1 (July 1900): 1–11.

Elliott, John H. *Empires of the Atlantic World: Britain and Spain in America*, 1492–1830. New Haven, CT: Yale University Press, 2007.

Ellsworth, Henry Leavitt. *Washington Irving on the Prairie; or, A Narrative of the Southwest in the year 1832.* Edited by Stanley T. Williams and Barbara D. Simison. New York: American Book, 1937.

Escalante, Philipe de, and Hernando Barrado. "Brief and True Account of the Exploration of New Mexico, 1583." In Bolton, *Spanish Explorations*, 154–157.

Eshleman, Henry Frank. *Lancaster County Indians: Annals of the Susquehannocks and Other Indian Tribes.* Lancaster, PA: Express Print, 1909.

Evarts, Jeremiah, ed. *Speeches on the Passage of the Bill for the Removal of the Indians, Delivered in the Congress of the United States, April and May*, 1830. Boston: Perkins and Marvin, 1830.

Everett, Edward. "The Substance of the Speech of the Hon. Edward Everett, Representative, Delivered in the House of Representatives... May 19, 1830." In Evarts, *Speeches*, 255–299.

Faragher, John Mack. *Daniel Boone: The Life and Legend of an American Pioneer.* New York: Henry Holt, 1992.

——. *Sugar Creek: Life on the Illinois Prairie.* New Haven, CT: Yale University Press, 1986.

Farnham, Thomas Jefferson. *Farnham's Travels in the Great Western Prairies, Etc., May 21–October* 16, 1839. Part 1. Vol. 28 of Thwaites, Early Western Travels.

Fausz, J. Frederick. " 'An Abundance of Blood Shed on Both Sides' : England's First Indian War, 1609–1614." *Virginia Magazine of History and Biography* 98 (1999): 3–56.

——. "Merging and Emerging Worlds: Anglo-Indian Interest Groups and the Development of the Seventeenth-century Chesapeake." In *Colonial Chesapeake Society*, edited by Lois Green Carr, Philip D. Morgan, and Jean B. Russo, 47–98. Chapel Hill: University of North Carolina Press, 1988.

——. "Present at the 'Creation' : The Chesapeake World That Greeted the Maryland Colonists." *Maryland Historical Magazine* 79 (Spring 1984): 7–20.

Faux, William. Faux's *Memorable Days in America*, 1819–1820. Part 1. Vol. 11 of Thwaites, Early Western Travels.

——. *Faux's Memorable Days in America, November* 27, 1818 *to July* 21, 1820. Part 2. 1823. Reprint, Carlisle, MA: Applewood Books, 2007.

Feeny, David, Susan Hanna, and Arthur F. McEvoy. "Questioning the Assumptions of the 'Tragedy of the Commons' Model of Fisheries." *Land Economics* 72, no. 2 (May, 1996): 187–205.

Feldhamer, George A., Bruce C. Thompson, and Joseph A. Chapman, eds. *Wild Mammals of North America: Biology, Management, and Conservation.* 2nd ed. Baltimore, MD: Johns Hopkins University Press, 2003.

Filson, John. *The Discovery, Settlement and Present State of Kentucky.* London: John

参考文献

Stockdale, 1793.

Finegan, Edward. "English in North America." In *A History of the English Language*, edited by Richard Hogg and David Denison, 384–419. Cambridge: Cambridge University Press, 2008.

Fischman, Robert. *The National Wildlife Refuges: Coordinating A Conservation System Through Law*. Washington, DC: Island, 2003.

Fisher, George W., and Jerry R. Schubel. "The Chesapeake Ecosystem: Its Geologic Heritage." In Curtin, Brush, and Fisher, *Discovering the Chesapeake*, 1–14.

Fitzmaurice, Andrew. *Humanism and America: An Intellectual History of English Colonisation*. Cambridge: Cambridge University Press, 2003.

Fleet, Henry. "A Brief Journal of a Voyage Made in the Bark Virginia." In *The Founders of Maryland as Portrayed in Manuscripts, Provincial Records and Early Documents*, edited by Edward D. Neill, 19–37. Albany: Joel Munsell, 1876.

Flint, Timothy. *Recollections of the Last Ten Years, Passed in Occasional Residences and Journeyings in the Valley of the Mississippi, from Pittsburg and the Missouri to the Gulf of Mexico, and from Florida to the Spanish Frontier*. Boston: Cummings, Hillard, 1826.

Flores, Dan. "Bison Ecology and Bison Diplomacy: The Southern Plains from 1800–1850." *Journal of American History* 78, no. 2 (September 1991): 465–485.

Fogleman, Valerie M. "American Attitudes Towards Wolves: A History of Misperception." *Environmental Review* 13, no. 1 (Spring 1989): 63–94.

Force, Peter, ed. *Tracts and Other Papers, Relative Principally to the Origin, Settlement, and Progress of the Colonies in North America From the Discovery of the Country to the Year* 1776. 4 vols. New York: Peter Smith, 1947.

Foreman, Dave. "The Real Wilderness Idea." In *Wilderness Science in a Time of Change Conference*, vol. 1, Changing Perspectives and Future Directions, edited by David N. Cole, Stephen F. McCool, Wayne A. Freimund, and Jennifer O'Loughlin, 32–38. Ogden, UT: US Department of Agriculture, Forest Service, Rocky Mountain Research Station.

———. *Rewilding North America: A Vision for Conservation in the 21st Century*. Washington, DC: Island, 2004.

———. "Wilderness Areas for Real." In Callicott and Nelson, *Great New Wilderness Debate*, 395–407.

Franke, Mary Ann. *To Save the Wild Bison: Life on the Edge in Yellowstone*. Norman: University of Oklahoma Press, 2005.

Frémont, John C., James Hall, and John Torrey. *Report of the Exploring Expedition to the Rocky Mountains in the Year 1842, and to Oregon and North California*. Wash-ington: Gales and Seaton, 1845.

French, Jamie, Preston Collup, and Zella Armstrong. *Notable Southern Families: The Crockett Family and Connecting Lines*. Bristol, TN: King Printing, 1928.

Freyfogle, Eric T. *The Land We Share: Private Property and the Common Good*. Washington: Island, 2003.

Friskics, Scott. "The Twofold Myth of Pristine Wilderness: Misreading the Wilder- ness Act in Terms of Purity." *Environmental Ethics* 30 (Winter 2008): 381–99.

Fritts, S. H., R. O. Stephenson, R. D. Hayes, and L. Boitani. "Wolves and Humans." In Mech

天生狂野：北美动物抵抗殖民化

and Boitani, *Wolves*, 289–316.

Fudge, Erica. "A Left-Handed Blow: Writing the History of Animals." In *Representing Animals*, edited by Nigel Rothfels, 3–18. Bloomington: Indiana University Press, 2002.

———. "Milking Other Men's Beasts." *History and Theory* 52 (December 2013): 13–28.

Games, Alison. *The Web of Empire: English Cosmopolitans in an Age of Expansion, 1560–1660*. New York: Oxford University Press, 2008.

Gates, C. Comack, Curtis H. Freese, Peter J. P. Gogan, and Mandy Kotzman, eds. *American Bison: Status Survey and Conservation Guidelines* 2010. *Gland, Switzer- land: IUCN*, 2010.

Geist, Valerius. *Deer of the World: Their Evolution, Behavior, and Ecology*. Mechanics-burg, PA: Stackpole Books, 1998.

Gentleman of Elvas. "The Narrative of the Expedition of Hernando DeSoto." In Hodge and Lewis, *Spanish Explorers*, 127–272.

———. "Virginia Richly Valued by the Description of the Maine Land of Florida, Her Next Neighbour." In Hakluyt, *The Principal Navigations*, 13:537–616.

George, Staughton, Benjamin McRead, and Thomas McCamant, comps. and eds., *Charter to William Penn, and the Laws of the Province of Pennsylvania, Passed between the Years 1682 and 1700*. Harrisburg, PA: L. S. Hart, 1879.

Gertsell, Richard. *American Shad in the Susquehanna River Basin: A Three Hundred Year History*. University Park: Pennsylvania State University Press, 1998.

Gill, Harold B., Jr. *Leather Workers in Colonial Virginia*. Colonial Williamsburg Foundation Library Research Report Series–0107. Williamsburg, VA: Colonial Williamsburg Foundation Library, 1996. research.history.org/DigitalLibrary/View/index.cfm?doc=ResearchReports\RR0107.xml.

Gilpin, William. "William Gilpin to William P. Dole, the Commissioner of Indian Affairs, June 19, 1861." In *Message of the President to the Two Houses of Congress at the Commencement of the Second Session of the Thirty-Seventh Congress*, 1:709–711. Washington, DC: Government Printing Office, 1861.

Gleach, Frederic W. *Powhatan's World and Colonial Virginia: A Conflict of Cultures*. Lincoln: University of Nebraska Press, 2000.

Glover, Jeffrey. *Paper Sovereigns: Anglo-Native Treaties and the Law of Nations*. Philadelphia: University of Pennsylvania Press, 2014.

Glover, Thomas. *An Account of Virginia: Its Scituation, Temperature, Productions, Inhabitants and their manner of planting and ordering Tobacco*. 1676. Reprint, Oxford, UK: H. Hard, 1904.

Gomera, Francis Lopez. "The Rest of this Voyage to Acuco, Liguex, Cicuic, and Quiuira, and Unto the Westerne Ocean, Is Thus Written in the Generall Historie of the West Indies by Francis Lopez de Gomera." In Hakluyt, *The Principal Navigations*, 14:133–137.

Goodnight, Charles. *Old Texas*. Silent film. 1916.

Governor of Virginia. "A Commission to Captain William Eden, Alias Sampson, October 24, 1622." In Kingsbury, *Records of the Virginia Company*, vol. 3:698–699.

Grantham, Thomas. *An Historical Account of Some Memorable Actions, Particularly in Virginia: Also Against the Admiral of Algier, and in the East Indies: Perform'd for the Service of His Prince and Country*. 1716. Reprint, Richmond, VA: C. McCarthy, 1882.

Greer, Allan. "Commons and Enclosure in the Colonization of North America." *American*

参考文献

457

Historical Review 117 (April 2012): 365–386.

Gregg, Josiah. *Gregg's Commerce of the Prairies*. Part 2. Vol. 20 of Thwaites, Early Western Travels.

Grenier, John. *The First Way of War: American War Making on the Frontier, 1607–1814*. New York: Cambridge University Press, 2005.

Griffin, Carl J. *Protest, Politics, and Work in Rural England, 1700–1850*. Basingstoke, UK: Palgrave MacMillan, 2014.

Griffin, Emma. *Blood Sport: Hunting in Britain since 1066*. New Haven: Yale University Press, 2007.

Griffin, Patrick. *American Leviathan: Empire, Nation, and Revolutionary Frontier*. New York: Hill and Wang, 2007.

Griffiths, Tom, ed. *Ecology and Empire: Environmental History of Settler Societies*. Seattle: University of Washington Press, 1997.

Gross, John E., Natalie D. Halbert, and James N. Derr. "Conservation Guidelines for Population, Genetic, and Disease Management." In Gates et al., *American Bison*, 85–101.

Grotius, Hugo. *The Freedom of the Seas, or The Right Which Belongs to the Dutch to Take Part in the East Indian Trade*. Translated by Ralph Van Deman Magoffin. Washington, DC: Oxford University Press, 1916.

Grove, Richard H. *Green Imperialism: Colonial Expansion, Tropical Island Edens and the Origins of Environmentalism, 1600–1820*. New York: Cambridge University Press, 1995.

Guha, Ramachandra. "Radical American Environmentalism and Wilderness Preservation: A Third World Critique." *Environmental Ethics* 11, no. 1 (Spring 1989): 71–83.

Gwynne, S. C. *Empire of the Summer Moon: Quanah Parker and the Rise and Fall of the Comanches, the Most Powerful Indian Tribe in American History*. New York: Scribner, 2010.

Hahn, Steven. "Hunting, Fishing, and Foraging: The Transformation of Property Rights in the Postbellum South." *Radical History Review* 26 (October 1982): 37–64.

——. *The Roots of Southern Populism: Yeoman Farmers and the Transformation of the Georgia Upcountry, 1850–1890*. New York: Oxford University Press, 1983.

Haies, Edward. "A report of the voyage and successe thereof, attempted in the yeere of our Lord 1583 by sir Humfrey Gilbert knight." In Hakluyt, *The Principal Navigations*, 12: 320–358.

——. "A Treatise, containing important Inducements for the planting in these Parts, and finding a Passage that way to the South Sea and China." In *A Briefe and True Relation of the Discovery of the North Part of Virginia*, by John Brereton. 1602. Facsimile of the first edition, with an introductory note by Luther S. Livington, 15–24. New York: Dodd, Mead, 1903.

Hakluyt, Richard, comp. *The Principal Navigations, Voyages, Traffiques & Discoveries of the English Nation*. Edited by Edmund Goldsmid. 16 vols. Edinburgh, Scotland: E. & G. Goldsmid, 1885–1890.

Hale, Nathaniel C. *Pelts and Palisades: The Story of Fur and the Rivalry for Pelts in Early America*. Richmond, VA: Dietz, 1959.

Haley, James L. *The Buffalo War: The History of the Red River Indian Uprising of 1874*. Garden City, NY: Doubleday, 1976.

——. "Red River War." In *Handbook of Texas Online*. Texas State Historical Society, June 15, 2010. www.tshaonline.org/handbook/online/articles/qdr02.

Hämäläinen, Pekka. *The Comanche Empire*. New Haven: Yale University Press, 2008.

——. "The First Phase of Destruction: Killing the Southern Plains Buffalo, 1790–1840." *Great Plains Quarterly* 21 (Spring 2001): 101–114.

Hammond, Henry. *History of Harrison County, West Virginia: From Early Days of Northwestern Virginia to the Present*. 1910. Reprint, Parsons, WV: McClain, 1973.

Hammond, John. "Leah and Rachel, or, the two fruitfull Sisters Virginia and Maryland; their present condition impartially stated and related." In *Narratives of Early Maryland*, vol. 10, edited by Clayton Colman Hall, 278–308. New York, NY: Charles Scribner's Sons, 1910.

Hamor, Ralph. *A true discourse of the present estate of Virginia, and the successe of the affaires there till the 18 of June 1614....* 1615. Reprint, Albany, NY: J. Munsell, 1860.

Hanawalt, Barbara A. *Of Good and Ill Repute: Gender and Social Control in Medieval England*. New York: Oxford University Press, 1998.

Hanner, John. "Government Response to the Buffalo Hide Trade, 1871–1883." *Journal of Law and Economics* 24 (October 1981): 239–271.

Hardin, David S. "Laws of Nature: Wildlife Management Legislation in Colonial Virginia." In *The American Environment: Interpretations of Past Geographies*, edited by Larry M. Dilsaver and Craig E. Colten, 137–162. Lanham, MD: Rowman and Littlefield, 1992.

Hardin, Garrett. "The Tragedy of the Commons." *Science* 162, no. 3859 (December 13, 1968): 1243–1248. DOI: 10.1126/science.162.3859.1243.

Harrington, Fred H., and L. David Mech. "Wolf Vocalization." In *Wolf and Man: Evolution in Parallel*, edited by Roberta L. Hall and Henry S. Sharp, 109–132. New York: Academic, 1978.

Harriot, Thomas. *A Briefe and True Report of the New Found Land of Virginia*. Theodor De Bry, 1590. Early Encounters in North America. S2578.

Harris, Douglas C. *Fish, Law, and Colonialism: The Legal Capture of Salmon in British Columbia*. Toronto: University of Toronto Press, 2001.

Hart, John F. "The Maryland Mill Act, 1669–1766: Economic Policy and the Confiscatory Redistribution of Private Property." *American Journal of Legal History* 39, no. 1 (January 1995): 1–24.

Hart, Stephen Harding, and Archer Butler Hulbert, eds. *The Southwestern Journals of Zebulon Pike, 1806–1807*. Las Cruces: University of New Mexico Press, 2007.

Hartog, Hendrik. "Pigs and Positivism." *Wisconsin Law Review* 4 (1985): 899–935.

Harvey, Mark W. T. *Wilderness Forever: Howard Zahniser and the Path to the Wilderness Act*. Seattle: University of Washington Press, 2005.

Hastings, Lansford W. *The Emigrants' Guide to Oregon and California*. 1845. Reprint, Bedford: Applewood Books, 1994.

Hatfield, April Lee. *Atlantic Virginia: Intercolonial Relations in the Seventeenth Century*. Philadelphia: University of Pennsylvania Press, 2004.

Hatley, Tom. *Dividing Paths: Cherokees and South Carolinians Through the Revolutionary Era*. New York: Oxford University Press, 1995.

参考文献

Hawkes, Henry. "A Relation of the Commodities of Nova Hispania, and the Maners of the Inhabitants, Written by Henry Hawkes, Merchant, Which Lived Five Yeeres in the Sayd Countrey... 1572." In Hakluyt, *The Principal Navigations*, 14:170–187.

Hays, Samuel P. *Conservation and the Gospel of Efficiency: The Progressive Conserva- tion Movement*, 1890–1920. 1959. Pittsburgh: University of Pittsburgh Press, 1999.

Hazard, Samuel, ed. *Annals of Pennsylvania*, 1609–1682. Philadelphia: Hazard and Mitchell, 1850.

Hening, William Waller. *The Statutes at Large; Being a Collection of All the Laws of Virginia, from the first session of the Legislature in the year* 1619. 13 vols. Richmond, Philadelphia, and New York, 1809–1823.

Hennepin, Louis. *A New Discovery of a Vast Country in America*, edited by Reuben Gold Thwaites. 2 vols. Chicago: A. C. McClurg, 1903.

Henry, William A. *Northern Wisconsin, A Hand-Book for the Homeseeker*. Madison, WI: Democrat Printing, 1896.

Herman, Daniel Justin. *Hunting and the American Imagination*. Washington, DC: Smithsonian Institution Press, 2001.

Higginson, Francis. *New-Englands Plantation. Or, a Short and True Description of the Commodities and Discommodities of that Countrey*. In Force, *Tracts*, vol. 1, tract no. 12.

Hinderaker, Eric. *Elusive Empires: Constructing Colonialism in the Ohio Valley*, 1673–1800. New York: Cambridge University Press, 1997.

———, and Peter C. Mancall. *At the Edge of Empire: The Backcountry in British North America*. Baltimore: Johns Hopkins University Press, 2003.

Hodge, Frederick W., and Theodore H. Lewis, eds. *Spanish Explorers in the Southern United States*, 1528–1543. New York: Charles Scribner's Sons, 1907.

Hooker, Richard J., ed. *The Carolina Backcountry on the Eve of Revolution: The Journal and Other Writings of Charles, Woodmason, Anglican Itinerant*. Chapel Hill: University of North Carolina Press, 1953.

Hooper, Robert. *A New Medical Dictionary: Containing an Explanation of the Terms in Anatomy....* Philadelphia: M. Carey and Son, Benjamin Warner, and Edward Parker, 1817.

Hornaday, William Temple. *The Extermination of the American Bison*. Washington, DC: Government Printing Office, 1889.

———. *Our Vanishing Wildlife: Its Extermination and Preservation*. New York: New York Zoological Society, 1913.

———. "Report of the President on the Founding of the Montana National Bison Herd." *In Second Annual Report of the American Bison Society*, 1–17. New York: American Bison Society, 1909.

Horne, Robert. "A Brief Description of the Province of Carolina, 1666." In *Narratives of Early Carolina*, 1650–1708, vol. 12, edited by Alexander Samuel Salley, 64–73. New York: Charles Scribner's Sons, 1911.

Horning, Susan Schmidt. "The Power of Image: Promotional Literature and Its Changing Role in the Settlement of Early Carolina." *North Carolina Historical Review* 70 (October 1993): 365–400.

Hortop, Job. "The travailes of Job Hortop, which Sir John Hawkins set on land within the bay of Mexico..." In Hakluyt, *The Principal Navigations*, 14: 226–243.

Horwitz, Morton J. *The Transformation of American Law, 1780–1860*. Cambridge, MA: Harvard University Press, 1977.

Houck, Louis. *A Treatise on the Law of Navigable Rivers*. Boston: Little, Brown, 1868.

Hudson, Charles M. "Why the Southeastern Indians Slaughtered Deer." In *Indians, Animals, and the Fur Trade: A Critique of "Keepers of the Game,"* edited by Shepard Krech III, 155–176. Athens: University of Georgia Press, 1981.

Hunt, Alex. "Hunting Charles Goodnight's Buffalo: Texas Fiction, Panhandle Folklore, and Kiowa History." *Panhandle-Plains Historical Review* 77 (2004): 1–13.

Hunt, George T. *Wars of the Iroquois: A Study in Intertribal Trade Relations*. Madison: University of Wisconsin Press, 1940.

Hunt, P. B. "Report of P. B. Hunt, Kiowa, Comanche, and Wichita Agency, August 30, 1879." *Annual Report, Commissioner of Indian Affairs to the Secretary of the Interior*. Washington, DC: Government Printing Office, 1879.

Huston, Reeve. *Land and Freedom: Rural Society, Popular Protest, and Party Politics in Antebellum New York*. New York: Oxford University Press, 2000.

Imlay, Gilbert. *A Topographical Description of the Western Territory of North America: containing a succinct account of its soil, climate, natural history....* London: J. Debrett, 1792.

Innes, Robin J. "Odocoileus virginianus." In Fire Effects Information System. US Department of Agriculture, Forest Service. Rocky Mountain Research Station, Fire Sciences Laboratory. www.fs.fed.us/database/feis/animals/mammal/odvi/all.html.

Innis, Harold A. *The Cod Fisheries: The History of an International Economy*. Toronto, ON: University of Toronto Press, 1954.

——. *The Fur Trade in Canada: An Introduction to Canadian Economic History*. 1930. Reprint, Toronto: University of Toronto Press, 2001.

"Instructions for Sir William Berkeley Governor and Captaine Generall of Virginia in Relation to the Settling and Planting Some Parte of the Province of Carolina, 1663." In Saunders and Clark, *Colonial and State Records of North Carolina*, 1:50–52.

Irving, Washington. "A Tour on the Prairies." In *The Crayon Miscellany*. Philadelphia, PA: Carey, Lea and Blanchard, 1835.

Isenberg, Andrew C. *The Destruction of the Bison: An Environmental History, 1750–1920*. New York: Cambridge University Press, 2001.

Jacob, Giles. *The Game Law, or, A Collection of the laws and statutes made for the preservation of the game of this kingdom: drawn into a short and easie method....* 4th ed. London: Printed by J. N. for A. R., 1711.

Jacobs, Jaap. *The Colony of New Netherland: A Dutch Settlement in Seventeenth- Century America*. Ithaca, NY: Cornell University Press, 2009.

Jacobson, David. *Place and Belonging in America*. Baltimore, MD: Johns Hopkins University Press, 2002.

James, Edwin. *James's Account of S. H. Long's Expedition, 1819–1820*. Vols. 14–17 of Thwaites, Early Western Travels.

Jefferson, Thomas. "Description of Louisiana." In *American State Papers*: Miscellaneous, 1:344–358. Washington, DC: Gales and Seaton, 1834.

参考文献

461

——. *Notes on the State of Virginia*. 1785. Reprint, Boston: Lilly and Wait, 1832.

——. "Thomas Jefferson to Edmund Pendleton, 13 August 1776." Founders Online. National Archives. http://founders.archives.gov.

——. *The Writings of Thomas Jefferson*. Vol. 8, edited by Henry A. Washington. New York: H. W. Derby, 1859.

Jennings, Francis. *The Ambiguous Iroquois Empire: The Covenant Chain Confederation of Indian Tribes with English Colonies*. New York: W. W. Norton, 1984.

——. "'Pennsylvania Indians' and the Iroquois." In *Beyond the Covenant Chain: The Iroquois and Their Neighbors in Indian North America, 1600–1800*, edited by Daniel K. Richter and James H. Merrell, 75–91. University Park: Pennsylvania State University Press, 2003.

Johnson, Edward. *Johnson's Wonder-Working Providence, 1628–1651*. Edited by J. Franklin Jameson. New York: Charles Scribner's Sons, 1910.

Johnson, J. Stoddard, ed. *First Explorations of Kentucky: Journals of Dr. Thomas Walker, 1749–1750, and Christopher Gist, 1751*. Louisville, KY: John P. Morton, 1898.

Johnson, Robert. *The New Life of Virginea: Declaring the former successe and present estate of that plantation, Being the Second part of Nova Britannia*. 1612. In Force, Tracts, vol. 1, tract no. 7.

——. *Nova Britannia: Offering Most Excellent fruites by Planting in Virginia. Exciting all such as be well affected to further the same*. In Force, *Tracts*, vol. 1, tract no. 6.

Jordan, Terry G., and Matti E. Kaups. *The American Backwoods Frontier: An Ethical and Ecological Interpretation*. Baltimore, MD: Johns Hopkins University Press, 1989.

Josselyn, John. *An Account of Two Voyages to New-England, Made during the years 1638, 1663*. Boston: William Veazie, 1865. archive.org/details/accountof twovoya00joss.

——. *New England's Rarities Discovered in Birds, Beasts, Fishes, Serpents, and Plants of that Country*. Edited by Edward Tuckerman. 1671. Reprint, Boston: William Veazie, 1865.

Juet, Robert. "The Third Voyage of Master Henry Hudson Toward Nova Zembla, and at his Returne..." In *Henry Hudson the Navigator: The Original Documents in Which His Career is Recorded*, edited by G. M. Asher, 45–93. London: Hakluyt Society, 1860. Early Encounters in North America. S3247.

Julyan, Robert. *The Place Names of New Mexico*. Rev. ed. Albuquerque: University of New Mexico Press, 1998.

Kades, Eric. "History and Interpretation of *the Great Case of Johnson v. M'Intosh*." *Law and History Review* 19 (2001): 67–116.

Kansas State Board of Agriculture. 1874 *Biennial Report*. Vol. 3. Topeka: Geo. W. Martin, 1874.

Kantor, Shawn Everett. *Politics and Property Rights: The Closing of the Open Range in the Postbellum South*. Chicago, IL: University of Chicago Press, 1998.

Kappler, Charles J., comp. and ed. *Indian Affairs: Laws and Treaties*. 7 vols. Washing- ton, DC: Government Printing Office, 1904.

Karns, Gabriel R., Richard A. Landa, Christopher S. DePerno, and Mark C. Connor. "Impact of Hunting Pressure on Adult Male White-tailed Deer Behavior." *Proceedings of the Annual Conference of Southeastern Association of Fish and Wildlife Agencies* 66 (2012): 120–125.

天生狂野：北美动物抵抗殖民化

Kennedy, John Pendleton, ed. *Journals of the House of Burgesses of Virginia,* 1773– 1776. Richmond, VA: Colonial Press, Everett Waddey, 1905.

Kennedy, Victor S., and Kent Mountford. "Human Influences on Aquatic Resources in the Chesapeake Bay Watershed." In Curtin, Brush, and Fisher, *Discovering the Chesapeake,* 191–219.

Ker, Henry. *Travels through the Western Interior of the United States, from the Year* 1808 *up to the Year* 1816. Elizabethtown, NJ: Henry Ker, 1816.

Ketchum, William. *An Authentic and Early History of the Buffalo.* Buffalo, NY: Rockwell, Baker, and Hill, 1865.

Kime, Wayne R. *Colonel Richard Irving Dodge: The Life and Times of a Career Army Officer.* Norman: University of Oklahoma Press, 2006.

Kingsbury, Susan M., ed. *The Records of the Virginia Company of London.* 4 vols. Washington, DC: Government Printing Office, 1906–1935.

Klein, Rachel N. *Unification of a Slave State: The Rise of a Planter Class in the South Carolina Backcountry.* Chapel Hill: University of North Carolina Press, 1990.

Konig, David Thomas. "Pendleton, Edmund." *American National Biography Online,* American Council of Learned Societies. Oxford University Press, 2000. www.anb.org/ articles/01/01-00708.html.

Kracht, Benjamin R. "Kiowa-Comanche-Apache Opening." In *Encyclopedia of Oklahoma History and Culture.* Oklahoma Historical Society. digital.library.okstate.edu/ encyclopedia/entries/K/KI020.html.

Kulik, Gary. "Dams, Fish, and Farmers: Defense of Public Rights in Eighteenth- Century Rhode Island." In *The Countryside in the Age of Capitalist Transformation,* edited by Steven Hahn and Jonathon Prude, 193–241. Chapel Hill: University of North Carolina Press, 1985.

Kulikoff, Allan. *The Agrarian Origins of American Capitalism.* Charlottesville: University of Virginia Press, 1992.

——. *From British Peasants to Colonial American Farmers.* Chapel Hill: University of North Carolina Press, 2000.

——. "The Transition to Capitalism in Rural America." *William and Mary Quarterly,* 3rd ser., 46 (January 1989): 120–144.

Kupperman, Karen Ordahl. *Indians and English: Facing Off in Early America.* Ithaca, NY: Cornell University Press, 2000.

——. *The Jamestown Project.* Cambridge, MA: Harvard University Press, 2007.

LaFreniere, Gilbert. *The Decline of Nature: Environmental History and the Western Worldview.* 2nd ed. Corvallis, OR: Oak Savannah, 2012.

Lahontan, Baron Louis Armand. *New Voyages to North America.* Edited by Reuben Gold Thwaites. Chicago: A.C. McClurg, 1905. Early Encounters in North America. S3260.

Lalemant, Jerome. "Relation of New France in the years 1662–1663." In Thwaites, *Jesuit Relations and Allied Documents,* 48:35–177.

Lamplugh, George R. *Politics on the Periphery: Factions and Parties in Georgia,* 1783– 1806. Newark, NJ: University of Delaware Press, 1986.

Lane, Ralph. "An account of the Particularities of the Imployments of the English men left in Virginia by Richard Greenevill under the charge of Master Ralph Lane Generall of the same from 17. of August 1585. until the 18. of June 1586...." In Hakluyt, *The Principal Navigations*, 12:302–322.

Lapham, Heather A. "Southeast Animals." In *Environment, Origins, and Population*, edited by D. H. Ubelaker, vol. 3 of Sturtevant, Handbook of North American Indians, 396–404. Washington DC: Smithsonian Institution, 2006.

———. " 'Their Complement of Deer-Skins and Furs' : Changing Patterns of White- Tailed Deer Exploitation in the Seventeenth-Century Chesapeake and Virginia Hinterlands." In *Indian and European Contact in Context: The Mid-Atlantic Region*, edited by D. B. Blanton and J. A. King, 172–192. Gainesville: University Press of Florida, 2004.

LaSalle, René-Robert-Cavalier, Sieur de. "Account of Hennepin's Exploration in La Salle's Letter of August 22, 1682." In *Description of Louisiana, Newly Discovered to the Southwest of New France*..., compiled by Louis Hennepin and translated by John Gilmary Shea, 361–371. New York, NY: John G. Shea, 1880.

LaVere, David. *Contrary Neighbors: Southern Plains and Removed Indians in Indian Territory*. Norman: University of Oklahoma Press, 2000.

Lawson, John. *A New Voyage to Carolina; Containing the Exact Description and Natural History of That Country: Together with the Present State Thereof. And A Journal of a Thousand Miles, Travel'd Thro' Several Nations of Indians. Giving a Particular Account of Their Customs, Manners, &c. London*, 1709. Documenting the American South. http://docsouth.unc.edu/nc/lawson/menu.html.

Le Clercq, Chrestien. *New Relation of Gaspesia With the Customs and Religion of the Gaspesian Indians*. 1691. Translated and edited by William Ganong. Toronto, ON: Champlain Society, 1910.

Le Jeune, Paul. "Relation of What Occurred in New France in 1634." In Thwaites, *Jesuit Relations and Allied Documents*, 6:91–317.

Le Page du Pratz, Antoine Simon. *The History of Louisiana, or of the Western Parts of Virginia and Carolina*. London: T. Becket and P. A. De Hondt, 1774. Early Encoun- ters in North America. S3140.

Lederer, John. "The Discoveries of John Lederer." In *The First Explorations of the Trans-Allegheny Region by the Virginians*, edited by Clarence Walworth Alvord and Lee Bidgood, 133–171. Cleveland, OH: Arthur H. Clark, 1912.

Lee, John Wesley Murray, ed. *The Calvert Papers*. Vol. 1. Baltimore: John Murphy, 1889.

Leonard, Jennifer A., Robert K. Wayne, Jane Wheeler, Raúl Valadez, Sonia Guillén, and Carles Vilà. "Ancient DNA Evidence for Old World Origins of New World Dogs." *Science* 298 (November 22, 2002): 1613–1616.

Leopold, Aldo. "Deer Irruptions." *Wisconsin Conservation Bulletin* 8 (August 1943): 1–11.

Lescarbot, Marc. *Nova Francia, or the Description of that Part of New France which is on the Continent of Virginia*. Translated by Pierre Borondelle. London: Andrew Hobb, 1609. Early Encounters in North America. S2587.

Lewis, Michael ed. *American Wilderness: A New History*. New York: Oxford Univer- sity Press, 2007.

Long, Anthony, William Hilton, and Peter Fabian. "Report by Anthony Long, William

Hilton, and Peter Fabian concerning their voyage from Barbados to the Cape Fear River from September 29, 1663 to February 6, 1664 ［Extract］." In Saunders and Clark, *Colonial and State Records of North Carolina*, 1:67–71.

Lott, Dale F. American Bison: *A Natural History*. Berkeley: University of California Press, 2002.

Lovegrove, Roger. *Silent Fields: The Long Decline of a Nation's Wildlife*. Oxford, UK: Oxford University Press, 2007.

Lowry, John. "Deposition of John Lowry." Depositions concerning Claims to Lands under Purchases from the Indians, April 1777–October 1778. Founders Online. National Archives. http://founders.archives.gov.

Ludwell, Philip. "Ludwell to Sir Joseph Williamson, 28 June 1676." Reprinted in *Virginia Magazine of History and Biography* 1 (1893): 178–186.

Lueck, Dean. "Wildlife: Sustainability and Management." In *Perspectives on Sustain- able Resources in America*, edited by Roger A. Sedjo, 133–174. Washington, DC: Routledge, 2010.

Lund, Thomas A. *American Wildlife Law*. Berkeley: University of California Press, 1980.

MacKenzie, John M. *The Empire of Nature: Hunting, Conservation, and British Imperialism*. Manchester, UK: Manchester University Press, 1997.

———. "A Meditation on Environmental History." In *The Nature of Empires and the Empires of Nature: Indigenous Peoples and the Great Lakes Environment*, edited by Karl S. Hele, 1–21. Waterloo, ON: Wilfrid Laurier University Press, 2013.

MacMillian, Ken. *Sovereignty and Possession in the English New World: The Legal Foundations of Empire*, 1576–1640. New York: Cambridge University Press, 2006.

MacNulty, Daniel R., Douglas W. Smith, L. David Mech, John A. Vucetich, and Craig Packer. "Nonlinear Effects of Group Size On the Success of Wolves Hunting Elk." *Behavioral Ecology* 23, no. 1 (January–February 2012): 75–82.

Macpherson, Crawford Brough. "The Meaning of Property." In *Property, Mainstream and Critical Positions*, edited by Crawford Brough Macpherson, 1–14. 1978. Reprint, Toronto: University of Toronto Press, 1999.

Manning, Roger B. *Hunters and Poachers: A Social and Cultural History of Unlawful Hunting in England*, 1485–1640. Oxford, UK: Clarendon, 1993.

Manwood, John. *A Treatise of the Laws of the Forest*. 3rd ed. London: Printed for the Company of Stationers, 1665.

Marcy, Randolph B. *Exploration of the Red River of Louisiana in the Year* 1852. Washington, DC: Robert Armstrong, 1853.

———. *The Prairie Traveler: A Handbook for Overland Expeditions*. New York: Harper and Brothers, 1859.

Marest, Gabriel. "Letter from Father Gabriel Marest to Father de Lamberville." In Thwaites, *Jesuit Relations and Allied Documents*, 66:66–119.

Marks, Stuart A. *Southern Hunting in Black and White: Nature, History, and Ritual in a North Carolina Community*. Princeton, NJ: Princeton University Press, 1991.

Martin, Calvin. *Keepers of the Game: Indian-Animal Relationships and the Fur Trade*. Berkeley: University of California Press, 1982.

Martin, Horace Tassie. *Castorologia: Or The History and Traditions of the Canadian*

参考文献

465

Beaver. London: Edward Stanford, 1892.

Martin, Jennifer Adams. "When Sharks (Don't) Attack: Wild Animal Agency in Historical Narratives." *Environmental History* 16, no. 3 (July 2011): 451–455.

Martin, John. "The Manner Howe to Bringe the Indians into Subjection, Decem- ber 15, 1622." In Kingsbury, *Records of the Virginia Company*, 3:704–707.

Martin, John. "Sheep and Enclosure in Sixteenth-Century Northamptonshire." *Agricultural History Review* 36, no. 1 (1988): 39–54.

Martin, Karen L. M. *Beach-Spawning Fishes: Reproduction in an Endangered Ecosystem*. Boca Raton, FL: CRC Press, 2015.

Marvin, William Perry. "Slaughter and Romance: Hunting Reserves in Late Medieval England." In *Medieval Crime and Social Control*, edited by Barbara A. Hanawalt and David Wallace, 224–252. Minneapolis: University of Minnesota Press, 1999.

Marx, Leo. *The Machine in the Garden: Technology and the Pastoral Ideal in America*. 35th anniv. ed. New York: Oxford University Press, 2000.

Massachusetts Bay (Colony). *The Acts and Resolves, Public and Private of Massachu setts Bay*. Vol. 1. Boston: Wright and Potter, 1869.

M［athew］, T［homas］. "The Beginning, Progress, and Conclusion of Bacon's Rebellion, 1675–1676, ［1705］." In Andrews, *Narratives of the Insurrections, 1675–1690*, 9–41.

Mathiesson, Peter. *Wildlife in America*. Rev. ed. New York: Viking, 1987.

McCabe, Richard E., and Thomas R. McCabe. "Of Slings and Arrows: A Historical Retrospection." In *White-Tailed Deer: Ecology and Management*, edited by Lowell K. Halls. Harrisburg, PA: Stackpole Books, 1984.

——. "Recounting Whitetails Past." In *The Science of Overabundance: Deer Ecology and Population Management*, edited by William J. McShea, H. Brian Underwood, and John H. Rappole, 11–26. Washington, DC: Smithsonian Institution Press, 1997.

McCartney, Martha W. *Virginia Immigrants and Adventurers, 1607–1635: A Biographical Dictionary*. Baltimore, MD: Genealogical Publishing, 2007.

McCary, Ben C. *Indians in Seventeenth-Century Virginia*. Baltimore: Clearfield, 2009.

McCay, Bonnie J. "The Culture of the Commoners: Historical Observation on Old and New World Fisheries." In *The Question of the Commons: The Culture and Ecology of Communal Resources*, edited by Bonnie J. McCay and James M. Acheson, 195–216. Tucson: University of Arizona Press, 1987.

McClintic, Lance, Guiming Wang, Jimmy D. Taylor, and Jeanne C. Jones. "Movement Characteristics of American Beavers (*Castor canadensis*)." *Behaviour* 151, no. 9 (2014): 1249–1265. DOI:10.1163/1568539X-00003183.

McCord, David, ed. *The Statutes at Large of South Carolina*. Vol. 6. Columbia, SC: A. S. Johnston, 1839. Hein Online.

McCormick, R. C. "Restricting the Killing of the Buffalo: Speech of Hon. R. C. McCormick of Arizona, House of Representatives, April 6, 1872." *Congressional Globe* 42 Cong., 2 sess., April 6, 1872, 180.

McEvoy, Arthur F. "Toward an Interactive Theory of Nature and Culture: Ecology, Production, and Cognition in the California Fishing Industry." *Environmental Review* 11, no. 4 (Winter

天生狂野：北美动物抵抗殖民化

1987): 289–305.

McFarland, Sarah E., and Ryan Hediger, eds. *Animals and Agency: An Interdisciplinary Exploration*. Leiden, Netherlands: Brill, 2009.

McFarlane, Raymond A. *A History of New England Fisheries with Maps*. New York: D. Appleton, 1911.

McHugh, Tom. *The Time of the Buffalo*. Lincoln: University of Nebraska Press, 1972.

McIlwaine, H. R., ed. *Legislative Journals of the Council of Colonial Virginia*. 3 vols. Richmond, VA: Colonial Press, Everett Waddey, 1918–1919.

——, and John P. Kennedy, eds. *Journals of the House of Burgesses of Virginia*. 13 vols. Richmond, VA: Colonial Press, Everett Waddey, 1905–1915.

McManis, Douglas R. *European Impressions of the New England Coast, 1497–1620*.

Chicago, IL: Department of Geography, University of Chicago, 1972.

McPhee, John. *The Founding Fish*. New York: Farrar, Straus, and Giroux, 2002.

Mech, L. David. "Age, Season, Distance, Direction, and Social Aspects of Wolf Dispersal from a Minnesota Pack." In *Mammalian Dispersal Patterns: The Effects of Social Structure on Population Genetics*, edited by B. Diane Chepko-Sade and Zuleyma Tang Halpin, 55–74. Chicago: University of Chicago Press, 1987.

——. "Possible Use of Foresight, Understanding, and Planning by Wolves Hunting Muskoxen." Arctic 60, no. 2 (June 2007): 145–149.

——. *The Wolf: The Ecology and Behavior of an Endangered Species*. Garden City, NY: Natural History Press, 1970.

——. "Wolf-Pack Buffer Zones as Prey Reservoirs." *Science* 198, no. 4314 (October 21, 1977): 320–321.

Mech, L. David, and Luigi Boitani, eds. *Wolves: Behavior, Ecology, and Conservation*. Chicago: University of Chicago Press, 2003.

Mech, L. David, and Rolf O. Peterson. "Wolf-Prey Relationships." In Mech and Boitani, *Wolves*, 131–160.

Melville, Elinor G. K. A *Plague of Sheep: Environmental Consequences of the Conquest of Mexico*. New York: Cambridge University Press, 1994.

Merchant, Carolyn. *Ecological Revolutions: Nature, Gender, and Science in New England*. Chapel Hill: University of North Carolina Press, 1989.

Merrill, Michael. "Cash Is Good to Eat: Self-Sufficiency and Exchange in the Rural Economy of the United States." *Radical History Review* 4 (1977): 42–71.

Merrill, Thomas W., and Henry E. Smith. *The Oxford Introductions to U.S. Law: Property*. New York: Oxford University Press, 2001.

Meyers, Amy R. W., and Margaret Beck Pritchard. *Empire's Nature: Mark Catesby's New World Vision*. Chapel Hill: University of North Carolina Press, 1998.

Miklósi, Ádám. *Dog Behaviour, Evolution, and Cognition*. 2nd ed. Oxford, UK: Oxford University Press, 2015.

Miller, Henry M. "Living along the 'Great Shellfish Bay': The Relationship Between Prehistoric Peoples and the Chesapeake." In Curtin, Brush, and Fisher, *Discovering the Chesapeake*, 109–126.

Miller, Karl V., Lisa I. Muller, and Stephen Demarais. "White-tailed Deer." In

参考文献

Feldhamer, Thompson, and Chapman, *Wild Mammals*, 906–930.

Miller, Perry. *Errand into the Wilderness*. Cambridge: Harvard University Press, 1956.

Milligen-Johnston, George. *A Short Description of the Province of South-Carolina, with an Account of the Air, Weather, and Diseases, at Charles-town, written in the year* 1763. London: John Hinton, 1770. Reprinted in *Historical Collections of South Carolina*, vol. 2, edited by B. R. Carroll, 463–535. New York: Harper and Brothers, 1836.

Mitchell, Robert D., Warren R. Hofstra, and Edward F. Connor. "Reconstructing the Colonial Environment of the Upper Chesapeake Watershed." In Curtin, Brush, and Fisher, *Discovering the Chesapeake*, 167–190.

Monbiot, George. *Feral: Rewilding the Land, the Sea, and Human Life*. Chicago: University of Chicago Press, 2014.

Montgomery, Robert. *A Discourse Concerning the design'd Establishment of a New Colony to the South of Carolina, in the Most Delightful Country of the Universe*. 1717. In Force, *Tracts*, vol. 1, tract no. 1.

Montoya, Juan de. *New Mexico in 1602: Juan de Montoya's Relation of the Discovery of New Mexico in 1602*, edited by George Peter Hammond and Rey Agapito. Albu- querque, NM: Quivira Society Publications, 1938.

Mooney, James. *Calendar History of the Kiowa Indians*. 1898. Reprint, Whitefish, MT: Kessinger, 2006.

More, Thomas. *Utopia*. Translated by Raphe Robynson. London: J. M. Dent, 1906. Morgan, Edmund S. *American Slavery, American Freedom: The Ordeal of Colonial Virginia*. New York: W. W. Norton, 1975.

——. "The Labor Problem at Jamestown, 1607–1618." *American Historical Review* 76, no. 3 (June 1971): 595–611.

Morris, Christopher. "How to Prepare the Buffalo, and Other Things the French Taught the Indians About Nature." In *French Colonial Louisiana and the Atlantic World*, edited by Bradley G. Bond, 22–42. Baton Rouge: Louisiana State University Press, 2005.

Morris, John. *Profitable Advice for Rich and Poor in a Dialogue, or Discourse between James Freeman, a Carolina Planter and Simon Question, a West-Country Farmer. Containing a Description, or True Relation of South Carolina*. London: Printed by J. How, 1712.

Morrison, A. J. "The Virginia Indian Trade to 1673." *William and Mary Quarterly*, 2nd ser., 1, no. 4 (October 1921): 217–236.

Morrison, Alfred J., ed. *Travels in Virginia in Revolutionary Times*. Lynchburg, VA: J. P. Brill, 1922.

Morse, Jedidiah. *The American Universal Geography, Or, A View of the Present State of All the Present Kingdoms, States and Colonies*. 6th ed. Boston: Thomas and Andrews, 1812.

Morton, Thomas. *The New English Canaan of Thomas Morton*. Vol. 14. Boston: John Wilson and Sons, 1882.

Moulton, Gary E., ed. *The Definitive Journals of the Lewis and Clark Expedition*. 11 vols. Lincoln: University of Nebraska Press, 1995.

Muir, John. *Our National Parks*. Boston: Houghton Mifflin, 1901.

Mullennex, Ron. "Topography." In *e-WV: The West Virginia Encyclopedia*. Article published November 5, 2010. www.wvencyclopedia.org/articles/747.

Munford, William. *A General Index to the Virginian Law Authorities*. Richmond, VA: John Warrock, 1819.

Munsche, P. B. *Gentlemen and Poachers: The English Game Laws, 1671–1831*. Cambridge: Cambridge University Press, 1981.

Murray, John (Lord Dunmore). "Dunmore to Dartmouth, Official Report, Decem- ber 24, 1774." In *Documentary History of Lord Dunmore's War*, edited by Reuben Gold Thwaites and Louise Phelps Kellogg, 368–395. Madison: Wisconsin Histori-cal Society, 1905.

Myers, Kathleen Ann. *Fernández de Oviedo's Chronicle of America: A New History for a New World*. Austin: University of Texas Press, 2007.

Myers, Maureen. "From Refugees to Slave Traders: The Transformation of the Westo Indians." In *Mapping the Mississippian Shatter Zone: The Colonial Indian Slave Trade and Regional Instability in the American South*, edited by Robbie Franklyn Ethridge and Sheri Marie Shuck-Hall, 81–103. Lincoln: University of Nebraska Press, 2009.

Nabokov, Peter, ed. *Native American Testimony: A Chronicle of Indian-White Relations from Prophecy to the Present, 1492–1992*. New York: Viking, 1991.

Nagle, John Copeland. *Law's Environment: How the Law Shapes the Places We Live*. New Haven, CT: Yale University Press, 2010.

Naiman, Robert J., Carol A. Johnson, and James C. Kelly. "Alteration of North American Streams by Beaver." *BioScience* 38, no. 11 (December 1988): 753–762.

Nash, Frederick, et al. *The Revised Statutes of the State of North Carolina, Passed by the General Assembly at the Session of 1836–7*. 2 vols. Raleigh, NC: Turner and Hughes, 1837. Hein Online.

Nash, Roderick. *Wilderness and the American Mind*. 3rd ed. New Haven, CT: Yale University Press, 1982.

Nelson, William E. *The Americanization of the Common Law: The Impact of Legal Change in Massachusetts Society, 1760–1870*. Cambridge, MA: Harvard University Press, 1975.

Nelson, William. *The Laws of England Concerning the Game: Of Hunting, Hawking, Fishing and Fowling &c*. London: E. and R. Nutt and R. Gosling, 1727.

Nicholls, Steve. *Paradise Found: Nature in America at the Time of Discovery*. Chicago: University of Chicago Press, 2009.

Nichols, Roger L., and Patrick L. Halley. *Stephen Long and American Frontier Exploration*. Norman: University of Oklahoma Press, 1995.

Noble, John, ed. *Records of the Court of Assistants of the Colony of Massachusetts Bay*. Boston: Rockwell and Churchill, 1904.

Nobles, Gregory H. *American Frontiers: Cultural Encounters and Continental Conquest*. New York: Hill and Wang, 1997.

North Carolina. Chowan County. 1810 Census, population schedule. Digital images. Ancestry.com. May 3, 2016.

Novak, William J. *The People's Welfare: Law and Regulation in Nineteenth-Century America*. Chapel Hill: University of North Carolina Press, 1996.

Nowak, Ronald M. "Taxonomy, Morphology, and Genetics of Wolves in the Great Lakes Region." In *Recovery of Gray Wolves in the Great Lakes Region of the United States:*

参考文献

An Endangered Species Success Story, edited by Edward Heske, Timothy R. Deelen, and Adrian P. Wydeven, 233–250. New York: Springer, 2009.

Nuttall, Thomas. *A Journal of Travels into the Arkansa Territory, During the Year 1819....* Vol. 13 of Thwaites, Early Western Travels.

Oatis, Steven J. *A Colonial Complex: South Carolina's Frontiers in the Era of Yamasee War, 1680–1730*. Lincoln: University of Nebraska Press, 2004.

Oberg, Michael Leroy. *Dominion and Civility: English Imperialism and Native America, 1585–1685*. Ithaca, NY: Cornell University Press, 1999.

——, ed. *Samuel Wiseman's Book of Record: The Official Account of Bacon's Rebellion, 1676–1677*. Lanham, MD: Lexington Books, 2005.

O'Daniel, V. F. "Cuthbert Fenwick: Pioneer Catholic and Legislator of Maryland." *Catholic Historical Review* 5, no. 2/3 (July–October 1919): 156–174.

O'Dell, Larry. "Wichita Mountains National Wildlife Refuge." In *Encyclopedia of Oklahoma History and Culture*. Oklahoma Historical Society. digital.library.okstate.edu/encyclopedia/entries/W/WI003.html.

Ogilvie, Brian W. *The Science of Describing: Natural History in Renaissance Europe*. Chicago: University of Chicago Press, 2006.

Oglethorpe, James. *A New and Accurate Account of the Provinces of South Carolina and Georgia*. London: Printed for J. Worrall, 1733.

Oliphant, John. *Peace and War on the Anglo-Cherokee Frontier, 1756–1763*. Baton Rouge: Louisiana State University Press, 2001.

Oman, Kerry R. "The Beginning of the End: The Indian Peace Commission of 1867–1868." *Great Plains Quarterly* 22 (Winter 2002): 35–51.

Oñate, Juan de. "The Oñate Expeditions and the Founding of the Province of New Mexico, 1596–1605." In *Spanish Exploration in the Southwest, 1542–1706*, compiled by Juan Paez, edited by Herbert Eugene Bolton, 197–280. New York: Charles Scribner's Sons, 1916.

——. "True Account of the Expedition of Oñate toward the East, 1610." In Bolton, *Spanish Explorations*, 250–267.

Ostrom, Elinor. *Governing the Commons: The Evolution of Institutions for Collective Action*. New York: Cambridge University Press, 1990.

——, and Charlotte Hess. "Private and Common Property Rights." In *Property Law and Economics*, edited by Boudewijn Bouckaert, 53–106. Northampton, MA: Edward Elgar, 2010.

Oviedo, Gonzalo Fernández de. *A Natural History of the West Indies*, translated and edited by Sterling A. Stoudemire. Chapel Hill: University of North Carolina Press, 1959.

Pace, Robert, ed. *Buffalo Days: Stories from J. Wright Mooar as told to James Winford Hunt*. Abilene, TX: State House Press, 2005.

Palmer, Sherman. *Chronology and Index of the More Important Events in American Game Protection, 1776–1911*. Washington, DC: Government Printing Office, 1912.

Paquet, Paul C., and Ludwig N. Carbyn. "Gray Wolf: Canis lupus and Allies." In Feldhamer, Thompson, and Chapman, *Wild Mammals*, 482–510. Baltimore, MD: Johns Hopkins University Press, 2003.

Parkhurst, Anthony. "A letter to M. Richard Hakluyt of the middle Temple, conteining a report of the true state and commodities of Newfoundland, by M. Anthonie Parkhurst,

Gentleman, 1578." In Hakluyt, *The Principal Navigations*, 12:299–303.

Parrish, Susan Scott. *American Curiosity: Cultures of Natural History in the ColonialAtlantic World*. Chapel Hill: University of North Carolina Press, 2006.

———. "The Female Opossum and the Nature of the New World." *William and Mary Quarterly* 54 (July 1997): 475–514.

———. "Women's Nature: Curiosity, Pastoral, and the New Science in British North America." *Early American Literature* 37 (August 2002): 195–238.

Pattie, James Ohio. "Pattie's Personal Narrative, 1824–1830." In Thwaites, *Early Western Travels*, 18:24–325.

Paul, John. *A Digest of the Laws: Relating to the Game of this Kingdom*. London: W. Strahan and M. Woodfall, 1775.

Paulett, Robert. *An Empire of Small Places: Mapping the Southern Anglo-Indian Trade, 1732–1795*. Athens: University of Georgia Press, 2012.

Pearson, John C. "The Fish and Fisheries of Colonial Virginia." 6 installments. *William and Mary Quarterly*, 2nd ser., 22 (July 1942): 213–220; 22 (October 1942): 353–360; 23 (January 1943): 1–7; 23 (April 1943): 130–135; 23 (July 1943): 278–284; 23(October 1943): 435–439; 3rd ser., 1 (April 1944): 179–183.

Peckham, George. *A true reporte of the late discoveries, and possession, taken in the right of the Crowne of Englande, of the Newfound Landes: By that valiaunt and worthye gentleman, Sir Humfrey Gilbert knight*. 1583. In *The Voyages and Colonising Enterprises of Humphrey Gilbert*, vol. 2, edited by David Beers Quinn, 435–482.London: Hakluyt Society, 1940, 2:466. Early Encounters in North America. S3174.

"Pelican Island National Wildlife Refuge." US Fish and Wildlife Service. September 18, 2009. www.fws.gov/pelicanisland/history.html.

Pendergast, James F. "The Massawomeck: Raiders and Traders Into the Chesapeake Bay in the Seventeenth Century." *Transactions of the American Philosophical Society*, n.s., 812 (1991): i–101.

Pendleton, Edmund. "Edmund Pendleton to Thomas Jefferson, 3 August 1776." Founders Online. National Archives. http://founders.archives.gov.

Penna, Anthony. *Nature's Bounty: Historical and Modern Environmental Perspectives*. New York: M. E. Sharpe, 1999.

Perkins, Elizabeth A. *Border Life: Experience and Memory in the Revolutionary Ohio Valley*. Chapel Hill: University of North Carolina Press, 1998.

———. "The Consumer Frontier: Household Consumption in Early Kentucky." *Journal of American History* 76 (1991): 486–510.

Peters, Roger P., and L. David Mech. "Scent Marking in Wolves." *American Scientist* 63, no. 6 (November–December, 1975): 628–637.

Petersen, Shannon. "Congress and Charismatic Megafauna: A Legislative History of the Endangered Species Act." *Environmental Law* 29, no. 2 (Summer 1999): 463–491.

Peterson, Anna L. *Being Animal: Beasts and Boundaries in Nature Ethics*. New York: Columbia University Press, 2013.

Peterson, Rolf O., and Paolo Ciucci. "The Wolf as a Carnivore." In Mech and Boitani, *Wolves*, 104–130.

参考文献

Philippon, Daniel J. *Conserving Words: How American Nature Writers Shaped the Environmental Movement*. Athens: University of Georgia Press, 2005.

Piker, Joshua Aaron. *Okfuskee: A Creek Indian Town in Colonial America*. Cambridge, MA: Harvard University Press, 2004.

"A Plain & Friendly Perswasive to the Inhabitants of Virginia and Maryland for Promoting Towns and Cohabitation." 1705. Reprinted in *Virginia Magazine of History and Biography* 4, no. 3 (January 1897): 255–271.

Plantagenet, Beauchamp [pseud.]. *A Description of the Province of New Albion*. London: James Moxon, 1650. Early Encounters in North America, S2998.

Podruchny, Carolyn. *Making the Voyageur World: Travelers and Traders in the North American Fur Trade*. Lincoln: University of Nebraska Press, 2006.

Pory, John. "John Pory to The Right Honble and My Singular Good Lorde, 30 September 1619." In Kingsbury, *Records of the Virginia Company*, 3:219–222.

Potter, Ben A., S. Craig Gerlach, and C. Comack Gates. "History of Bison in North America." In Gates et al., *American Bison*, 5–12.

Potter, E. C. E., and M. G. Pawson. *Gill Netting*. Laboratory Leaflet No. 69. Ministry of Agriculture, Fisheries, and Food Directorate of Fisheries Research. Lowestoft, UK: 1991.

Potter, Stephen R. "Early English Effects on Virginia Algonquian Exchange and Tribute in the Tidewater Potomac." In *Powhatan's Mantle: Indians in the Colonial Southeast*, rev. ed., edited by Gregory A. Waselkov, Peter H. Wood, and Tom Hatley, 151–172. Lincoln: University of Nebraska Press, 2006.

Preston, William. "Col. William Preston to Captain Samuel McDowell, May 27, 1774." In *Documentary History of Lord Dunmore's War*, 1774, edited by Reuben Gold Thwaites and Louise Phelps Kellogg, 25–26. Madison: Wisconsin Historical Society, 1905.

Pring, Martin. "A Voyage Set Out from the Citie of Bristoll, 1603." In Burrage, *Original Narratives*, 345- 352.

Pritchard, James. In Search of Empire: The French in the Americas, 1670–1730. Cambridge: Cambridge University Press, 2004.

"Proceedings of the Virginia Assembly, 1619." In *Narratives of Early Virginia, 1606–1625*, edited by Lyon Gardiner Tyler, 245–278. New York: Charles Scribner's Sons, 1907.

Pulsifer, David, ed. *Records of the Colony of New Plymouth, in New England: Laws, 1623–1682*. Boston: William White, 1861.

Pybus, David H. "The History of Aroma Chemistry and Perfume." In *The Chemistry of Fragrances: From Perfumer to Consumer*, 2nd ed., edited by Charles Sell, 3–23. Dorchester: Royal Society of Chemistry, 2006.

Quinn, David B. *Explorers and Colonies: America, 1500–1625*. London: Hambledon, 1990.

Rafinesque, C. S. *Ancient History or the Annals of Kentucky*. Frankfort, KY, 1824.

Ragueneau, Paul. "Relation of What Occurred in the Country of the Hurons, a Country of New France, in the Years 1647 and 1648." In Thwaites, *Jesuit Relations and Allied Documents*, 33:53–248.

Ramsay, David. *The History of the Revolution of South Carolina: From a British Province to an Independent State*. Trenton, NJ: Isaac Collins, 1785.

Rand, Jacki Thompson. *Kiowa Humanity and the Invasion of the State*. Lincoln: University of Nebraska Press, 2008.

"The Randolph Manuscript: Virginia Seventeenth Century Records." *Virginia Magazine of History and Biography* 15, no. 4 (1908): 390–405.

"The Remonstrance presented to the Commons House of the Assembly of South Carolina by the Upper Inhabitants... 1767 And other papers relating to this Province." In Hooker, *Carolina Backcountry*, 213–246.

Rice, James D. "Bacon's Rebellion in Indian Country." *Journal of American History* 101, no. 3 (December 2014): 726–750.

———. *Nature and History in the Potomac Country: From Hunter-Gatherers to the Age of Jefferson*. Baltimore, MD: Johns Hopkins University Press, 2009.

———. "Second Anglo-Powhatan War (1622–1632)." In *Encyclopedia Virginia*. Charlottesville: Virginia Foundation for the Humanities, June 26, 2014. www.EncyclopediaVirginia.org/Anglo-Powhatan_War_Second_1622-1632.

———. *Tales from a Revolution: Bacon's Rebellion and the Transformation of Early America*. New York: Oxford University Press, 2012.

Richards, John F. *The Unending Frontier: An Environmental History of the Early Modern World*. Berkeley: University of California Press, 2003.

———. *The World Hunt: An Environmental History of the Commodification of Animals*. Berkeley: University of California Press, 2014.

Richardson, Heather Cox. *West from Appomattox: The Reconstruction of the West After the Civil War*. New Haven, CT: Yale University Press, 2007.

Richter, Daniel K. *Facing East from Indian Country: A Native History of Early America*. Cambridge: Harvard University Press, 2001.

———. *Trade, Land, Power: The Struggle for Eastern North America*. Philadelphia: University of Pennsylvania Press, 2013.

Ritvo, Harriet. *The Animal Estate: The English and Other Creatures in the Victorian Age*. Cambridge, MA: Harvard University Press, 1987.

———. "Animal Planet." *Environmental History* 9 (April 2004): 204–220.

———. "On the Animal Turn." *Daedalus* 136, no. 4 (Fall 2007): 118–122.

Robertson, James. "Deposition of James Robertson, Depositions concerning Claims to Lands." Founders Online. National Archives. http://founders.archives.gov.

Robertson, Lindsay G. *Conquest by Law: How the Discovery of America Dispossessed Indigenous Peoples of Their Lands*. New York: Oxford University Press, 2005.

Roosevelt, Theodore. *Hunting Trips of a Ranchman: Hunting Trips on the Prairie and in the Mountains*. New York: G. P. Putnam's Sons, 1885.

———. *The Wilderness Hunter: An Account of the Big Game of the United States and its Chase with Horse, Hound, and Rifle*. New York: G. P. Putnam's Sons, 1902.

———. *The Works of Theodore Roosevelt: Outdoor Pastimes of an American Hunter*. New York: Charles Scribner's Sons, 1905.

Rose, George A. *Cod: The Ecological History of the North Atlantic Fisheries*. St. Johns, NL: Breakwater Books, 2007.

Rosier, James. "A True Relation of the Voyage by Captaine George Waymouth, 1605." In Burrage, *Original Narratives*, 353–394.

参考文献

Ross, Alexander. *Adventures of the First Settlers on the Oregon or Columbia River*. Vol. 7 of Thwaites, Early Western Travels.

Rountree, Helen C. *Pocahontas' People: The Powhatan Indians of Virginia Through Four Centuries*. Norman: University of Oklahoma Press, 1990.

Russell, Lynette. Introduction to *Colonial Frontiers: Indigenous-European Encounters in Settler Societies*, edited by Lynette Russell, 1–16. Manchester, UK: Manchester University Press, 2001.

Russo, Jean B., and J. Elliott Russo. *Planting an Empire: The Early Chesapeake in British North America*. Baltimore, MD: Johns Hopkins University Press, 2012.

Sandoz, Mari. *The Buffalo Hunters: The Story of the Hide Men*. 2nd ed. Lincoln: University of Nebraska Press, 2008.

Sargent, Robert A., and Ronald F. Labisky. "Home Range of Male White-tailed Deer in Hunted and Non-hunted Populations." *Proceedings of the Southeastern Association of Fish and Wildlife Agencies* 49 (1995): 389–398. www.seafwa.org/resourcedynamic/ private/PDF/SARGENT-389-398.pdf.

Saunders, William L., and Walter Clark, eds. *The Colonial and State Records of North Carolina*. 30 vols. Raleigh: P. M. Hale, 1886–1907. Documenting the American South. University Library, The University of North Carolina at Chapel Hill, 2007. http:// docsouth.unc.edu/csr/.

Sawyer, Roy T. *America's Wetland: A Cultural and Environmental History of Tidewater Virginia and North Carolina*. Charlottesville: University of Virginia Press, 2010.

Sayre, Gordon M. *Les Sauvages Américains: Representations of Native Americans in French and English Colonial Literature*. Chapel Hill: University of North Carolina Press, 1997.

Schofield, John M. *Forty-Six Years in the Army*. New York: Century, 1897.

Schoolcraft, Henry Rowe. *Historical and Statistical Information Respecting the History, Condition and Prospects of the Indian Tribes of the United States*. 6 vols. Philadelphia: Lippincott, Grambo, 1851–1857.

——. *Narrative Journal of Travels through the Northwestern Regions of the United States... in the Year* 1820. Albany, NY: E. and E. Hosford, 1821.

Seed, Patricia. *Ceremonies of Possession in Europe's Conquest of the New World, 1492–1640*. New York: Cambridge University Press, 1995.

Selden, John. *Mare Clausum; The Right and Dominion of the Sea in Two Books*. Edited by James Howell. London: Printed for Andrew Kembe and Edward Thomas, 1663.

Sell, Jonathan P. A. *Rhetoric and Wonder in English Travel Writing, 1560–1613*. Aldershot, UK: Ashgate, 2006.

Severinghaus, C. W., and C. P. Brown. "History of the White-Tailed Deer in New York." *New York Fish and Game Journal* 3, no. 2 (July 1956): 129–167.

Shabecoff, Philip. *A Fierce Green Fire: The American Environmental Movement*. Washington, DC: Island, 2003.

Sharp, Buchanan. "Rural Discontents and the English Revolution." In *Town and Countryside in the English Revolution*, edited by R. C. Richardson, 251–272. Manchester, UK: Manchester University Press, 1992.

天生狂野：北美动物抵抗殖民化

Shaw, David Gary. "A Way With Animals: Preparing History for Animals." *History and Theory* 52 (December 2013): 1–12.

Sheidley, Nathaniel. "Hunting and the Politics of Masculinity in Cherokee Treaty- Making, 1763–1775." In *Empire and Others: British Encounters with Indigenous Peoples, 1600–1850*, edited by Martin Daunton and Rick Halpern, 167–185.Philadelphia: University of Pennsylvania Press, 1999.

Shepherd, Samuel, ed. *The Statutes at Large of Virginia: Being a Continuation of Hening*. Richmond, VA: Samuel Shepherd, 1836.

Sherwood, William. "Virginia's Deploured Condition.... 1676." In *Collections of the Massachusetts Historical Society*, 4th ser., 9:162–176. Boston: John Wilson and Son, 1871.

Shrigley, Nathaniel. *A true relation of Virginia and Maryland, with the commodities therein*. 1669. In Force, Tracts, vol. 3, tract no. 7.

Shurtleff, Nathaniel B., ed. *Records of the Governor and Company of the Massachusetts Bay in New England*. 5 vols. Boston: William White, 1810–1874.

——, and David Pulisfer, eds. *Records of the Colony of New Plymouth, in New England*. 12 vols. Boston: Press of William White, 1810–1894.

Sibley, H〔enry〕H〔astings〕. "Sport of Buffalo-Hunting on the Open Plains of Pembina." In Schoolcraft, *Historical and Statistical Information*, 4:94–110.

Silver, Timothy. "Learning to Live with Nature: Colonial Historians and the Southern Environment." *Journal of Southern History* 73, no. 3 (August 2007): 539–552.

——. *A New Face on the Countryside: Indians, Colonists, and Slaves in South Atlantic Forests, 1500–1800*. New York: Cambridge University Press, 1990.

Silverman, David J. " 'We Chuse to Be Bounded' : Native American Animal Husbandry in Colonial New England." *William and Mary Quarterly* 60, no. 3 (July 2003): 513.

Sioussat, Annie Leakin. *Old Manors in the Colony of Maryland*. Baltimore: Lord Baltimore Press, 1913.

"Sir Robert Heath's Patent, 5 Charles 1st, October 30, 1629." *Reprinted in Saunders and Clark, Colonial and State Records of North Carolina*, 1:5–13.

Skabelund, Aaron. "Animals and Imperialism: Recent Historiographical Trends." *History Compass* 11, no. 10 (2013): 801–807.

Slack, Paul. *The Invention of Improvement: Information and Material Progress in Seventeenth-Century England*. New York: Oxford University Press, 2015.

Sleeman, Patrick. "Mammals and Mammalogy." In *Nature in Ireland: A Scientific and Cultural History*, edited by John Wilson Foster, 241–261. Montreal: McGill- Queen's University Press, 1997.

Sluyter, Andrew. *Colonialism and Landscape: Postcolonial Theory and Applications*. Lanham, MD: Rowman and Littlefield, 2002.

Smith, John. *A Description of New England; or Observations and Discoveries in the North of America in the Year of Our Lord* 1614. 1616. Reprint, Boston: William Veazie, 1865.

——. *The Generall Historie of Virginia*, New England and the Summer Isles. 2 vols. 1629. Reprint, Bedford, MA: Applewood Books, 2006.

——. *Travels and Works of Captain John Smith*. Edited by Edward Arber. 2 vols. Edinburgh: John Grant, 1910.

Smits, David D. "The Frontier Army and the Destruction of the Buffalo, 1865–1883." *Western Historical Quarterly* 25 (Autumn 1994): 312–338.

Sokolow, Jayme A. *The Great Encounter: Native Peoples and European Settlers in the Americas, 1492–1800.* Armonk, NY: M. E. Sharpe, 2002.

Some Considerations on the Game Laws, Suggested by the Late Motion of Mr Curwen for the Repeal of the Present System. London: Printed for T. Egerton, 1796.

Soulé, Michael, and Reed Noss. "Rewilding and Biodiversity: Complementary Goals for Conservation." *Wild Earth* 8, no. 3 (Fall 1998): 19–28.

Sparke, John. "The Voyage made by M. John Hawkins Esquire..." In Burrage, *Original Narratives,* 114–132.

Sparks, Jared, ed. *The Works of Benjamin Franklin.* 10 vols. London: *Benjamin Franklin Stevens,* 1882.

Spelman, Henry. "Relation of Virginia." In John Smith, *Travels and Works,* 1:ci–cxiv.

Spotswood, Alexander. *Letter to Lords Commissioners of Trade,* January 14, 1714 [1715]. In *The Official Letters of Alexander Spotswood, Lieutenant-Governor of Virginia,* 2:93–103. Richmond, VA: Historical Society of Virginia, 1885.

Spotte, Stephen. *Societies of Wolves and Free-Ranging Dogs.* New York: Cambridge University Press, 2012.

Stanley, D. S. *Personal Memoirs of Major-General D. S. Stanley, U.S.A.* Cambridge, MA: Harvard University Press, 1917.

Steinberg, Philip E. *The Social Construction of the Ocean.* Cambridge: Cambridge University Press, 2001.

Steinberg, Theodore. *Down to Earth: Nature's Role in American History.* New York: Oxford University Press, 2002.

——. "God's Terminus: Boundaries, Nature, and Property on the Michigan Shore." *American Journal of Legal History* 37, no. 1 (January 1993): 65–90.

——. *Nature Incorporated: Industrialization and the Waters of New England.* New York: Cambridge University Press, 1991.

——. *Slide Mountain: Or The Folly of Owning Nature.* Berkeley: University of California Press, 1995.

[Stephens, William] . *A State of the Province of Georgia, Attested upon Oath, in the Court of Savannah, November* 10, 1740. In Force, Tracts, vol. 1, tract no. 3.

Sterba, Jim. *Nature Wars: The Incredible Story of How Wildlife Comebacks Turned Backyards into Battlegrounds.* New York: Crown, 2012.

Stevens, Nathaniel. "To George Washington from Nathaniel Stevens, 3 May 1781." Founders Online. National Archives. http://founders.archives.gov.

Stevenson, Charles H. "The Shad Fisheries of the Atlantic Coast of the United States." In *Report of the Commissioner for the Year Ending June* 30, 1898, 24:109–269. United States Fish Commission. Washington, DC: Government Printing Office, 1899.

Stewart, Mart A. *"What Nature Suffers to Groe"* : *Life, Labor, and Landscape on the Georgia Coast, 1680–1920.* Athens: University of Georgia Press, 1996.

Strachey, William. *For the Colony in Virginea Britannia. Lawes Divine, Morall and Martiall, &c. In Force, Tracts,* vol. 3, tract no. 2.

天
生
狂
野
：
北
美
动
物
抵
抗
殖
民
化

——. *The Historie of Travaile into Virginia Britannia*. Edited by R. H. Major. London: Printed for the Hakluyt Society, 1849.

Sturtevant, William C., ed. *Handbook of North American Indians*. 20 vols. Washing- ton, DC: Smithsonian Institution, 1978–2008.

Stuyvesant, Peter. "Proposals to be tendered to the Duke of York from Peter Stuyves- ant, late Governor of New Netherland, [1667]." In *Documents Relative to the Colonial History of the State of New-York*, vol. 3, compiled and edited by John Romeyn Brodhead, 163–164. Albany: Weed, Parsons, 1853.

Sullivan, James, ed. *The Papers of Sir William Johnson*. Vol. 2. Albany: University of the State of New York Press, 1922.

Sutter, Paul, and Christopher J. Manganiello, eds. *Environmental History and the American South: A Reader*. Athens: University of Georgia Press, 2009.

Swaney, James A. "Common Property, Reciprocity, and Community." *Journal of Economic Issues* 24, no. 2 (June 1990): 451–462.

Sweet, Timothy. "Economy, Ecology, and *Utopia* in Early Colonial Promotional Literature." *American Literature* 71 no. 3 (September 1999): 399–427.

Talbot, John. *History of North America*. Leeds: Davies and Co., 1820.

Tatum, Lawrie. *Our Red Brothers and the Peace Policy of Ulysses S. Grant*. Philadel- phia: John C. Winston, 1899.

Taylor, Alan. *The Divided Ground: Indians, Settlers, and the Northern Borderland of the American Revolution*. New York: Knopf, 2006.

Taylor, M. Scott. "Buffalo Hunt: International Trade and the Virtual Extinction of the North American Bison." *American Economic Review* 101 (December 2011): 3162–3195.

Taylor, Mark T. "Seiners and Tongers: North Carolina Fisheries in the Old and New South." *North Carolina Historical Review* 69, no. 1 (January 1992): 1–36.

Teale, Edwin Way. *Circle of Seasons: The Journal of a Naturalist's Year*. New York: Dodd, Mead, 1987.

"Theodore Roosevelt and Conservation." National Park Service. August 2, 2015. www. nps.gov/thro/learn/historyculture/theodore-roosevelt-and-conservation.htm.

Thirsk, Joan. *The Rural Economy of England*. London: Hambledon, 1984.

Thomas, Gabriel. *A Historical and Geographical Account of Pensilvania and of West-New-Jersey*, 1698. In *Narratives of Early Pennsylvania, West New Jersey, and Delaware, 1630–1707*, vol. 13, edited by Albert Cook Myers, 313–337. New York: Barnes and Noble, 1959.

Thomas, Keith. *Man and the Natural World: Changing Attitudes in England, 1500–1800*. London: Penguin Books, 1984.

Thompson, E. P. "Custom, Law and Common Right." In *Customs in Common*. London: Penguin, 1993.

——. *Whigs and Hunters: The Origin of the Black Act*. London: Allen Lane, 1975.

Thomson, Alexander. "Letter from America [1773]." In *Discoveries of America: Personal Accounts of British Emigrants to North America during the Revolutionary Era*, edited by Barbara DeWolfe, 108–121. Cambridge: Cambridge University Press, 1997.

Thoreau, Henry David. *The Journal, 1837–1861*. Edited by Damion Searls. New York: New

York Review of Books, 2009.

Thwaites, Reuben Gold. *Daniel Boone*. New York: D. Appleton, 1903.

———, ed. *Early Western Travels*, 1748–1846. 32 vols. Cleveland, OH: Arthur H. Clark, 1904–1907.

———, ed. *The Jesuit Relations and Allied Documents*. 73 vols. Cleveland, OH: Burrows Brothers, 1896–1901.

———, ed. *Original Journals of the Lewis and Clark Expedition*, 1804–1806. 8 vols. New York: Antiquarian Press, 1959.

Tober, James A. *Who Owns the Wildlife? The Political Economy of Nineteenth-Century Conservation in America*. Westport, CT: Greenwood, 1981.

Tocqueville, Alexis de. *Democracy in America*. 1835. Edited by Olivier Zunz. Trans- lated by Arthur Goldhammer. New York: Library of America, 2004.

Tomlins, Christopher. "Animals Accurs'd: Ferae Naturae and the Law of Property in Nineteenth-Century North America." *University of Toronto Law Journal* 63 (2013): 35–52.

———. *Freedom Bound: Law, Labor, and Civic Identity in Colonizing English America*. Cambridge University Press, 2010.

———. *Law, Labor, and Ideology in the Early American Republic*. New York: Cambridge University Press, 1993.

———. "The Many Legalities of Colonization: A Manifesto of Destiny for Early American Legal History." In *The Many Legalities of Early America*, edited by Christopher L. Tomlins and Bruce H. Mann, 1–20. Chapel Hill: University of North Carolina Press, 2001.

Toulmin, Harry. *The Western Country in* 1793: *Reports on Kentucky and Virginia*, edited by Marion Tinling and Godfrey Davies. San Marino, CA: Castle, 1948.

Tournefort, Joseph Pitton de. *Materia Medica*; *or, a description of simple medicines generally us'd in physic.... Translated into English*. 2nd ed. London: W. H. for Andrew Bell, 1716.

"A Treaty Held at the Town of Lancaster, By the Honourable the Lieutenant Governor of the Province, and the Honourable the Commissioners for the Province of Virginia and Maryland, with the Indians of the Six Nations in June, 1744." In *Indian Treaties Printed by Benjamin Franklin*, 1736–1762, edited by Carl Van Doren and Julian P. Boyd, 41–79. Philadelphia: Historical Society of Pennsylvania, 1938.

Trelease, Alan W. "The Iroquois and the Western Fur Trade: A Problem of Interpre- tation." *Mississippi Valley Historical Review* 49 (1962): 32–51.

Trigger, Bruce. *The Children of Aataentsic: A History of the Huron People to 1660. Vol.* 2. 1976. Reprint, Montreal: McGill-Queen's University Press, 2000.

A True Declaration of the estate of the Colonie in Virginia, With a confutation of such scandalous reports as have tended to the disgrace of so worthy an enterprise. Published by the advise and direction of the Councell of Virginia. 1610. In Force, Tracts, vol. 3, tract no. 1.

Trumbull, J. Hammond, and Charles J. Hoadly, eds. *Public Records of the Colony of Connecticut*. 15 vols. Hartford, CT: Press of Case, Lockwood, and Brainard, 1850–1890.

Tryon, William. Governor Tryon to Earl Hillsborough, Nov. 30, 1769. In Saunders and Clark, *Colonial and State Records of North Carolina*, 8:153–154.

Turner, Frederick Jackson. "The Significance of the Frontier in American History, [1893]." In *The Frontier in American History*. New York: Henry Holt, 1920.

Turner, Jack. "In Wildness is the Preservation of the World." In Callicott and Nelson, *Great New Wilderness Debate*, 617–627.

Turner, James Morton. *The Promise of Wilderness: American Environmental Politics since 1964*. Seattle: University of Washington Press, 2012.

United States. US Department of Agriculture. "Brucellosis and Yellowstone Bison." Animal and Plant Health Inspection Service. www.aphis.usda.gov/animal_health/animal_dis_spec/cattle/downloads/cattle-bison.pdf.

United States Congress. House. Report of Indian Peace Commissioners, Message from the President of the United States, transmitting report of the Indian peace commissioners, January 14, 1868. 40th Cong., 2nd Sess., 1867–1868. H. Ex. Doc. 97, serial 1337.

Usner, Daniel H., Jr. *Indians, Settlers, and Slaves in a Frontier Exchange Economy: The Lower Mississippi Valley Before 1783*. Chapel Hill: University of North Carolina Press, 1992.

Utley, Robert M. *Life in Custer's Cavalry: Diaries and Letters of Albert and Jennie Barnitz, 1867–1868*. 1977. Reprint, Lincoln: University of Nebraska Press, 1987.

Van der Donck, Adriaen. *Description of New Netherland* [in 1640]. Translated by Jeremiah Johnson. New York: New York Historical Society, 1841. Early Encoun-ters in North America, S3105.

Van Zandt, Cynthia J. *Brothers Among Nations: The Pursuit of Intercultural Alliances in Early America, 1580–1660*. New York: Oxford University Press, 2008.

Venema, Janny. *Beverwijck: A Dutch Village on the American Frontier, 1652–1664*. Albany: State University of New York Press, 2003.

Veracini, Lorenzo. *The Settler Colonial Present*. Basingstoke, UK: Palgrave Mac-Millan, 2015.

VerCauteren, Kurt. "The Deer Boom: Discussions of Population Growth and Range Expansion of the White-Tailed Deer." In *Bowhunting Records of North American White-Tailed Deer*, 2nd ed., edited by G. Hisey and K. Hisey, 15–20. Chatfield, MN: Pope and Young Club, 2003.

Verhoven, Wil. *Gilbert Imlay: Citizen of the World*. London: Pickering and Chatto, 2008.

Verrazano, Giovanni da. "To his Most Serene Majesty the King of France." In *Sailors' Narratives of Voyages along the New England Coast, 1524–1624*, edited by George Parker Winship, 1–23. Boston: Houghton, Mifflin, 1905.

Vest, Jay Hansford. "Will of the Land: Wilderness Among Primal Indo-Europeans." *Environmental Review* 9 (Winter 1985): 323–329.

Vickers, Daniel. "Competency and Competition: Economic Culture in Early America." *William and Mary Quarterly* 47 (January 1990): 3–29.

——. "Those Dammed Shad: Would the River Fisheries of New England Have Survived in the Absence of Industrialization?" *William and Mary Quarterly* 61, no. 4 (October 2004): 685–712.

Villagrá, Gaspar Pérez de. *History of New Mexico*, 1610. Edited by Gilbert Espinosa. Los Angeles, CA: Quivira Society, 1933.

Virginia. *Collection of All Such Acts of the General Assembly of Virginia of a Public and Permanent Nature as Have Passed since the Session of 1801*. 2 vols. Richmond: Samuel

参考文献

Pleasants, 1808.

Vucetich, John, Leah M. Vucetich, and Rolf O. Peterson. "The Causes and Conse- quences of Partial Prey Consumption by Wolves Preying on Moose." *Behavioral Ecology and Sociobiology* 66 (2012): 295–303.

Waddell, Jos. A. *Annals of Augusta County, Virginia, From* 1726 to 1871. 2nd ed. 1902. Reprint, Baltimore: Genealogical Publishing, 1991.

Walker, Brett L. "Animals and the Intimacy of History." *History and Theory* 52 (December 2013): 45–67.

Walker, Thomas. "Journal of Dr. Thomas Walker, 1749–1750." In Stoddard, *First Explorations of Kentucky*, 33–84.

Wall, Derek. *The Commons in History: Culture, Conflict, and Ecology*. Cambridge: Massachusetts Institute of Technology Press, 2014.

Wallace, Paul A. W. *Indians in Pennsylvania*. 2nd rev. ed. Edited by William A. Hunter. Harrisburg: Pennsylvania Historical and Museum Commission, 2005.

Waller, David M. "Getting Back to the Right Nature: A Reply to William Cronon's 'The Trouble With Wilderness.' " In Callicott and Nelson, *The Great New Wilderness Debate*, 540–567. Athens: University of Georgia Press, 1998.

Walsh, Lorena. "Land Use, Settlement Patterns, and the Impact of European Agriculture, 1620–1820." In Curtin, Brush, and Fisher, *Discovering the Chesapeake*, 220–248.

———. *Motives of Honor, Pleasure, and Profit: Plantation Management in the Colo- nial Chesapeake, 1607–1763*. Chapel Hill: University of North Carolina Press, 2010.

Warde, Paul. "The Idea of Improvement, c. 1520–1700." In *Custom, Improvement, and Landscape in Early Modern Britain*, edited by Richard W. Hoyle, 127–148. Farn- ham, Surrey: Ashgate, 2011.

Warren, Louis. *The Hunter's Game: Poachers and Conservationists in Twentieth- Century America*. New Haven, CT: Yale University Press, 1997.

———. "Owning Nature: Toward an Environmental History of Private Property." In *The Oxford Handbook of Environmental History*, edited by Andrew Isenberg, 398–424. New York: Oxford University Press, 2014.

Warren, Stephen. *Worlds the Shawnees Made: Migration and Violence in Early America*. Chapel Hill: University of North Carolina Press, 2014.

Waselkov, Gregory A. "Evolution of Deer Hunting in the Eastern Woodlands." *Midcontinental Journal of Archaeology* 3, no. 1 (Spring 1978): 15–34.

Washburn, Wilcomb E. *The Governor and the Rebel: A History of Bacon's Rebellion in Virginia*. Chapel Hill: University of North Carolina Press, 1957.

Washington, George. "Remarks & Occurs. in Feby. 〔1770〕." Founders Online. National Archives. http://founders.archives.gov.

Washington, Lund. "To George Washington from Lund Washington, 8 April 1778." Founders Online. National Archives. http://founders.archives.gov.

Waterhouse, Edward. "A Declaration of the State of the Colony and ... a Relation of the Barbarous Massacre..." In Kingsbury, *Records of the Virginia Company*, 3:541–571.

Watkins, Robert, and George Watkins, comp. *A Digest of the Laws of the State of Georgia, from its First Establishment as a British Province down to the Year* 1800 *Inclusive*.

Philadelphia: R. Aitken, 1800.

Watson, Blake A. *Buying America From the Indians: Johnson v. McIntosh and the History of Native Land Rights*. Norman: University of Oklahoma Press, 2012.

Watson, Harry L. " 'The Common Rights of Mankind' : Subsistence, Shad, and Commerce in the Early Republican South." *Journal of American History* 83, no. 1 (June 1996): 13–43.

Wayne, Robert K., Jennifer A. Leonard, and Charles Vilà. "Genetic Analysis of Dog Domestication." In *Documenting Domestication: New Genetic and Archeological Paradigms*, edited by Melinda A. Zeder, Daniel Bradley, Eve Emshwiller, and Bruce D. Smith, 279–293. Berkeley: University of California Press, 2006.

Wear, Andrew. "The Prospective Colonist and Strange Environments: Advice on Health and Prosperity." In *Cultivating the Colonies: Colonial States and Their Environmental Legacies*, edited by Christina Folke Ax, Niels Brimmes, Niklas Thode Jensen, and Karen Oslund, 19–46. Athens: Ohio University Press, 2011.

Webb, Stephen Saunders. *1676: The End of American Independence*. New York: Alfred A. Knopf, 1984.

Wecker, Johann Jacob, and R. Read. *Eighteen Books of the Secrets of Art and Nature: Being the Summe and Substance of Naturall Philosophy*. London: Robert Stockwell, 1660.

Welwod, William. *An Abridgement of All Sea-Lawes*. London: Printed for Humfrey Lownes, for Thomas Man, 1613.

Wertenbaker, Thomas Jefferson. *Torchbearer of the Revolution: The Story of Bacon's Rebellion and Its Leader*. Princeton, NJ: Princeton University Press, 1940.

"Westmoreland County Records." Reprinted in *William and Mary College Quarterly Historical Magazine*, 1st ser., 15, no. 3 (1907): 33–49.

White, Andrew. Father Andrew White to Lord Baltimore, February 20, 1638. In Lee, *Calvert Papers*, 201–211.

———. *A Relation of the Colony of the Lord Baron of Baltimore, in Maryland*. 1633. Translated by N. C. Brooks. Baltimore, 1847.

White, Richard. *It's Your Misfortune and None of My Own: A New History of the American West*. Norman: University of Oklahoma Press, 1991.

———. *The Middle Ground: Indians, Empires, and Republics in the Great Lakes Region, 1650–1815*. New York: Cambridge University Press, 1991.

———. *Roots of Dependency: Subsistence, Environment, and Social Change among the Choctaws, Pawnees, and Navajos*. Lincoln: University of Nebraska Press, 1983.

Whitney, Gordon G. *From Coastal Wilderness to Fruited Plain: A History of Environmental Change in Temperate North America, 1500 to the Present*. New York: Cambridge University Press, 1994.

Wilf, Steven. *Law's Imagined Republic: Popular Politics and Criminal Justice in Revolutionary America*. New York: Cambridge University Press, 2010.

Wilkinson, James B. "Wilkinson's Report on the Arkansaw." In Coues, *The Expedi- tions of Zebulon Montgomery Pike*, 2:539–561.

Williams, Edward ［John Ferrar］. *Virginia: More Especially the Southern Part Thereof, Richly and Truly Valued*. London: Printed by T.H. for John Stephenson, 1650. Early English Books Online Text Creation Partnership. name.umdl.umich.edu/A66356 .0001.001.

参考文献

Williams, Michael. *Americans and Their Forests: A Historical Geography*. Cambridge: Cambridge University Press, 1989.

Williams, Raymond. "Ideas of Nature." In Raymond Williams, *Culture and Material-ism: Selected Essays*. 67–84. London: Verso, 2005.

Williams, Roger. *A Key into the Language of America*. 1643. Reprint with an introduc- tion by Howard M. Chapin. Bedford, MA: Applewood Books, 1997.

Williamson, Tom. *An Environmental History of Wildlife in England*, 1650–1950. London: Bloomsbury, 2013.

Willis, Thomas. *The London Practice of Physick, Or The Whole Practical Part of Physick*. London: Thomas Basset, 1685.

Winthrop, John. "Reasons to be considered for justifying the undertakers of the intended Plantation in New England, & for incouraginge such whose hartes God shall move to join with them in it." In *Proceedings of the Massachusetts Historical Society*, 1864–1865, vol. 8, 420–427. Boston: Massachusetts Historical Society, 1866.

Wither, George. "To His Friend, Captain John Smith upon His Description of New England." Preface to Smith, *Description of New England*.

Withers, Alexander Scott. *Chronicles of Border Warfare* (1831). Edited by Reuben Gold Thwaites. Glendale, CA: Arthur H. Clark Co., 1895.

Wolfe, Patrick. "Settler Colonialism and the Elimination of the Native." *Journal of Genocide Research* 8 (2006): 387–409.

Wood, William. *Wood's New-England's Prospect*. 1634. Reprint, Boston: Prince Society, 1865.

Worman, Charles G. *Gunsmoke and Saddle Leather: Firearms in the Nineteenth- Century American West*. Albuquerque: University of New Mexico Press, 2005.

Worthington, Chauncey Ford, et al., eds. *Journals of the Continental Congress from* 1774–1788. Vol. 25. Washington, DC: Government Printing Office, 1922.

Wright, R. Gerald. *Wildlife Research and Management in the National Parks*. Urbana: University of Illinois Press, 1992.

Wyatt, Francis. "A Proclamation against stealing of beasts & Birds of Domesticall & tame nature, September 21, 1623." In Kingsbury, *Records of the Virginia Company*, 4:283–284.

天生狂野：北美动物抵抗殖民化

© 2017 Johns Hopkins University Press
All rights reserved. Published 2017
Printed in the United States of America on acid-free paper
2   4   6   8   9   7   5   3   1

Johns Hopkins University Press
2715 North Charles Street
Baltimore, Maryland 21218-4363
www.press.jhu.edu

Library of Congress Cataloging-in-Publication Data

Names: Smalley, Andrea L., 1960– author.
Title: Wild by nature : North American animals confront
colonization / Andrea L. Smalley.
Description: Baltimore : Johns Hopkins University Press, 2017. | Includes
bibliographical references and index.
Identifiers: LCCN 2016035065| ISBN 9781421422350 (hardcover) |
ISBN 9781421422367 (electronic) | ISBN 1421422352 (hardcover) |
ISBN 1421422360 (electronic)
Subjects: LCSH: Wildlife conservation—United States. | Animals—Effect of
human beings on—United States. | Colonization (Ecology)—United States. |
Nature conservation—United States—History. | BISAC: HISTORY / United
States / Colonial Period (1600–1775). | NATURE / Animals / General. |
SCIENCE / Life Sciences / Ecology. | HISTORY / Social History.
Classification: LCC QL83.4 .S63 2017 | DDC 639.90973—dc23
LC record available at https://lccn.loc.gov/2016035065

A catalog record for this book is available from the British Library.

Special discounts are available for bulk purchases of this book.
For more information, please contact Special Sales at 410-516-6936 or
specialsales@press.jhu.edu.

Johns Hopkins University Press uses environmentally friendly book
materials, including recycled text paper that is composed of at least
30 percent post-consumer waste, whenever possible.

图书在版编目（CIP）数据

天生狂野：北美动物抵抗殖民化／（英）安德里亚·L.斯莫利著；姜昊骞译. -- 成都：四川人民出版社,2024.7
ISBN 978-7-220-13656-6

Ⅰ.①天… Ⅱ.①安… ②姜… Ⅲ.①野生动物－生物学史－北美洲－普及读物 Ⅳ.① Q95-097.1

中国国家版本馆 CIP 数据核字 (2024) 第 075135 号

四川省版权局著作权合同登记号：21-24-056

TIANSHENG KUANGYE : BEIMEI DONGWU DIKANG ZHIMINHUA

天生狂野：北美动物抵抗殖民化

［英］安德里亚·L.斯莫利　著　姜昊骞　译

出 版 人	黄立新
策划组稿	赵　静
责任编辑	荆　菁
营销编辑	荆　菁
封面设计	张　科
版式设计	张迪茗
责任印制	周　奇
出版发行	四川人民出版社(成都市三色路238号)
网　　址	http://www.scpph.com
E-mail	scrmcbs@sina.com
新浪微博	@ 四川人民出版社
微信公众号	四川人民出版社
发行部业务电话	(028) 86361653　86361656
防盗版举报电话	(028) 86361653
排　　版	四川看熊猫杂志有限公司
印　　刷	成都东江印务有限公司
成品尺寸	125 mm × 185 mm
印　　张	16.25
字　　数	270 千
版　　次	2024 年 7 月第 1 版
印　　次	2024 年 7 月第 1 次印刷
书　　号	ISBN 978-7-220-13656-6
定　　价	128.00 元